# Verhandlungen des
# Sechsten Internationalen Symposiums über
# Entomofaunistik in Mitteleuropa



S·I·E·E·C·6
LUNZ 1975

# Verhandlungen des Sechsten Internationalen Symposiums über Entomofaunistik in Mitteleuropa

Lunz am See (Österreich), 1.–6. September 1975

Herausgegeben von HANS MALICKY

VERLAG DR. W. JUNK B.V., DEN HAAG 1977

ISBN 90 6193 559 8

Cover design Tobie Goedewaagen

## Österreichisches Organisationskomitee

HANS MALICKY (Vorsitzender), HORST ASPÖCK, MAX BEIER, ERNST HÜTTINGER, GUDRUN MALICKY, JOHANN T. MALICKY, HUBERT RAUSCH, ERNST R. REICHL, HERWIG REICHL, FRANZ RESSL.

**Mitglieder des Ständigen Organisationskomitees für die Internationalen Symposien über Entomofaunistik in Mitteleuropa:**

Bundesrepublik Deutschland: W. FORSTER, G. SCHERER, W. SCHWENKE
Deutsche Demokratische Republik: W. DUNGER, B. KLAUSNITZER, F. P. MÜLLER
Jugoslawien: Z. ADAMOVIĆ, Z. KOVAČEVIĆ, R. MIKŠIĆ
Österreich: H. ASPÖCK, M. BEIER, H. MALICKY
Polen: C. KANIA, H. SANDNER, H. SZELEGIEWICZ
Rumänien: K. FABRITIUS, M.-A. IENISTEA, A. POPESCU-GORJ
Schweiz: W. MEIER, W. SAUTER, W. WITTMER
Sowjetunion: W. DOLIN, H. HABERMAN, I. LOPATIN
Tschechoslowakei: L. KORBEL, V. LANDA, Z. TESAŘ
Ungarn: S. ENDRÖDI, T. JERMY, Z. KASZAB

Die Symposiumsteilnehmer: 1. S. ENDRÖDI, 2. Z. KASZAB, 3. M. S. GHILAROV, 4. E. LINDNER, 5. W. FORSTER, 6. Z. TESAŘ, 7. J. ILLIES, 8. W. SAUTER, 9. J. PIASECKA, 10. H. SANDNER, 11. F. P. MÜLLER, 12. Frau GRÜNWALDT, 13. W. GRÜNWALDT, 14. Frau HOLZINGER, 15. R. NIEDERLE, 16. U. ASPÖCK, 17. J. HEATH, 18. Mrs. HEATH, 19. G. MALICKY, 20. E. R. REICHL, 21. J. PAWLOWSKI, 22. H. MALICKY, 23. E. HEISS, 24. L. MÓCZÁR 25. A. KOUTSAFTIKIS, 26. Frau MÓCZÁR, 27. S. MIKŠIĆ, 28. F. R. HELLER, 29. J. TÓTH, 30. H. HOLZINGER, 31. C. FISCHER, 32. P. HAVELKA, 33. K. NOVÁK, 34. Frau STEINHAUSEN, 35. H. ASPÖCK, 36. W. STEINHAUSEN, 37. H. J. VERMEHREN, 38. H. MENDL, 39. E. SCHMIDT, 40. H. RAUSCH, 41. R. WAGNER, 42. H. H. WEBER, 43. J. FLORIN, 44. E. HÜTTINGER, 45. H. ROER, 46. Z. VARGA, 47. A. SOÓS, 48. F. RESSL, 49. J. GEPP, 50. W. WITTMER, 51. G. MORGE, 52. H. SZELEGIEWICZ, 53. E. VOIGT, 54. G. SCHERER, 55. G. THEISCHINGER, 56. V. PUTHZ, 57. M. BRANCUCCI, 58. Frau PUTHZ und Sohn, 59. H. BUHOLZER, 60. U. SCHELLENBERG, 61. A. SKALSKI, 62. Frau RAUSCH, 63. Frau HÜTTINGER, 64. R. ZUR STRASSEN, 65. G. WEWALKA, 66. G. BÄCHLI, 67. C. HOLZSCHUH, 68. R. MIKŠIĆ, 69. H. ELSASSER, 70. M. A. IENISTEA, 71. J. MALICKY, 72. Frl. STEINHAUSEN. – Nicht im Bild: M. BEIER, T. BOJASINSKI, B. BRITVEC, G. BURGHARDT, A. EBMER, U. EITSCHBERGER, O. GUGLIA, J. GUSENLEITNER, H. HÖLZEL, F. KASY, U. KLOMANN, W. KOLBE, I. LÖBL, B. MILOŠEVIĆ, P. MÜLLER, P. NAGEL, H. STEINIGER, P. ZWICK. – Nicht persönlich anwesend, sandten aber Vorträge: L. BOTOSANEANU, V. CURE, B. DOBŠÍK, K. ELBERG, H. HABERMAN, M. SKUHRAVÁ, K. SPITZER, V. TEYROVSKÝ, J. VILBASTE, H. ZWÖLFER. (Foto: H. SCHWARZ, Scheibbs).

## Verzeichnis der Teilnehmer

Aspöck, Horst, Univ.-Doz., Dr., Hygiene-Institut der Universität Wien, Kinderspitalgasse 15, A–1095 Wien.

Bächli, Gerhard, Dr., Zoologisches Museum der Universität Zürich, Künstlergasse 16, CH–8006 Zürich.

Beier, Max, Hofrat Prof. Dr. Dr. h.c., Naturhistorisches Museum, Burgring 7, A–1014 Wien.

Botosaneanu, Lazare, Dr., C.P. 2021, R–78100 Bucureşti 12.

Brancucci, Michel, Institut de Zoologie, Emile Argand 11, CH–2000 Neuchâtel.

Britvec, Branko, Ing., Jugoslavensko Entomološko Društvo, Pretinac (P.O.B.) 360, YU–41001 Zagreb.

Buholzer, Hubert, Mythenstraße 4, CH–6003 Luzern.

Burghardt, Gerhard, Dipl. Biol., Unterstruth 75, D–6305 Großen-Buseck.

Cure, Victoria, Dr., Str. Grigore Alexandrescu 24, Bucureşti 1, Rumänien.

Dobšík, Bohuslav, Dr., Lehrstuhl für Zoologie, Zemědělská 1, CS–662 65 Brno.

Ebmer, Andreas Werner, Pater, Puchenau 1, A–4020 Linz.

Eitschberger, Ulf, Flürleinstraße 25, D–8702 Lengfeld.

Elberg, K., Zoologisches Institut, Vanemuise-Straße 21, Tartu, Estnische PSR, USSR.

Elsasser, Hermann, Ludwig Boltzmann-Institut für Umweltwissenschaften, Heinrichstraße 5, A–8010 Graz.

Endrödi, Sebö, Dr., Naturwissenschaftliches Museum, Baross utca 13, H–1088 Budapest.

Fischer, Christian, Schulweg 1, D–238 Schleswig.

Florin, Janett, Dr., Haldenstraße 2a, CH–9302 Kronbühl.

Forster, Walter, Dr., Zoologische Staatssammlung, Maria Ward-Straße 1b, D–8 München 19.

Gepp, Johann, Dr., Ludwig Boltzmann-Institut für Umweltwissenschaften, Heinrichstraße 5, A–8010 Graz

Ghilarov, Merkurij S., Prof. Dr., Comité National de Biologistes de l'URSS, Lenin-Avenue 33, Moskau, USSR.

Grünwaldt, W., Dr., Waltherstraße 19, D–8 München 2.

Guglia, Otto, Hofrat Dr., Stammgasse 9, A–1030 Wien.

Gusenleitner, Josef, Dr., Landwirtschaftlich-Chemische Versuchsanstalt Linz, Wieningerstraße 8, A–4025 Linz.

Haberman, Harald, Prof. Dr., Zoologisches Institut, Vanemuise-Straße 21, Tartu, Estnische PSR, USSR.

Havelka, Peter, Flußstation des Max Planck-Institutes für Limnologie, Postfach 260, D–6407 Schlitz.

Heath, John, Monks Wood Experimental Station, Abbots Ripton, Huntingdon PE17 2LS, Cambs., England.

Heiss, Ernst, Dipl. Ing., Josef Schraffl-Straße 2a, A–6020 Innsbruck.

Heller, Friedrich Rudolf, Holteiweg 46, D–7 Stuttgart-Fasanenhof.

Hölzel, Herbert, Direktor, Joanneumring 7, A–8010 Graz.

Holzinger, Helmuth, Nelkengasse 8, A–1060 Wien.

Holzschuh, Carolus, Ing., Pohlgasse 18/3, A–1120 Wien.

Hüttinger, Ernst, Köttlachsiedlung 335, A–3251 Purgstall.

Ienistea, Mircea-Alexandru, Prof. Dr., Str. Caraiman 108, R–78229 Bucureşti 2.

Illies, Joachim, Prof. Dr., Flußstation des Max Planck-Instituts für Limnologie, Postfach 260, D–6407 Schlitz.
Kasy, Friedrich, Dr., Naturhistorisches Museum, Burgring 7, A–1014 Wien.
Kaszab, Zoltán, Dr., Generaldirektor, Naturwissenschaftliches Museum, Baross utca 13, H–1088 Budapest.
Klomann, Uwe, Abteilung Biogeographie, Universität des Saarlandes, D–66 Saarbrücken.
Kolbe, Wolfgang, Dr., Fuhlrott-Museum, Auer Schulstraße 20, D–56 Wuppertal 1.
Koutsaftikis, Athanasios, Doz. Dr., Post Box 15, Kifissia, Griechenland.
Lindner, Erwin, Prof. Dr., Arsenalplatz 3, D–714 Ludwigsburg.
Löbl, Ivan, Dr., Muséum d'Histoire Naturelle, route de Malagnou, CH–1211 Genève 6.
Malicky, Hans, Dr., Biologische Station Lunz der Österreichischen Akademie der Wissenschaften, A–3293 Lunz.
Mendl, Hans, Johann Schütz-Straße 31, D–896 Kempten.
Mikšić, René, Fach-Rat, Institut za šumarstvo, Maršala Tita 5, Post. fah 662, YU–71001 Sarajevo.
Milošević, Bogomir, Dipl. Ing., Kosorova 1, Zagreb, Jugoslawien.
Móczár, László, Dr., Egyetem utca 2, H–6722 Szeged.
Morge, Günter, Prof. Dr. habil., Walter Rathenau-Straße 3, DDR–13 Eberswalde-Finow 1.
Müller, Fritz Paul, Prof. Dr., Wismarsche Straße 8, DDR–25 Rostock.
Müller, Paul, Prof. Dr., Abteilung Biogeographie, Universität des Saarlandes, D–66 Saarbrücken.
Nagel, Peter, Dr., Abteilung Biogeographie, Universität des Saarlandes, D–66 Saarbrücken.
Niederle, Rostislav, Dr., Schillerstraße 11, D–6051 Hainhausen.
Novák, Karel, Dr., Entomologisches Institut, Viničná 7, CS–128 00 Praha 2.
Pawlowski, Jerzy, Doz. Dr., Zoologisches Institut PAN, Slawkowska 17, PL–31–016 Kraków.
Piasecka, Julia, Dr., Lipowa 17/21, PL–20–020 Lublin.
Puthz, Volker, Dr., Flußstation des Max Planck-Instituts für Limnologie, Postfach 260, D–6407 Schlitz.
Rausch, Hubert, Köttlachsiedlung 461, A–3251 Purgstall.
Reichl, Ernst R., Prof. Dr., Institut für Statistik und Informatik, Johannes Kepler-Universität, A–4020 Linz.
Ressl, Franz, Köttlachsiedlung 461, A–3251 Purgstall.
Roer, Hubert, Dr., Museum Alexander Koenig, Adenauerallee 150–164, D–53 Bonn.
Sandner, Henryk, Prof. Dr., Institut für Ökologie der Akademie der Wissenschaften, ul. Sztandarów 2, PL–04–423 Warszawa.
Sauter, Willi, Prof. Dr., Entomologisches Institut der ETH, Universitätsstraße 2, CH–8006 Zürich.
Schellenberg, Ulrich, Klausweg 11, CH–8200 Schaffhausen.
Scherer, Gerhard, Dr., Zoologische Staatssammlung, Maria Ward-Straße 2b, D–8 München 19.
Schmidt, Eberhard, Prof. Dr., Biologie-Seminar der PH, Muerwiker Straße 77, D–239 Flensburg.
Skalski, Andrzej W., Dr., Museum w Częstochowie, Ratusz, PL–42–200 Częstochowa.
Skuhravá, Marcela, Dr., Encyklopedický institut, Nerudova 21, CS–118 00 Praha 1 – Malá Strana.
Soós, Árpád, Dr., Naturwissenschaftliches Museum, Baross utca 13, H–1088 Budapest.

Spitzer, Karel, Ing., Landwirtschaftliche Hochschule, Sinkuleho 5, CS–370 05 České Budějovice.

Steinhausen, Walter, Dr., c/o Schering AG, Gollanczstraße 71–99, D–1 Berlin 28.

zur Strassen, Richard, Dr., Forschungsinstitut Senckenberg, Senckenberg-Anlage 25, D–6 Frankfurt 1.

Szelegiewicz, Henryk, Prof. Dr., Institut für Zoologie PAN, ul. Wilcza 64, Warszawa, Polen.

Tesař, Zdeněk, Dr., Schlesisches Museum, Entomologische Abteilung, Vítězného unora 35, CS–746 01 Opava.

Teyrovský, Vladimír, Prof. Dr., Moravské museum, Zool. oddelění, Nám. 25. února 8, CS–659 37 Brno.

Theischinger, Günter, Oberösterreichisches Landesmuseum, Museumstraße 14, A–4010 Linz.

Tóth, József, Dr., ERTI, József Attila utca 4, H–6000 Kecskemét.

Varga, Zoltán, Dr., Zoologisches Institut der Universität, H–4010 Debrecen.

Vermehren, Hans-Jürgen, Ing., Claudiusstraße 13, D–23 Kiel 17.

Vilbaste, Juhan, Zoologisches Institut, Vanemuise-Straße 21, Tartu, Estnische PSR, USSR.

Voigt, Erzsébet, Dr., Forschungsinstitut für Weinbau, Herman Ottó ut 15, H–1525 Budapest.

Wagner, Rüdiger, Flußstation des Max Planck-Instituts für Limnologie, Postfach 260, D–6407 Schlitz.

Weber, Hans-Heinrich, Dr. h.c., Kronshagener Weg 70, D–23 Kiel 1.

Wewalka, Günther, Dr., Kandlgasse 19–21, A–1070 Wien.

Wittmer, Walter, Dr. h.c., Naturhistorisches Museum, Augustinergasse 2, CH–4051 Basel.

Zwick, Peter, Dr., Flußstation des Max Planck-Instituts für Limnologie, Postfach 260, D–6407 Schlitz.

Zwölfer, Helmut, Dr., Museum für Naturkunde, Arsenalplatz 3, D–714 Ludwigsburg.

## Programm des Symposiums

**1. September 1975:**
Vormittag im Kinosaal: Eröffnung des Symposiums. Ansprache des Vorsitzenden Dr. H. MALICKY; Begrüßung durch den Bezirkshauptmann des Bezirkes Scheibbs, Dr. MICHALITSCH. Verleihung des Preises für hervorragende Leistungen in der Entomofaunistik Mitteleuropas an Monsignore Dr. h.c. ADOLF HORION (Laudatio: Prof. Dr. J. ILLIES) und Prof. Dr. MERKURIJ S. GHILAROV (Laudatio: Dr. Z. KASZAB).
Nachmittags in der Bundesanstalt für Bienenkunde: Hauptvorträge zu den beiden Hauptthemen (ILLIES, HEATH, REICHL).
Abends im Rathaus: Führung durch das historische Rathaus ('Amonhaus') durch Frau ELISABETH KRAUS-KASSEGG.
Anschließend Empfang der Teilnehmer durch den Bürgermeister der Marktgemeinde Lunz am See, Techn. Rat Dipl. Ing. KURT PFEILLER.

**2. September:**
Ganztägige lokale Exkursion zum Lunzer Obersee auf drei Anmarschwegen: 1. Kasten – Lechnergraben – Gstettneralm (mitteleuropäischer Kältepol) – Ybbstaler Hütte – Dürrensteingipfel (1878m) – Herrenalm – Obersee; 2. Kasten – Lechnergraben – Gstettneralm – Hetzkogel – Reitsteig – Obersee; 3. Seehof – Seetal – Obersee.

**3. September:**
Ganztägig in der Bundesanstalt für Bienenkunde: Vorträge zum Thema 'Faunistik der Wasserinsekten'.
Abends in der Pension Schloßleiten: Arbeitssitzung des Ständigen Komitees für die Entomofaunistischen Symposien in Mitteleuropa.

**4. September:**
Ganztägig in der Bundesanstalt für Bienenkunde: Vorträge zum Thema 'Faunistische Datenerfassung und -verarbeitung'.
Abends im Berghaus Zinken: Empfang der Teilnehmer durch das Österreichische Organisationskomitee.

**5. September:**
Ganztägig in der Bundesanstalt für Bienenkunde: Vorträge über freie Themen.
Abends in der Pension Zellerhof: Gründungsversammlung der Österreichischen Entomologischen Gesellschaft.

**6. September:**
Vormittags im Kinosaal: Schlußsitzung. Übernahme des Vorsitzes durch die sowjetische Delegation.

**7.–8. September:**
Zweitägige Exkursion. Fahrt und Programm: Lunz – Schauboden (Wärmeinsel im Alpenvorland, Sammelgelegenheit) – Wieselburg (Besichtigung der ältesten nichtrömischen Kirche Österreichs) – Mauer bei Melk (Besichtigung des berühmten Schnitzaltars) – Melk (Besichtigung des Stifts, Orgelkonzert in der Stiftskirche) – Fahrt durch die Wachau – Willendorf (Besichtigung des Fundortes der 'Venus von Willendorf', einer paläolithischen Statuette) – Dürnstein (Aufstieg zur Ruine, Sammelgelegenheit). Übernachtung in Mautern. Am zweiten Tag vormittag Stadtbesichtigung in Krems – Fahrt nach Gneixendorf (Besichtigung der Lößlandschaft, Sammelgelegenheit) – Fahrt durch das südliche Waldviertel – Ysperklamm (Sammelgelegenheit) – Maria Taferl (Aussichtspunkt über dem Donautal; Wallfahrtsort) – Lunz.

# Inhalt

## Faunistik der Wasserinsekten (Leitung: MALICKY)
Vorsitzende: LINDNER, MORGE, TESAŘ



## Faunistische Datenerfassung und -verarbeitung (Leitung: REICHL)
Vorsitzende: LINDNER, SANDNER, SAUTER

## Eröffnungsansprache des Vorsitzenden

Meine Damen und Herren, liebe Fachkollegen und Gäste!

Die entomofaunistischen Symposien in Mitteleuropa, die vor elf Jahren in Opava aus der Taufe gehoben wurden, sind mit diesem sechsten Symposium bereits eine liebe Tradition geworden. Nach den so erfolgreich verlaufenen Symposien in Opava, Görlitz, Bialowieza und Budapest sind wir wieder einmal im Geiste der Freundschaft und im Namen unserer schönen Wissenschaft vereint.

Ich begrüße Sie alle im Namen des österreichischen Organisationskomitees auf das herzlichste. Ich begrüße unsere Ehrengäste: Herrn Bezirkshauptmann Dr. MICHALITSCH; Herrn Kanzleidirektor PROKESCH, den Leiter des Naturschutzreferats der Bezirkshauptmannschaft Scheibbs; Herrn Bürgermeister PFEILLER; Herrn Direktor HOTTENROTH, den Vorsitzenden der heimatkundlichen Arbeitsgemeinschaft des Bezirkes Scheibbs; die Herren Dipl. Ing. HANS RUTTNER und Dipl. Ing. H. PECHHACKER, die während der Tagung unsere Gastgeber sein werden; Herrn Prof. FRIEDRICH RUTTNER aus Frankfurt; und Herrn Dr. F. BERGER als Vertreter der Biologischen Station Lunz der Österreichischen Akademie der Wissenschaften. Ich begrüße die Delegationen aus den im Ständigen Organisationskomitee vertretenen Staaten: der Bundesrepublik Deutschland, der Deutschen Demokratischen Republik, Jugoslawien, Polen, Rumänien, der Schweiz, der Tschechoslowakei und Ungarn, die Teilnehmer aus diesen Staaten und aus Griechenland und Großbritannien und unsere österreichischen Landsleute. Mit besonderer Freude begrüße ich Herrn Professor Dr. M. S. GHILAROV, den Leiter des Nationalkomitees der sowjetischen Biologen bei der Akademie der Wissenschaften der Sowjetunion.

Leider konnten nicht alle unserer Freunde, die gern zu diesem Symposium gekommen wären, diese Absicht verwirklichen. Wir wollen ihnen, die an der Teilnahme verhindert sind, briefliche Grüße senden.

Wir sind sehr froh und dankbar, daß uns bei der Organisation dieses Symposiums von vielen Seiten Hilfe zuteil geworden ist. Ich möchte allen, die uns geholfen haben, auch hier nochmals sehr danken: vor allem dem Herrn Bürgermeister von Lunz, Dipl. Ing. KURT PFEILLER, und seinen Mitarbeitern und vielen Helfern aus der Lunzer Bevölkerung; den Leitern der Bundesanstalt für Bienenkunde, Hofrat JACHIMOWICZ und Dipl. Ing. H. RUTTNER und ihren Mitarbeitern, die uns für die Vorträge die Räumlichkeiten zur Verfügung stellen. Großer Dank gebührt den Mitgliedern des Ständigen Organisationskomitees, die bei der Vorbereitung wesentliche Hilfe geleistet haben, und schließlich besonders den Firmen, die dieses Symposium finanziell unterstützen: der Firma CIBA-GEIGY in Basel und der Firma IBM Austria.

Meine Damen und Herren, Sie befinden sich jetzt nur wenige Kilometer von dem Ort entfernt, von dem der Name Österreich erstmals dokumentiert ist. Im Jahre 996 wurde in Neuhofen an der Ybbs eine Urkunde ausgestellt, betreffend 'die Gegend, die im Volksmunde Ostarrichi heißt'. Der Ort Neuhofen trägt nun den Ehrentitel der 'Wiege Österreichs'. Hier, in dieser grünen Hügellandschaft, schlägt das Herz Österreichs. Von hier begann der Name Österreich seinen Siegeszug, er übertrug sich auf das Erzherzogtum Österreich – die heutigen Bundesländer Ober- und Niederösterreich –, er übertrug sich auf die regierenden Habsburger als das 'Haus Österreich', und in weiterer Folge auf ein Reich von vielen Millionen Menschen, ein Reich, in dem, wie einer seiner Kaiser sagen konnte, die Sonne nicht unterging; ein Reich, das innerhalb seiner Grenzen vielen Völkern gemeinsames Vaterland wurde. Man kann aus heutiger Sicht diesem großen, vergangenen Österreich gegenüber verschieden eingestellt sein. Eines läßt sich aber nicht in Frage stellen: es war die einzige übernationale politische Gemeinschaft in der Geschichte Mitteleuropas, die vierhundert Jahre lang funktioniert hat. Und als diese vierhundert Jahre um waren, als allzuviele Sonnenuntergänge den Horizont verdüsterten, als das große Österreich zerbrach, da blieb ein kleines Land übrig, das keiner haben wollte: ein bitterarmes Gebirgsland mit der viel zu großen Hauptstadt ganz am Rande. So unerwartet und deprimierend war der Bruch, daß man nicht einmal einen Namen für den kleinen verbliebenen Rest hatte: Deutsch-Österreich nannte man ihn schließlich, weil seine Bevölkerung deutsch spricht und weil man die Hoffnung auf das größere Österreich doch nicht ganz aufgegeben hatte. Und als man später die Vorsilbe wegließ, hatte der Name Österreich seine dritte und heutige Bedeutung erhalten. Aber wie wenig man an das neue kleine Vaterland glaubte, mag die Tatsache erweisen, daß kaum eine der vielen politischen Gruppierungen von allem Anfang an und konsequent für seine Unabhängigkeit eintrat. Die weitere Entwicklung ist bekannt. Als nach dem Ende des zweiten Weltkriegs das kleine Land seine Selbständigkeit und zehn Jahre später auch seine Unabhängigkeit wieder erlangte – was schon ein Wunder war –, da zeigte sich, daß seine Bevölkerung und seine Politiker aus der Geschichte gelernt hatten – ein noch größeres Wunder. Selbstverständlich kann ein kleines Land mit sieben Millionen Einwohnern nicht in jeder Hinsicht positiven Weltrekord erreichen. Was aber auch ein kleines Volk kann, ist: sein Haus in Ordnung halten und guter, hilfreicher Nachbar sein. Und so sehen wir jetzt, auch wenn die politische und wirtschaftliche Weltlage eher bewölkt erscheint, daß der österreichische Schilling zu den solidesten Währungen der Welt gehört, daß die österreichische Sozialgesetzgebung beispielgebend ist, daß die Industrieproduktion trotz der Kriegs- und Nachkriegsereignisse europäisches Niveau erreicht hat, daß Streiks und Arbeitslosigkeit Ausnahmeerscheinungen sind, daß die Landwirtschaft trotz des Gebirgscharakters des Landes über 80% des Inlandsbedarfs deckt, daß die relative Länge des Autobahnnetzes in Europa an dritter Stelle liegt, daß die österreichische Landschaft noch Erholungslandschaft ist; mehr noch: sie ist die Erholungslandschaft Europas geworden; in der Bedeutung des Tourismus liegt Österreich an einer der ersten Stellen unter allen Ländern der Welt. Im Kulturleben der Welt hält das heutige Österreich den Spitzenplatz, den es vom alten, viel größeren Österreich übernommen hat. Österreich nimmt aktiv an der Arbeit der Vereinten Nationen teil; Wien ist eine der Hauptstädte dieser Organisation, und ein Österreicher ist ihr Generalsekretär. Daß der Ruf Osterreichs im Ausland eher durch die Begriffe JOHANN STRAUSS (dessen 150. Geburtstag wir heuer feiern), Spanische Hofreitschule und Wintersport als durch Ordnungsliebe, Fleiß und Tüchtigkeit charakterisiert ist, tragen wir mit Fassung. Im Organisieren von Wundern haben wir ja eine große Tradition, auf die wir auch weiterhin dauerabonniert bleiben möchten.

Aber um diese Dinge zu studieren, sind Sie nicht nach Lunz gekommen. Sie möchten etwas über die Insekten wissen. Was gibt es über die Insekten dieses Landes zu sagen? Daß sie aus allen Himmelsrichtungen gekommen sind – so wie die Vorfahren der Österreicher auch – und daß sie sich hier miteinander ganz gut vertragen – was man von den Österreichern nicht unbedingt immer sagen kann. Daß den pannonischen Osten östliche Steppentiere bewohnen, die Eichenwälder des Hügellandes Tiere mediterraner Herkunft, die kühlen und feuchten Wälder Tiere, die aus dem Westen gekommen sind, die Hochmoore und Blockheiden des Wald- und Mühlviertels nordische Tiere, das Hochgebirge ferne Sendboten der Tundra, und dazwischen, da und dort im Boden, in Bächen oder in geschützten Winkeln uralte Arten tertiären Ursprungs leben – von welchem mitteleuropäischen Land könnte man das nicht sagen? Aber dieses Land in Mitteleuropa war seit jeher ein Land des Durchzugs, ein Land der Begegnung. Von jedem Durchzug und von jeder Begegnung ist etwas geblieben: ein Stück Untergang und ein Stück Neuschöpfung.

So kann man die alte Tradition auf entomologischen Gebiet erklären. Ich will Ihnen einen Gang durch die Geschichte der österreichischen Entomologie ersparen, aber eines muß doch erwähnt werden. Heuer jährt sich zum zweihundertsten Male das Erscheinen des modernsten (und daher unverstandensten) Klassikers der entomologischen Literatur: des 'Systematischen Verzeichniß der Schmetterlinge der Wienergegend, herausgegeben von einigen Lehrern am k.k. Theresianum' – hinter welcher Umschreibung sich die Herren IGNAZ SCHIFFERMÜLLER und MICHAEL DENIS verbergen. Das Buch hat nicht viele Leser gefunden, und Freunde noch weniger. Für die damalige Zeit haben der Telegrammstil, der hierarchische Aufbau des Stoffes und die äußerst knappen, sich auf das Wesentliche beschränkenden Diagnosen vom Leser zuviel verlangt. Wenn man im Vorwort liest: 'Diese Geschicht wird nichts weniger als schwätzhaft und zu weitläufig seyn,' und 'Es ist nur ein Bischen Logik und Geschmack vonnöthen, um ein solch Werk nicht lesen zu können', dann fragt man sich, ob dieses Buch nicht zweihundert, sondern vielleicht eher sogar dreihundert Jahre zu früh geschrieben worden ist.

Was gibt es über die heutige Entomofaunistik im Lande zu sagen? Daß es hervorragende Entomologen seit jeher gegeben hat, daß viel publiziert wird, ist bekannt. Einige Projekte möchte ich aber besonders erwähnen.

Wir befinden uns heute im Bezirk Scheibbs, und dieser Bezirk ist, generell gesehen, die entomofaunistisch bei weitem am besten und am vollständigsten erforschte Region Österreichs. Das ist das Verdienst von Herrn FRANZ RESSL, der seit vielen Jahren mit Fleiß, Liebe und Genauigkeit ein faunistisches Programm durchführt, unterstützt von den Herren HUBERT RAUSCH und ERNST HÜTTINGER. Herr RESSL ist auf keine Insektengruppe spezialisiert, sondern er sammelt Material der verschiedenen Tiergruppen gezielt im Einvernehmen mit den zuständigen Spezialisten. So ist dafür gesorgt, daß das gesammelte Material reich, vollständig und zweckmäßig beschaffen ist und rasch ausgewertet wird. Vorläufiges Ergebnis sind über 80 Publikationen, die aber nur einen kleinen Bruchteil der schon vorhandenen Informationen enthalten. Herr RESSL arbeitet jetzt an einer großen Veröffentlichung in Buchform, die im Rahmen der Reihe Heimatkunde des Bezirkes Scheibbs im Lauf der nächsten Jahre in mehreren Bänden erscheinen soll. Nach ihrem Erscheinen wird der Bezirk Scheibbs vermutlich die entomofaunistisch besterforschte Region Mitteleuropas sein.

Das zweite hervorzuhebende Projekt ist die neue Faunistik der Makrolepidopteren Oberösterreichs, von der bisher zwei Bände erschienen sind. Es gibt natürlich schon viele Lepidopterenfaunenwerke in anderen Ländern. Die neue oberösterreichische Fauna stützt sich aber auf die jahrzehntelange, emsige Arbeit Dutzender, um nicht zu sagen Hunderter von Entomologen, die ihre Sammel- und Beobachtungsergebnisse selbstlos zur Verfügung gestellt haben. Die Kartei enthält ungefähr 100.000 Fundmeldungen über oberösterreichische Makrolepidopteren. Da außerdem durch einen glücklichen Zufall die oberösterreichischen Lepidopterologen ihre Aktivität seit jeher über das ganze Land erstreckt haben, geben die Verbreitungskarten (von allen Arten sind die Verbreitungskarten enthalten) die wirkliche Verbreitung der Arten in Oberösterreich wieder und nicht, wie üblich, die Verbreitung der Wohnorte der Sammler. Es gibt nicht viele vergleichbare Faunenwerke, die sich auf derart hohe Beobachtungsdichte und auf so viel Detailinformation stützen.

In Österreich erscheint seit einigen Jahren das großangelegte Werk 'Microlepidoptera Palaearctica', das in internationaler Zusammenarbeit entsteht und dessen erster Band sogar den Ersten Staatspreis im Jahre 1965 als das schönste Buch Österreichs erhalten hat – eine Auszeichnung, die gewöhnlich exquisiten Kunstbüchern vorbehalten ist. Das Werk behandelt auf monographischer Basis alle paläarktischen 'Klein'schmetterlinge und ist auf dem besten Wege, die Konfusion unserer Kenntnisse über diese Tiere endgültig abzubauen. Die Farbtafeln in diesem Werk sind dank der Meisterhand des Künstlers und dank moderner Druckereitechnik das Schönste, was es an entomologischen Abbildungen je gab.

Es mag in einer Zeit, in der die entomologischen Gesellschaften verschiedener Länder ihre Hundertjahrfeiern abhalten, merkwürdig anmuten, daß es in Österreich nur etliche lokale entomologische Vereine, aber keine große, repräsentative Gesellschaft gibt. Die Gründe dafür sind vielfältig und liegen, so hoffen wir, nur in der Vergangenheit. Sie alle, meine Damen und Herren, sollen Zeugen sein, wenn wir im Rahmen dieses Symposiums in einigen Tagen die Österreichische Entomologische Gesellschaft gründen werden.

Es hat sich eingebürgert, bei unseren Symposien bestimmte Themenschwerpunkte zu setzen. Waren es in Budapest beim letzten Symposium die Themen Lichtfallentechnik und Hymenoptera, so sollen es diesmal die Faunistik der Wasserinsekten und die faunistische Datenerfassung und -verarbeitung sein. Die Faunistik der Wasserinsekten liegt uns hier besonders nahe, denn die Umgebung von Lunz ist, bedingt durch die Vielfalt der aquatischen Lebensräume, an Wasserinsekten besonders reich. Beispielsweise sind über 70% der aus Österreich bekannten Köcherfliegenarten auch von hier nachgewiesen. Natürlich ist dieser hohe Anteil Resultat intensiver Aufsammlungen, aber es gibt auch Regionen, in denen trotz ebenso intensiver Sammeltätigkeit nur unter 10% der Arten gefunden worden sind. Über die anderen Wasserinsekten kann derzeit nichts Zusammenfassendes gesagt werden, denn mit der Unterstützung der faunistischen und taxonomischen Arbeit ist es nicht zum besten bestellt – 'Taxonomists are still low in the pecking order among biologists'.

Das andere Schwerpunktthema hat sich dadurch ergeben, daß sich derzeit in Österreich eine zoogeographische Datenbank im Aufbau befindet, und allgemein, daß wir heute über bessere technische Voraussetzungen zu diesem Unterfangen verfügen als jemals zuvor. Dazu kommt, daß es ein höchst aktuelles Anliegen ist, die Fauna möglichst rasch zu erfassen, bevor sie sich noch mehr ändert als es jetzt sowieso schon der Fall ist. Nicht nur bestimmte Lebensräume von Tieren werden ungeheuer schnell eingeengt und verändert (vor allem Moore, Wiesen, Tümpel und die Umgebungen von größeren Städten), sondern es verschwinden auch bestimmte ökologische und systematische Gruppen von Tieren unglaublich rasch. In meinen entomologischen Anfängertagen haben mir die alten, erfahrenen Sammler immer wieder geklagt, daß im Vergleich zu früher nichts mehr zu finden wäre, daß schon die gesamte Fauna vernichtet wäre, und daß an Plätzen, wo man vor zwanzig Jahren Massen von Insekten gefunden habe, jetzt überhaupt nichts mehr leben könne. Ich selber habe aber damals ganz andere Erfahrungen gemacht; ich habe viele und schöne Tiere gefunden, und daher war ich damals nicht nur der Meinung, das 'Verschwinden' und 'Aussterben' der Fauna wäre in Wirklichkeit auf die Sammelträgkeit der 'alten Herren' zurückzuführen, sondern ich war damals auch respektlos genug, das auch offen auszusprechen. Heute spreche ich das nicht mehr aus, denn ich sehe diese Hypothese glänzend an mir selber bestätigt; ich bin selber faul geworden und finde daher auch 'nichts mehr'. Aber diese Antwort ist unvollständig. Wenn ich meine Lichtfangergebnisse von damals und von heute vergleiche, finde ich keine Unterschiede – und nicht nur wegen der besseren Lampen, die ich heute verwende. Suche ich aber Plätze auf, an denen ich noch vor zehn Jahren ein Gewimmel von Schmetterlingen angetroffen habe, so ist jetzt dort wirklich nichts mehr vorhanden, und anstatt der dreißig Bläulings- und zehn Zygänenarten in vielen hundert Exemplaren fange ich dort gerade noch zwei Arten in zehn Exemplaren, obwohl sich der Platz physiognomisch nicht geändert hat und obwohl dort keine chemische Schädlingsbekämpfung stattgefunden hat. Ich habe vor einigen Jahren in einer Arbeit gezeigt, daß der Rückgang insbesondere der Lycaenidae vor allem auf die verstärkte Wiesendüngung durch Stallmist und Jauche zurückzuführen ist: die Futterpflanzen der meisten Arten verschwinden bei erhöhten Stickstoffgaben. Das dürfte für einen Großteil der Rhopalocera und Zygaenidae gelten. Aber wenn auch nicht gedüngt wurde, und der Rückgang trotzdem nicht zu übersehen ist? Ich glaube, wir sollten uns mit dem Gedanken anfreunden, daß nicht alle Insekten bezüglich ihrer faunistischen Erfassung nach einem Schema zu behandeln sind. Daß die Wanderfalter und ähnliche Tiere aus dem Rahmen fallen, ist bekannt. Aber unter den Nicht-Wanderern scheint es einige grundlegend verschiedene chorologische Typen zu geben. Wenn die Lichtfangausbeuten in den letzten Jahrzehnten keine Spur einer Abnahme zeigen, obwohl zivilisatorische Veränderungen in der Landschaft nur zu sehr auffallen, dann muß man vermuten, daß die betreffenden Tiere großräumige Populationen haben, die sich vielleicht sogar über ganz Europa erstrecken, und wenn es lokal irgendwelche Beeinträchtigungen gibt, wird der Abgang rasch wieder von außen aufgefüllt. Ganz im Gegensatz dazu scheinen viele andere Insekten, vor allem tagaktive Lepidopteren, grundsätzlich kleinräumig verbreitete, vielfach sehr individuenreiche, aber doch isolierte Populationen zu bilden. Bei ihnen findet dauernd vom Rand her eine räumliche Abrasion statt, das Areal wird immer kleiner, die genetische Vielfalt wird immer geringer, und bei Katastrophen (Wetter o.dgl.) bricht die kleinräumige Population plötzlich zusammen und erhält von außen keinen Zuzug mehr. Ich habe das in den letzten Jahren mehrfach beobachtet. Besonders auffällig war das plötzliche totale Verschwinden des Schildkäfers *Cassida lineola* im südlichen Wiener Becken, der vorher überaus häufig war, aber auch die starke Reduktion der Lycaeniden in den Föhrenwäldern südlich von Wr. Neustadt. Diese Dinge sollten wir bei unserer faunistischen Arbeit mitbedenken.

Ein anderer Gesichtspunkt betrifft das Quantitative. Die rein qualitative Faunistik ist nicht imstande, alle zoogeographischen Befunde zu erklären. Die Arten und die Individuen als Vertreter ihrer Arten leben ja nicht isoliert in ihrem Lebensraum, sondern sie leben dort in einer mehr oder weniger fest etablierten Biozönose im Gleichgewicht mit den anderen Organismen. Das können sie aber nur in einer bestimmten ausgewogenen gegenseitigen Häufigkeit, einer bestimmten Dominanz, die bestimmten Gesetzen unterliegt. Wir haben Informationen darüber, wie erstaunlich stabil Lebensgemeinschaften sein können, und wie es für von außen eindringende Arten fast unmöglich sein kann, in eine festgefügte Biozönose einzudringen. Wenige Ausnahmen bei eingeschleppten Schädlingen und Unkräutern bestätigen die Regel. Unsere faunistische Arbeit sollte sich also nicht allein auf das Wie, Was und Wann beschränken, sondern sie soll auch das Wieviel berücksichtigen, und wir sollten uns den Kopf darüber zerbrechen, wie wir das am besten tun könnten.

Das Hauptproblem, das heutzutage die faunistische Arbeit wie kein anderes beeinträchtigt, ist das der Identifizierung des Materials. Die Problematik ist bekannt. Überlastung der Determinatoren, unzureichende Qualifikation der Determinatoren, veraltete und unvollständige Literatur, überbordende Administration in den Institutionen... Aber die Determination des Materials ist unbedingte Grundlage jeder biologischen Arbeit. Ich weiß mich mit dieser Aussage im Gegensatz zu vielen anderen Biologen. Wir sollten aber vor allem und in erster Linie unsere Kräfte darauf konzentrieren, für bessere Determinationsmöglichkeiten zu sorgen. Wir müssen dabei nicht nur Widerstände überwinden. Wir verfügen heute auch über derart günstige technische und organisatorische Voraussetzungen, daß bei entsprechendem Einsatz der Erfolg nicht ausbleiben kann.

Meine Damen und Herren, liebe Kollegen, es ist unser größter Wunsch, daß Sie sich hier in Lunz wohlfühlen mögen. Versuchen Sie, diese Tage in Lunz zu genießen, freuen Sie sich an der schönen Landschaft, am (hoffentlich) schönen Wetter, und vergessen Sie für ein paar Tage den Terminkalender. – Eine gute Nachrede ist es, was wir für uns erhoffen.

In diesem Sinne erkläre ich das Sechste Internationale Symposium über Entomofaunistik in Mitteleuropa für eröffnet.

HANS MALICKY

2.

Schnappschüsse vom Symposium.
1. Vor dem Tagungslokal.
2. Im Vortragssaal, von links: EITSCHBERGER, STEINIGER, VARGA, NIEDERLE.

3.

4.

3. Exkursion am Obersee, von links: FISCHER, VERMEHREN, SCHMIDT.
4. Empfang im Amonhaus, von links: KOUTSAFTIKIS, FISCHER, HEATH, SKALSKI, Mrs. HEATH, HAVELKA, HEISS, GHILAROV. (Fotos JOHANN T. MALICKY).

*Verh. des Sechsten Int. Symp. über Entomofaunistik in Mitteleuropa 1975, Junk, The Hague.*

# Zur Verleihung des Preises für hervorragende Leistungen in der Entomofaunistik an Msgr. Dr. h.c. ADOLF HORION

Laudatio von JOACHIM ILLIES

Es ist unvorstellbar, daß ein mitteleuropäischer Koleopterologe, sei er Terrestriker oder sei er Hydrobiologe, nicht wüßte, wer ADOLF HORION ist. Ich glaube, es ist auch kaum vorstellbar daß einer von uns nicht schon einmal persönlichen Kontakt mit ihm gehabt hätte; wenn er ihm schreibt, und sei es auch heute noch, so wird er in den nächsten Tagen bestimmt Antwort erhalten. Wenn ich trotzdem ADOLF HORION Ihnen hier vorstellen darf – was mir eine große Freude und Ehre ist – dann vor allem deshalb, weil er nicht jedem vor Augen kommt. Er sitzt seit 30 Jahren still in seinem Zimmer in Überlingen, mehr oder weniger fest gebannt an diesen einen Ort, so daß ihn nicht jeder gesehen hat. Lassen Sie mich also ein wenig aus seinem Leben erzählen, das ich etwas genauer kenne, weil ich jedes Jahr einmal bei ihm in Überlingen Gast bin.

Er ist am 12. Juli 1888 in Hochneukirch im Rheinland geboren. Er ist also Rheinländer, ein 'rheinischer Jung' mit der ganzen Fröhlichkeit, die man diesem Menschenschlag nachsagt und die er auch in der Tat ausstrahlt. Ehe man sich versieht, hat er einem schon auf die Schulter geklopft und in einen Sessel gedrückt und erzählt die eine oder andere Anekdote aus Käfersammlerkreisen. So ist das Gespräch mit ihm, obwohl er recht schwerhörig ist, keineswegs schwierig, sondern lebhaft, wenn auch einseitig, denn er ahnt, was der Besucher hören möchte und erzählt dann selbst. Da ist viel Fröhlichkeit zu spüren, zu der es doch äußeren Anlaß in seinem Leben nicht viel gegeben hat. Er ist ein frommer, ein begeisterter Diener seines Herrn, ist katholischer Pfarrer und hat seinen Priesterdienst getan, bis ihm einmal in dem kalten Winter 1918/19 die Ohren fast erfroren bei einem weiten nächtlichen Gang zu einem Sterbenden. Danach hat sein Ohrenleiden sehr bald solche Formen angenommen, daß er nur noch für kleine, ländliche Gemeinden tauglich war und schon mit 50 Jahren pensioniert wurde und sich nun ganz seiner Liebhaberei, der Naturkunde widmen konnte. Diese Naturliebe, die er mit uns allen teilt, gilt der Entomologie, aus der er sich die Käferkunde erwählt hat, und die wohl nur wenige mit einer solchen wissenschaftlich erfolgreichen Perfektion durchgeführt haben wie er. Er hat die rheinische Koleopterologie gewissermaßen aus den Händen von FELIX RÜSCHKAMP übernommen, und die rheinischen Koleopterologen sind noch immer einer der regen Vereine, von deren Tätigkeit auch heute noch unsere Wissenschaft zu einem beträchtlichen Teil lebt.

Dann kam die Kriegszeit, in der er aus mehreren Gründen aus Düsseldorf zu verschwinden hatte: einerseits aus politischen – man mochte ihn da gar nicht gerne, denn er war zwar ein begeisterter Käferforscher, aber was sonst sich tat im Großdeutschen Reich, gefiel ihm nicht. Im übrigen wurde seine gesamte Sammlung, wie sein ganzes Haus, in Düsseldorf durch einen Bombenangriff vernichtet. Er kam dann nach Überlingen an den Bodensee. Dort lebt er in einem Haus, wo ihn seine Schwester, Frau ARNOLD, nun seit 30 Jahren sehr gut versorgt. Dort hat er auch in wenigen Jahren sich wieder eine große Sammlung zusammengestellt und dann den 'Betrieb', wenn ich es so nennen darf, und von dem gleich noch zu reden sein wird, wieder aufgenommen. Seither ist die Drehscheibe für mitteleuropäische Käferfaunistik nicht mehr Düsseldorf sondern Überlingen.

Was ein einzelner Mann zu leisten vermag, das kann man exemplarisch an diesem nun 87 jährigen und gottlob sich immer noch in Tätigkeit fortsetzenden Leben erkennen. Es ist eine Hoffnung und ein großes Beispiel für uns alle, was ein einzelner hier leistet. Dazu sei gleich gesagt: wirklich ein einzelner! Zwar hat er immer einen großen Kreis von Freunden und Korrespondenten gehabt, aber niemals, wie die meisten von uns, ein kleines oder größeres Institut hinter sich, eine sichere Staatsstelle mit genehmigten Dienstreisen und bezahltem Porto, sondern in seiner Hinterstube findet sich seine Geschäftstelle, wo er selbst seine Pakete zu packen hat, und auch über eine Sekretärin hat er zeitlebens nicht verfügen können.

Wir sind nun zu Besuch bei ihm (s. Abb.). Er hat sich für den Fotografen fein gemacht, das ist etwas untypisch, – aber dies hier ist sein Reich, in dem er von morgens um 6 Uhr bis zum Abend, bis ihn die Kräfte für den Tag verlassen, an seiner großen Korrespondenz und an den vielfachen Korrekturbögen und –fahnen sitzt. Ein Tageslauf, der nur unterbrochen ist von dem notwendigen Mittagsschläfchen, und im übrigen an jedem Sonnabendnachmittag – und das nun schon seit 30 Jahren – mit einer Flasche Moselwein in Gemeinschaft mit GEORG FRIEDRICH JÜNGER, dem Nachbarn, gekrönt wird. Manchmal kommt auch dessen älterer Bruder ERNST mit dazu, der ja noch mehr zu uns gehört, weil er auch Käfer sammelt. Und die Zigarre ist auch unfehlbar mit dabei. Aber nicht nur das Fläschchen Moselwein am Sonnabendabend gehören zu seinem Leben, sondern mit gleicher Regelmäßigkeit auch an jedem Morgen und seit 30 Jahren bei Wind und Wetter, der Gang zur 'Seeburg', einem Schwesterheim am See, in dem er die Messe liest. Das ist der äußere Rahmen, in dem sich das Leben ADOLF HORION abspielt. Ich sagte schon: ein Ein-Mann-Betrieb, in dem niemand sonst da ist, in dem auch keine staatlichen Hilfsmittel zur Verfügung stehen. Er selbst mußte viele Stellen mobilisieren, er selbst hat viele Quellen angebohrt, um Geld flüssig zu machen, denn anders hätte er sein großes Werk, die Faunistik, nicht drucken können. Jeder einzelne Band ist eine kleine Geschichte für sich. Er erzählt diese Geschichten oft, denn die Finanzierung der Bände ist immer wieder ein großes Problem für ihn gewesen, und nie war sichergestellt, daß auch der nächste noch würde erscheinen können.

ADOLF HORION, so kann man wohl sagen, ist eine Klammer, ein verbindendes Element, zwischen entfernt liegenden Gebieten. Er verbindet nicht nur für uns Jüngere zwei Jahrhunderte, er verbindet auch über so viele politische Grenzen hinweg Freundschaften, deren Fäden er in der Hand hält. Schließlich verbindet er auch die starke, die oft sehr schmerzliche Grenze, die sich durch die Wissenschaft zieht, nämlich die zwischen dem Fachmann, dem hauptamtlichen Wissenschaftler, vielleicht gar dem Ordinarius der Systematik auf der einen Seite, und dem Käfersammler, dem schlichten Faunisten oder gar *horibile dictu* dem Händler auf der anderen Seite, – sie alle gehören zu seinen Freunden und zu den Kunden seiner lebenslangen Korrespondenz.

Monsignore Dr. h.c. ADOLF HORION. (Foto: Ing. WOLFRAM ARNOLD, Opladen).

Faunistik zu treiben, so wie ADOLF HORION es tat, bedeutet einen ungeheuren Überblick über die Literatur sich ständig zu erhalten. Wie man das überhaupt als einzelner kann, ist schier unvorstellbar. Heute hält er als Frucht einer lebenslangen Bemühung in dieser Sache natürlich alle Fäden in der Hand: jeder von uns ist stolz, wenn er seinem Altmeister HORION eine Meldung machen darf und ihm einen Sonderdruck schicken kann, aber das war ja nicht zu allen Zeiten so. Da war

Fräulein Dr. habil. KÜMMEL, die Bibliothekarin des naturwissenschaftlichen Vereins im Museum König in Bonn, da gab es den Freund KARL HOCH in Bonn, die beide zusammen dann jeden Monat Pakete mit Literatur nach Überlingen schickten. Die 'Decheniana', die alte, wohleingeführte Zeitschrift, die in Bonn herausgegeben wurde, brachte im Tauschverkehr alle naturkundlichen Zeitschriften der Welt herein, auch alle entomologischen. Von Bonn ging dann alles, was auch nur die geringste Erwähnung einer Käferart aus Mitteleuropa enthielt, direkt auf seinen Schreibtisch. So ist dann also sein wissenschaftliches Werk entstanden, von dem vor allem zunächst einmal der 'Nachtrag zum Reitter' zu erwähnen ist. Wir wissen es alle: der 'Reitter', ein Jahrhundertwerk, das sicher eine entscheidende Bedeutung hat für die Entwicklung der Koleopterologie in unserer Heimat, diese 'Fauna Germanica' war nun bei aller Ehrfurcht vor den schönen bunten Tafeln doch allmählich etwas veraltet und wurde erst durch den Ergänzungsband von HORION im Jahre 1935 wieder auf einen Stand gehoben, mit dem man weiterarbeiten konnte. 1941 erschien dann der erste Band der 'Faunistik der mitteleuropäischen Käfer'. Ich möchte ihnen aus dem Brief, den HORION mir in der Freude darüber, daß wir uns hier mit seinem Werk beschäftigen wollen, geschickt hat, einige Zeilen vorlesen. Sie sind sicher besser als meine Worte geeignet, ein wenig auch ihn persönlich hier zu Worte kommen zu lassen. 'Es ist mir in den letzten Wochen nicht gut gegangen; die tropische Hitzewelle hatte mich verführt, mich leichter zu bekleiden als sonst, so daß ich eine Erkältungskrankheit habe. In der vorigen Woche habe ich meinen Dienst in der Seeburg wieder aufnehmen können, aber es ist nicht mehr viel los mit mir. Im September, Oktober hoffe ich für einige Wochen in ein Sanatorium zu kommen, aber wie es mit der geplanten mitteleuropäischen Faunistik weitergehen soll weiß ich nicht. Mit der großen Gattung *Cryptocephalus* bin ich noch fertig geworden, aber ich glaube nicht, daß noch viel hinzukommt'.

Die zuverlässige, gründliche Arbeit, die HORION leistet, hat uns allen unendlich viel geholfen bei unserer eigenen Arbeit. Dazu gehören vor allen Dingen die 12 Bände der 'Faunistik'. Ich sagte schon: jeder einzelne ist unter dramatischen Umständen erschienen, stets war es nötig hier und dort Gelder aufzutreiben, beim Geheimrat KARL BOSCH, einem seiner ersten großen Förderer, dann bei Herrn Dr. h.c. GEORG FREY, der ihn einige Male unterstützt hat, und schließlich auch bei der Forschungsgemeinschaft. Zum Schluß erschienen die Bände in Eigenregie HORIONS.

Im Jahre 1951 hat HORION dann das 'Verzeichnis der Käfer Mitteleuropas' herausgebracht, zwei kurze inhaltsreiche Bände. Sie wissen, daß dieses schnelle und spontane Werk ganz besondere Wichtigkeit hat, weil wir alle ja nicht warten können, bis endlich einmal die ganze große 'Faunistik' fertig sein wird. Es gibt inzwischen die Ansätze zu einer zweiten Auflage dieses Käferverzeichnisses von Mitteleuropa. Weiterhin gehören zu HORIONS Werk zahlreiche Einzelarbeiten der Faunistik.

Was ist der Inhalt eines solchen Lebenswerkes? HORION hat keine neue Art beschrieben – abgesehen von einem fossilen Käfer aus den tertiären Schiefern – doch ist der Verzicht auf dieses Vergnügen der Preis für den Verzicht auf enges Spezialistentum. Er hat die ganze Weite der Systematik der Käfer im Auge behalten und hat sich immer als ein reiner Kärrner und Diener am Berge der großen Wissenschaft gefühlt. Einer, der die saubere, schlichte Datensammlung in den Mittelpunkt stellt. Selbstverständlich – leider ist es nicht überall selbstverständlich, wohl aber bei HORION – hat er dabei eine exakte Bestimmung jeder einzelnen Art als Grundlage seiner Aussagen gehabt. Es gibt viele Leute, die behaupten, daß diese oder jene Art an diesem oder jenem Orte gefunden worden wäre: von solchen Angaben wimmelt die Literatur, ja sie sind der Ballast, der unser Schiff bald zum Kentern oder zum Untergehen bringen wird, wenn wir ihn stets weiter mitschleppen müssen. Aber wenn 'Horion' unter einer solchen Nachricht steht, dann weiß man, daß man sich darauf verlassen kann, daß es sich um die nach der besten zur Zeit möglichen Bestimmungsliteratur eindeutig determinierte Stücke handelt, die er selbst gesehen hat. '*Horion vidit*' ist eine Wertmarke, bedeutet absolute Sicherheit im Rahmen dessen, was wissenschaftlich möglich ist.

Auf solcher sicheren Grundlage zeigt sich dann bald, daß dieser scheinbar so trockene Datenberg von Tausenden von Käfermeldungen aus Mitteleuropa, weil er verläßlich und exakt ist, auch immer wesentlich mehr bringt und enthält als 'nur' Faunistik. Solche Angaben bringen ja zugleich immer ein historisches Faktum, das eine große Wichtigkeit erlangen kann. Gäbe es in hundert Jahren am gleichen Ort stets noch die gleichen Tiere wie heute, so wäre keine Eile für die faunistische Forschung geboten und es wäre kaum ein besonderer Wert in historischen Daten zu erblicken. Man könnte dann darauf verzichten festzustellen, daß an einem Orte etwas vorhanden war, was auch heute und in späterer Zeit immer noch zu finden sein wird. Aber so liegen die Dinge ja nicht! Wie viele Tiere finden wir in den Bänden der 'Faunistik', bei denen das berühmte 'Kreuz' steht: keine Neumeldung aus diesem Jahrhundert, heißt dieses Zeichen. Wieviele der schönen großen Tiere, die uns vertraut sind, wenn wir die Tafeln vom 'Reitter' vor Augen haben, sind nicht mehr da! Wenn ich an meine Bach- und Flußkäfer denke, an *Helichus* oder *Macronychus*, – diese Gestalten aus der Fließwasserfauna, die man heute nicht mehr zu sehen bekommt! Die letzten Funde vieler Arten unserer Heimat sind in HORIONS Werken eindeutig festgestellt, historisch exakt geprüft, und damit auch für alle Zeiten, in denen man Wissenschaft treiben wird, von Wert.

Aber es ist ja auch immer zugleich mehr gewesen, was HORION dort in seinen Werken betreibt, denn er ist ein Ökologe im besten Sinne. Was – heute unbegreiflich – im 'Reitter' einst kleingedruckt wurde und doch eigentlich das wichtigste war, nämlich was diese Tiere an speziellem Verhalten zeigen, wo sie vorkommen, an welchen ganz besonderen Habitaten man sie aufgefunden hat, – dies alles ist in HORIONS Büchern aufzufinden und macht sie zu einer wahren Fundgrube für den Ökologen. Nimmt man irgendeine der selteneren Arten und verfolgt die

Hunderte von Angaben HORIONS über ihr Vorkommen, die immer mit guten ökologischen Informationen gekoppelt sind, dann hat man die Ökologie der Art. Dann zeigt sich zugleich auch der Unterschied zwischen guter und überflüssiger Literatur: man vergleiche nur einmal HORIONS Bände mit RAPPS 'Fauna von Thüringen'. RAPP, die nie gesammelt hat und so sinnlos wie ein Computer alles ausspuckte, was man oben reinsteckte, meldet schließlich jede Art aus jedem Biotop, weil auch einmal ein *Aphodius* ins Wasser fällt und somit gastweise zur Wasserfauna gehört. Aber bei HORION ist dieser 'Computer' ein Mensch geblieben, der wissenschaftlich sondert und kritisch sichtet, und dann stellt auf einmal heraus, daß alle Funde einer bestimmten Art aus dem Moor stammen, daß alle kritisch überprüften Funde einer anderen Art von salzhaltigen Böden stammen oder daß ein Wasserkäfer nur aus Flüssen oder nur aus Seen, daß ein Blattkäfer nur von einer bestimmten Nährpflanze gemeldet wird.

Und ein drittes darf nicht vergessen werden: HORION ist Tiergeograph. Er war es, der in einer seiner kleinen, bescheidenen faunistischen Mitteilungen ein hochinteressantes faunistisches Phänomen eintdekte, nämlich die 'Ost-West-Disjunktion' in den Arealen europäischer Käfer. Wir haben das später bei anderen Insektengruppen für unsere Flußfauna bestätigen können: es gibt in der Tat eine Reihe von Insektenarten, die disjunkte Ost-West-Verbreitung zeigen.

Faunistik ist eine bescheidene Wissenschaft am Rande, in den Augen der Wissenschaftsgläubigen wird sie niedergewalzt durch die großen, chromglänzenden Apparate. Man braucht zur Faunistik kein Elektronenmikroskop, man brauchte bis vor kurzem auch keinen Computer dafür und kein Labor, sondern im wesentlichen einen klaren Kopf, eine gute Bibliothek, ein systematisches Talent, einen Bleistift und ein Notizbuch. Das alles sind nicht die Dinge, mit denen man heutzutage glänzen kann in der Wissenschaft, aber wenn wir uns nicht vorstellen können, daß heute irgendeiner, der mit Käfern arbeitet in der freien Natur, den Namen HORION nicht kennte, dann können wir sogleich hinzufügen: auch in hundert Jahren ist es nicht vorstellbar, wobei ich allerdings voraussetze, daß man dann überhaupt noch Käfer sammeln kann. Gibt es noch Menschen, gibt es noch Wälder, gibt es noch Käfer – wir wollen das alles einmal ganz optimistisch hoffen, – dann wird es auch in hundert Jahren unmöglich sein für einen Koleopterologen, HORION und seine 'Faunistik' nicht zu kennen. Wahrscheinlich wird er dann mit wehmütigem Blick in die Vergangenheit feststellen, was es damals alles noch gegeben hat in seinem schönen Lande und was es dann nicht mehr geben wird!

Wenn wir diese garantierte Beständigkeit der exakten historischen Fakten vergleichen mit dem, was sonst in vielen Teilen unserer schönen Wissenschaft Zoologie an den großen Instituten betrieben wird, dann kann man diese Prognose nicht verallgemeinern. Wer wird wohl in hundert Jahren noch einen Blick auf die physiologische Kurve der Sauerstoffatmung einer Mehlwurmlarve werfen? Nein, wird man sagen, das waren damals alles viel zu alte und unmoderne Apparaturen, das müssen wir alles noch einmal neu messen! Und wir Systematiker fügen hinzu, daß wahrscheinlich auch die Arten nicht einmal richtig bestimmt waren, an denen man arbeitete, so daß auch die Systematik noch nachgeholt werden muß. So ist Glanz und Elend wie immer dicht beieinander: das 'Elend' der Koleopterologen besteht darin, daß man nicht auf großen Ruhm hoffen darf, wenn man schlicht Steine umdreht und nachsieht, was darunter lebt, es mit nach Hause nimmt, sauber und anständig bestimmt und sich dann die Mühe macht, es in riesige Karteien einzutragen. Nobelpreise sind damit nicht zu gewinnen, aber immerhin sind wir hier versammelt, um ADOLF HORION den Preis zu verleihen, den wir verleihen können. Man sieht, in unserem Kreise kann man sich mit Fleiß und Sorgfalt und mit unermüdlicher Arbeit an der Wissenschaft eben doch einen unsterblichen Platz sichern. Letztenendes könnte man sagen, daß hier wirklich unvergängliche Wissenschaft betrieben wird in dem Sinne, wie Naturgeschichte eigentlich gedacht gewesen ist: als eindeutige und klare Aussage, von der nicht vorstellbar ist, daß sie jemals ihren wissenschaftlichen Wert verlieren könnte.

Lassen sie mich noch ein Wort vorlesen aus seinen Brief, in dem er über die Entstehung des ersten Bandes seiner Faunistik berichtet: 'im übrigen sind ja meine Faunistikbände Zeugnisse für echte mitteleuropäische Zusammenarbeit, zu der ich allerdings auch nur durch äußere politische Umstände gekommen bin. Mein erster Band hatte noch den Titel 'Faunistik der deutschen Käfer'. Ich hatte nur die Käfer des ehemaligen deutschen Kaiserreiches bearbeitet, aber als mein Mäzen, Geheimrat Prof. BOSCH, um die Papierzuteilung im Jahre 1940 bat, mußte ich das Manuskript einsenden und BOSCH bekann dann den Bescheid, daß in diesem Buch die Käfer des Großdeutschen Reichs behandelt werden müßten, und dazu gehörte damals auch die 'Ostmark' und der Sudetengau. Da mußte ich dann schleunigst auch noch meine Angaben über Österreich und die heutige Tschechoslowakei zusammensuchen, leider auch in meinem Vorwort allerhand Mist über die siegreichen Hitlerkerle schreiben, wie mir vom BOSCH-Sekretariat ausdrücklich mitgeteilt wurde. (Ich war damals schon, weil ich für die Nazis 'untragbar' geworden war, aus dem Regierungsbezirk Köln ausgewiesen worden und saß als frühzeitiger Emeritus in Düsseldorf). Aber die Papierzuteilung ist tatsächlich *contra spem in spem* erfolgt. Ich bin bei Mitteleuropa *senso stricto* geblieben und habe leider erst in meinem letzten Band 'Cerambycidae' die richtige Abrundung dieses Gebietes gefunden, das auch die nördliche Schweiz und Südtirol mit in die Betrachtung einbezieht'.

Die politische Karte eines Faunisten sieht manchmal für Politiker erschreckend großzügig aus, aber es dauert eben ein langes Leben faunistischer Forschung, bis man die richtigen Einheiten gefunden hat, wie sie auch HORION jetzt gefunden zu haben glaubt. Ich meine daher, daß es ein kleiner, aber hilfreicher Einblick in seine Persönlichkeit ist, wenn wir ein solches Stück aus einem Privatbrief von ihm ganz öffentlich zur Kenntnis nehmen.

ADOLF HORION ist ein Amateur, und ich möchte dieses Wort behutsam aber deutlich hier aussprechen. Wir haben uns daran gewöhnt – das haben wir wahrscheinlich von den Musikern übernommen – als Hauptberufliche, als akademisch Gebildete oder irgendwie Diplomierte, ein wenig mit Herablassung auf Amateure und Dilettanten herabzublicken. Wir müssen wieder auf den alten Wortsinn zurückkommen! Amateur ist der, der mit Liebe bei der Sache ist, Dilettant ist der, der sich delektiert an einer Sache. In diesem Sinn ist HORION Amateur, also jemand, der nie für seine Wissenschaft bezahlt worden ist, sondern sie immer so betrieben hat, wie man eben etwas betreibt, das man aus Liebe tut, aus innerem Ansporn und Engagement. Als HORION 70 Jahre wurde, hat sein langjähriger Freund ERNST JÜNGER ihm eine Laudatio in den Entomologischen Blättern gewidmet. Lassen Sie mich daraus einen kurzen Absatz vorlesen, denn ERNST JÜNGER ist berufener als ich, in schönen Worten das Wichtige zu sagen und er ist zugleich einer, der viel von Entomologie versteht. 'Die Zeittendenzen spiegeln sich auch in der Entomologie', sagte ERNST JÜNGER. 'Zuweilen hat man den Eindruck, daß sie als Annex der Schädlingsbekämpfung noch geduldet wird, im Dienst einer Vernichtungsaktion, die innerhalb einer nivellierenden Monokultur den Mikrokosmos bedroht. Wir hatten darüber an den Überlinger Sonnabenden mit dem Jubilar manches Gespräch ... Der wissenschaftliche Wert wird heute von bescheidenen Naturfreunden gern als Entschuldigung ihrer unzeitgemäßen Tätigkeit betont. Er ist vorhanden, fällt aber auf einem so kleinen Sektor kaum ins Gewicht, vor allem, wenn man ihn den rasanten Eingriffen der exakten Naturwissenschaft in unser Leben und unseren Alltag vergleicht. Viel wichtiger ist gerade das Unzeitgemäße, das in der reinen Anschauung liegt. Die Planzen und Tiere sind nicht nur Objekte wissenschaftlicher Meßkunst und Betrachtung, sondern unendlich viel mehr. Sie sind auch schön, geheimnisvoll und mannigfaltig in einer Weise, die nie ergründet werden wird. In diesem Sinne sind sie nicht Ausschnitte, Spezialitäten, sondern Schlüssel zur gesamten Natur. Was ihnen an Liebe, an Neigung und Bewunderung zugewandt wird, ist an sich bedeutend und wichtiger als alle Ergebnisse. Es steckt viel Liebe und viel verborgene Kraft in dieser Tätigkeit, in diesen Waldgängen. Hier findet man nicht nur Spezialisten, sondern noch Liebhaber im besten Sinne, sich an der Schöpfung und an ihren Bildungen erquickenden Geist. Damit das an den oft sehr entfernten und isolierten Orten gestärkt und erhalten werde, sind Naturen unschätzbar wie unser Horion.'

Diesen Worten ERNST JÜNGERS bleibt wenig hinzuzufügen. Ich darf aber nicht versäumen, hier die Ehrungen aufzuzählen, die ihm in diesem langen und unendlich fleißig hingegebenen Leben zuteil geworden sind: er ist Ehrenmitglied der Bonner und Münchener Naturwissenschaftlichen Gesellschaft, er ist der erste Träger der Fabricius-Medaille, die die Deutsche Entomologische Gesellschaft verleiht, er ist Ehrendoktor der Universität Tübingen und sein oberster Dienstherr hat ihn zu seinem Ehrenkämmerer ernannt, so daß er mit dem Titel 'Monsignore' versehen als Schlüsselfigur in vielen Tagebucheintragungen bei ERNST JÜNGER wieder auftritt. Dazu ist er Ehrenmitglied der Entomologischen Gesellschaft in Stockholm und korrespondierendes Mitglied in sieben anderen entomologischen und naturwissenschaftlichen Vereinigungen des In- und Auslandes.

Heute sind wir schließlich dabei, ihm eine neue Ehrung zuzufügen und ich bin sicher, daß er sich darüber freuen wird. Ganz gewiß nicht, weil er auf Ehrungen erpicht wäre, – ganz gewiß nicht, weil ihm eine solche Ehrung irgendetwas einbringen könnte in seiner persönlichen Umgebung, in der er geliebt und geschätzt wird mit und ohne Orden, – aber deshalb, weil es ihm zeigen wird, daß man ihn nicht nur schätzt in den Kreisen der Entomologie, sondern daß man hier sein Werk auch ernst nimmt. Dies alles werde ich ihm berichten können, wenn ich ihn demnächst besuchen darf, um in unser aller Namen die ihm heute verliehene Medaille zu überreichen. Er wird sich unendlich freuen, wenn er merkt, daß das, was er angeregt hat und was seine allmählich nachlassenden Kräfte nun gewiß nicht mehr alleine zuende bringen können – was auch kein einzelner vorstellbarer Weise je alleine wird weiter fortsetzen können in dem Stil, in dem er es in seinem lebenslangen Wirken tat –, daß dies doch mit neuen Methoden und mit neuem Elan aufgegriffen und fortgesetzt werden wird. Das ist es, was ihn zweifellos am meisten freuen wird und das ist es, was wir ja auch mit größter Gewißheit ihm alle in dieser Stunde versichern können. Sein Werk hat die Grundlage gegeben, auf der aufzubauen nicht nur möglich ist, sondern für uns alle eine Verpflichtung bedeutet.

*Verh. des Sechsten Int. Symp. über Entomofaunistik in Mitteleuropa 1975, Junk, The Hague.*

# Zur Verleihung des Preises für hervorragende Leistungen in der Entomofaunistik an Herrn Professor Dr. MERKURIJ S. GHILAROV

Laudatio von ZOLTÁN KASZAB

Das Ständige Organisationskomitee der SIEEC hat anläßlich des 6. Internationalen Entomofaunistischen Symposiums in Lunz Herrn Professor Dr. MERKURIJ SERGEJEWITSCH GHILAROV aus Moskau mit dem Preis für hervorragende Leistungen in der Entomofaunistik Mitteleuropas ausgezeichnet.

Professor GHILAROV hat nicht nur als weltbekannter Wissenschafter in seinem Fachgebiet Entomologie, Pflanzenschutz, Bodenbiologie und evolutionäre Morphologie unvergängliches Verdienst erworben, sondern er hat auch als Organisator der

Prof. Dr. MERKURIJ S. GHILAROV im Gespräch mit Dr. JULIA PLASECKA und Dr. HANS MALICKY. (Foto Dr. JÓZSEF TÓTH, Kecskemét).

entomologischen Forschung in seiner Heimat, als hervorragende Persönlichkeit der weltweiten internationalen Zusammenarbeit und als Vertreter der sowjetischen Biologen in Konferenzen, Symposien und in internationalen Komiteen für die Anerkennung und Ausarbeitung unserer Wissenschaft sehr viel getan.

Sein Interesse für die Entomologie war schon in seiner Studentenzeit in Kiew erwacht. Er arbeitete erst im Pflanzenschutz und studierte Gartenschädlinge und Schadinsekten anderer wirtschaftlich wichtiger Kulturpflanzen. Er war der erste Leiter der Entomologischen Abteilung in der Versuchsstation der Zuckerindustrie in Kiew, und hier erwachte sein Interesse für die Probleme der Agrobiozönosen und die bodenbewohnenden wirbellosen Tiere. Seine Dissertation im Jahre 1937 war den Faktoren gewidmet, die den Schadeffekt der bodenbewohnenden Schädlinge bestimmen.

Im Jahre 1944 organisierte er ein Laboratorium für die bodenbewohnenden Wirbellosen im Institut für evolutionäre Morphologie der Tiere in Moskau, wo er sein Interesse und seine Arbeitskraft der Pedobiologie gewidmet hat. Dieses Institut wurde als Hauptforschungsanstalt auf dem Gebiet der Bodenzoologie in der Sowjetunion entwickelt. Als glänzendes Ergebnis dieser Periode gelten die unter seiner Redaktion erschienene fundamentale Kollektivarbeit 'Bestimmungsbuch der bodenbewohnenden Insektenlarven ' (1964) und sein eigenes Buch 'Zoologische Methoden der Bodendiagnostik' (1965). Wie wichtig diese beiden Arbeiten sind, ist uns allen klar. Diese Bücher wurden damals mit Staatspreisen ausgezeichnet.

Professor GHILAROV arbeitete in seinem ganzen Leben sehr vielseitig. Sein Interesse erstreckte sich auch auf die Probleme der Evolutionsforschung, und die diesbezüglichen Arbeiten von 25 Jahren hat er in einem Buch 'Anpassung der Gliederfüßler an das Landleben' (1970) zusammengefaßt. Er hat bewiesen, daß beim Übergang von der aquatischen zur terrestrischen Lebensweise der verschiedenen phylogenetischen Zweige durch eine bestimmte Richtung der Veränderung einer Reihe von Organsystemen charakterisiert ist und diese als Gesetzmäßigkeit angesehen werden kann. Dieses Werk ist von grundlegender Bedeutung für alle, die sich mit Problemen der Wechselwirkung von Milieu und darin lebenden Arthropoden befassen. Die Theorie über die Entwicklung der inneren Besamung bei Landarthropoden sowie die positive Rückkopplung in der Regulation der Phylogenie sind weitere wichtige wissenschaftliche Erkenntnisse.

Die wissenschaftliche und organisatorische Tätigkeit von Professor GHILAROV ist in aller Welt anerkannt. Seit 1944 ist er Leiter des Laboratoriums des nach Sewertzow benannten Instituts der evolutionären Morphologie der Tiere der Sowjetischen Akademie der Wissenschaften. Er unterrichtet Pedobiologie, Entomologie und Pflanzenschutz an verschiedenen Hochschulen. Er ist Präsident des Nationalkomitees der Sowjetischen Biologen und Präsident der Sowjetischen Entomologischen Gesellschaft. Seit Jahren ist er ordentliches Mitglied der Sowjetischen Akademie der Wissenschaften, Redakteur oder Mitglied der Redaktionen mehrerer wissenschaftlicher Zeitschriften im In- und Ausland, Ehrenmitglied der Entomologischen Gesellschaften Frankreichs, Finnlands, der Tschechoslowakei und Ungarns, ordentliches Mitglied und Vizepräsident der Akademie für Zoologie in Indien und Mitglied mehrerer internationaler Komitees. Für seine hervorragenden Leistungen auf dem Gebiet der Entomologie hat er die Goldmedaille von FILIPPO SILVESTRI in Italien und die GUSTAV KRAATZ-Medaille in der Deutschen Demokratischen Republik erhalten.

Die Mitglieder des Ständigen Organisationskomitees sind der Ansicht, daß Herr Professor GHILAROV einer der Würdigsten ist, unsere Auszeichnung zu empfangen. Wir wünschen ihm volle Gesundheit und weitere Erfolge bei der wissenschaftlichen Arbeit, bei der Organisation der entomologischen Forschung und beim weiteren Ausbau der internationalen Beziehungen.

*Verh. des Sechsten Int. Symp. über Entomofaunistik in Mitteleuropa 1975, Junk, The Hague.*

# Quantitative Entomo-Faunistik

JOACHIM ILLIES

*Abstract*

The results obtained with emergence-traps in streams for six years are demonstrated. Beyond the quantitative record of the insect fauna of these mountain streams many new aspects in autecology, production biology and faunistics are presented. The method is also effective for taxonomy: 12 new species of insects have been discovered in 10 $m^2$ in a single stream in Central Germany.

*Zusammenfassung*

Wie in jeder Wissenschaft, so ist auch in der Faunistik der Übergang vom Qualitativen zum Quantitativen ein entscheidender Schritt. Es wird nicht mehr gefragt: welche Arten kommen am Ort X vor, sondern: wie groß ist die Individuenzahl der betreffenden Art pro Quadratmeter des Biotops? – In sogenannten Emergenzfängen (Gewächshäusern über Bachabschnitten) wurde inzwischen für einen Zeitraum von sechs Jahren der quantitative Bestand der Entomofauna eines Bergbaches erfaßt. Die Auswertung ergibt viele neue Einblicke, sowohl in Autökologie und Produktionsbiologie, wie in faunistische Details. Zwölf neue Arten auf zehn untersuchten Quadratmetern Bachbiozönose an einem einzigen Biotop in Mitteldeutschland zeigen darüber hinaus die Effektivität dieser neuen Methode.

*Verh. des Sechsten Int. Symp. über Entomofaunistik in Mitteleuropa 1975, Junk, The Hague.*

# Analyse der Libellenverbreitung in Schleswig-Holstein (Norddeutschland, BRD) am Beispiel der Aeshniden (Odonata)

EBERHARD SCHMIDT

*Summary*

An analysis of the dragonfly records from the counties Schleswig-Holstein and Hamburg is given, exemplified by the family Aeshnidae. The intensity of collecting activities is shown by the map with the sum of all dragonfly records (Fig. 1), or more specialized by the maps with the sum of records of the three common summer species *Aeshna grandis, A. mixta* and *A. cyanea* (Fig. 2), and of the rather inconspicuous spring species *Brachytron pratense* (Fig. 3), respectively. The whole region is rather well investigated, fewer data are available only for the marshes of the west coast and for the south-western parts. The distribution of species with preference for special habitats corresponds with the distribution of these habitats: *Aeshna viridis* needs ponds or lakes with Stratiotes aloides and is therefore now heavily reduced by pollution and fisheriy activities; *Aeshna juncea* and *A. subarctica* prefer bogs and sphagnum bogs, respectively (Figs. 4, 5). Species of southern origin (*Aeshna isosceles*, Fig. 6; see also the other spring species with similar habitat preference, *Brachytron pratense*, Fig. 3) are more or less restricted to the South and Southeast where the highest summer temperatures occur (e.g. 25 days in yearly average with 25° C maximum and more, instead of only ten such days in the North). Some species are periodical (*Anax imperator*, Fig. 7) or even rare immigrants (*Anax parthenope*, with three records only, and *Hemianax ephippiger*, with one record).
A clear decrease of the number of species from south (e.g. Lübeck, Hamburg) to north (e.g. Flensburg) is evident in Odonata of mediterranean and eastern eurosibirian origin, and also in *Somatochlora arctica* (Tab. 1).

## 1. Vorbemerkungen

Schleswig-Holstein gehört zu den odonatologisch gut untersuchten Regionen von Mitteleuropa (Abb. 1). Bearbeitungsschwerpunkte liegen dabei im Raum Hamburg (vgl. z. B. TIMM 1906, ROSENBOHM 1931, GLITZ 1970), im Raum Lübeck (vor allem durch LUNAU in den 30er Jahren, neuere Daten vornehmlich im Raum Mölln, vgl. SCHMIDT 1975a), im Raum Kiel (FABRICIUS 1798, PETERS 1896 und eigene Daten), im Raum Schleswig (z. B. FISCHER 1970, 1972), Husum (KÖNIG in den 50er Jahren, unpubl.) und Flensburg (z. B. EMEIS 1941, SCHMIDT

1966 und neuere Daten), unter den Inseln sind Helgoland (z. B. CASPERS 1942 und neuere Daten), Amrum (SCHMIDT 1974) und Fehmarn (z. B. LOHMANN 1965) hervorzuheben. Nur punktuell besucht sind dagegen die Marschen der Westküste und das südwestliche Holstein. Bei den eigenen Untersuchungen, die nun mehr als 15 Jahre laufen und den Großteil der neueren Daten liefern, wurden bevorzugt charakteristische Biotope über Jahre hinweg intensiv untersucht als Basis für eine differenzierte regional-ökologische Beurteilung der Arten und für eventuelle spätere Kontrollen im Hinblick auf Veränderungen dieser Biotope und ihrer Fauna (vgl. z. B. SCHMIDT 1964a, 1971), dafür wurden Lücken in der Flächendeckung hingenommen.

Die Datenverarbeitung des umfangreichen Beobachtungsmaterials (schätzungsweise gegen 30 000 Fundmeldungen) erfolgte über speziell dafür entwickelte Randlochkarten, auf denen neben den Arten, dem Fundjahrzehnt und der Datenquelle auch das 10-km-Quadrat mechanisch abrufbar ist (SCHMIDT 1973). Die Wahl des Gitternetzes (UTM) ist abgestimmt auf das Projekt 'Erfassung der europäischen Wirbellosen' (EEW – vgl. den Vortrag von Prof. Dr. P. MÜLLER auf dieser Tagung), in das die Daten eingehen sollen.

Für die faunistische Auswertung werden die Fundorte in Karten 1:1000 000 eingetragen, Bewährt haben sich dafür 5-km-Rasterkarten (Abb. 1–7), die gegenüber Punktverbreitungskarten gleicher Art nur einen unbedeutenden Fehler (1/2 Punktdurchmesser ≙ 2–3 km) aufweisen, aber wesentlich rascher mit Hilfe der Randlochkarten zu erstellen sind.

Bei der Beurteilung des Kartenbildes sind besonders zu berücksichtigen: a. Untersuchungsintensität und ihre räumliche und zeitliche Verteilung; b. Biotoppräferenzen und Eingriffe in die bevorzugten Biotope, die sich für eine Reihe von Arten in jüngerer Zeit gehäuft haben (Fließgewässerregulierungen und -verschmutzungen, Seeneutrophierung, Verlandung und Austrocknung von Torfstichen aus der Nachkriegszeit, Umwandlung von Mooren in Fischteiche u. a.); c. Status der Art, insbesondere eventuelle Abhängigkeiten von Einwanderungen oder die nur vorübergehende Ansiedlung; d. Klimatische Abhängigkeiten: es besteht in Schleswig-Holstein ein starkes klimatisches Gefälle vom Südosten (kontinental getönt mit höherer Sommerwärme und längerer Sonnenscheindauer speziell im Juli und August, Lauenburg hat z. B. durchschnittlich 25 Sommertage je Jahr) zum Norden hin (Schleswig/Flensburg maritim mit nur durchschnittlich 10 Sommertagen je Jahr, mehr Regentagen vor allem im Juli/August, aber höherer Sonnenscheindauer im Juni), das sich in einer Häufung von Verbreitungsgrenzen vor allem südlicher (z. B. *Sympecma fusca, Coenagrion mercuriale*) und östlicher Arten nicht nur bei den Odonaten sondern in der gesamten Fauna und Flora niederschlägt; eine Reihe von Arten (z. B. *Somatochlora flavomaculata*) tritt dann jedoch in Dänemark und Schonen wieder auf (Phänomen des 'Atlantischen Klimakeiles' im Bereich der schleswigschen Geest: PIONTKOWSKI 1970).

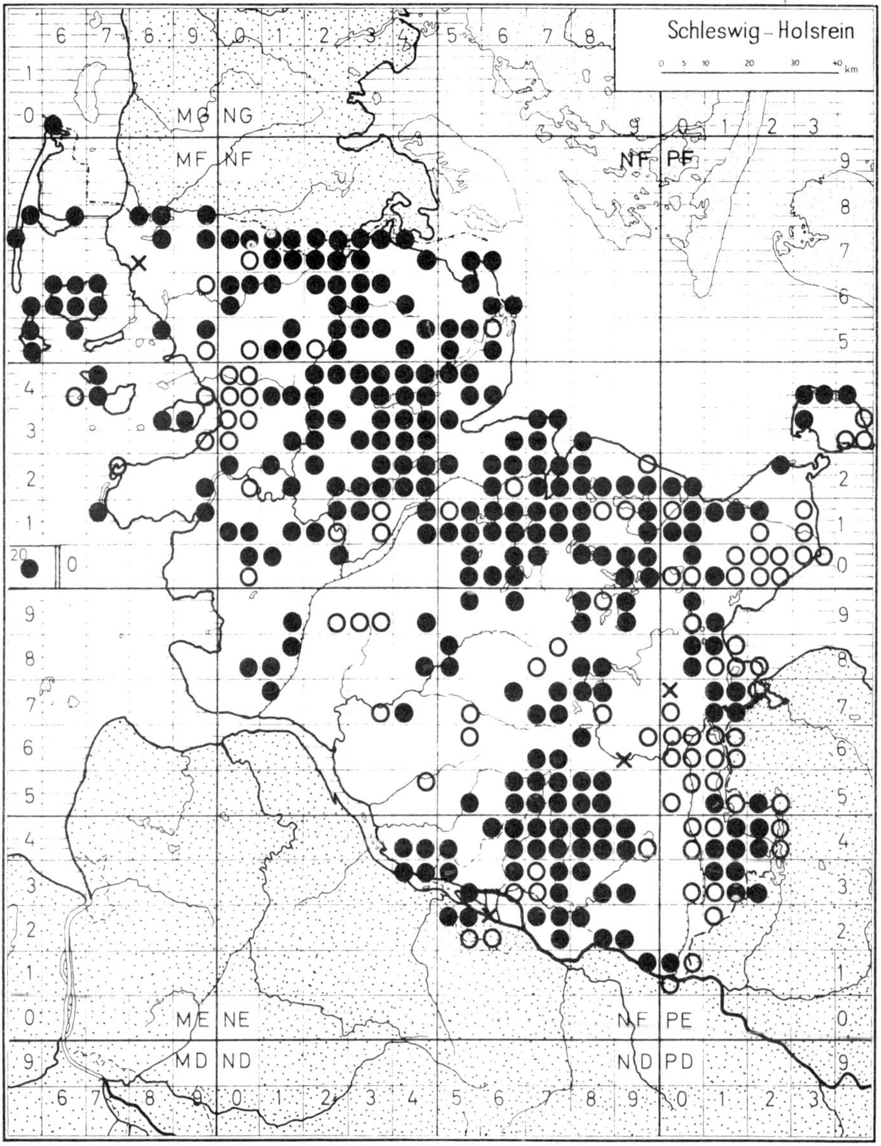


Abb. 1: Summenkarte aller Odonatenfunde in Schleswig-Holstein und Hamburg als grobes Maß für die räumliche Verteilung der Sammelaktivität. Wie die folgenden Karten angelegt als 5-km-Rasterkarte im UTM-Gitternetz mit der zeitlichen Differenzierung in x: Funde bis 1919, ○: Funde 1920–1959, ●: Funde ab 1960.

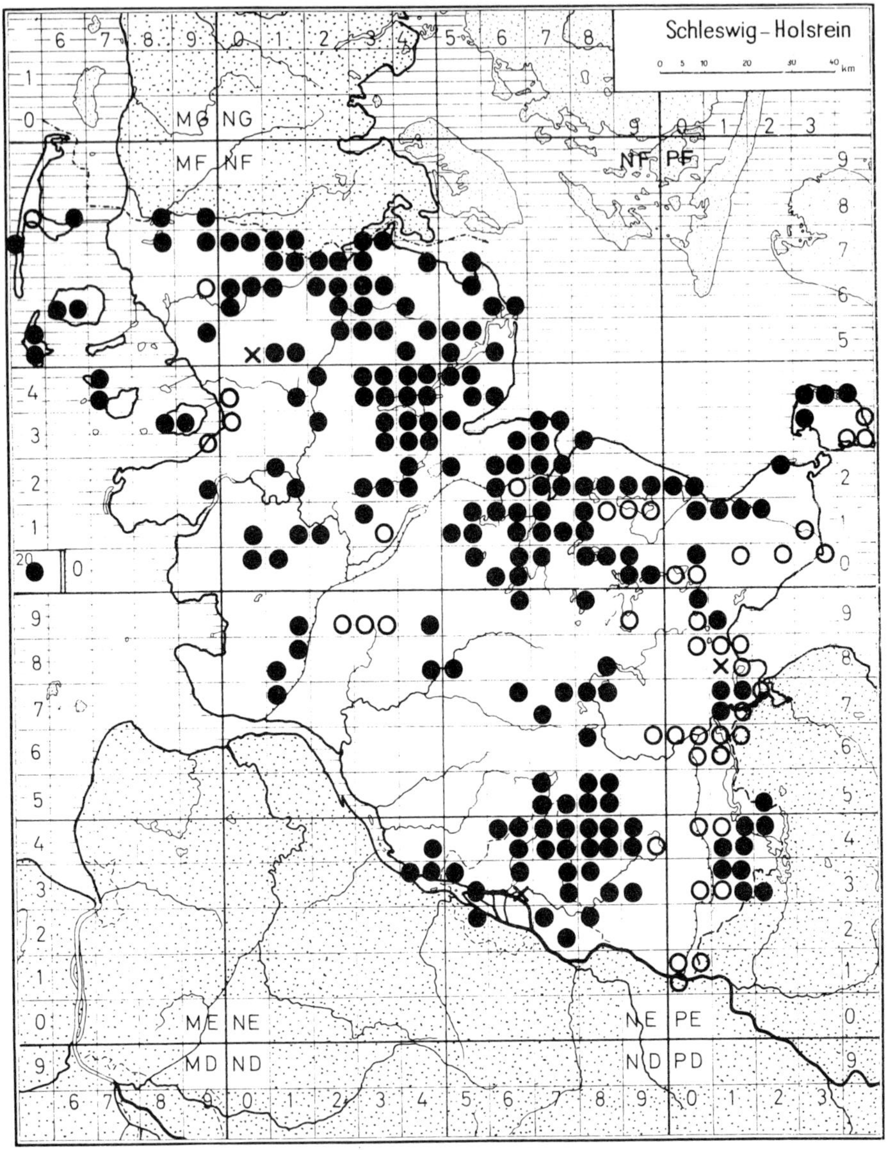


Abb. 2: Summenkarte der 3 im Lande überall verbreiteten Sommerarten *Aeshna grandis*, *A. mixta* und *A. cyanea* als feineres Maß der für Sommer-Aeshniden relevanten Sammelaktivität.

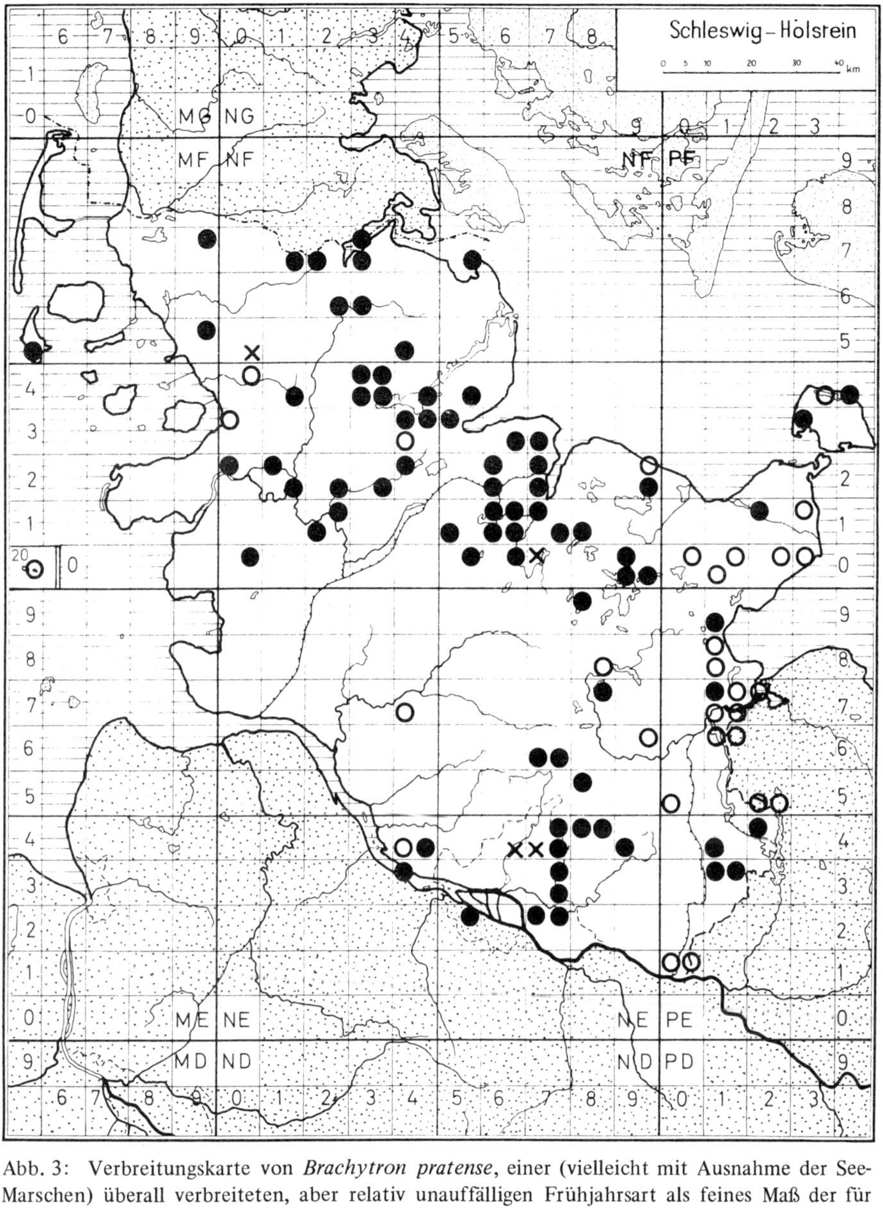


Abb. 3: Verbreitungskarte von *Brachytron pratense*, einer (vielleicht mit Ausnahme der See-Marschen) überall verbreiteten, aber relativ unauffälligen Frühjahrsart als feines Maß der für Frühjahrsarten relevanten Sammelaktivität.

Der historische Aspekt kann dagegen bei der faunistischen Analyse eines Gebietes wie Schleswig-Holstein für die Odonaten und speziell für die Aeshniden vernachlässigt werden. Selbst die Längsausdehnung von rund 200 km kann von den Aeshniden leicht überbrückt werden, wie aus dem regelmäßigen Anflug z. B. von *Aeshna mixta* auf Helgoland (rund 60 km über die offene See) oder Einwanderungen von *Anax* und *Hemianax* (s. u.) zu erschliessen ist. Im besonderen ist in unserem Gebiet die früher übliche Auffassung der Moorarten als Eiszeitrelikt nicht zu halten (vgl. auch die Markierungsversuche an *Aeshna subarctica*: SCHMIDT 1964a).

## 2. In Schleswig-Holstein verbreitete Arten ohne spezielle Biotoppräferenzen

Die Arten, die die überall in Schleswig-Holstein vorkommenden Biotope (z. B. eutrophe Weiher) besiedeln, sind für eine regionale faunistische Analyse wertlos. Ihre Fundverteilung gibt jedoch ein gutes Maß für die Untersuchungsintensität, wobei durch die Auswahl der Arten nach Flugzeit und ökologischer Valenz noch feine Spezifizierungen möglich sind. Damit ist der die Analyse der faunistisch interessanten Arten (Arten mit geographischer Differenzierung im Untersuchungsgebiet) störende Faktor 'Untersuchungsintensität' praktisch zu eliminieren!

Zu nennen sind hier an Aeshniden für Schleswig-Holstein:

2.1–2.3 *Aeshna grandis, A. mixta, A. cyanea*: Hochsommerarten, die an eutrophen Weihern, Seen und verschilften Fließgewässern stetig vorkommen; außerdem ist *A. grandis* typisch für Moor- und Heidegewässer, *A. mixta* für den Brackwasserbereich, *A. cyanea* für kleine Waldweiher (jagt auch als einzige Libellenart gern auf schattigen Waldwegen). *A. grandis* kann relativ leicht im Fluge angesprochen werden, *A. cyanea* ist vielfach schneller als die anderen Arten zu fangen. Die Summenkarte (Abb. 2) der drei Arten kann somit als ein gegenüber Abb. 1 verfeinertes Maß der für die Hochsommer-Aeshniden relevanten Untersuchungsintensität genommen werden.

2.4. *Brachytron pratense*: eine Frühjahrsart verschilfter Gewässer, die jedoch meist unauffällig zwischen dem Schilf fliegt und daher leicht bei weniger intensiven Untersuchungen übersehen werden kann. Die Zahl der Fundpunkte (Abb. 3) ist somit im Vergleich zu Abb. 1 + 2 gering, belegt werden die im Frühjahr (Ende Mai/Anfang Juni) näher untersuchten Weiher und Flüsse mit verschilften Ufern. Kaum erfaßt werden dagegen z.B. die Hochmoore, die die Art weitgehend meidet (vgl. z. B. die höhere Funddichte von *Aeshna juncea* und *subarctica* auf dem Mittelrücken des Landes: Abb. 4 + 5).

## 3. Arten mit speziellen Biotoppräferenzen

Die Verbreitung dieser Arten richtet sich im Gebiet allein nach der Verbreitung der

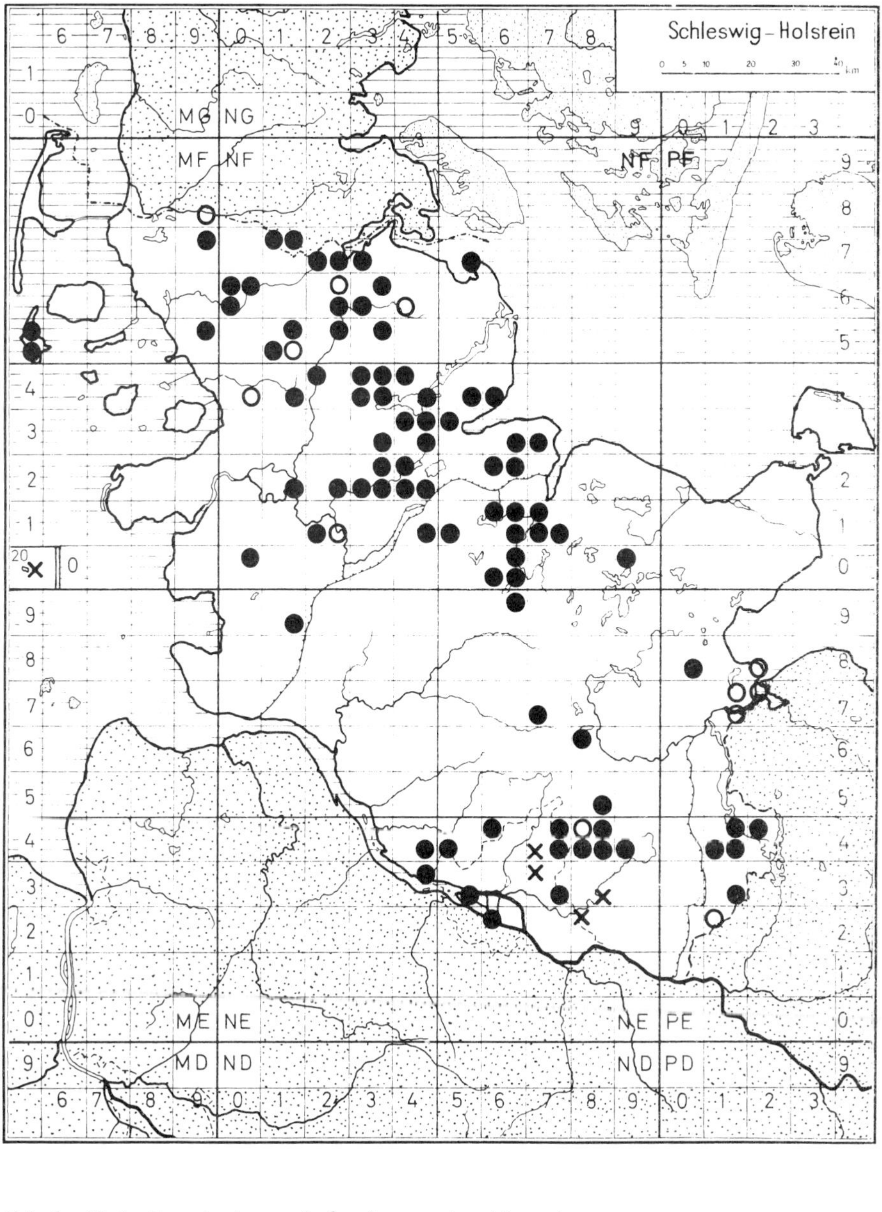


Abb. 4: Verbreitungskarte von *Aeshna juncea*, einer Moorart.

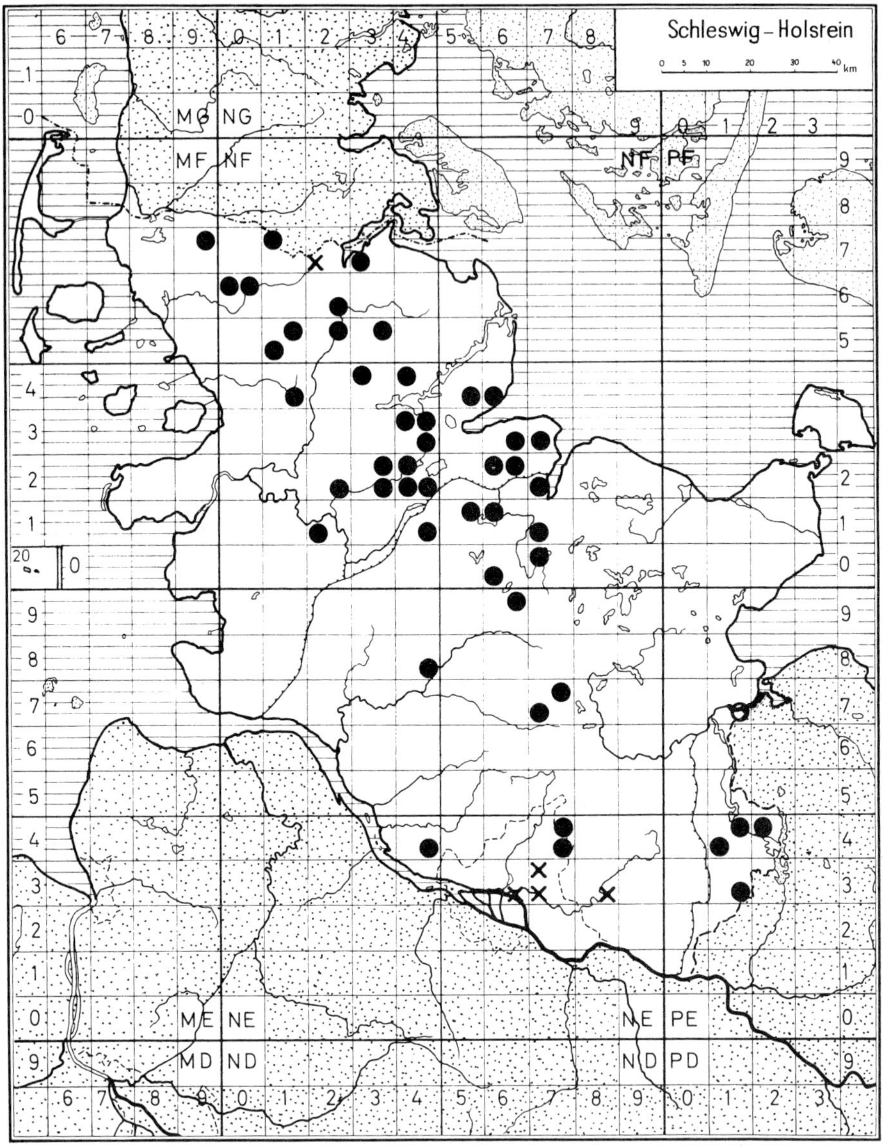


Abb. 5: Verbreitungskarte von *Aeshna subarctica*, einer Art der *Sphagnum*-Moore. Das Verbreitungsbild entspricht weitgehend der Verbreitung geeigneter Moore und ist gegenüber dem von *A. juncea* stärker spezialisiert.

geeigneten Biotope. Diese Arten sind als Indikatoren für den Zustand der betreffenden Biotope geeignet. Von den Aeshniden sind nur 3 Arten hier anzuführen:
3.1 *Aeshna viridis*: sie ist gebunden an Gewässer mit Krebsscheren (*Stratiotes aloides*), entwickelt sich also vorzugsweise in Flachmooren des westlichen und südlichen Geestrandes von Schleswig-Holstein und im Lübecker Raum, außerdem ist sie in geringerer Zahl an den mäßig eutrophen Seen mit lichten Krebsscherenbeständen im Bereich der ostholsteinischen Seenplatte anzutreffen. In jüngster Zeit verschwindet die Krebsschere und damit *A. viridis* jedoch immer mehr im Gefolge der Seeneutrophierung und der Umwandlung der Flachmoore in Fischteiche (vgl. SCHMIDT 1975b).
3.2–3.3 *Aeshna juncea* und *A. subarctica* (Abb. 4 + 5): Moorarten mit Schwerpunkt im nährstoffarmen Moor, wobei *A. subarctica* an flutende *Sphagnum*-Rasen ('Hochmoore') gebunden ist, während *A. juncea* auch noch im mesotrophen Bereich (Zwischenmoore) optimal ist und bis in nährstoffreichere Flachmoore vorkommen kann. *A. juncea* ist dementsprechend die weiter verbreitete Art, ihre Verbreitungskarte müßte die Fundpunkte von *A. subarctica* voll einschließen; Ausnahmen beruhen auf Einzelfunden von Wanderern (wie in Kiel) oder Funden aus unvollständig erfaßten Biotopen (wie im südlichen Holstein). *A. subarctica* fehlt in der Marsch, in Ostangeln und in Ostholstein, wo es keine Hochmoore gibt, und auch auf den Geestinseln (Amrum, Sylt), in deren Dünenmooren höchstens *A. juncea* nachgewiesen werden konnte. Der Vergleich z. B. mit der Abb. 2 zeigt, daß hier nicht etwa ein Fehlen nur durch mangelnde Untersuchungsintensität vorgetäuscht wird. Die geringere Funddichte von *A. subarctica* im Süden des Landes ist nicht nur auf die geringere Untersuchungsintensität zurückzuführen, sondern vor allem darauf, daß dort die Hochmoore weniger ausgedehnt waren und stärker entwässert und abgetorft wurden.
In jüngster Zeit machen sich jedoch auch im Norden Moorkultivierungen und die vollständige Verlandung der aus der Nachkriegszeit stammenden Torfstiche in einem Rückgang der Individuendichte und der Fundorte bemerkbar, die sich noch nicht im Kartenbild niederschlagen. Innerhalb der nächsten 10 Jahre ist mit einem Verschwinden von *A. subarctica* an vielen der eingetragenen Fundorte zu rechnen. Insgesamt sind bei dieser Hochmoorart, deren Verbreitung im Lande speziell untersucht wurde (SCHMIDT 1964b), nur wenige ältere Funde nicht bestätigt worden; diese liegen durchweg bei größeren Städten (Flensburg, Lübeck, Hamburg), wo die früheren Biotope umgestaltet worden sind (bei den anderen Arten fehlen dagegen in solchen Fällen meist nur neuere Nachuntersuchungen, vgl. z. B. Abb. 2).

## 4. Südliche Arten

4.1 *Aeshna isosceles* (Abb. 6): im Norden des Landes praktisch fehlend (der eine isolierte Fundpunkt NF 57: Gelting Birk beruht auf einem nur als Wanderer an-

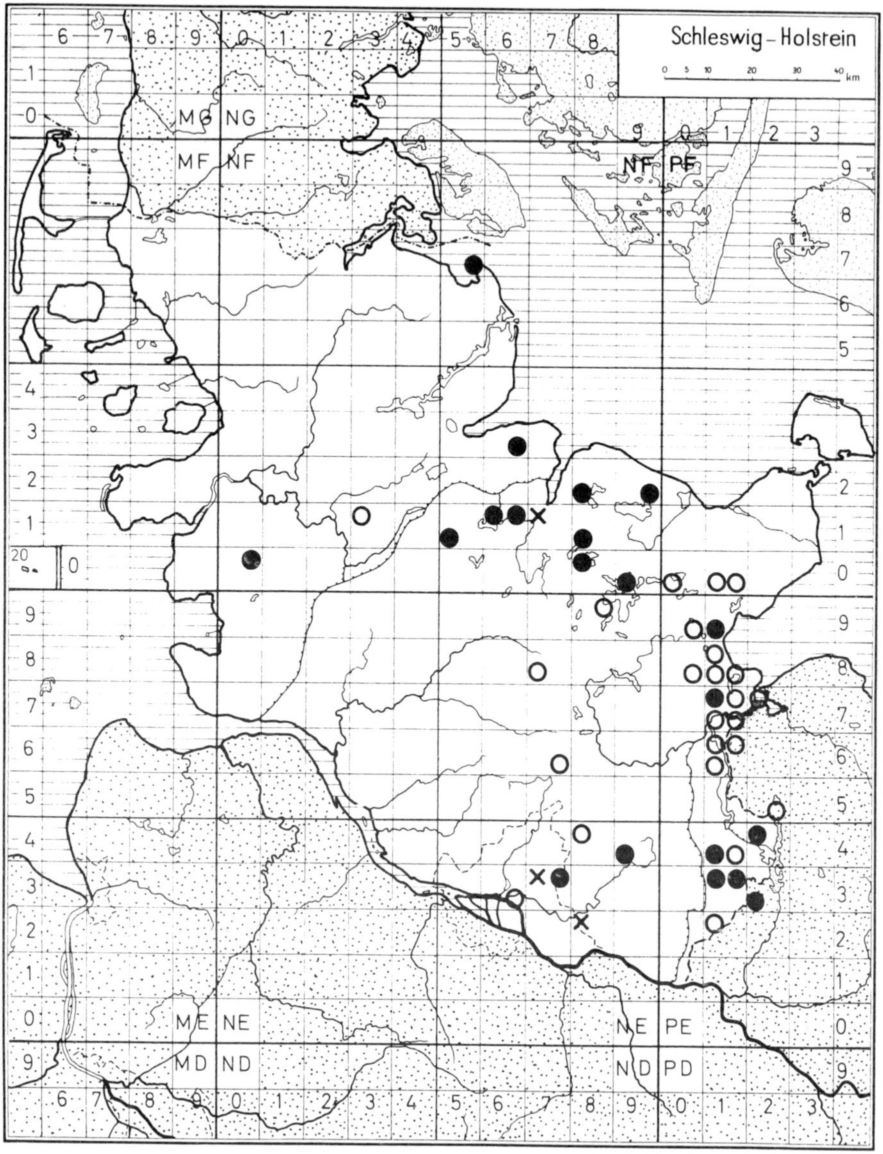


Abb. 6: Verbreitungskarte von *Aeshna isosceles*, einer aus klimatischen Gründen im wesentlichen auf den südlicheren Landesteil beschränkten mediterranen Frühjahrsart (vgl. mit Abb. 3).

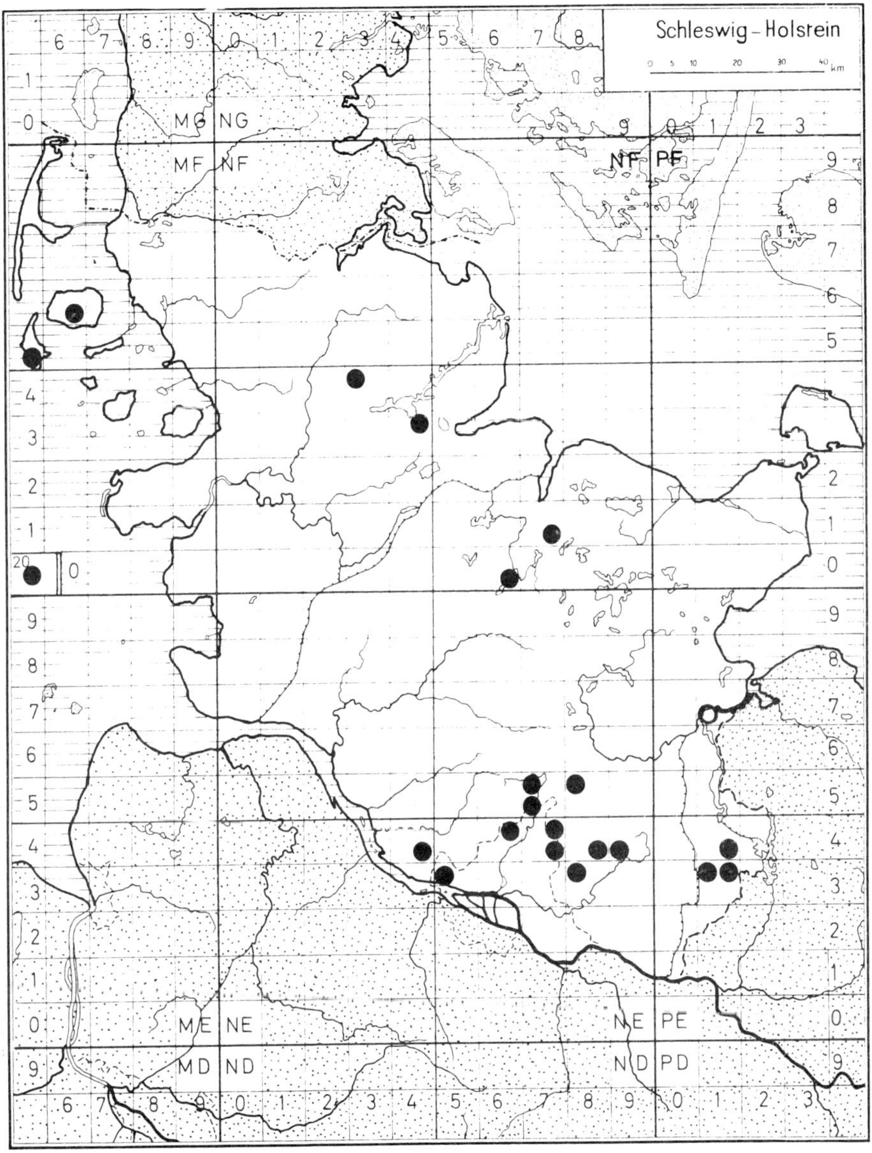


Abb. 7: Verbreitungskarte von *Anax imperator*, der nur im Süden regelmäßiger nachgewiesen ist, sonst nur Einzelfunde von Wanderern.

zusprechenden Tier), im Raum Kiel zwar mehrfach, jedoch meist nur in einzelnen günstigeren Jahren, im Raum Hamburg auffallend selten, erst im Südosten etwas häufiger und dort wohl zumindest in guten Jahren bodenständig. Diese Aussagen lassen sich gut sichern durch einen Vergleich mit der Fundverteilung von *Brachytron pratense* (Abb. 3), das an den bevorzugten Biotopen von *A. isosceles* (Flachmoore und verschilfte Seeufer) auch optimal vertreten ist, zur gleichen Zeit (aber kürzer) fliegt und unauffälliger ist: *A. isosceles* hat nur im Raum Lübeck/Mölln, also dem Landesteil mit der höchsten Sommerwärme und dem geringsten Meereseinfluß, eine höhere Fundortdichte als *B. pratense*, im Raum Hamburg und Kiel dagegen eine deutlich geringere; weiter im Norden ist dann praktisch nur noch *B. pratense* nachgewiesen. In Dänemark und Südschweden ist *A. isosceles* wieder mehrfach belegt, aber auch deutlich seltener als *B. pratense*. Die Verbreitungslücke im Landesteil Schleswig entspricht somit dem Phänomen des ‘Atlantischen Klimakeiles’ in jenem Gebiet (vgl. PIONTKOWSKI 1970).

4.2 *Anax imperator*: diese im übrigen Deutschland verbreitete Großlibelle ist in Schleswig-Holstein erst in jüngerer Zeit verschiedentlich beobachtet worden mit deutlicher räumlicher und zeitlicher Häufung im Süden von Schleswig-Holstein. Es dürfte sich überwiegend um Wanderer handeln, die von Süden her einfliegen und möglicherweise in guten Jahren lokal vorübergehend bodenständig werden könnten. Das Fehlen älterer Funde (vor 1960 nur 1 Fund bei Lübeck) erklärt sich daraus, daß die Art als Einzeltier meist sehr schwer zu fangen (ausdauernder Flug über unzugänglichen Schwimmblattzonen) und am ehesten durch Fernglasbeobachtung nachzuweisen ist, diese hat sich aber erst in jüngerer Zeit eingebürgert. Aus Skandinavien nicht nachgewiesen.

4.3 *Anax parthenope* hat in Norddeutschland einen Verbreitungsschwerpunkt an den mecklenburgischen Seen, in Schleswig-Holstein ist die Art ein seltener Einwanderer (2 Funde an den östlichen Seenplatten: Plön, bei Mölln, ein Fund an der Küstenwanderstraße: Sylt).

4.4 *Hemianax ephippiger*: nur ein Einzelfund (HEYMER 1962) eines Irrgastes bei Kiel, der wahrscheinlich von Südfrankreich (wenn nicht von noch weiter her) eingeflogen ist und damit eine gewaltige Wanderleistung belegt.

## 5. Artengefälle innerhalb von Schleswig-Holstein

Innerhalb von Schleswig-Holstein ist auf dem Festland ein erhebliches Artengefälle von Süden bzw. Südosten nach Norden zu verzeichnen. Zu verdeutlichen ist es am besten an den Artensummen der Teilgebiete, deren Artenbestand vollständig erfaßt sein dürfte: Flensburg im Norden (Festland nördlich der Linie Husum-Schleswig), Kiel (mit Umland bis etwa Eckernförde-Rendsburg-Neumünster-Plön) in der Mitte, Hamburg (Stadtgebiet und Umland: GLITZ 1970) im Süden und der Raum Lübeck/Lauenburg (SCHMIDT 1975a) im Südosten (Tab. 1).

Tabelle 1. Artengefälle für die Libellen in Schleswig-Holstein

| | Mediterrane Arten | Eurosibirische Arten östliche | Eurosibirische Arten übrige | Summe |
|---|---|---|---|---|
| Flensburg | 12 | 4 | 23 | 39 |
| Kiel | 19 | 7 | 23 | 49 |
| Hamburg | 22 | 8 | 24 | 54 |
| Lübeck/Lauenburg | 20 | 11 | 24 | 55 |
| Schleswig-Holstein und Hamburg insgesamt | 25 | 12 | 24 | 61 |

Die Aufgliederung der Artensummen nach Verbreitungstypen zeigt, daß das Artengefälle vor allem zu Lasten der mediterranen Arten (Maximum im Raum Hamburg, also im Süden, relativ geringer Abfall bis Kiel, dann zum Norden hin sprunghaft auf etwa die Hälfte der Gesamtzahl mediterraner Arten des Gebietes) und der östlichen Arten (Maximum im Raum Lübeck, also im Südosten, Abfall auf etwa 2/3 der Gesamtzahl sowohl nach Hamburg als auch nach Kiel zu, dann zum Norden hin sprunghaft auf 1/3 der Gesamtzahl) geht, während alle übrigen eurosibirischen Arten (nur mit Ausnahme von *Somatochlora arctica*) im gesamten Lande vorkommen oder vorkamen. Ursächlich für das Artengefälle ist daher nicht etwa eine ungünstigere Ausstattung mit Libellenbiotopen im Norden, sondern vornehmlich der klimatische Gradient, d. h. die dortige geringere Zahl an Sommertagen und stärkere Ausprägung einer Monsunzeit besonders in den Monaten Juli/August (letzteres gilt nicht für den Küstensaum, der aber durch den Windeinfluß und die Einseitigkeit in den Biotopen für Libellen ungünstig ist). Die Divergenz der beiden Gruppen (Maximum der mediterranen Arten im Süden: Hamburg, Maximum der östlichen Arten im Südosten: Lübeck/Lauenburg) entspricht der Richtung zu den Hauptverbreitungsgebieten.

## Literatur


CASPERS H. (1942): Die Landfauna der Insel Helgoland. *Zoogeographica* 4: 127–186.

EMEIS W. Die Libellen. In H. MÖLLER (Edit.): Das Satrupholmer Moor, p. 154. Neumünster 1941.

FABRICIUS, J. (1798): Supplementum Entomologiae Systematicae Kopenhagen, Proft et Storch.

FISCHER, Ch. (1970): Zur Libellenfauna des Landesteils Schleswig. *Die Heimat* 77: 146–149.

FISCHER, Ch. (1972): Beitrag zur Odonatenfauna des Landesteils Schleswig. Funde 1970. *Die Heimat* 79: 111–114.

GLITZ, D. (1970): Vorläufige Odonatenartenliste mit Verbreitungsdiagrammen aus Hamburg für den Zeitabschnitt von 1872 bis 1970. *Jahrb.* 1970 (7. *Jahrg.*) *Bd.* 3 *des Deutschen Jugendbundes für Naturbeobachtung* (Selbstverlag Hamburg): 123–158.
HEYMER, A. (1962): *Hemianax ephippiger* (BURMEISTER) am Selenter See (Schleswig-Holstein) (Odonata; Anisoptera) *Beitr. ent.* 12:527–528.
LOHMANN, H. (1965): Naturkundlicher Bericht über das Fehmarn-Sommerlager 1964, B. Odonatologie. *Jahrb.* 1964/65 (4. *Jahrg.*) *des Deutschen Jugendbundes für Naturbeobachtung*: 111–115.
PETERS, H. (1896): Exkursionsberichte. *Ill. Wochenschr. Ent.* 1: 131, 195
PIONTKOWSKI, H.-U. (1970): Untersuchungen zum Problem des Atlantischen Klimakeils. Kiel (*Mitt. AG Floristik in Schleswig-Holstein u. Hamburg* 18).
ROSENBOHM, A. (1931): Die Libellen der Umgebung von Hamburg. *Verh. Ver. naturw. Heimatforschung zu Hamburg* 23: 114–127.
SCHMIDT, E. (1964a): Biologisch-ökologische Untersuchungen an Hochmoorlibellen. *Zeitschr. wiss. Zool.* 169: 313–386.
SCHMIDT, E. (1964b): Zur Verbreitung und Biotopbindung von *Aeschna subarctica* WALKER in Schleswig-Holstein (Odonata). *Faun. Mitt. Nordd.* 2 (7/8): 197–201.
SCHMIDT, E. (1966): Die Odonatenfauna des Landesteils Schleswig. *Faun.-Ökol. Mitt.* 3 (1/2): 51–66
SCHMIDT, E. (1971): Ökologische Analyse der Odonatenfauna eines ostholsteinischen Wiesenbaches. *Faun.-Ökol. Mitt.* 4: 48–65
SCHMIDT, E. (1973): The Use of Punch Cards in the Survey of the European Odonate Fauna. *Odonatologica* 2: 39–43
SCHMIDT, E. (1974): Faunistisch-ökologische Analyse der Odonatenfauna der Nordfriesischen Inseln Amrum, Sylt und Föhr. *Faun.-Ökol. Mitt.* 4: 401–418.
SCHMIDT, E. (1975a): Die Libellenfauna des Lübecker Raumes. *Ber. Ver. Nat. H. Nat. Hist. Mus. Lübeck* 13/14: 25–43
SCHMIDT, E. (1975b): *Aeshna viridis* EVERSMANN in Schleswig-Holstein, Bundesrepublik Deutschland (Anisoptera: Aeshnidae). *Odonatologica* 4: 81–88
TIMM, W. (1906): Verzeichnis der in der Umgebung von Hamburg vorkommenden Odonaten. *Insekten-Börse* 23: 134–135, 147–148, 151, 155.

## Diskussion

MORGE: Es ist verwunderlich, daß in einem so gut untersuchten und kleinen Raum eine weiße Stelle ist. Welche Ursachen hat das?

SCHMIDT: Das sind die Gebiete, die abseits der Haupt-Entomologenwanderwege liegen.

P. MÜLLER: Ich möchte darauf hinweisen, daß es von größter Bedeutung ist, diese Artsummenkarte sozusagen als Informationskataster des Bearbeitungsstandes auf der entsprechenden Gridbasis zu haben. Sonst würden Sie nicht festgestellt haben, daß da ein weißer Raum ist.

SCHMIDT: Es erweist sich, daß in dem Augenblick, in dem die Funddaten ein bestimmtes Maß überschreiten, und dieses Maß ist überraschend gering, die räumliche Zuordnung nicht mehr möglich ist. Es war also eine ganz große Überraschung, daß z.B. *Aeshna isosceles* auf den

Süden beschränkt ist, denn es lagen bis an den nördlichen Rand des Gebietes Funde vor, die Dichte schien der Bearbeitungsdichte zu entsprechen. Das Kartenbild war dann tatsächlich eine starke Hilfe, um die wirkliche Verbreitung zu sehen. Zugleich zeigt erst das Kartenbild, wo Bearbeitungslücken sind, die man daraufhin gezielt angehen kann. Die Karte ist ein ganz wesentliches Hilfsmittel, aber dazu gehört meines Erachtens, daß die Daten nicht einfach faunistisch aufgenommen werden, sondern daß man einen großen Teil des Gebietes gut genug kennt, um die Arten nach der Fundwahrscheinlichkeit gewichten zu können als Basis für differenzierte Analysen, wie sie hier vorliegen.

VARGA: Kennen Sie vielleicht einige Angaben darüber, ob *Anax parthenope* bzw. ihre Larve irgendwo im Brackwasser vorkommen kann?

SCHMIDT: In der Camargue ist die Art in den Lagunen häufig, also muß sie gut Brackwasser vertragen können.

VARGA: Ja, weil die Angaben aus der ungarischen Tiefebene mit dieser Beobachtung gut übereinstimmen. Diese Art ist bei uns und auch am Neusiedlersee in Österreich am häufigsten in Gewässern, die einen ziemlich hohen Salzgehalt haben.

SCHMIDT: Die Einwanderung von *A. parthenope* kommt in Schleswig-Holstein wohl nicht aus dem Süden, obwohl es eine südliche Art ist, sondern aus dem Gebiet der mecklenburgischen Seenplatte. *A. imperator* dürfte aber eher aus Niedersachsen zu uns kommen.

VARGA: Möchten Sie vielleicht auch solche Populationsstudien vornehmen, die über die Populationsstruktur der einzelnen Arten etwas sagen können? In isolierten Gewässern gedeihen in bestimmten Fällen mehr oder weniger zusammenhängende Großpopulationen (wie es bei *Anax imperator* unbedingt der Fall ist) oder aber isolierte Kleinpopulationen, für die es Fälle vielleicht unter den Zygopteren gibt.

SCHMIDT: Es gibt einige Libellenarten, die durch ihr Leben in Kleingewässern kennzeichnend sind, z.B. *Ischnura pumilio, Lestes barbarus, Libellula depressa.* Das sind zugleich Arten, die auch Tümpelbewohner sind. Solche Populationsuntersuchungen sind von mir gemacht worden in einem Hochmoor bei Kiel vor allem an *Aeshna subarctica* (SCHMIDT 1964a).

P. MÜLLER: Würde eine Karte der Larvenfunde, also das eigentliche Areal, von den Imagokarten abweichen?

SCHMIDT: Das ist bei Libellen schwierig zu beantworten. Prinzipiell ist die Bodenständigkeit erst durch Larvenfunde nachgewiesen. Doch können Libellen auch nur zeitweilig, z.B. in günstigen Jahren, zur Entwicklung kommen. Es genügt dazu die Einwanderung von einzelnen Weibchen, die hier Eier legen. Bei den häufigen Arten ist es egal, ob man mit Larven oder Imagines arbeitet, beide sind gleich gut zu erfassen. Kritisch sind die Arten mit geringer Abundanz, denn deren Larven haben geringe Fundwahrscheinlichkeit.

MALICKY: Ich möchte Einspruch erheben gegen die Unterstellung, das Areal der Larven wäre das eigentliche Areal einer Art. Das Areal einer Art setzt sich aus dem aller Entwicklungsstadien zusammen. Wo die Larve sich nicht entwickeln kann, kann die Art zwar (als Larve) nicht leben, aber Analoges gilt auch für die Imago. Eine Art kann nur dann irgendwo existieren, wenn alle Lebensfunktionen realisiert sind. Bei Insekten wie bei allen anderen nicht sessilen

Tieren sind aber die verschiedenen Funktionen wie Nahrungsaufnahme, Wachstum, Fortpflanzung räumlich getrennt; dazu kennt man die Begriffe funktionelle bzw. metabole Allaxotopie. Das Areal irgendeines Entwicklungsstadiums oder irgend einer Funktionsbindung als das 'eigentliche' Areal der Art zu bezeichnen ist der Versuch, die Zoozönologie mit Gewalt an das Schema der Phytozönologie anzupassen, und das ist nicht zulässig.

*Verh. des Sechsten Int. Symp. über Entomofaunistik in Mitteleuropa 1975, Junk, The Hague.*

# Ethologische Aspekte in der Lokalfaunistik der Odonaten

VLADIMÍR TEYROVSKÝ

*Summary*

Adult Odonata may be mainly found in localities which are not necessarily the biotopes of the immature stages. The optical aspect of the surrounding vegetation of ponds seems to be the releasing factor for territorial behaviour. This is demonstrated with *Ischnura pumilio* and *I. elegans*.

Als ich vor mehr als 50 Jahren anfing, mich mit dem Studium der Odonaten, hauptsächlich ihrer Faunistik in den tschechischen Ländern, zu befassen, fiel es mir sehr bald auf, daß ich den fliegenden Exemplaren der Coenagrioniden-Art *Ischnura pumilio* (CHARP.) viel seltener begegnete als denen der anderen in Mitteleuropa vorkommenden Art der Gattung, *I. elegans* (V.D. LIND.), und daß ich damals zugleich die erwähnten Imagines von *I. pumilio* nur an den Ufern der kleinen Tümpel sammelte, welche sich in der nächsten Umgebung der primitiven Ziegeleien befanden und wo dagegen *I. elegans* verhältnismäßig sehr selten erschien. In dem damals von mir benutzten Bestimmungsbuch von RIS (1909) las ich dann folgendes: *I. elegans:* 'Überall in Deutschland gemein ...'; *I. pumilio:* 'In Deutschland und in der Schweiz sporadisch, hier besonders an Lehmtümpeln ...'. Besonders diese letzte Charakteristik stimmte sehr gut mit meinen Erfahrungen überein: Gerade für die Tümpel bei den alten Ziegeleien paßt der Ausdruck 'Lehmtümpel' sehr gut, und das sporadische Vorkommen der Art könnte leicht auf die zerstreute Lage der Ziegeleien mit ihren typischen Lehmtümpeln zurückgeführt werden. Das Vorkommen der *I. pumilio* an den Lehmtümpeln betonen auch andere Verfasser (z.B. TÜMPEL 1901, 1922, FRÖHLICH 1903, E. SCHMIDT 1929, MAY 1933, SCHIEMENZ 1953). Weil SCHIEMENZ dabei den Terminus 'Biotop' benützt, scheint es nicht ausgeschlossen zu sein, daß das regelmäßige Vorkommen der fliegenden Imagines an den Lehmtümpeln leicht zur Vorstellung führen könnte, daß der Lehmtümpel als solcher für *I. pumilio* einen spezifischen, arttypischen Biotop im wahren Sinne darstelle.

Im Verlauf der letzten Dezennien konnte eine allmähliche fortschreitende Steigerung des zahlenmäßigen Standes von *I. pumilio* und auch ihr Vorkommen an anderen Gewässern als gerade den Tümpeln in der Umgebung der alten Ziegeleien beobachtet werden – offenbar ein Ergebnis der fortgesetzten Ausbreitung dieser ostmediterranen Art gegen Norden hin (vgl. ähnliche Beispiele, etwa die Türkentaube u.a.). Auffallend war dabei, daß diese anderen Orte räumlich, d.h. selbstverständlich auch optisch ähnlich gestaltet waren wie die Umgebung der erwähnten Lehmtümpel: diese sind nämlich fast immer von einem flachen Ufer umgeben, das von niedrigem Gras, Potentilla u.a. bewachsen ist, und aus dieser niedrigen Vegetation ragen nur hier und da verhältnismäßig hohe, gewöhnlich sehr schwache Juncus-Büschel, Rumex-Stengel o.ä. empor. Zwischen diesen mageren isoliert wachsenden Pflanzen fliegen über dem niedrigen Rasen die Individuen von *I. pumilio* umher. Besucht man jedoch ein Gewässer von ganz anderem Charakter, wo aber das Ufer stellenweise ein ähnliches Bild darbietet wie das Ufer eines Lehmtümpels, kann man auch an diesen Stellen eine ähnliche Konzentrierung der Imagines von *I. pumilio* beobachten, die jedoch in den manchmal auch nicht weit entfernten zusammenhängenden, relativ dichten Streifen von Juncus, Phragmites, Typha, Glyceria u.a. fehlen, die gewöhnlich die Domäne der Imagines von *I. elegans* sind. Auch das Vorhandensein z.B. eines Lemna-Überzuges der Wasseroberfläche eines Gewässers mit den daraus emporragenden isolierten Schachtelhalmen kann als ein optisches Ganzes ähnlich anziehende Wirkung auf die Imagines von *I. pumilio* ausüben; das Gewässer selbst muß nicht gerade ein Lehmgewässer sein.

Nur im Bezirk Osoblaha in Tschechisch-Schlesien (TEYROVSKÝ 1965) stellte ich einige Ausnahmen fest: In den Jahren 1961 und 1962 war dort *I. pumilio* sehr häufig, *I. elegans* dagegen verhältnismäßig sehr spärlich, und obendrein sammelte ich nicht wenige Imagines von *I. pumilio* auch in den dichten Streifen der hohen Ufervegetation.

Dies alles regt zu einer Analyse zwecks Ermittlung der Grundlage der hier geschilderten, wenigstens örtlich zum Vorschein kommenden Standort-Vikarianz der genannten Arten an. Inwieweit beruht die Bevorzugung der für die Ufer der Lehmtümpel charakteristischen Vegetation durch *I. pumilio* direkt auf der Funktion eines entsprechenden angeborenen Schemas (dieser Ausdruck scheint mir in diesem Zusammenhang passender zu sein als sein späterer Ersatz 'angeborener auslösender Mechanismus'), und inwieweit wirkt hier vielleicht auch die Territorialität mit? Die erwähnten Ausnahmen im Bezirk Osoblaha könnte man wenigstens hypothetisch als Folge dessen deuten, daß durch die starke Herabsetzung des Bestandes von *I. elegans*, einer robusteren und vielleicht aggressiveren Art, den Individuen von *I. pumilio* der Zutritt in die hohe dichte Vegetation frei geworden war. Jedenfalls überzeugen uns die mitgeteilten Tatsachen, wie falsch es wäre, in manchen Fällen, speziell bei adulten fliegenden Libellen, das regelmäßige Vorkommen irgendeiner Art an einem bestimmten Standort-Typus einfach 'Biotop-Bindung' zu nennen. Nicht nur im Fall von *I. pumilio*, sondern auch bei den Imagines von verschiedenen anderen Libellen-Arten kann man Erscheinungen beobachten, die darauf hindeuten, daß für ihr Umherfliegen über einem bestimmten Landstück die Struktur des optischen Feldes von Bedeutung ist: z.B. ein von seinen Artgenossen aus dem Bereich eines Teiches verjagtes Männchen von *Anax imperator* LEACH kann nach meiner Beobachtung von einer abseits der Teichgegend liegenden ebenen, flachen Wiese, die von Getreidefeldern umgeben ist, wie von einem Teich mit seiner Schilf-Umrandung angezogen werden. Teich und Wiese stellen zwei sehr unterschiedliche Biotope dar; dieser Fall zeugt daher gegen die Auffassung des Aufenthaltes von *Anax imperator* über dem Wasserspiegel eines großen Bassins als einer Art wahrer Biotop-Bindung. Als Biotope der Art können hier nur die den Bedürfnissen der Larven entsprechenden Milieux der Gewässer bezeichnet werden, nicht aber der Raum über dem Gewässer oder seinem Ufer, wo das erwachsene Tier seine Nahrung jagend umherfliegt, denn diese Tätigkeit kann es unter Umständen ziemlich leicht anderswohin übertragen, wenn nur dieser andere Raum seiner Gestaltung nach dem groben optischen Schema entspricht, das auch der nunmehr verlassene vorherige Ort aufwies. Optische Eindrücke, die in diesen und ähnlichen (auch bei manchen Vögeln zu beobachtenden) Fällen für das Verhalten der Individuen maßgebend sind, gehören nicht zu den elementaren Lebensbedingungen, deren örtlich mehr oder weniger scharf umgrenzte Komplexe Biotope oder Lebensstätten heißen; soweit sich also in der mehr oder weniger regelmäßigen Beziehung einer Tierart zum Standort (wenigstens vorwiegend) die Wirkung seiner räumlichen, optisch wahrzunehmenden Gestaltung äußert, wähle ich für den Standort die Bezeichnung 'Terrain' (TEYROVSKÝ 1957). In konkreten Fällen koinzidiert freilich manchmal ein bestimmtes Terrain mit einem für die Art typischen Biotop; man darf nur nicht vergessen, daß ein Standort nur so lange die Bezeichnung 'Biotop' tragen kann, als er auf die hier als passives Element auftretenden Organismen selektiv oder modifizierend wirkt. In dem Gefüge Terrain – Tier bleibt das Tier durchaus nicht passiv; es kommt vielmehr seine Aktivität als wahrnehmendes und handelndes Subjekt zur Geltung. Nicht das Tier allein, sondern auch der Standort wird hier zum Gegenstand einer Selektion.

Jedenfalls scheint es mir empfehlenswert, den hier angedeuteten ethologischen Aspekten in den lokalfaunistischen Arbeiten Rechnung zu tragen, wo die Beziehung Art/Standort-Typus aufs genaueste definiert werden soll.

## Literatur

FRÖHLICH, C. (1903): Die Odonaten und Orthopteren Deutschlands mit besonderer Berücksichtigung der bei Aschaffenburg vorkommenden Arten. Jena.

MAY, E. (1933): Libellen oder Wasserjungfern (Odonata). In: Die Tierwelt Deutschlands, vol. 27. Jena.

RIS, F. (1909): Odonata. In: Die Süßwasserfauna Deutschlands. Jena.

SCHIEMENZ, H. (1953): Die Libellen unserer Heimat. Jena.

SCHMIDT, E. (1929): Libellen, Odonata. In: Die Tierwelt Mitteleuropas, Insekten, 1. Teil/4. Leipzig.
TEYROVSKÝ, V. (1957): Zoogeografie. (Hochschullehrtext, tschechisch). Praha-Olomouc.
TEYROVSKÝ, V. (1965): Studien der Libellenfauna des Gebietes von Osoblaha. *Vortr. ent. Symp. 22.–24. Sept. 1964, 150. Jahrfeier Schles. Mus. Opava*, pp. 259–284. Opava.
TÜMPEL, R. (1901, 1922): Die Geradflügler Mitteleuropas. 1. Aufl. Eisenach, 2. Aufl. Gotha.

## Diskussion

SCHMIDT: Es ist methodisch schlecht zu trennen, ob die Art *I. pumilio* die offenen Stellen mit lichterer Vegetation von sich aus aufsucht oder ob sie von Stellen mit dichterer Vegetation durch die größere *Ischnura elegans* vertrieben wird. Ein faunistischer Hinweis noch: die Art *I. pumilio* kommt in den nördlichen Teilen von Schleswig-Holstein praktisch nur an der Küste, die wahrscheinlich als Wanderweg dient, vor und bevorzugt dort Brackwasser-Kuhlen, die zum Deichbau ausgehoben werden, an den Stellen, die keine dichte Vegetation haben.

*Verh. des Sechsten Int. Symp. über Entomofaunistik in Mitteleuropa 1975, Junk, The Hague.*

# Verbreitung und Biologie der submersen Blattlaus *Aspidaphium cuspidati* STROYAN, 1955, und anderer Wasserpflanzen-Aphiden

FRITZ PAUL MÜLLER

*Summary*

Among some other aphids living on aquatic or temporarily submerged plants the species *Staticobium limonii* (CONTARINI, 1847) needs peculiar attention. The aphid which hitherto had been known from the sea shore of Italy and West Europe including the costal regions of the North Sea was found on Limonium vulgare MILL. also on the southern shore of the middle Baltic Sea. The host plant grows on flat salt-meadows. Like in West Europe these sites may be temporarily submerged. Probably as an adaptation to submersion the stigmal pori of *S. limonii* are hidden behind tubercles directed caudad. The aphid *Aspidaphium cuspidati* STROYAN described from England and recently recorded from Czechoslovakia has also been found near Rostock. Here the species could be detected only in such sites where its host plant, the moss Acrocladium cuspidatum (L.) LINDB., was growing in the border of ponds with its basal parts surrounded by water. When placed on Acrocladium cuspidatum stems standig with their basal half in water, the aphids always immediately moved below the water-level. *A. cuspidati* overwinters anholocyclically by a particular hibernating morph. On the finding sites the host plants were completely covered by water for a long time during winter and early spring.

Es ist eine wenig bekannte Tatsache, daß einige Arten der Blattläuse (Aphiden) im Wasser wachsende oder zeitweise überflutete Pflanzen besiedeln und besondere Anpassungen an diese hochspezialisierte Lebensweise besitzen. Diese Aphiden gehören zu verschiedenen, nicht unmittelbar miteinander verwandten Gattungen.

*Rhopalosiphum nymphaeae* (L.) ist über die ganze Erde verbreitet und besiedelt neben Nymphaeaceen zahlreiche Wasser- und Sumpfpflanzen, z.B. Lemna, Hottonia palustris und Trapa natans. Ich fand sie an nichtblühenden Pflanzen von Utricularia vulgaris und an Elodea densa. Die Aphiden saßen in diesen Fällen auf den an der Wasseroberfläche befindlichen Blattspitzen und -teilen. Ihre Oberfläche wird nicht benetzt. Sie erreichen ihre Wirtspflanzen schwimmend und lassen dabei dem Vorwärtskommen dienende Beinbewegungen erkennen. *R. nymphaeae* vollführt in Mitteleuropa Wirtswechsel mit Prunus-Arten, überwintert aber auch anholozyklisch an Wasserpflanzen in Gewächshäusern und sogar in Aquarien in Privatwohnungen.

Die Blattlaus kann dabei durch Massenauftreten an verschiedenen Wasser- und Sumpfpflanzen Schaden verursachen und sogar Wasserfarne, z.B. Azolla und Salvinia sehr stark befallen.

Einige Arten leben an Pflanzen, deren Standorte zeitweise überflutet werden. *Sipha littoralis* (WALKER) lebt im Gezeitenbereich der schleswig-holsteinischen Nordseeküste an den Gräsern Pucciniella maritima und Spartina townsendii und überlebte in den Experimenten von REGGE (1972) Dauerüberflutung mit Salzwasser von 1,5% maximal 7, mit Leitungswasser maximal 9 Tage.

*Staticobium limonii* (CONTARINI, 1847), monophag an Limonium vulgare MILL. (= Statice limonium, Strandflieder), war bisher nur von Strandgebieten des Mittelmeeres und Westeuropas einschließlich der Nordsee bekannt. Die Wirtspflanze wächst ausschließlich an flachen Meeresküsten auf offenen Salzsümpfen und Schlickflächen, die bei Flut mehr oder weniger überspült werden. Meine Mitarbeiterin ILSE CLAUSER fand die Blattlaus auch an der Ostseeküste, und zwar in der Mecklenburger Bucht auf der sumpfigen Salzwiese zwischen dem Festland und der Insel Poel. Die Fundstelle ist bei hohem Wasserstand infolge besonderer Windverhältnisse manchmal überflutet.

Während der Blütezeit von Limonium vulgare saugen die Aphiden an den Blütenständen, in der übrigen Zeit sitzen sie in dichten Kolonien an der Unter- oder Oberseite der Blätter. Zuchthaltung im Freiland-Insektarium hat gezeigt, daß die Eier blattunterseits abgelegt werden, und daß die Fundatrizen und die nachfolgende Generation oberseits der nach längs nach oben eingerollten jungen Blätter saugen. Die Herbst- und Frühjahrsgenerationen sowie die überwinternden Eier sind deshalb lang andauernden Überflutungen ausgesetzt.

Zusammenschluß in dichten Kolonien und im Frühjahr das Verbergen in den eingerollten Blättern sind offenbar Verhaltensweisen, durch welche die Tiere einen gewissen Schutz gegen schädliche Einwirkungen des Wassers haben. Eine weitere Anpassung an periodisch submerse Lebensweise sind nach HILLE RIS LAMBERS (1939) die tuberkelförmigen Stigmenplatten des Abdomens. Diese höckerähnlichen Bildungen sind caudalwärts vorgewölbt und bedecken so die hinter ihnen liegenden Stigmenöffnungen (Abb. 1).

Die hochspezialisierte Lebensweise in Verbindung mit dem disjunkten Areal der Wirtspflanze hat Isolation der einzelnen Populationen zur Folge gehabt. Es war deshalb nicht überraschend, daß die an der Ostseeküste gesammelten Virgines im Vergleich mit westeuropäischen Literaturangaben Unterschiede im Fühlerbau sowie in der Behaarung des VIII. Abdominaltergits und der Cauda zeigten. Die Sexuales der Ostsee-Form erhielt ich durch Zuchthaltung im Freiland-Insektarium. Sie differierten in den gleichen Merkmalen von den westeuropäischen Sexuales, für die bisher eine Beschreibung von JACOB (1948) aus England vorliegt. Eine Bearbeitung dieses Formenkreises erscheint wünschenswert. Sie müßte die aus der Ukraine beschriebene *S. latifoliae* BOZHKO, 1950, die von SZELEGIEWICZ (1968) in Ungarn

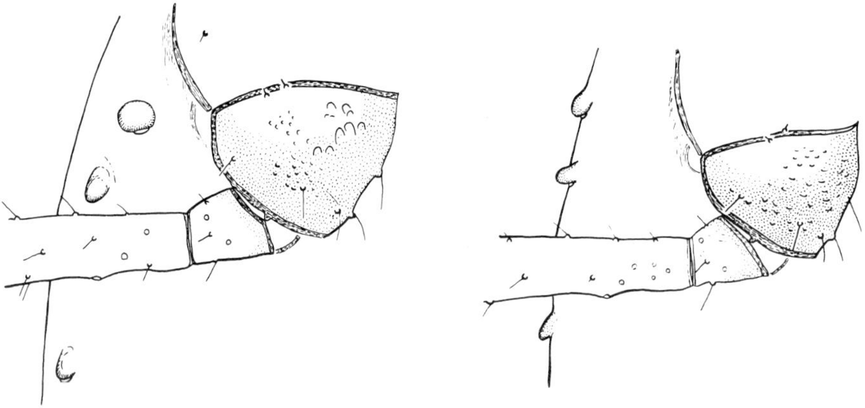

Abb. 1. Tuberkelförmige Stigmenplatten der Abdominalsegmente I–III der Fundatrix von *Staticobium limonii* (CONTARINI). Vergrößerung 120 x.

von Limonium gmelini gesammelt wurde, sowie weitere in Westasien beheimatete Aphiden der Gattung *Staticobium* MORDVILKO, 1914, mit umfassen.

Weitestgehende submerse Lebensweise zeigt die Blattlaus *Aspidaphium cuspidati* STROYAN, 1955. STROYAN fand die Art bei Cambridge in England in einem Tümpel zwischen Schilf an Wassermoosen und schreibt, daß die Aphiden entweder von einem Wasserfilm bedeckt sind oder tatsächlich unter der Oberfläche des Wassers leben, aus welcher die Wirtspflanzen herausragen. Zum zweiten Male wurde die Art von HOLMAN (1965) in der Tschechoslovakei gefunden. Der Autor erwähnt nur 'extracted from moss' und bringt keine weiteren ökologischen Beobachtungen. Ich fand diese anscheinend seltene Aphide (Abb. 2) am Ufer von zwei Tümpeln im westlichen Stadtrandgebiet von Rostock (F. MÜLLER 1973). Die Annahme von STROYAN, daß *A. cuspidati* submers vorkommt, konnte dabei bestätigt werden. Wirtspflanze war wie in STROYAN's Originalfunden das Moos Acrocladium cuspidatum (L.) LINDB.

Ich habe 42 Moosproben, die zumeist Acrocladium cuspidatum allein enthielten, mit einem BERLESE-Apparat extrahiert. *Aspidaphium cuspidati* kam nur aus solchen Proben zum Vorschein, bei denen die Moospflanzen mit ihren basalen Teilen im Wasser gestanden hatten und beim Sammeln unterhalb der Wasseroberfläche abgeschnitten worden waren. Proben mit dem gleichen Moos enthielten dagegen niemals diese interessante Aphide, wenn sie von Plätzen außerhalb von Wasserflächen eingetragen worden waren. Larven von *A. cuspidati*, die auf Pflanzen von Acrocladium cuspidatum gesetzt wurden, die in Glasröhrchen mit Leitungswasser standen, wanderten regelmäßig unter die Wasseroberfläche.

Besonderes Interesse erfordert eine Larve des IV. Stadiums, die am 15. Oktober

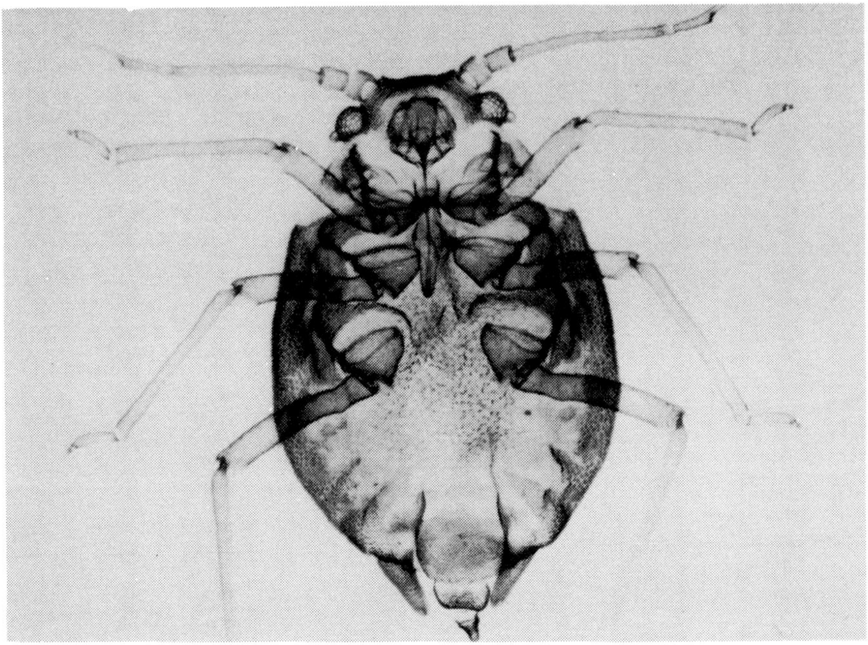

Abb. 2. Adulte Ungeflügelte von *Aspidaphium cuspidati* STROYAN. Nat. Größe 1,05 mm.

an einer Rostocker Fundstelle von Acrocladium cuspidatum gesammelt worden war. Diese Larve hat ein sklerotisches, dunkel pigmentiertes Dorsum (Abb. 3) und unterscheidet sich dadurch grundsätzlich von den typischen Aphiden-Larven (Abb. 4). Auch sie wurde auf eine in Leitungswasser stehende Pflanze von Acrocladium cuspidatum gesetzt. Sie wanderte sofort unter die Wasseroberfläche. Obwohl der Versuch bei Zimmertemperatur durchgeführt wurde, erfolgte keine Häutung zur Adulten. Die Larve zeigte beste Vitalität und wurde schließlich am 24. Oktober konserviert. Diese Beobachtungen führten zu dem Schluß, daß es sich bei diesem Tier um einen besonderen Larventyp handelt, der als Latenzstadium überwintert. *A. cuspidati* hat demnach anholozyklische Überwinterung mit Ausbildung einer besonderen Überwinterungsmorphe.

Die Rostocker Fundstelle von *Aspidaphium cuspidati* ist ein Niederungsgebiet mit hohem Grundwasserstand. Sie ist im Frühjahr überschwemmt, sodaß die anholozyklisch überwinternden Aphiden lange Zeit submers leben müssen (F. P. MÜLLER 1971).

STROYAN, der Entdecker der Art, verweist auf eine eigenartige Skulptur der

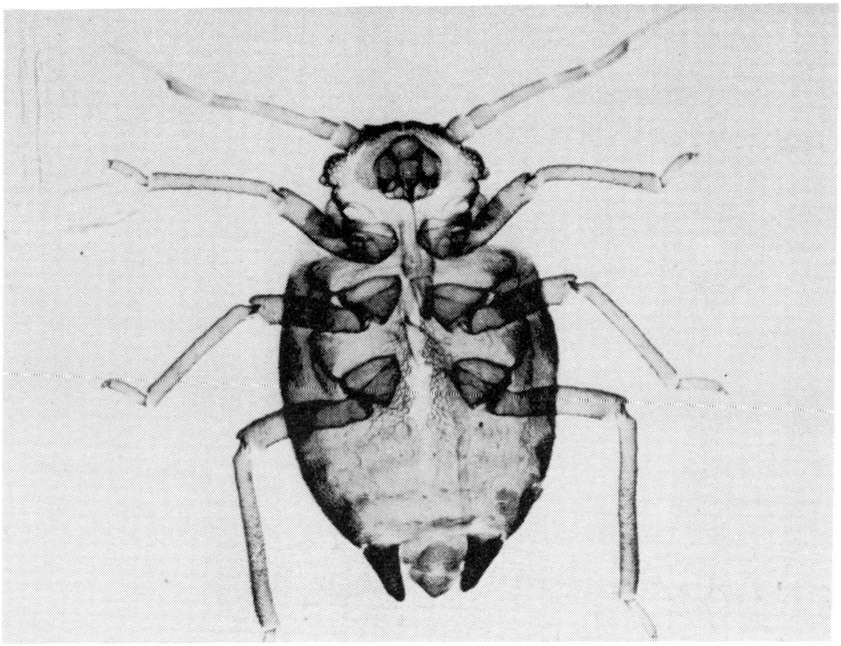

Abb. 3. Winterlarve von *Aspidaphium cuspidati.* Nat. Größe 0,89 mm.

dorsalen Cuticula der adulten Ungeflügelten, die aus dichtstehenden Papillen zusammengesetzt ist. Er hält diese Skulptur für ein wasserabweisendes System und somit für eine Anpassung an die Lebensweise. Die überwinternde Latenzlarve, die sehr lange unter Wasser verharren muß, besitzt die gleiche Cuticularskulptur.

Die zweite einheimische *Aspidaphium*-Art, *A. escherichi* BÖRNER, 1939, zeigt derartige Skulptur nur in schwachem Ausmaß. STROYAN bringt diesen Unterschied damit in Verbindung, daß *A. escherichi* in trockener Umgebung lebt. Ich erbeutete *A. escherichi* in 48 Moosproben. Diese stammten meist von schattigen oder feuchten Stellen, die auch während des Sommers nicht austrocknen. In keinem Falle handelte es sich aber um ausgesprochen nasse Fundstellen, wie sie für die andere Art typisch sind.

Inzwischen ist eine dritte *Aspidaphium*-Art beschrieben worden. Diese, *Aspidaphium utahensis* SMITH & KNOWLTON, 1966, lebt in Nordamerika ebenfalls an Moosen. Beide Autoren stellten mir eine größere Zahl ungeflügelte vivipare Weibchen freundlicherweise zur Verfügung. Diese Tiere besitzen die gleiche papillöse Skulptur wie *A. cuspidati*. Leider bringen die Autoren keine ökologischen Daten

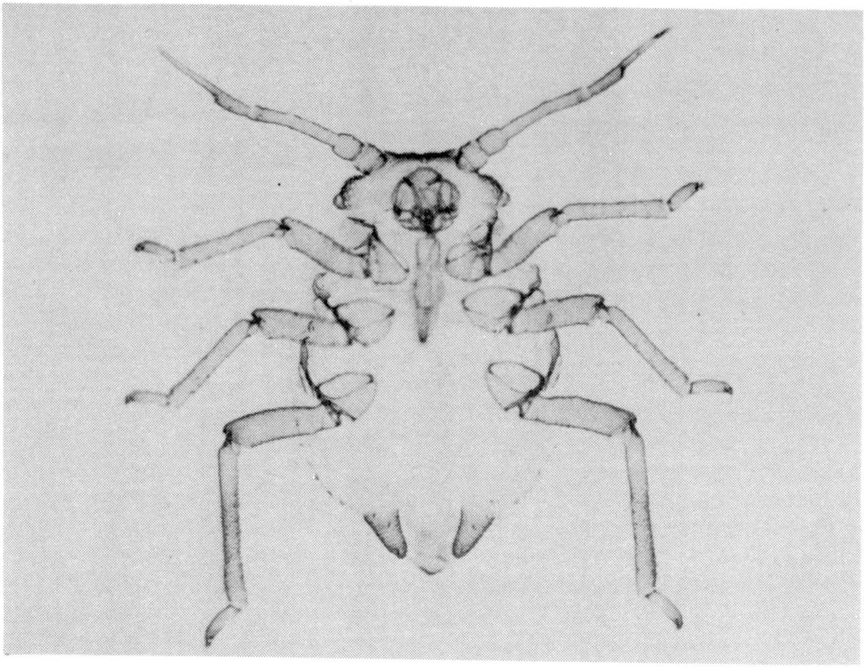

Abb. 4. Larve des III. Stadiums von *Aspidaphium cuspidati*, gesammelt am 22. Juni 1968. Nat. Größe 0,70 mm.

über ihre zahlreichen Funde. Als einzige Wirtspflanze wird das Moos Cratoneuron filicinum (HEDW.) ROTH angegeben. Da dieses auch in Europa vorkommende Moos an sehr feuchten Stellen wächst, ist zu vermuten, daß *A. utahensis* eine ähnliche Lebensweise wie *A. cuspidati* hat. Herr Prof. CLYDE F. SMITH, North Carolina State University, teilte mir auf meine Anfrage mit, daß *A. utahensis* z.B. an Felsen im Spitzwasser von Quellen vorkommt oder in einem Bachbett gefunden wurde, in dem die Wirtspflanzen und damit die Aphiden im Frühling vollkommen vom Wasser bedeckt sind. Zu dieser Jahreszeit sind aber die Aphiden an dem Moos in aktiven Stadien vorhanden, denn SMITH & KNOWLTON (1966, 1975) fanden *A. utahensis* in Utah außer in den Sommermonaten auch im November, Dezember und Februar. Demnach hat die amerikanische ebenso wie die beiden europäischen Arten die anholozyklische Lebensweise, d.h. die Vermehrung ist permanent parthenogenetisch. Sie bildet anscheinend keine Überwinterungsmorphe aus; anderfalls hätte dieses den amerikanischen Autoren auffallen müssen.

## Literatur


HILLE RIS LAMBERS, D. (1939): Contributions to a Monograph of the Aphididae of Europe II. *Temminckia, Leiden* 4: 1–134.

HOLMAN, J. (1965): Some Unrecorded Middle European Aphids. *Acta faun. ent. Mus. Nat. Pragae* 11: 277–284.

JACOB, F. H. (1948): Note on the Sexuales of *Staticobium limonii* (CONTARINI, 1847) (Hemiptera, Aphididae). *Proc. R. ent. Soc. London* (B) 17: 55–56.

MÜLLER, F. P. (1971): Bisher unbekannte Überwinterungsformen bei anholozyklischen Aphiden. *Wiss. Z. Univ. Rostock* 20, *Math.-Naturw. Reihe Heft* 1: 91–96.

MÜLLER, F. P. (1973): Aphiden an Moosen (Homoptera, Aphididae). *Entom. Abh. Mus. Tierk. Dresden* 39, Nr. 3: 205–242.

REGGE, H. (1972): Zur Bionomie und Ökologie der Aphidoidea-Arten des Gezeitenbereiches. Dissertation Math.-Naturw. Fakultät Univ. Kiel.

SMITH, C. F. & G. F. KNOWLTON, (1966): The Genus *Aspidaphium* BÖRNER (Homoptera: Aphididae). *Pan-Pacific Entomol.* 42: 20–24.

SMITH, C. F. & G. F. KNOWLTON, (1975): Moss Aphids in the United States (Homoptera: Aphididae). *U.S. Dep. Agric. Coop. Econ. Ins. Rpt.* 25 (21): 423–431.

STROYAN, H. L. G. (1955): Recent Additions to the British Aphid Fauna, Part II. *Trans. R. ent. Soc. London* 106: 283–340.

SZELEGIEWICZ, H. (1968): Faunistische Übersicht der Aphidoidea (Homoptera) von Ungarn. *Fragm. Faun., Warszawa* 15: 57–98.


## Diskussion

GHILAROV: Haben Sie diese Luftschicht an der Stelle von Stigmen bei submersen Aphiden beobachtet, oder ist das nur eine Vermutung? Und ist es nicht auch möglich, daß die wasserlebenden Aphiden auch Hautatmung ausnützen? Wie erfolgt die Nahrungsaufnahme bei den an Moosen lebenden Aphiden? Haben Sie die Ausscheidung von Honigtau beobachtet; wie geschieht das: gerade ins Wasser oder irgendwie anders?

F. P. MÜLLER: Diese Lufthülle ist nur eine Vermutung. Über der glatten Haut der Larve von *Aspidaphium cuspidati* befindet sich bestimmt keine Lufthülle. Ich bin der Meinung, daß submerse Aphiden weitgehend eine Hautatmung haben. Ich hatte darauf hingewiesen, daß die Stigmenöffnungen von *Aspidaphium cuspidati* sehr klein sind, so daß man sie nur in einem guten mikroskopischen Präparat erkennen kann. Ihre zweite Frage ist eine sehr delikate Frage, und zwar deswegen, weil *Aspidaphium cuspidati* an Moosen saugt. Nun gibt es eine Menge Arbeiten über den Stech- und Saugmechanismus von Aphiden, die an Kormophyten leben. Diese stechen die Siebröhren an, oder sie können auf bestimmte Art und Weise das Parenchym ausnützen. Die histologische Struktur der Moospflanze läßt aber eine besondere Form der Nahrungsaufnahme der Moosaphiden vermuten. Über den physiologischen Vorgang dieser Nahrungsaufnahme wissen wir bis jetzt noch nichts. Die Honigtau-Ausscheidung von submers lebenden Aphiden ist nicht untersucht worden.

*Verh. des Sechsten Int. Symp. über Entomofaunistik in Mitteleuropa 1975, Junk, The Hague.*

# Die Verbreitung von Dytisciden (Coleoptera) im östlichen Mittelmeerraum

G. WEWALKA

*Summary*

From the eastern mediterranean area including Greece, Turkey, Cyprus, Israel and Sinai 123 species of Dytiscidae are recorded. At least 80 species are collected in Turkey, followed by the Greek mainland with 66, the Ionian islands with 49 and Crete with 36 species. The author tries to find out by which adjoining regions the different areas of the region are mainly influenced in regard to the Dytiscid fauna. On the Ionian islands a middle european influence is much more evident than on the Greek mainland or any other part of the eastern mediterranean area. Some Dytiscidae with mediterranean distribution have their eastern distribution border in Greece, on the Aegean islands or on Crete and do not occur in Turkey. In a further schedule the connections of the different parts of the eastern mediterranean area are shown referring to the distribution of the Dytiscidae. Hence follows that Crete has closer faunistical connections to the Greek mainland than to Turkey. The distribution of some Dytiscidae leads to the conclusion that the western Aegean islands faunistically belong to the Greek mainland while the eastern ones have close connections to Turkey.

Als Grundlage für die Untersuchung der Dytiscidenfauna des östlichen Mittelmeerraumes stehen mir die umfangreichen Aufsammlungen von Herrn Dr. H. MALICKY (Lunz) aus Kreta, Griechenland und Zypern, von Herrn Doz. Dr. H. ASPÖCK (Wien), Herrn H. RAUSCH und Herrn E. HÜTTINGER (Purgstall) aus Griechenland und von den Ägäischen Inseln und von Herrn Dr. J. MARGALIT (Parasitologisches Institut, Jerusalem) aus Israel und von der Halbinsel Sinai zur Verfügung. Zusammen mit eigenen Sammelergebnissen aus der Türkei und aus Griechenland und unter Einschluß der vorhandenen Literatur, die allerdings sehr kritischer Sichtung bedarf, steht mir ein umfangreiches Material zum Studium der Verbreitung der Dytiscidae zur Verfügung.

Vom östlichen Mittelmeerraum, von dem hier Griechenland mit seinen Inseln, die Türkei, Zypern, Israel und die Halbinsel Sinai berücksichtigt sind, sind 123 Arten bekannt. Das kommt der Artenzahl nahe, die für Mitteleuropa angegeben wird. Von den 123 Arten sind 52 auch aus Mitteleuropa bekannt.

Tabelle 1. Gemeinsames Vorkommen von Dytisciden in einzelnen Teilen des östlichen Mittelmeerraumes und in umgebenden Gebieten. () = Anzahl der Arten

| Gebiete | Gesamt-artenzahl | In Mitteleuropa vertretene Arten | südost-europäische Arten | holomediterrane Arten | ost-mediterrane Arten | kaukasische Arten | iranische Arten | nordafrikanische Arten | äthiopische Arten | endemische Arten |
|---|---|---|---|---|---|---|---|---|---|---|
| Griechenland | 66 | 55% (36) | 2% (1) | 26% (17) | 17% (11) | | | | | 2% (1) |
| Ionische Inseln | 49 | 65% (32) | 6% (3) | 14% (7) | 12% (6) | | | | | 2% (1) |
| Kreta | 36 | 57% (20) | | 31% (11) | 14% (5) | | | | | |
| Ägäische Inseln | 21 | 48% (10) | | 33% (7) | 19% (4) | | | | | |
| Zypern | 10 | 30% (3) | | 20% (2) | 50% (5) | | | | | |
| Türkei | 80 | 48% (38) | 3% (2) | 10% (8) | 18% (14) | 9% (7) | 3% (2) | 1% (1) | | 10% (8) |
| Israel | 28 | 39% (11) | 4% (1) | 14% (4) | 4% (1) | | 11% (3) | 18% (5) | 4% (1) | 7% (2) |
| Sinai | 18 | 22% (4) | | 11% (2) | | | 11% (2) | 22% (4) | 6% (1) | 28% (5) |

Anhand einer Zusamenstellung (Tab. 1) soll vorerst festgestellt werden, mit welchen angrenzenden Regionen die einzelnen Gebiete des östlichen Mittelmeerraumes Gemeinsamkeiten aufweisen. Dabei wurde so vorgegangen, daß alle Arten, die auch in Mitteleuropa vorkommen, von vornherein der ersten Gruppe zugeordnet wurden, auch wenn sie zusätzlich in anderen angeführten Regionen vorkommen. Daher sind die meisten weitverbreiteten paläarktischen Arten in dieser Gruppe zu finden. Die übrigen Arten wurden nach ihrem Hauptverbreitungsgebiet den angeführten Gruppen zugeordnet.

Das artenreichste Gebiet ist die Türkei, aus der mindestens 80 Arten bekannt sind. Es folgt das griechische Festland mit 66 Arten. Bemerkenswert ist die hohe Artenzahl der Ionischen Inseln mit 49 Arten. Die meisten Angaben für Korfu und Kefallinia stammen bereits aus der Mitte des vorigen Jahrhunderts, als diese Inseln sehr intensiv besammelt wurden. Von der Insel Kreta sind 36 Arten bekannt. Diese Zahl wird sich nicht wesentlich erhöhen, wogegen von den Ägäischen Inseln, von Israel und Sinai und auch von Zypern, von wo bisher nur 10 Arten bekannt wurden, noch weitere Meldungen zu erwarten sind. Wenn man die Zusammenhänge der Dytiscidenfaunen der einzelnen Gebiete mit der mitteleuropäischen Fauna betrachtet, fällt auf, daß die Ionischen Inseln bei weitem am stärksten unter mitteleuropäischem Einfluß stehen, weit stärker als das griechische Festland. Die geringste Beziehung zur mitteleuropäischen Fauna ist erwartungsgemäß in Israel und auf der Halbinsel Sinai zu finden. Jene Arten, die holomediterran verbreitet sind, machen ca. ein Drittel der Dytiscidenfauna von Griechenland, Kreta und den Ägäischen Inseln aus, während in den übrigen Gebieten, vor allem auch in der Türkei, dieser Einfluß viel geringer ist. Mehrere dieser Arten haben ihre östliche Verbreitungsgrenze in Griechenland, auf den Kykladen oder auf Kreta, während sie auf den östlichen Ägäischen Inseln und in der Türkei nicht mehr vorkommen. Andere Arten, die auf das östliche Mittelmeergebiet beschränkt sind, machen einen bedeutenden Anteil der türkischen Fauna aus. Prozentuell sind diese Arten auch in Griechenland und auf den Ägäischen Inseln stark vertreten, während sie in Israel und auf der Halbinsel Sinai kaum vorkommen. Ein weiterer Einfluß, der sich nur in der Türkei bemerkbar macht, ist das kaukasische Faunenelement. In Israel und vor allem auf dem Sinai spielen nordafrikanische Elemente eine Rolle. Arten, die bisher nur aus einem sehr kleinen Verbreitungsgebiet bekannt sind, werden in der Gruppe der endemischen Arten geführt. Acht solche Arten sind aus der Türkei bekannt. Darunter sind vier *Deronectes* und ein *Hydroporus*, die alle in kleinen Fließgewässern vorkommen. Solche Arten aus kleinen Fließgewässern sind meist sehr standorttreu und haben oft nur ein relativ kleines Verbreitungsgebiet. Die für Israel und Sinai angegebenen Arten sind vermutlich zum größten Teil auf der arabischen Halbinsel weiter verbreitet, bisher jedoch noch nicht aus anderen Gebieten bekannt geworden. Aus Griechenland ist nur eine endemische Art, nämlich ein *Hydroporus* aus Fließgewässern bekannt, und für die Ionischen Inseln ist *Bidessus mülleri* ZIMM. angeführt, der bisher nur auf Korfu gefunden wurde. Bemerkenswert ist, daß weder von Kreta noch von den Ägäischen Inseln noch von Zypern Inselendemiten bekannt sind.

In einer weiteren Zusammenstellung (Tab. 2) soll versucht werden, die Zusammenhänge einzelner Gebiete des östlichen Mittelmeerraumes untereinander in bezug auf die Verbreitung der Dytisciden zu verdeutlichen. Dabei wird jeweils die Zahl der

Tabelle 2. Gemeinsames Vorkommen von Dytiscidae in den einzelnen Gebieten des östlichen Mittelmeerraumes, ( ) = Anzahl der Arten

| Gebiete | Gesamt-artenzahl | Griechenland | Ionische Ins. | Kreta | Ägäische Ins. | Zypern | Türkei | Israel | Sinai |
|---|---|---|---|---|---|---|---|---|---|
| Griechenland | 66 | – | 55% (36) | 48% (32) | 30% (20) | 14% (9) | 65% (43) | 24% (16) | 9% (6) |
| Ionische Inseln | 49 | 73% (36) | – | 41% (20) | 29% (14) | 12% (6) | 67% (33) | 24% (12) | 10% (5) |
| Kreta | 36 | 89% (32) | 56% (20) | – | 44% (16) | 25% (9) | 67% (24) | 33% (12) | 17% (6) |
| Ägäische Inseln | 21 | 95% (20) | 67% (14) | 76% (16) | – | 24% (5) | 76% (16) | 43% (9) | 14% (3) |
| Zypern | 10 | 90% (9) | 60% (6) | 90% (9) | 50% (5) | – | 90% (9) | 30% (3) | 20% (2) |
| Türkei | 80 | 54% (43) | 41% (33) | 30% (24) | 20% (16) | 11% (9) | – | 23% (18) | 9% (7) |
| Israel | 28 | 57% (16) | 43% (12) | 43% (12) | 32% (9) | 11% (3) | 64% (18) | – | 43% (12) |
| Sinai | 18 | 33% (6) | 28% (5) | 33% (6) | 17% (3) | 11% (2) | 39% (7) | 67% (12) | – |

gemeinsam in beiden Gebieten vorkommenden Arten angeführt und prozentuell in bezug auf die jeweilige Gesamtartenzahl angegeben.

Deutlich wird darin der enge Zusammenhang der kretischen Dytiscidenfauna mit jener des griechischen Festlandes, während die Gemeinsamkeiten mit der Türkei weit geringer sind. Die Fauna der Ionischen Inseln hat zwar auch die engste Beziehung zum griechischen Festland, prozentuell ist sie aber niedriger als die Kretas. Das läßt sich durch das Vorkommen mehrerer mitteleuropäischer Dytisciden auf den Ionischen Inseln erklären, die bisher vom griechischen Festland nicht bekannt sind. Aus Zypern sind nur wenige vorwiegend weiter verbreitete Arten bekannt, die eine in Zahlen auszudrückende Beziehung zu anderen Gebieten nicht zuläßt. Nur das Vorkommen von *Potamonectes laeviventris* REICHE, der auch in der Türkei und in Syrien verbreitet sein soll, deutet auf eine Beziehung zu Kleinasien hin. Die Dytiscidenfauna Israels hat Beziehungen zu jener der Türkei, während die Fauna der Sinaihalbinsel wenig Gemeinsamkeit mit dem nordöstlichen Mittelmeerraum hat, vielmehr eher zur arabischen und nordafrikanischen Fauna tendiert. Engere Beziehungen bestehen nur zu den angrenzenden Gebieten des südlichen Israel.

Um die faunistische Zugehörigkeit der Ägäischen Inseln zu beurteilen, die, wenn man sie als Einheit betrachtet, zum griechischen Festland engste Beziehungen haben, muß man die Verbreitung einzelner Arten in diesem Raum als Grundlage heranziehen. *Deronectes moestus* (FAIRM.), dessen Verbreitung von Spanien und Portugal über Südfrankreich, Italien und Jugoslawien bis nach Mittelgriechenland und dem Peloponnes reicht, hat seine östliche Verbreitungsgrenze auf den Inseln Andros und Naxos und kommt nach BERTRAND auch auf Kreta vor (Abb. 1).

Abb. 1. Beispiele für die Verbreitung einiger Dytiscidae im ägäischen Raum. ● ... *Deronectes moestus* FAIRM., ■ ... *Deronectes sahlbergi* ZIMM.

Ähnlich verbreitet sind auch *Potamonectes ceresyi* (AUBE) und *Meladema coreacea* CAST., die von den östlichen Ägäischen Inseln und der Türkei nicht bekannt sind. *Deronectes sahlbergi* ZIMM. ist in der Westtürkei verbreitet und wurde auch von den Inseln Ikaria, Chios und Lesbos gemeldet. Diese Art kommt weder auf den Kykladen noch auf Kreta vor (Abb. 1). Die Ägäischen Inseln dürften demnach nicht als faunistische Einheit betrachtet werden. Der westliche Teil der Ägäischen Inseln, der Euböa, die Kykladen, die Sporaden und auch Kreta umfaßt, steht in bezug auf die Verbreitung der Dytiscidae dem griechischen Festland am nächsten. Die östlichen Ägäischen Inseln wie z.B. Ikaria, Chios und Lesbos sind in bezug auf die Verbreitung der Dytiscidae von der Türkei beeinflußt. Von einigen Inseln wie z.B. Karpathos, Rhodos und Limnos stehen mir zu wenige Funde zur Verfügung, um Schlüsse über deren faunistische Zugehörigkeit ziehen zu können.

## Diskussion

GHILAROV: Eine Frage zu den Tabellen: Sie haben Zusammenhänge zwischen den Faunen der verschiedenen Regionen gegeben, also z.B. zwischen Griechenland und Israel 60%, aber zwischen Israel und Griechenland 20%. Wieso?

WEWALKA: Die Prozentzahlen waren jeweils auf die Gesamt-Artenzahl des in der Tabelle links angeführten Landes bezogen.

VARGA: Zwischen den mediterranen Arten und jenen, die ihrer Herkunft nach mediterran sind, aber auch nach Mitteleuropa ausstrahlen, ist schwer eine feste Grenze zu ziehen, diese ist subjektiv. Andrerseits: die in Mitteleuropa vorhandenen Arten können entweder mediterranen oder kontinentalen Ursprungs sein. Das ist nicht ganz egal hinsichtlich der Verbreitung auf der Balkanhalbinsel. Unter den 'mitteleuropäischen' Arten müssen diese beiden Typen in dieser Hinsicht unterschieden werden.

WEWALKA: Die Unterscheidung ist bei Dytisciden schwer, weil zu beurteilen ist, ob es eine weit verbreitete Art ist, die an Wassertemperatur etc. nur geringe Ansprüche stellt. Solche Arten sind für faunistische Studien wenig geeignet. Dann gibt es aber Arten, die sehr auf bestimmte Biotoptypen angewiesen sind.

BRANCUCCI: Können Sie mir die Verbreitung von *Hyphydrus aubei* sagen?

WEWALKA: Ich kenne Funde aus ziemlich allen Teilen Griechenlands, von Kreta, Andros, Euböa, nicht aber weiter östlich, und dann aus Jugoslawien. Aus Österreich sind mir nur alte Funde bekannt.

MALICKY: Ich glaube nicht, daß sich die Artenzahl von Zypern noch wesentlich vermehren wird. Im Zypern habe ich allgemein eine unglaubliche Artenarmut festgestellt. Es gibt zwar interessante Arten, auch alte Relikte, aber im großen ganzen ist die Fauna von Zypern weit ärmer als die der ägäischen Inseln und von Kreta. Dabei gibt es vor allem im Troodos-Gebirge die herrlichsten Biotope, wunderschöne Bäche. Aber auch im terrestrischen Bereich ist die Fauna arm, und einige Gruppen habe ich überhaupt nicht angetroffen. Ich habe keine Ahnung, warum.

WEWALKA: Aus Ihrer Ausbeute waren vier Arten vorhanden, aber in anderen Sammlungen habe ich noch weitere sechs gefunden, so daß die Gesamtzahl, so vermute ich, auf zirka 20 Arten steigen wird.

MALICKY: Ähnlich war es bei den Trichopteren. Ich habe nicht alle Arten selber gefunden. In anderen Aufsammlungen gibt es einige weitere. Aber die Artenzahl ist trotzdem weit geringer als die von Kreta.

GRÜNWALDT: Es war für mich von Interesse zu erfahren, daß die kretische Fauna eine verarmte griechische ist. Dasselbe ist bei den Bienen der Gattung *Andrena* der Fall. Kreta hat nur knapp ein Drittel der auf dem Peloponnes gefundenen Arten. Kollege GUSENLEITNER berichtete mir Ähnliches von den Vespiden.

WEWALKA: Es gibt in Kreta aber doch einige Endemiten aus anderen Familien.

GRÜNWALDT: Bei den Andrenen ist es nur eine Art (*Andrena creticola*), die bisher nur auf Kreta gefunden wurde.

MALICKY: Der Ausmaß des Endemismus ist je nach Gruppe sehr verschieden. Bei den myrmekophilen Käfern soll es sogar innerhalb von Kreta eine reiche Differenzierung und Bildung von Regionalendemismen geben.

ASPÖCK: Zur Frage der Verarmung der zyprischen Fauna im Vergleich zu jener der ägäischen Inseln: Wir müssen bedenken, daß Zypern vom Festland durch eine weitaus größere Meerestiefe getrennt ist als die ägäischen Inseln, und daß die letzte Landverbindung zwischen Zypern und dem türkischen Festland vermutlich zu Beginn des Pleistozäns war. Seither war, laut den Geologen, keine Landverbindung mehr, während die ägäischen Inseln noch sehr viel später Landverbindungen gehabt haben.

P. MÜLLER: Zypern ist viel älter isoliert als Pleistozän, aber das würde nichts machen, wenn die Tiere vagil genug sind, dort hinzukommen und ihre entsprechenden Biotope zu finden. Inselfaunen sind weit schwieriger als Festlandsbereiche historisch zu interpretieren. Man sollte die jetzigen Befunde nicht zu stark verallgemeinern. Bei anderen Tiergruppen, z.B. bei Reptilien, ließen sich völlig andere Verbreitungsmuster zustandebringen.

KOLBE: Haben Sie auch Arten gefunden, die im Westmediterranraum verbreitet sind und auch in Kreta vorkommen, aber im östlichen Mediterranraum nicht?

WEWALKA: Solche wären z.B. *Deronectes moestus, Hyphydrus aubei* und *Melademа coreacea*.

*Verh. des Sechsten Int. Symp. über Entomofaunistik in Mitteleuropa 1975, Junk, The Hague.*

# Beitrag zur Kenntnis der Gyrinidae Rumäniens (Coleoptera)

MIRCEA-ALEXANDRU IENIŞTEA

*Summary*

Up to date, 15 Gyrinid species were recorded from Rumania in the literature. Intensive studies of the author revealed that only 9 species are present, 4 of them of sibirian, 5 of them of mediterranean origin. The following species must be deleted, because the previous records are based on misidentifications: *Aulonogyrus striatus, Gyrinus marinus, G. natator, G. dejeani, G. urinator* and *G. aeratus.* It is noteworthy that the wellknown *G. natator* is also lacking in Rumania.

Man ist im allgemeinen geneigt anzunehmen, daß manche kleinere Gruppen relativ gut bekannter Insekten für eine regionale Fauna endgültig erforscht und infolgedessen auch entsprechend bekannt sind. Die Nachprüfung der Fakten beweist aber oft das Irrige dieses Schlusses, wie z.B. im Falle der rumänischen Gyriniden. Das Verzeichnis dieser Familie zeigte bis heute für Rumänien etwa 15 Arten, unter denen *G. natator* als die selbstverständlich bekannteste galt. Davon abgesehen, muß auch hervorgehoben werden, daß das in den Sammlungen befindliche Material unglaublich arm ist.

Die Bearbeitung des eigenen Materials, zusammen mit der Überprüfung dessen der Museen 'Gr. Antipa' in Bukarest, 'Brukenthal' in Sibiu und des entomologischen Laboratoriums der forstwirtschaftlichen Hochschule in Braşov bewies, daß die faunistische Situation der Arten ganz anders ist, was mich zur Veröffentlichung des vorliegenden Beitrages bewegte.

Jeder Art sind hier angefügt:

A.– Angaben früherer Autoren
B.– Museumsmaterial: Mus. Buc. = 'Gr. Antipa', Bucureşti;
Mus. Sibiu = Museum 'Brukenthal', Sibiu;
Lab. Bv. = Entomologisches Laboratorium, Braşov;
C.– Eigene Angaben
D.– Zoogeographische und sonstige Bemerkungen.

Folgende Abkürzungen bezeichnen die Sammler und, wenn von einer Jahreszahl begleitet, die Autoren:

| | |
|---|---|
| Albr. | R. ALBRECHT |
| Blz. | E. A. BIELZ |
| Birthl. | FR. BIRTHLER |
| Can. | R. CANISIUS |
| Db. | FR. DEUBEL |
| Fl. | ED. FLECK |
| Horm. | C. HORMUZACHI |
| M. Ien. | M. AL. IENIŞTEA |
| J. | M. JAQUET |
| Kd. | D. KENDERESSY |
| Kim. | M. KIMAKOWITZ |
| Kiss | E. KISS |
| Kuthy | D. KUTHY |
| O. M. | OREST MARCU |
| Mont. | A. L. MONTANDON |
| Orm. | AL. ORMAY |
| P. | K. PETRI |
| Sal. | FR. SALAY |
| Wor. | EUG. WORELL |

## Fam. GYRINIDAE

### 1. Gen. *Aulonogyrus* RÉG.

1. *Aulonogyrus concinnus* KLUG
*A.* – Cocioc (Sal.), Bîrlad-Tal (Mont.), Măcin (Fl.) (Fl. 1904). Bahlui (MOTAS & KNECHTEL 1921). Azuga (Fl. Manuskript).
*B.* – M u s.B u c.: Bîrlad-Tal (Mont., det. G. SERRULAT). Azuga (Fl.).
M u s.S i b i u: Brateş-See (M. Ien.)
*C.* – Maliuc, im Donaudelta (M. Ten. 1968), Brateş-See (M. Ien.).
*D.* – Mediterranes Element, bei uns noch wenig gesammelt.

*A. striatus* F., durch Fleck 1904 von ZORLENI (Mont.), auf Grund einer falschen Bestimmung des *A. concinnus* KLUG erwähnt, ist aus dem Faunenverzeichnis zu streichen.

### 2. Gen. *Gyrinus* GEOFFR.

1. *Gyrinus (Gyrinulus) minutus* FABR.
*A.* – Găureni (MOTAŞ & KNECHTEL 1921), einzige Angabe.
*B.* – M u s.B u c.: Crucea Moldovei (Mont.)
*C.* – Bis jetzt gelang es mir nicht, die Art zu finden.
*D.* – Der Art ist nur in den nördlichsten Gegenden des Landes zu begegnen; jenseits der Grenze ist sie schon längst von Czernowitz bekannt. Sibirisches Element.

*G. marinus* GYLL. wurde durch Mont. 1906 für Mangalia angegeben. Da die Art in unserer Fauna nicht vorkommt, ist sie aus unserem Verzeichnis zu streichen.

2. *G. colymbus* ER.
*A.* – Sighişoara (PETRI 1912), einzige Angabe.

*B.* – M u s. S i b i u: Hoghilag (unter *natator*); Lotrioara-Tal (Dietl) und Odeşti (Kiss) (unter *distinctus* v. *hungaricus*).
*C.* – Ogaşul Babei, Nebenfluss der Nera (Banat); Poicului-Bach bei Ciucea; Slatnic-Bach, Nebenfluß der Donau (M. Ien.).
*D.* – Eine bei uns seltene Art. Sibirisches Element.

3. *G. distinctus* AUBÉ
*A.* – Cîmpina, Prahova (J.) (Fl. 1904). Sasca, Mălăieşti-Tal im Bucegi-Gebirge, Giuleşti b. Sighet, Spinuş, Rîmeţi, Buzău-Gebirge (KUTHY 1900). Lotrioara-Tal, Bicsad (KUTHY 1900, PETRI 1912). Rădăuti (Horm. 1901). Comarova, Peceneaga (NEGRU 1952).
*B.* – M u s. B u c.: Lotru-Fluss bei Brezoi (Can.) (unter *marinus*). Piteşti, Poiana Ţapului (Fl.) (unter *natator*). Titu (Can.) (unter *hungaricus*).
M u s. S i b i u: (unter *natator* und *distinctus* v. *hungaricus*): Sibiu (Wor.), Turnişor(Wor.), Turnu Roşu(Kim. 1895), Lotrioara-Tal(CSIKI, DIETL 1891), Sadu-Tal-(Wor.), Bicsad(P.), Cerna-Tal bei Băile Herculane (Wor., ARN. MÜLLER, WEYRAUCH), Banat(KISS).
*C.* – Peţea-See, Bujorului-Bach, Nebenfluß des Crişul Negru, Tîrnava Mare-Fluß bei Dumbrăveni, Mureş-Fluß bei Aiud, Racilor-Bach bei Racoş, Poicului-Bach bei Ciucea (M. Ien.), Cadar-Wald bei Covasna (leg. OCT. IENIŞTEA). Ogaşul Babei, Nebenfluß der Nera (Banat), Ialomiţa-Tal bei Bolboci, Olt-Fluss bei Rîu Vadului, Lotru-Fluß bei Brezoi, Prahova-Fluß und Isvorul Dorului bei Sinaia (M. Ien.). Bughea-Bach (leg. M. ZARMA). Chirnogi, Bucureşti (M. Ien.). Tismăniţa-Bach (leg. VIRG. MARINESCU). Cloşani (leg. CLEO STERGHIU). Sadova; Maliuc und Letea im Donaudelta, Mamaia bei Constanţa (M. Ien.). Nistru-Bach und Isvorul Alb (leg. MAGDA DIMITRIU). Bugeac (A. POPESCU-GORJ); Pîrîul Negru b. Slătioara; Zîrna (Bihorgebirge) (M. Ien.).
*D.* – Die häufigste Art im Lande, die immer mit *G. natator* verwechselt wurde. Mediterranes Element.

4. *G. substriatus* STEPH.
*A.* – Ilişasca-Bach bei Braşca (MARCU 1929), einzige Angabe.
*B.* – M u s. B u c.: (sämtlich unter *natator* L.) Azuga (Fl.), Oltfluss (Db.), Sprenghiu bei Braşov (Db.), Haţeg (Kd.), Turnu Severin (Fl.), Titu (Can.).
M u s. S i b i u (unter *natator*): Sibiu (Albr., Wor., WEYRAUCH) (bei ALBRECHT auch unter *distinctus* v. *hungaricus*), Dumbrava Sibiului (HANNENHEIM), Cisnădie (ARN. MÜLLER), Sura Mare (E. SCHNEIDER), Sadu-Tal (Wor.), Lotrioara-Tal (DIETL 1891, unter *distinctus* v. *hungaricus*), Turnu Roşu (Blz.), Zakelsberg b. Sliminic (HANNENHEIM), Oltfluß (Db.), Sighişoara (P.), Hoghiz (WEYRAUCH) Ponoasa-Tal (Db.), Zalău (Kiss); Banat (KISS).
L a b. B v.: Rîşnov und Ponoasa-Tal (Db.) (unter *natator*)

*C.* – Bujorului-Bach, Nebenfluß des Crişul Negru, Poicului-Bach bei Ciucea, Peşteroaia (in der Grotte), Vaidacut bei Ocna Sibiului, Adunaţii de Geormane (Prunetu), Craiova, Agigea, Cîmpulung Moldovenesc (M. Ien.). Nistru-Bach (Moldau) (leg. MAGDA DIMITRIU). Satchinez (M. Ien.); Răbăgani (M. I. PAINA); Fălticeni (am Licht).
*D.* – Eine im ganzen Lande vorkommende Art, die mit der weit häufigeren vorigen zusammen den bei uns fehlenden *G. natator* L. vertritt. Mediterranes Element.

*G. natator* L. ist immer wieder aus allen Gebieten des Landes gemeldet worden. Leider ist aber keine einzige dieser Angaben zu übernehmen, da bis jetzt die zwei vorhergehenden mit dieser Art, ohne Ausnahme, verwechselt worden sind. Demzufolge ist diese Art aus unserem Verzeichnis zu streichen.

5. *G. suffriani* SCRIBA
*A.* – Găureni (MOTAŞ & KNECHTEL 1921),
*B.* – Mus.Buc.: Comana (Fl.), Sulina, Mangalia (Mont.).
*C.* – Pasărea n. Bucureşti; Donaudelta: Maliuc, Porcul-Teich, Letea (Massenhaft) (M. Ien. 1968), Sulina Agigea (M. Ien.).
*D.* – Die Angabe von MOTAŞ und KNECHTEL 1921 ist als sehr fraglich zu betrachten. Mit unbedeutenden Ausnahmen ist diese Art auf das Donaudelta, wo sie an gewissen Zeiten in großer Anzahl vorkommt, beschränkt. Mediterranes Element.

6. *G. caspius* MÉN.
*A.* – 'Banat' (KUTHY 1900 und Csiki 1946), ohne nähere Angabe.
*B.* – Mus.Buc.: Sulina
*C.* – Letea, im Donaudelta, mit der vorigen zusammen, aber viel spärlicher; Sulina (M. Ien. 1968).
*D.* – Unter den als typisch zu betrachtenden Exemplaren gibt es auch solche der Variante *angustulus* AUBÉ, die sich nicht nur durch ihre Form, sondern auch durch den Aedeagus sehr merklich unterscheiden. Mediterranes Element.

7. *G. paykulli* OCHS.
*A.* – Gherla (Orm.), Sibiu (Blz.), Zau (Zoppa) (KUTHY 1900, PETRI 1912). Sinaia (Fl. 1904).
*B.* – Mus.Buc.: Zau (leg. ZOPPA, Graz); Mangalia (Mont.).
Mus.Sibiu und Lab.Bab.Bv.: Zau (ZOPPA).
*C.* – Mamaia, bei Constanţa (M. Ien.).
*D.* – Die Art ist bei uns sehr selten und kommt nur vereinzelt vor. Wie man sieht, wurde sie während eines ganzen Jahrhunderts nur an fünf Stellen gefunden (wenn sich auch die alten Fundorte tatsächlich auf diese Art beziehen). Sibirisches Element.

*G. dejeani* BRULLÉ, durch Mont. 1906 von Broşteni, sowie im Manuskript von FLECK von Mangalia irrigerweise angezeigt, ist aus dem faunistischen Verzeichnis Rumäniens als vollkommen fremd zu streichen.
*G. urinator* ILLIG. und *G. aeratus* STEPH., deren Areal, laut P. BRINCK in Limnofauna Europaea 1967 auch Rumänien einschließt, bleiben unserer Fauna fremd und sind nicht in Betracht zu ziehen.

### 3. Gen. *Orectochilus* LAC.

1. *Orectochilus villosus* MÜLL.
*A.* – Sibiu (Orm) (PETRI 1912), Mediaş, Făgăraş, Cluj (Blz.) (KUTHY 1900, PETRI 1912); Vărghiştal (Db.), Reghin (Müll.) (PETRI 1912).
*B.* – L a b.B v.: Almaşer-Gebirge, – M u z. S i b i u: Sibiu (1 Expl.).
*C.* – Bach bei Cruşovăţ, Cerna-Tal (Ien. 1934). Tîrnava Mare bei Odorhei, Firiza-Bach neben Baia Mare, Mureş-Fluß bei Aiud, Sadului-Bach, Jiul românesc-Fluß, Cerna-Fluß bei Băile Herculane, Prut-Fluß, bei Pererita-Bădragi (M. Ien.).
*D.* – Obwohl im Lande ziemlich weit verbreitet, wurde diese Art wegen ihrer biologischen Besonderheiten nur sehr selten und spärlich gefunden. Sibirisches Element mit paläarktischer Verbreitung.

## Literatur


BALFOUR-BROWNE, F. (1950): British Water Beetles. London.
BRINCK, P. (1967): Gyrinidae, in ILLIES: Limnofauna Europaea. Stuttgart.
CSIKI, E. (1946): Die Käferfauna des Karpatenbeckens. Budapest.
FLECK, ED. (1904): Die Coleopteren Rumäniens. *Bull. Soc. Sci. Bucarest* 13: 430.
FREUDE, H., HARDE, K. W., LOHSE, G. A. (1971): Die Käfer Mitteleuropas, vol. 3. Krefeld.
GANGLBAUER, L. (1892): Die Käfer Mitteleuropas, vol. 1. Wien.
GUIGNOT, F. (1947): Coléoptères Hydrocanthares, in: Faune de France, vol. 48 Paris
HORION, A. (1951): Verzeichnis der Käfer Mitteleuropas, vol. 1. Überlingen.
HORMUZACHI, C. (1888): Beiträge zur Käferfauna Norddrumäniens und der Bucovina. *Ent. Nachr. (Berlin)* 14: 16.
— (1901): Coleoptere din Bucovina. *Bull. Soc. Sci. Bucuresti* 10: 99.
IENIŞTEA, M. AL. (1933 – 1934): Contributiuni noi la fauna Coleopterelor României. *Bul. Soc. stud. St. Nat. Bucuresti* 4: 53.
— (1957): Contribuţiuni la cunoaşterea Coleopterelor acvicole din regiunea văii superioare a Prahovei şi munţii Bucegi. *Rev. Univ. 'C. I. Parhon', ser. St. Nat.* 16: 101–102
— (1968): Ord. Coleoptera (pars) in: L'Entomofaune de l'île Letea (Delta du Danube). *Trav. Mus. Hist. Nat. 'Gr. Antipa'* 9: 104.
KUTHY, D. (1897): Coleoptera, in: Fauna Regni Hungariae. Budapest.
MARCU, OR. (1929): Neue Coleopterenfunde aus der Bucovina. *Bul. Fac. St. Cernăuţi* 3: 162.
— (1936): Die Wasserkäferfauna der Bucovina. Festschr. 60. Geb. Prof. Dr. W. STRAND, 1: 637. (Riga).

MONTANDON, A. L. (1906): Notes sur la faune entomologique de la Roumanie. *Bull. Soc. Sci. Bucarest* 15: 41.

MOTAŞ, C., KNECHTEL, W. (1920/21): Contribution à la faune des Coléoptères d'eau douce de Roumanie. *Bull. Sect. Sci. Acad. Roum.* 7: 106.

NEGRU, ST. (1952): Contributiune la cunoaşterea faunei coleopterologice a Mangaliei şi a împrejurimilor ei. *Anal. Univ. C. I. Parhon, ser. St. Nat.* 16: 119.

PETRI, K. (1912): Siebenbürgens Käferfauna, Hermannstadt.

REITTER , E. (1908): Fauna Germanica, vol. 1. Stuttgart.

SEIDLITZ, G. (1891); Fauna transsylvanica. Königsberg.

ZAITZEV, F. A. (1953): Nasekomie jestkokrilie. 4. Plavuntovie i vertianki, in: Fauna S.S.S.R. Moskau und Leningrad.

*Verh. des Sechsten Int. Symp. über Entomofaunistik in Mitteleuropa 1975, Junk, The Hague.*

# Beiträge zur Kenntnis der torrenticolen Käfer-Vergesellschaftungen (Coleoptera) Rumäniens.

MIRCEA-ALEXANDRU IENIŞTEA

*Summary*

The torrenticolous Coleoptera in Rumania have been investigated by the author during ten years in more than 450 streams in all regions of the country. The present paper is based on about 20500 specimens. The torrenticolous associations are formed by 52 species (27 Hydraenidae, 16 Elmidae, 1 Dryopidae, 8 Dytisciae and 1 Gyrinidae). The species number within one association may vary between 19 (in the Banat Mts.) and 1 (in springs of several mountain ranges). The streams of the various regions are characterized by presence or even predominance and, on the other hand, absence of certain species. Detailed descriptions of the associations are given, and the zoogeographical significance of single species and of the associations are discussed.

An der Bildung der torrenticolen Käferfauna sind in erster Linie Vertreter der Familien Hydraenidae, Elmi(nthi)dae und Dryopidae beteiligt, wobei auch einige Dytisciden und Gyriniden teilnehmen. Die anderen mitlebenden Wasserkäfer, die sich außerhalb des Wasserstromes halten und deshalb zu einem besonderen Merotop gehören, und diejenigen, die auch stehende Gewässer bewohnen, rechne ich nicht hierher.

Dem Studium der strömungsliebenden Käferfauna Rumäniens widmete ich, obwohl nicht ausschließlich, etwa zehn Jahre, während derer ich in den verschiedenen Gegenden des Landes etwa 450 Gewässer untersuchte. Die Studienreisen wurden größtenteils im Spätherbst, von Mitte Oktober bis Anfang Dezember, also gerade zu der Jahreszeit, in der die Gewässer wegen der über Sommer dauernden Dürre das niedrigste Niveau erreichen und daher zu einer Konzentrierung der Fauna führen, unternommen. Diese Periode zeigte sich als die beste; die Torrenticolen waren an günstigen Orten reichlich zu finden und an schönen Tagen sogar noch sehr aktiv, wie die ziemlich vielen in Paarung gefundenen Exemplare bewiesen. Eine Ausnahme bildete die Forschungsreise in die Dobrogea, die in der zweiten Hälfte des Monates Mai 1959 unternommen wurde. Einen weiteren Vorteil bot diese Methode dadurch, daß sie durch die dann für die anderen Gruppen schon vorübergegangene Sammelzeit nicht mehr gestört wurde.

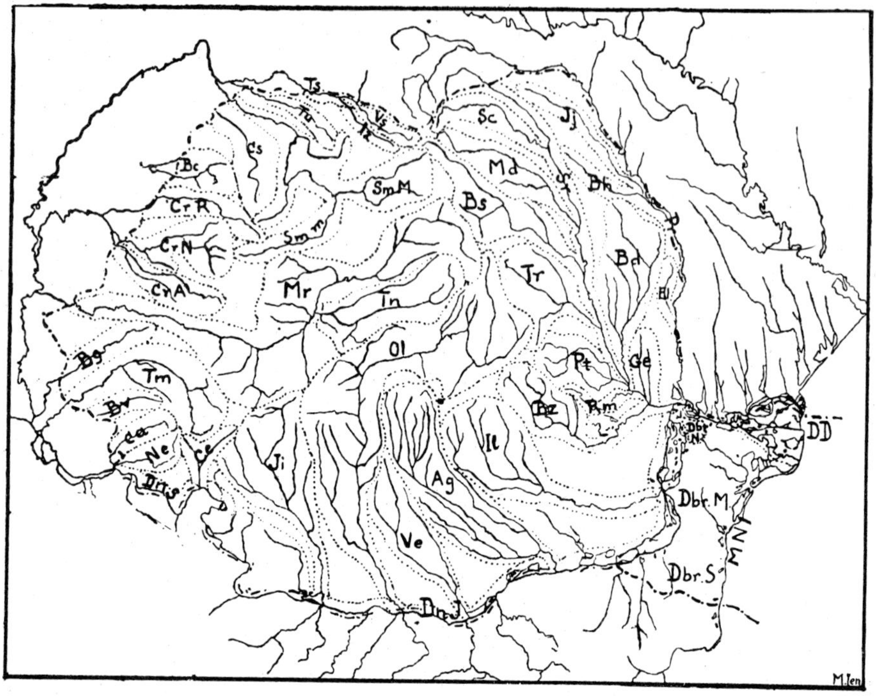


Abb. 1. Übersicht über die Flußgebiete Rumäniens:

Ts..Tisa
Vs..Vişeu
Iz..Iza
Tu..Tur
Sm..Someş
SmM..Someşul Mare
Smm..Someşul mic
Cs..Crasna
Bc..Barcău
CrR..Crişul Repede
CrN..Crişul Negru
CrA..Crişul Alb
Mr..Mureş
Tn..Tîrnave
Bg..Bega
DnS..Obere Donau

Bz..Buzău
Pr..Prut
Bh..Bahlui
El..Elan
DnJ..Untere Donau
DbrN..Nord-Dobrogea
DbrS..Süd-Dobrogea
Tm..Timiş
Bv..Berzava
Ca..Caraş
Ne..Nera
Ce..Cerna
Ji..Jiu
Ve..Vedea
Ol..Olt

Ag..Argeş
Sr..Siret
Sc..Suceava
Md..Moldova
Bs..Bistriţa
Tr..Trotuş
Pt..Putna
Rm..Rîmnic
Il..Ialomiţa
Jj..Jijia
Bd..Bîrlad
Ge..Geru
DD..Donaudelta
DbrM..Mittel-Dobrogea
MNL..Littoral des Schwarzen Meeres

Die allermeisten Gewässer wurden nur ein einziges Mal auf einer relativ kurzen Strecke, aber gründlich, wo nötig stundenlang, untersucht. Nur an wenigen Orten war es mir möglich, die Untersuchung zu wiederholen. Mit sehr wenigen Ausnahmen wurden diese Gewässer von mir zum erstenmal studiert. Auf diese Weise gelang es mir, im ganzen gegen 20.500 Exemplare zu sammeln.

Da es einem einzelnen Menschen für ein solches Studium in einem an Gewässern so reichen Land wie Rumänien bei weitem nicht möglich ist, das ganze Gebiet zu überblicken, ist es selbstverständlich, daß noch viele Lücken bestehen, wo auch Überraschungen nicht ausgeschlossen sind. Wie schon bekannt, sind besonders die torrenticolen Insekten im Lauf desselben Wassers nicht gleichförmig verteilt, was auf die Zusammensetzung der Entomozönosen einen besonders großen Einfluß ausübt und grundlegende Unterschiede mit sich bringt. Diesen besonderen Aspekt zu untersuchen, setzte ich mir aber nicht zum Ziel, sondern das Allgemein-Faunistische, da gerade in dieser Hinsicht unsere Kenntnisse unglaublich lückenhaft und auch unrichtig waren. Die wenigen Fund- und Bestimmungsdaten, die uns aus den früheren Arbeiten vorliegen, und selbst das uns zur Verfügung stehende Material waren schon zwischen 50 und über 100 Jahre alt und einer seriösen Überprüfung bedürftig. Auch sind die meisten der in den Musealsammlungen befindlichen Arten nur in einzelnen Exemplaren vorhanden. – Die Ergebnisse meiner Forschungen konnten zwischen 1956 und 1974 nur in zusammengedrängter Form veröffentlicht werden.

Nach unseren heutigen Kenntnissen besteht die torrenticole Käferfauna Rumäniens aus etwa 27 Hydraeniden, 16 Elmiden, 1 Dryopidae, 8 Dytisciden und 1 Gyrinidae, die größtenteils in Tabelle 1 aufgezählt sind.

Wie erwähnt, waren quantitative Studien nicht beabsichtigt. Das Material wurde aber so weit wie möglich während der von Ort zu Ort sehr verschiedenen Sammeldauer und Fläche fast quantitativ erbeutet, was zum Zweck eines Vergleichs in faunistischer und assoziationsmäßiger Hinsicht ausreicht. Der zahlenmäßige Anteil der Arten ist für sich selbst schon sehr eindrucksvoll und spiegelt ohne weiteres den gegenwärtigen Stand, Umfang und Umriß jeder Lokalvergesellschaftung als Ausdruck der im Laufe der Zeiten so vollkommen verschiedenartigen und veränderlichen Umwelteinflüsse wieder und erlaubt gleichzeitig auch eine zoogeographisch-ökologische Beurteilung. Zur Raumersparnis möchte ich die Ergebnisse meiner Untersuchungen zusammenfassend bekannt machen.

Tabelle 1. Synoptische Übersicht über die torrenticolen Käfervergesellschaftungen Rumäniens. Horizontal: Arten: 1..*Phothydraena paganettii* GGLB., 2..*Hoplydraena grandis* REITTER, 3..*Hydraena palustris* ER., 4..*Hydraena riparia* KUG., 5..*Hydraena sternalis* REY, 6..*Hydraena pachyptera* APFB., 7..*Hydraena bohemica* HRB., 8..*Hydraena britteni* JOY, 8a..*Hydraena bulgarica* BREIT, 9..*Hydraena morio* KIESW., 10..*Hydraena nigrita* GERM., 11..*Hydraena pulchella* GERM., 12..*Hydraena pygmaea* WATERH., 13..*Hydraena minutissima* STEPH., 14..*Haenydra gracilis* GERM., 15..*Haenydra saga* D'ORCH., 16..*Haenydra excisa* KIESW.,

17..*Haenydra belgica* D'ORCH., 18..*Haenydra phallica* D'ORCH., 19..*Haenydra truncata* REY, 20..*Haenydra hungarica* REY, 21..*Haenydra schuleri* GGLB., 22..*Henicocerus exsculptus* GERM., 23..*Asiobates montanus* FRIV., 24..*Hymenodes metallescens* ROSENH., 25..*Elmis latreillei* BED., 26..*Elmis maugetii* LATR., 27..*Esolus angustatus* MÜLL., 28..*Esolus parallelopipedus* MÜLL., 29..*Esolus pygmaeus* MÜLL., 30..*Riolus cupreus* MÜLL., 31..*Riolus subviolaceus* MÜLL., 32..*Limnius perrisi* DUF., 33..*Limnius volckmari* PANZ., 34..*Limnius opacus* MÜLL., 35..*Limnius mülleri* ER., 36. *Limnius horioni* ILLIES, 37..*Helichus substriatus* MÜLL.
Nicht in der Tabelle enthalten: *Phothydraena testacea* CURTIS, *Henicocerus gibbosus* GER., *Henicocerus granulatus* MULS., *Henicocerus montenegrinus* GGLB., *Ochthebius romanicus* IEN., *Elmis aenea* MÜLL., *Deronectes platynotus* GERM., *Deronectes parvicollis* SCHAUM *Hydroporus dobrogeanus* IEN., *Hydroporus nigrita* F., *Plaambus maculatus* L., *Oreodytes septentrionalis* GYLL., *Oreodytes rivalis* GYLL., *Oreodytes borealis* GYLL., *Orectochilus villosus* MÜLL.,

---

Senkrecht: No./Gebirge/Meereshöhe/Flußgebiet/Fluß bzw. Bach:

| | | | | |
|---|---|---|---|---|
| 1 | Oaş | 240 | Tisa | Belmezău |
| 2 | Oaş | 395 | Tisa | Quelle am Huta |
| 3 | Rodna | 850 | Vişeu | Fântâna |
| 4 | Maramureş | 460 | Vişeu | Repedea |
| 5 | Maramureş | 470 | Vişeu | Bile |
| 6 | Maramureş | 640 | Vişeu | Bistra |
| 7 | Maramureş | 640 | Vişeu | Topoleu |
| 8 | Maramureş | 585 | Vişeu | Şuşniţa |
| 9 | Gutâi | 325 | Iza | Valea Albă |
| 10 | Oaş | 375 | Tur | Valea Ciresului |
| 11 | Oaş | 380 | Tur | Corneasca |
| 12 | Oaş | 690 | Tur | Valea Alba |
| 13 | Vlădeasa | 1280 | Someş | Someşul Caldí, Quelle |
| 14 | Vlădeasa | 1190 | Someş | Izbuc |
| 15 | Rodna | 520 | Someş | Valea Rea |
| 16 | Rodna | 500 | Someş | Valea lui Pătru |
| 17 | Rodna | 390 | Someş | Valea Babei |
| 18 | Ţibleş | 380 | Someş | Bichigiu |
| 19 | Ţibleş | 345 | Someş | Valea lui Mailat |
| 20 | Gutâi | 530 | Someş | Săsar |
| 21 | Gutâi | 445 | Someş | Limpedea |
| 22 | Oaş | 175 | Someş | Valea Bradului |
| 23 | Mezeş | 630 | Crasna | Apa Ielegii |
| 24 | Mezeş | 530 | Crişul Repede | Vărădeştilor |
| 25 | Vlădeasa | 480 | Crişul Repede | Drăganul |
| 26 | Vlădeasa | 780 | Crişul Repede | Zârnişoara |

Senkrecht: No./Gebirge/Meereshöhe/Flußgebiet/Fluß bzw. Bach:

| | | | | |
|---|---|---|---|---|
| 27 | Vlădeasa | 720 | Crişul Repede | Bulzuri |
| 28 | Mezeş | 580 | Crişul Repede | Pr.Poicului |
| 29 | Mezeş | 530 | Crişul Repede | Dudea |
| 30 | Mezeş | 510 | Crişul Repede | Pr.Şoimului |
| 31 | Bihor | 1060 | Crişul Repede | V.Custurilor |
| 32 | Bihor | 980 | Crişul Repede | Pr.Ieduţului |
| 33 | Bihor | 640 | Crişul Negru | Cucuruz |
| 34 | Bihor | 650 | Crişul Negru | Valea Călcăta |
| 35 | Bihor | 575 | Crişul Negru | V.Plaiului |
| 36 | Bihor | 580 | Crişul Negru | Bulz |
| 37 | Bihor | 600 | Crişul Negru | Budeasa |
| 38 | Bihor | 425 | Crişul Negru | Aleu |
| 39 | Bihor | 425 | Crişul Negru | Sibişel |
| 40 | Bihor | 1280 | Crişul Negru | Măgura-Nebenfluß |
| 41 | Codru | 205 | Crişul Negru | Finiş |
| 42 | Codru | 160 | Crişul Negru | Finiş |
| 43 | Codru | 340 | Crişul Negru | Brusturei |
| 44 | Codru | 340 | Crişul Negru | V.Ursului |
| 45 | Codru | 280 | Crişul Negru | Izbuc |
| 46 | Codru | 270 | Crişul Negru | Roşia |
| 47 | Codru | 265 | Crişul Negru | Pr.Bujorului |
| 48 | Codru | 255 | Crişul Negru | Pr.Halasului |
| 49 | Bihor | 350 | Crişul Alb | Pr.Leucii |
| 50 | Giurgeu | 775 | Mureş | Hurdugaş |
| 51 | Giurghiu | 700 | Mureş | Pr.Doamnei |
| 52 | Giurghiu | 620 | Mureş | Poiana |
| 53 | Călimani | 560 | Mureş | Stârninoasa |
| 54 | Retezat | 1100 | Mureş | Quellen |
| 55 | Berg der Lipova | | Bega | Dvorin |
| 56 | Obcina Feredeu | 750 | Moldova | Dea |
| 57 | Stînişoara | 580 | Moldova | Nebenfluß der Magherniţa |
| 58 | Stînişoara | 530 | Moldova | Voroneţ |
| 59 | Obcina Mare | 544 | Moldova | Bucovăţ |
| 60 | Rodna | 170 | Bistriţa | Pr. Vărăriei |
| 61 | Rodna | 800 | Bistriţa | Teşniţa |
| 62 | Giurgeu | 1000 | Bistriţa | Nebenfluß des Bicaz |
| 63 | Ciucului | 1020 | Trotuş | Trotuş |
| 64 | Tarcău | 680 | Trotuş | Camenca |
| 65 | Vrancei | 675 | Trotuş | Oituz |
| 66 | Ciucului | 450 | Trotuş | Pr.Popii |

Senkrecht: No./Gebirge/Meereshöhe/Flußgebiet/Fluß bzw, Bach:

| | | | | |
|---|---|---|---|---|
| 67 | Semenic | 320 | Timiş | Timiş |
| 68 | Semenic | 450 | Timiş | Isv. Lazului |
| 69 | Semenic | 370 | Timiş | Ogaşul Crucii verzi |
| 70 | Ţarcu | 720 | Timiş | Nebenfluß der Berzava |
| 71 | Semenic | 550 | Caraş | Caraş |
| 72 | Semenic | 565 | Caraş | Ogaşul lui Matei |
| 73 | Semenic | 310 | Nera | Ogaşul Globului |
| 74 | Semenic | 310 | Nera | Pătăşel |
| 75 | Semenic | 380 | Nera | Ţerova |
| 76 | Semenic | 375 | Nera | Brezoviţa |
| 77 | Semenic | 380 | Nera | Pr.Izvorului |
| 78 | Semenic | 330 | Nera | Poneasca |
| 79 | Semenic | 310 | Nera | Ogaşul Cismarului |
| 80 | Semenic | 270 | Nera | Teria |
| 81 | Semenic | 200 | Nera | Gavojdia |
| 82 | Locvei | 100 | obere Donau | Dubochi potoc |
| 83 | Locvei | 75 | obere Donau | Alibeg |
| 84 | Almaşului | 95 | obere Donau | Berzasca |
| 85 | Almaşului | 69 | obere Donau | Selschi |
| 86 | Almaşului | 135 | obere Donau | Ieşelniţa |
| 87 | Semenic | 460 | Cerna | Luncaviţa |
| 88 | Semenic | 390 | Cerna | Ogaşul Spatarului |
| 89 | Semenic | 380 | Cerna | Ogaşul Vladcului |
| 90 | Cernei | 255 | Cerna | Valea Mare |
| 91 | Mehedinţi | 140 | Cerna | Ogaşul Porumb |
| 92 | Almaşului | 100 | Cerna | Saracova |
| 93 | Făgăraş | 600 | Argeş | Bughea |
| 94 | Ciucului | 950 | Olt | Frumoasa |
| 95 | Bodoc | 550 | Olt | Pîrîul Mare |
| 96 | Harghita | 900 | Olt | Angyos |
| 97 | Harghita | 855 | Olt | Vărghiş |
| 98 | Harghita | 715 | Olt | Homorodul Mare |
| 99 | Gîrbova | 860 | Ialomiţa | Tufa |
| 100 | Gîrbova | 900 | Ialomiţa | Quelle bei Sinaia-Cumpătu |
| 101 | Gîrbova | 860 | Ialomiţa | Pîrîul Babei |
| 102 | Bucegi | 980 | Ialomiţa | Quelle bei Cabana Schiorilor |
| 103 | Bucegi | 1200 | Ialomiţa | Quelle bei Scropoasa |
| 104 | Măcinului | | Dobrogea | Fîntîna de leac |
| 105 | Măcinului | | Dobrogea | Cilic-Tal und Valea Morilor |

| Orte | 1 | 2 | 3 | 4 | 5 | 6 | 7 | 88a | 9 | 10 | 11 | 12 | 13 | 14 | 15 | 16 | 17 | 18 | 19 | 20 | 21 | 22 | 23 | 24 | 25 | 26 | 27 | 28 | 29 | 30 | 31 | 32 | 33 | 35 | 35 | 36 | 37 |
|---|---|---|---|---|---|---|---|---|---|---|---|---|---|---|---|---|---|---|---|---|---|---|---|---|---|---|---|---|---|---|---|---|---|---|---|---|---|
| 1 | | | | 5 | | | | | | | | | | | | 12 | | | | | | | | | | 31 | | 1 | | | | | | | | | |
| 2 | | | | | | | | | | | | 1 | | | 20 | | | | | | 3 | | | | | 1 | 1 | | | | | 1 | | | | | |
| 3 | | | | | | | | | | | | | | 12 | | | | | 1 | 50 | | | | | 3 | 2 | 2 | | | | | 1 | | | | | 1 |
| 4 | | | | | | | | | | | | | | 11 | | | | | | | | | | | | | | | | | | | | | | | |
| 5 | | | | | | | | | | | | | | 28 | | | | | | | | | | | | 1 | | | | | | | 1 | | | | 6 |
| 6 | | | | 1 | | | | | 1 | | 1 | | 1 | 49 | 3 | | | | 3 | | | 2 | | | | 1 | | | | | | | 7 | 2 | | | 3 |
| 7 | | | | | | | | | | | | | | 9 | 1 | | | | | | | | | | | | | | | | | | | | | | |
| 8 | | | | | | | | | | | | 1 | | 20 | 1 | | | | | | | | | | | | | | | | | | | | | | |
| 9 | | | | 2 | | | | | | 1 | | | | 16 | 2 | | | | | | 1 | 10 | | | | 31 | 4 | 7 | | | | | | | | | |
| 10 | | | | 2 | | | | | | | | | | 5 | | 6 | | | | | 1 | 1 | | | | 9 | | | | | | | 3 | | | | 2 |
| 11 | | | | 3 | | | | | | | | | | 2 | | 8 | 1 | | | | | 1 | | | | 26 | | | | | | | 1 | | | | 15 |
| 12 | | | | 1 | | | | | | 1 | | | 2 | 22 | 6 | | | | | | 1 | 11 | | | | 34 | 5 | 8 | 2 | | | | 2 | | | | |
| 13 | | | | | | | | | | | | | | | 1 | | | | | | | | | | | 5 | | | | | | 3 | | | | | |
| 14 | | | | | | | | | | | | | | 12 | 3 | | | | | | | | | | | 1 | | | | | | 4 | | | | | |
| 15 | | | | | | | | | | | | 1 | 1 | 55 | | 6 | | | | 4 | | | | | | | 6 | | | | | 3 | 6 | | | | |
| 16 | | | | | | | | | 2 | | | | 1 | 25 | | 9 | | | | | 1 | | | | | 8 | 9 | | | | | 7 | 1 | | | | |
| 17 | | | | | | | | | | | | 1 | 1 | 38 | | 4 | | | | | 9 | | | | | 7 | | | | | | | | | | | |
| 18 | | | | | | | | | | | | | | 4 | | 2 | 1 | | | | | 9 | | | | 2 | | | | | | | | | | | 1 |
| 19 | | | | | | | | | | | | | | 3 | | 1 | 3 | | | | | | | | | 8 | 5 | | | | | 4 | | | | | |
| 20 | | | | 2 | | | | | | | | | | 37 | 11 | 1 | | | | | | | | | | | | | | | | | | | | | |
| 21 | | | | | | | | | | | | 3 | 2 | 63 | 8 | 1 | | | | | | | | | | | | | | | | | 1 | | | | 7 |
| 22 | | | | 2 | | | | | | | | | | | | 27 | | | | | 1 | | | | | | | | | | | | | | | | |
| 23 | | | | 84 | | | | 119 | 34 | 49 | | 1 | | | | 14 | | | | | | | | | | | | | | | | | 1 | | | | |
| 24 | | | | | | | | | 8 | 2 | | | | 13 | | 12 | | | | | | | | | | 4 | | 3 | | | | | 4 | | | | |
| 25 | | | | | | | | | | | | | | 44 | | | | | 12 | | | 6 | | | | 51 | | | | | | | 1 | 5 | | | 2 |
| 26 | | | | | | | | | | | | | 2 | 29 | 3 | | | | | | | | | | | 24 | | 1 | | | | 3 | | 1 | | | |
| 27 | | | | 1 | 1 | | | | | | | 15 | 18 | 141 | | 1 | | | 2 | | | 1 | | | | 349 | | 6 | | | | 2 | | 1 | | | 1 |
| 28 | | | | 55 | | | | | | | | | | 43 | | 6 | | 4 | | | | | | | | 9 | | 5 | | | | 1 | 6 | | | | 4 |
| 29 | | | | 40 | | | | | 1 | 2 | 1 | | | 1 | | | | | | | | | | | | | | | | | | | 1 | | | | |
| 30 | | | | 75 | | | | | 26 | 2 | | 1 | | 7 | | 6 | | | | | | | | | | 5 | | 4 | | 1 | | 5 | 3 | | | | |
| 31 | | | | | | | | | | | | | | 1 | 5 | | | | | | | | | | | 4 | | | | | | 18 | | | | | |
| 32 | | | | | | | | | | | | 1 | | 8 | 9 | | | | | | 2 | 2 | | | | 9 | | 3 | | | | 1 | 1 | 1 | | | 1 |
| 33 | | | | | | | | | | | | | | 24 | | | | | 3 | | | | | | | 19 | 5 | | | | | 1 | 2 | 3 | | | |
| 34 | | | | | | | | | | | | 3 | 1 | | 2 | | | | | | | | | | | 85 | 3 | | | | | | | 1 | | | |
| 35 | | | | | | | 2 | | 1 | | | 6 | | 8 | | | | | | | | | | | | 8 | 12 | | | | | 2 | 7 | | | | 3 |

Forts. Tabelle 1/1 Arten

| Orte | 1 | 2 | 3 | 4 | 5 | 6 | 7 | 88a | 9 | 10 | 11 | 12 | 13 | 14 | 15 | 16 | 17 | 18 | 19 | 20 | 21 | 22 | 23 | 24 | 25 | 26 | 27 | 28 | 29 | 30 | 31 | 32 | 33 | 34 | 35 | 36 | 37 |
|---|---|---|---|---|---|---|---|---|---|---|---|---|---|---|---|---|---|---|---|---|---|---|---|---|---|---|---|---|---|---|---|---|---|---|---|---|---|
| 36 | | | | | | | | | | | | | | 5 | | | | | 45 | | | | | | | 19 | | | | | | | 1 | 1 | | | 3 |
| 37 | | | | | | | | | | | | | | 23 | 4 | | | | | | | 1 | | | | 29 | 2 | 3 | | | | 7 | 5 | | | | 16 |
| 38 | | | | 5 | | | | | | | | | 15 | 19 | | | | | | | | | | | | 32 | | 2 | | | | 1 | 3 | 9 | | | 25 |
| 39 | | | | 1 | | | | | | | | 8 | 60 | 249 | | | | 1 | | | | 7 | | | | 168 | | 10 | | | | | 1 | 11 | | | 8 |
| 40 | | | | | | | | | | | | | | | 28 | | | | | | | | | | | 27 | | | | | | 7 | | | | | |
| 41 | | | | | 1 | | | | | | | | 7 | 10 | | | | 1 | | | | | | 1 | | 94 | | | | 1 | 1 | | | 6 | 1 | | 5 |
| 42 | | | | | | | | | | | | | 2 | 52 | | | | 3 | | | | | | | | 26 | | 1 | | 2 | | | | 15 | | 1 | 15 |
| 43 | | | | 1 | | | | | | | 1 | | 16 | 105 | | | | 24 | | | | | | | | 389 | | 122 | | 21 | 2 | | 1 | 5 | | | 60 |
| 44 | | | | 3 | | | | | | | | 1 | 4 | 40 | | | | 2 | | | | | | | | 198 | 1 | 10 | 1 | 33 | 16 | | 1 | 12 | 2 | 5 | 44 |
| 45 | | | | 1 | | | | | | | | | 2 | 23 | | | | | | | | 7 | | | | 193 | 1 | 2 | | | 33 | 14 | | | | | |
| 46 | | | | | | | | | | | | 1 | 2 | 72 | | | | 1 | | | | | | | | 2 | 3 | | | | | 19 | 5 | | | | 1 |
| 47 | | | | | | | | | | | | | | 4 | | | | | | | | 22 | | | | 45 | | | | 14 | | | | | | | |
| 48 | | | | | | | | | | 1 | | 1 | | 131 | | | | | | | | | | | | 9 | 7 | 6 | | | | | 2 | | | | 5 |
| 49 | | | | 88 | | | 19 | | 37 | | | | | 5 | | | | | | | | | | | | 6 | | 12 | | | | | 2 | 2 | 7 | | 6 |
| 50 | | | | | | | | | | | | | | 18 | | | | | | | | | | | | 85 | 2 | 32 | | | | | | 1 | | | |
| 51 | | | | 40 | | | | | | | | 1 | | | 7 | 10 | | 11 | | | | | | | | | | | | | | | | | | | |
| 52 | | | | | | | | | | | | | | 10 | 48 | 8 | | | | | | | | | | | | | | | | | | | | | |
| 53 | | | | 1 | | | | | 3 | 38 | | | | 16 | 1 | 42 | | | | | | | | | | 6 | | 7 | | | | | | | | | |
| 54 | | | | | | | | | | | | | | | | | | | | | | | | | | | | | | | | | | | | | |
| 55 | v | v | | | | | | | | | | | | | | | | | | | | | | | | | | | | | | | | | | | |
| 56 | | | | | | | | | | 1 | | | | 74 | | | | | | | 2 | | | | | 2 | | 3 | | | | 4 | 2 | | | | |
| 57 | | | | 3 | | | | | | | | | | 10 | 2 | 9 | | | | | 1 | | | | | | 1 | | | | | 1 | 1 | | | | |
| 58 | | | | | | | | | 1 | | | | | 18 | | | | | 1 | | 1 | | | | | 28 | 6 | 99 | | | | | 4 | 4 | | | v |
| 59 | | | | 59 | 4 | | | | 6 | | | 1 | | | | 2 | | | | | | | | | | 2 | | | | | | | | | | | |
| 60 | | | | | | | | | | | | | | 14 | | | | | | | | 45 | | | | | | | | | | | | | | | |
| 61 | | | | 4 | | | | | | | 1 | | | 9 | | | | | | | | 44 | | | | 5 | | | | | | | | | | | |
| 62 | | | | | | | | | | | | | | 12 | | | | | | 2 | | | | | | 6 | 3 | 3 | | | | 3 | 3 | | | | |
| 63 | | | | 1 | | | | | | | 1 | 1 | | 6387 | | | | | | | | | | | | 84 | | 13 | | 1 | 130 | | 32 | | | | 1 |
| 64 | | | | 11 | | | | | | | | | 2 | 12 | | 1 | | | 1 | | | v | | | | 45 | 1 | 31 | | 1 | 12 | | | 1 | | | 10 |
| 65 | | | | 4 | | | | | 1 | | | | | 127 | | | | | 1 | | | | | | | 33 | 1 | 45 | | | | 4 | 5 | 4 | | | |
| 66 | | | | 1 | | | | | 28 | 8 | | | | 59 | | 1 | | | | | | | | | | | | | | | 2 | | | | | | |
| 67 | | | | 38 | 13 | 1 | | | 15 | | | | | 3 | | | | | | | | | | | | 4 | | | | | | | | | 2 | | 2 |
| 68 | | 1 | | | | 2 | | | 17 | | | 1 | 1 | 30 | | 9 | | 6 | 1 | | | | | | | 18 | 3 | 10 | | | | | 31 | | 3 | 3 | |
| 69 | | | | | | 2 | | | 11 | | | 2 | 1 | 32 | 1 | | | | 10 | | | | | | | 39 | | 29 | | | | | 22 | 2 | 2 | | |
| 70 | | | | | | | | | 1 | | | | | | 126 | | | | | | | | | | | 1 | | | | | | 19 | | | | | |

| | | | | | | | | | | | | | | | | | | | | | | | | | | | | | | | | | |
|---|---|---|---|---|---|---|---|---|---|---|---|---|---|---|---|---|---|---|---|---|---|---|---|---|---|---|---|---|---|---|---|---|---|
| 71 | | | | | | | | | | 2 | 49 | 3 | | | | | | | | | 40 | | 32 | 3 | 2 | | 5 | 1 | 3 | | | 1 |
| 72 | | | 1 | | | | | | 2 | | | 59 | | | | | | | | | | | | | | | 35 | | | | | |
| 73 | 128 | 1 | | | | | | 5 | 2 | 1 | 9 | 2 | | 1 | 36 | | | | | | | 101 | 3 | 18 | | 1 | | | 31 | 2 | 3 | 3 | 1 |
| 74 | 1 | 2 | | | | | 1 | | | | 6 | 2 | | | | | | | | | | 71 | | 8 | 5 | | | | 2 | 7 | 8 | 2 | 3 |
| 75 | | 7 | | 73 | | | 5 | | | | | 4 | | | 61 | | | | | | | 59 | | 3 | | | | | 4 | 1 | 2 | | 1 |
| 76 | 2 | 3 | 1 | 34 | | | 1 | | | 5 | 13 | 3 | | | 8 | | | | | | | 19 | | | | | | | 5 | 9 | 3 | | 6 |
| 77 | | | | | | | 2 | | 1 | | 17 | 136 | 1 | | 7 | | | | 20 | | 3 | 193 | 3 | 115 | 3 | 55 | 50 | | 33 | 2 | 1 | 2 | 1 |
| 78 | | 1 | 6 | | | | 1 | 1 | | | 1 | 12 | | | 3 | | | | | | | 48 | | | | 1 | | | 18 | 2 | | | 1 |
| 79 | | | | 1 | | 3 | | | | 3 | | 20 | 10 | | 3 | | | | | | | 1 | 2 | | | | | | 7 | | | | 2 |
| 80 | | | | 13 | | | 1 | | | 1 | 7 | 43 | | 1 | 39 | | | | | | | 108 | 1 | 12 | 1 | 1 | 1 | | 1 | 7 | 9 | | 32 |
| 81 | | | | | | | | | 1 | | 1 | 17 | | | 2 | | | | | | | 68 | | 11 | 7 | 1 | 1 | | 15 | | 14 | 1 | 1 |
| 82 | | | | | | | | | | | | 1 | | 1 | 2 | | | | | | | 48 | 1 | | 1 | | | | | | | | 2 |
| 83 | | | 1 | | | | | 3 | | | | | | | 1 | | | | 1 | | | 30 | | 1 | | 31 | | | 2 | | 2 | | 23 |
| 84 | | | | | | | 1 | | | | | | | | | | | | | | | 8 | | 3 | 66 | | | | | 5 | | 1 | 6 |
| 85 | 14 | | | 1 | | 12 | | | 62 | | | 7 | | 38 | | | | | | | | 1 | | | | | | | | | | | |
| 86 | | | 10 | 47 | | 50 | | | | 1 | 1 | 12 | | | 3 | | | | 2 | | | 106 | | 4 | | | | | | 23 | 7 | 2 | 8 |
| 87 | 3 | | | 9 | | 36 | | | 5 | 4 | 1 | 38 | 4 | | 4 | | | | | | | 11 | 2 | 7 | | | | | 29 | 1 | 8 | 2 | |
| 88 | 9 | 5 | | 76 | | 1 | 2 | | | 6 | | | | | 5 | | | | | | | 2 | | | | | | | | | | | 1 |
| 89 | 34 | 8 | 2 | 9 | | | | | | 5 | 4 | 3 | | | 16 | | | | | 1 | | 7 | | 14 | | | | | 1 | 1 | 3 | 1 | 6 |
| 90 | 2 | | | 2 | | | | | | 1 | 9 | 6 | | | 14 | | | | | | | 24 | 1 | 5 | | | | | 5 | | | | |
| 91 | | | | | | | 2 | | | | | | 58 | | | | | | | | | | | | | | | | 5 | | | | |
| 92 | 3 | | | 205 | | 37 | | | 9 | | | 1 | 4 | 1 | 8 | | | | | | | 12 | | | | | | | 2 | 1 | | | |
| 93 | | 131 | 6 | | | | | | 1 | 8 | 3 | | | 3 | | | | | | | | 1 | | | | | | | | | | | |
| 94 | | 2 | | | | | | | | | | 74 | | | | 1 | | | | | | 13 | 2 | | | | 6 | | 1 | | | | |
| 95 | | 15 | | | | 8 | | | 2 | | 3 | 73 | 2 | 2 | 1 | | 1 | | 12 | | | 53 | 8 | 5 | | | | 8 | 12 | 4 | | | 1 |
| 96 | | 6 | | | | | | | | 15 | | 32 | 24 | 5 | | | | | | | | 65 | | | | | | | 17 | | | | |
| 97 | | 32 | | | 2 | | 5 | | | | 7 | 83 | | 5 | | | | | 1 | | | 128 | | 9 | | | | 5 | | 1 | | | |
| 98 | | 26 | | | | | | | | | | 91 | 1 | 18 | | | 2 | | 1 | | | 29 | 1 | 1 | | | | 16 | 1 | | | | |
| 99 | | 2 | | | | 2 | | | 4 | 4 | | | 18 | | | | 3 | 1 | | | | 2 | 1 | | | | | | | | | | |
| 100 | | | | | | | | | | | | | | | | | | | | | v | | | | | | | | | | | | |
| 101 | | | | | | 41 | | | 19 | | | | 131 | | | | | 12 | | | | 30 | 1 | | | | | | | | | | |
| 102 | | | | | | | | | | 22 | | | 92 | | | | 24 | | | | | | | | | | | | | | | | |
| 103 | | | | | | | | | | | | 1 | 48 | | | | 4 | | | | | | | | | | | | | | | | |
| 104 | v | | | | | | | | | | | | | | | | | | | | | | | | | | | | | | | | |
| 105 | | | | | | | | | | | | | | | | | | | | | | v | | | | | | | | | | | |

v ... zahlreiche Exemplare

Gleich vom Anfang an halte ich es für zweckmäßig, die in ihrer ganzen Gestaltung nach Gebieten, Gebirgsstöcken und Relief und Gewässern ausgeprägte Verschiedenheit der rumänischen torrenticolen Mikrozönosen hervorzuheben. In gewissen Fällen ist das Auftreten oder Fehlen einer oder mehrerer Arten derart hervorstechend, daß es völlig genügt, um die in Betracht kommende Vergesellschaftung zoogeographisch und faunistisch zu beurteilen. Für die ponto-mediterranen oder balkanischen Elemente gilt das ganz besonders. Manche Untersuchungsstellen waren besonders assoziationsreich und beherbergten bis 19 Arten, während andere im Gegensatz dazu sehr arm oder sogar völlig käferfrei erschienen. Eine Aufzählung sämtlicher untersuchter Stellen ohne Berücksichtigung der materiellen Ergebnisse wäre

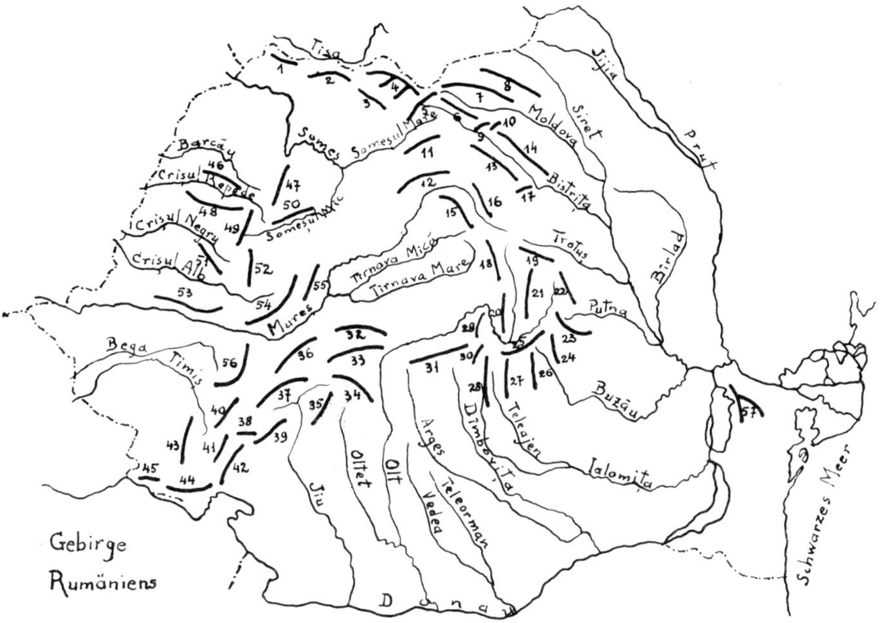


Abb. 2. Die Gebirge Rumäniens: 1. Oaş, 2. Gutîi, 3. Ţibleş, 4. Maramureş, 5. Rodna, 6. Mestecăniş, 7. Feredeu, 8. Obcina Mare, 9. Giumalău, 10. Rarău 11. Bîrgău, 12. Căliman, 13. Bistriţei, 14. Stînişoara, 15. Gurghiu, 16. Giurgeu, 17. Ceahlău, 18. Harghita, 19. Ciucului, 20. Baraolt, 21. Bodoc, 22. Nemira, 23. Vrancea, 24. Penteleu, 25. Bîrsei, 26. Siriu, 27. Ciucaş, 28. Bucegi, 29. Perşani, 30. Piatra Craiului, 31. Făgăraş, 32. Cibin, 33. Lotrului, 34. Căpăţînei, 35. Parîng, 36. Sebeş, 37. Retezat, 38. Godeanu, 39. Vîlcan, 40. Ţarcu, 41. Cernei, 42. Mehedinţi, 43. Semenic, 44. Almaş, 45. Locvei, 46. Plopiş, 47. Mezeş, 48. Rădurea Craiului, 49. Vlădeasa, 50. Gilău, 51. Codru, 52. Bihor, 53. Zarand, 54. Metalici, 55. Trascău, 56. Poiana Ruscă, 57. Măcin.

zwecklos und irreführend; die der sich als fündig erwiesenen ist aber sehr aufschlußreich. Um die charakteristischen faunistisch-zoogeographischen Züge der verschiedenen Gewässer und Gebiete hervorzuheben, erlaube ich mir im folgenden eine Auswahl der für die in Betracht kommenden Gegenden typischen Vergesellschaftungen vorzuführen, unter Angabe der Zahl der von jeder Art gesammelten Exemplare (Tab. 1).

1. Im oberen Becken der T i s a sind die kleinen aus dem Oaş-Gebirge quellenden Nebenflüsse arm an Torrenticolen. Die Hydraeniden erscheinen nur ganz vereinzelt. Im Belmezău-Bach sind bloß *H. excisa* und *H. riparia*, in einem unbenannten Bächlein *H. gracilis* dominant, *H. pygmaea* und *H. schuleri* nur einzeln gefunden worden. Unter den wenigen Elmiden ist *E. maugetii* überall in nicht zu großer Zahl anwesend, außerdem vereinzelte Individuen von *E. angustatus* oder *E. parallelopipedus*, *L. perrisi, L. mülleri* sowie *H. substriatus*.

2. Der V i ş e u und seine aus dem Maramureş-Gebirge entspringenden Nebenflüsse sind ohne Ausnahme durch die Dominanz der *H. gracilis* gekennzeichnet, im B i s t r a-Bach samt seinen Nebenflüssen von *H. saga* oder auch von *H. truncata* begleitet; andere Arten sind nur in unbedeutender Zahl, wenn überhaupt, vorhanden. Die Elmiden sind sehr spärlich vorhanden, meist in ganz vereinzelten Individuen von *E. maugetii, E. angustatus, L. perrisi, L. volckmari* und *H. substriatus*.

Der vom Rodna-Gebirge kommende Nebenfluß F â n t â n a unterscheidet sich gründlich von den vorigen durch eine Vergesellschaftung der weitaus dominierenden *H. hungarica* mit *H. gracilis*; die ganz vereinzelten Individuen der Elmiden gehören zu *E. latreillei, E. aenea, E. angustatus, L. perrisi* und *H. substriatus*.

3. Die Nebenflüsse des T u r , sämtlich aus dem Oaş-Gebirge entspringend, sind durch eine Vergesellschaftung von *H. gracilis* mit *H. riparia* und *H. excisa* oder *H.saga*, ganz vereinzelt noch *H. minutissima* und *H. schuleri* oder auch *H. exsculptus*, mehr aber durch die Dominanz von *E. maugetii*, meist von *L. volckmari* und *H. substriatus* oder auch von *Esolus*-Arten begleitet, charakterisiert.

4. Der S o m e ş sammelt seine Nebenflüsse meist aus den Gebirgen Rodna, Ţibleş und Gutîi. Überall steht *H. gracilis* an der Spitze der Vergesellschaftungen, an zweiter Stelle fast regelmäßig *H. excisa* und *E. maugetii*. Die aus dem Rodna-Gebirge entspringenden Nebenflüsse beherbergen auch noch *L. perrisi* oder *L. volckmari*, seltener beide zusammen, oder *E. angustatus*. *H. substriatus* ist weit seltener. In den aus dem Gutîi-Gebirge entspringenden Nebenflüssen erscheint meist auch *E. angustatus*, von *E. maugetii* begleitet oder allein.

5. Vom Crasna-Becken wurde nur der Bach Pîrîul Ielegii din Băi-asa, der aus dem Mezeş-Gebirge kommt, untersucht. Merkwürdigerweise wurde hier eine reiche, fast ausschließlich aus Hydraeninen bestehende Vergesellschaftung gefunden. Stark dominant ist hier *H. bohemica*, der Reihe nach von *H. riparia*, *H. nigrita, H. morio* und *H. excisa* begleitet. *H. pygmaea* kam nur durch ein einziges Individum zum Vorschein.

6. Crişul Repede empfängt seine Nebenflüsse aus den Gebirgen Mezeş, Vlădeasa und Bihor. Auch hier findet man meistens unter den Hydraeniden *H. gracilis* dominierend, daneben einmal *H. saga*, ein anderesmal *H. excisa* oder *H. pygmaea* und *H. minutissima*, unter den Elmiden fast ausnahmslos von den im Vlădeasa-Gebirge oftmals dominierenden *E. maugetii* und *L. perrisi* in der Assoziation begleitet. *E. parallelopipedus* und *L. volckmari* kommen in einigen Nebenflüssen, andere Arten nur ganz vereinzelt auch vor.

7. Die Nebenflüsse des Crişul Negru bilden zwei verschiedene Gruppen: eine, die ihre Quellen im Bihorgebirge, die andere, die sie im Codrugebirge hat. Auch hier ist unter den Hydraeniden *H. gracilis* stark dominant, an ihrer Seite im Bihorgebirge *H. saga* und *H. minutissima* oder *H. truncata*, im Codrugebirge, im Finiş -Fluß und seinen Nebenflüssen außer *H. minutissima* auch *H. phallica*. Unter den Elmiden ist die starke Dominanz von *E. maugetii* fast überall zu bemerken, in einer Reihe von Bächen die von *E. angustatus* und *H. substriatus* (weniger die von anderen Arten), in anderen aber von *L. perrisi* begleitet oder durch diesen ersetzt.

Viel reicher sowohl an Arten als auch an Individuen erwiesen sich die Vergesellschaftungen im Timiş und seinen aus dem Codru-Gebirge entspringenden Nebenflüssen; unter ihnen gibt es einige, die bis zu 6 Hydraeniden- und 10 Elmidenarten beherbergen. Außer *E. maugetii* sind auch noch *E. parallelopipedus, R. cupreus* und *R. subviolaceus* sehr gut vertreten. *H. substriatus*, der fast überall nur sehr bescheidene Populationswerte hat, kommt hier in manchen Bächlein geradezu massenhaft vor, oder, wie im Finiş-Fluß, die ganze Vergesellschaftung dominierend. Die Gattung *Limnius* ist durch eine oder zwei, seltener drei Arten vertreten, öfters namentlich durch *L. volckmari*. In einigen Bächlein ist *L. perrisi* ziemlich zahlreich (in Izbuc) oder selbst dominierend (auf dem Berg Huta), während in anderen diese Art gänzlich fehlt und durch *L. opacus* teils allein oder zusammen mit *L. volckmari* oder auch *L. mülleri*, einmal auch durch *L. horioni* ersetzt wird.

8. Im Crişul Alb-Becken wurde nur ein ebenfalls aus dem Bihor-Gebirge entspringendes Bächlein, 'Pîrîul Leucii', untersucht. Das Bild seiner Vergesellschaftung ist aber einzig, wie in der Tabelle angegeben, indem hier an der Spitze *H. riparia*, von *H. bohemica* und *H. morio* gefolgt, steht, während *H. gracilis*

eine ganz untergeordnete Rolle spielt. Auch unter den Elmiden liegen die Zahlenverhältnisse zugunsten des *E. parallelopipedus*, der *E. maugetii* um das Doppelte übertrifft. Außerdem wirken in der Assoziation drei *Limnius*-Arten: *L. volckmari, L. opacus, L. mülleri* sowie *H. substriatus* mit.

9. Der M u r e ş sammelt seine Wässer aus nicht weniger als sechs verschiedenen Gebirgsstöcken: Giurgeu, Gurghiu, Călimani im Norden und Osten, Retezat im Süden, Trăscău und Bihor im Westen; eine Lage, die in der Zusammensetzung der Vergesellschaftungen ansehnliche Unterschiede mit sich bringt. In der Tat beobachtet man, daß unter den Hydraeniden *H. gracilis* meistens die wichtigste Rolle spielt, außer in den von den Giurgeu- und Căliman-Gebirgen kommenden Nebenflüssen (wie z.B. S t â r n i n o a s a und G ă l ă l o a i a), wo diese Rolle mit *H. riparia* oder auch mit *H. saga* und *H. excisa* geteilt wird. In einem einzigen Fall, nämlich im 'P î r î u l D o a m n e i', war es *H. riparia*, die die Führung übernahm, an zweiter Stelle *H. saga, H. excisa* und *H. phallica*, in gänzlicher Abwesenheit von *H.*

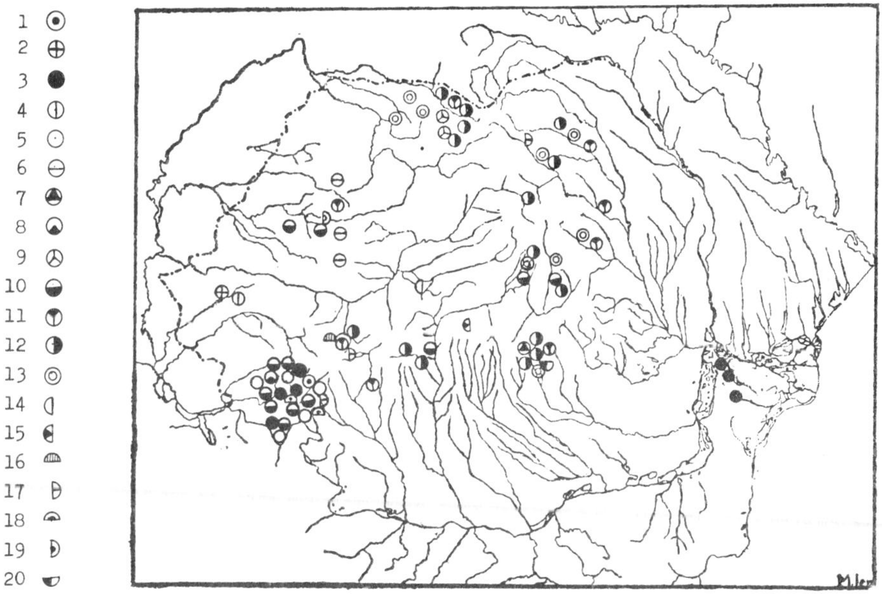


Abb. 3. Verbreitungsskitze der torrenticolen Hydraeniden Rumäniens (ohne die häufigsten Arten): 1. *P. testacea*, 2. *P. paganettii*, 3. *H. grandis*, 4. *H. palustris*, 5. *H. pachyptera*, 6. *H. bohemica*, 7. *H. britteni*, 8. *H. bulgarica*, 9. *H. belgica*, 10. *H. phallica*, 11. *H. truncata*, 12. *H. hungarica* 13. *H. schuleri*, 14. *H. exsculptus*, 15. *H. granulatus*, 16. *H. montenegrinus*, 17. *H. gibbosus*, 18. *A, montanus*, 19. *H. metallescens* 20. *O. romanicus*.

*gracilis*. Der Stârninoasa-Bach trat durch seine Vergesellschaftung ebenfalls hervor, da diese, in Abwesenheit von *H. gracilis* und *E. maugetii*, durch *H. nigrita* und *H. excisa*, an zweiter Stelle *H. saga* angeführt wird. Unter den Elmiden steht fast immer *E. maugetii* an der Spitze. Es zeigte sich jedoch, daß diese Art in den östlichen Karpaten meist von *E. angustatus* oder *E. parallelopipedus* oder von beiden, oder auch von *L. perrisi* begleitet wird.

Die Quellen im Retezat-Gebirge treten auch durch die Besonderheit ihrer Assoziation hervor, da hier *E. maugetii* und *R. subviolaceus* vorherrschen, außerdem nur noch *H. hungarica* beherbergend. Der Fund von *H. montenegrinus* im Turcului-Bach muß auch hervorgehoben werden.

10. Die Moldova, Nebenfluß des Siret, empfängt ihre Wässer aus fünf Gebirgsstöcken der Ostkarpaten: Obcina Mare, Obcina Feredeu, Stânişoara, Rarău und Giumalău. Die Käfergemeinschaften sind meist durch das Vorherrschen der *H. gracilis*, einmal mit *H. excisa* zusammen, gleichzeitig auch mit *E. maugetii* und *E. parallelopipedus* in verschiedenen Verhältnissen gekennzeichnet. Erwähnenswerte Ausnahmen bilden einerseits der Bach Bucovăt, der von der Obcina Mare kommt, wo beim Fehlen von *H. gracilis* und unbedeutender Zahl von *E. maugetii*, *H. riparia* vorherrscht, andrerseits der Bach Voroneţ, in der Nähe des gleichnamigen Klosters, der aus dem Stânişoara-Gebirge entspringt, wo die Käferassoziation *H. substriatus* und *E. parallelopipedus* an der Spitze hat, *E. maugetii* an zweiter und *H. gracilis* an dritter Stelle.

Einige Bächlein, die vom Rarău-Gebirge kommen, sind gekennzeichnet durch das Fehlen von *E. maugetii* und das schwache Auftreten von *H. gracilis* oder *H. saga* oder auch *H. hungarica*.

11. Die Bistriţa, ebenfalls Nebenfluß des Siret, sammelt ihre Wässer von sechs Gebirgsstöcken der Ostkarpaten, unter denen drei mit der vorigen gemeinsam sind. Unter den Hydraenen gilt meistens *H. gracilis*, die in keinem Nebenfluß fehlt, als Leitform, jedoch bilden die aus dem Rodnagebirge entspringenden Bächen Teşniţa und Vărăriei eine Ausnahme, da dort *H. excisa* vorherrscht, während in den vom Giumalău-Gebirge kommenden Bächen Vulcănescu und Ţibău, neben *H. gracilis*, auch noch *H. hungarica*, im Isvorul Muntelui aber, der aus dem Ceahlău entspringt, dazu noch *H. saga* mit vorherrschend sind. In untergeordneter Zahl erscheint fast überall *H. riparia*, ab und zu auch *H. sternalis*. Unter den Elmiden herrscht *E. maugetii* durchwegs vor. In den vom Ceahlău- und vom Giurgeu-Gebirge entspringenden Nebenflüssen wird die Käfergemeinschaft noch durch *E. parallelopipedus* und die vier *Limnius*-Arten, darunter meist *L. volckmari* häufiger, sowie *H. substriatus*, bereichert. *R. subviolaceus* ist eine seltene Erscheinung; die von den anderen Gebirgen kommenden Bäche zeigten sich in dieser Hinsicht besonders arm.

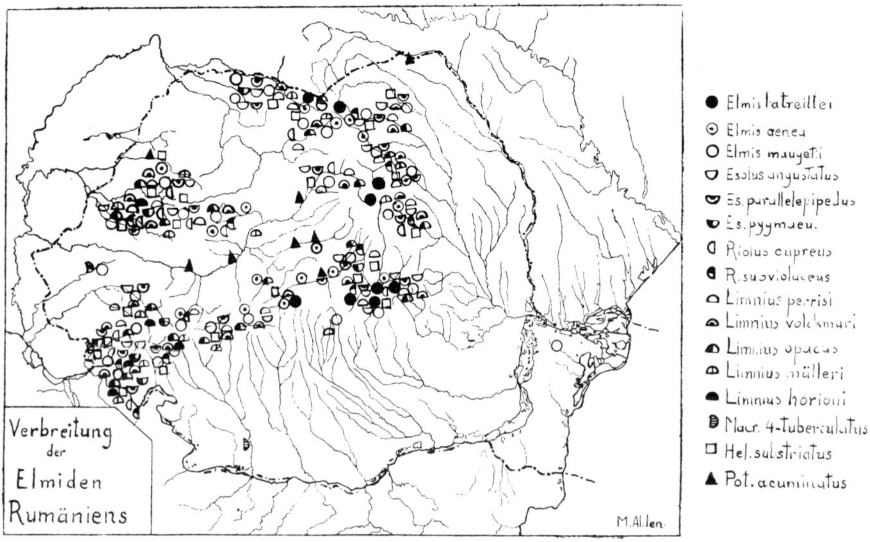


Abb. 4 Verbreitung der Elmiden Rumäniens.

12. T r o t u ş ist ein weiterer Nebenfluß des S i r e t , der seine Nebenflüsse meist vom Tarcău- und Ciuc-Gebirge, viel weniger vom Vrancea-Gebirge, erhält. Im T r o t u ş-Fluß selbst, in einer Hôhe von 1020 m, charakterisiert sich die Käferassoziation durch das besonders starke Vorherrschen der *H. gracilis*, an zweiter Stelle *R. subviolaceus*, and dritter *E. maugetii*. Die Gattung *Limnius* wird hier nur durch *L. volckmari, Esolus* durch *E. parallelopipedus* vertreten. Weitere Arten sind nur in vereinzelten Individuen vorhanden. *H. gracilis* ist unter den Hydraenen auch in den Nebenflüssen stark vorherrschend; in den vom Ciuc-Gebirge entspringenden spielen eine fast gleich starke Rolle noch *H. morio* und *H. nigrita*, in kleinerer Zahl auch noch *H. riparia*. Merkwürdig ist das Vorkommen der balkanischen *H. phallica* in ihrer anscheinend nördlichsten Ausstrahlung der Verbreitung, im O i t u z-Fluß, wie auch im U n g u r e n i -Bach, obwohl nur in einzelnen Individuen. Unter den Elmiden zeigt sich meistens *E. maugetii* durch die höchste Individuenzahl, außerdem sind immer noch *E. parallelopipedus* und *L. volckmari* vorhanden. In einigen Nebenflüssen können aber auch andere Arten zum Vorherrschen kommen, wie z.B. *R. subviolaceus* im T r o t u ş selbst bei Păltiniş, *E. parallelopipedus* im O i t u z oder *L. perrisi* im T ö g e s c h -Bach.

Im Banat wurden sämtliche wichtigsten Flüsse mit ihren Nebenflüssen untersucht, die der Donau unmittelbar zufließenden mit eingeschlossen.

13. Der T i m i ş ist, ähnlich dem C a r a ş und der N e r a, ein Empfänger von Bächen, die aus dem Semenic-Gebirge entspringen. Die Zusammensetzungen ihrer Assoziationen sind aber wesentlich verschieden. Im T i m i ş selbst trat bei Sadova Veche unter den Hydraenen *H. riparia* mit *H. sternalis* an zweiter Stelle hervor, während bei Ormeniş *H. morio* dominant war, *H. gracilis* nur in einzelnen Individuen auftrat. Die Nebenflüsse zeigten ganz verschiedene Vergesellschaftungsbilder, in denen aber unter den Hydraenen stets *H. gracilis* dominierte, in kleinerer Zahl (im I s v o r u l L a z u l u i z.B.) auch *H. morio, H. excisa* und *H. phallica*, in einzelnen Individuen dazu auch noch *H. pachyptera, H. pygmaea, H. minutissima* und *H. saga*. Die Elmiden sind meist durch zwei vergesellschaftete Arten, *E. maugetii* und *L. volckmari*, in einigen Fällen dazu noch eine dritte, *E. parallelopipedus*, gekennzeichnet, *L. opacus* und *L. mülleri* sind seltener, *L. horioni* nur ganz vereinzelt, *L. perrisi* anscheinend völlig fehlend. *H. substriatus* ist so gut wie abwesend.

14. Die B e r z a v a, die ihre Wässer nur aus dem Ţarcu-Gebirge empfängt, zeichnet sich durch ihre einförmige, arme Vergesellschaftung, die fast ausschließlich aus *H. gracilis* und *L. perrisi* besteht, aus.

15. Der C a r a ş selbst zeigt unterhalb Jervani ein gemeinsames Vorherrschen von drei Arten: *H. gracilis*, *E. maugetii* und *E. parallelopipedus*, daneben anderen Arten in kleinerer Zahl. In seinen Nebenflüssen treten aber besonders *H. saga* und *L. perrisi* an die Spitze, andere Arten (*H. gracilis* eingeschlossen) nur ganz vereinzelt.

16. Das N e r a-Becken tritt besonders durch die zwischen 200 und 430 m Höhe gelegenen Fundorte der Nebenflüsse des M i n i ş, was den Reichtum an Zahl und Arten in den Vergesellschaftungen betrifft, an die Spitze sämtlicher Gewässer des Landes. G u r a I s v o r u l u i z.B. beherbergt außer *L. perrisi* alle Elmidenarten, *H. substriatus* mit eingeschlossen, sowie neun Hydraenenarten. Ein großer Unterschied liegt zwischen den unmittelbaren Nebenflüssen der N e r a und denjenigen des Hauptnebenflusses M i n i ş. Die ersteren beherbergen eine Hydraenengemeinschaft, die meist durch die ponto-balkanischen Arten *H. pachyptera* und *H. phallica* oder auch *H. grandis* beherrscht wird, wie es O g a ş u l G l o b u l u i glänzend beweist, die weiteren bis zu 7 Arten zusammen in bescheidener Zahl.

Den Nebenflüssen des M i n i ş fehlt *H. grandis* gänzlich, und auch *H. pachyptera* findet man spärlich, so daß unter den ponto-balkanischen Arten dort nur *H. phallica* bleibt. Die Hydraenengemeinschaften werden meist durch *H. gracilis* angeführt, die an ihrer Seite zahlenmäßig gleich viele *H. saga, H. minutissima, H. morio* und um vieles weniger andere Arten hat. Die Elmiden sind in der ersten Gruppe von Nebenflüssen ausnahmslos von *E. maugetii* beherrscht; *Esolus* ist allermeistens nur durch *E. parallelopipedus* vertreten, dagegen kommen von *Limnius* meist drei Arten vor, unter stetigem Fehlen von *L. perrisi*, in zwei Fällen mit *L. horioni* noch dazu.

Ganz anders sieht es mit den Elmiden des Miniş mit seinen Nebenflüssen aus. Im allgemeinen erscheint hier *E. pygmaeus* als gewöhnliches Mitglied der Assoziation. *E. maugetii* ist hier meistens vorherrschend; in merklicher Zahl, subdominant, dürfen hier entweder *E. parallelopipedus* oder *E. pygmaeus*, die zwei *Riolus*-Arten, oder *L. perrisi, R. subviolaceus, L. volckmari* und *H. substriatus* als ganz regelmäßige Assoziationsmitglieder betrachtet werden. *L. opacus* und *L. mülleri* begleiten meist diese Arten; *L. perrisi* zeichnet sich im Gegensatz dazu durch ständiges Fehlen aus. *H. substriatus* fehlt in keiner Vergesellschaftung. In diesem Becken, nämlich im Ogaşul Cismarului, Nebenfluß des Miniş, ist bis heute der einzige Fund der wenig bekannten *H. bulgarica* in seiner torrenticolen Gemeinschaft gemacht worden. Meine wiederholten Nachforschungen in den anderen Tälern blieben in dieser Hinsicht völlig erfolglos und ergaben keine Spur von ihr.

17. Die Cerna nimmt ihre von vier im Westen gelegenen Gebirgsstöcken (Semenic, Mehedinţi, Cernei und Almaş) entspringenden Nebenflüsse auf.

Die unmittelbaren Nebenflüsse, die vom Semenic-Gebirge kommen, zeichnen sich unter den Hydraenen durch das Vorherrschen von *H. morio* allein oder mit *H. gracilis* aus, wo aber auch noch bis zu acht andere Arten mit vorkommen können. An Elmiden sind hier außer *E. maugetii* in geringem Verhältnis auch noch 3–4 *Limnius*-Arten, unter Ausschluß von *L. perrisi*, eventuell noch mit einer *Esolus*-Art, anwesend.

Die Bächlein des Nebenflüsses Craiova, obwohl aus demselben Semenic-Gebirge entspringend, heben sich wie jene der Nera durch das gemeinsame Vorkommen der drei ponto-balkanischen Arten *H. grandis, H. pachyptera* und *H. phallica* ab, einmal die erste, einmal die zweite an der Spitze, wobei aber *H. gracilis* stark untergeordnet ist oder fehlt. Daneben kommen bis fünf weitere Arten in geringerer Zahl vor. Die Elmiden sind hier ebenfalls einzeln: *E. maugetii, Esolus*- und *Limnius*-Arten (außer *L. perrisi*), inklusive *H. substriatus*.

Die vom Mehedinţi-Gebirge herauskommenden Nebenflüsse haben als dominante Art unter den Hydraenen *H. saga*, gemeinsam vorkommend mit *H. pygmaea* , *H. minutissima* und *H. gracilis; E. maugetii, E. angustatus* und *L. volckmari* sind auch anwesend.

Die Belareca mit ihren Nebenflüssen zeigen eine an Hydraeninen ärmere Assoziation, unter diesen sind aber *H. grandis, H. minutissima, H. gracilis* und *H. phallica*, mit *E. maugetii* in höherer, weiteren Elmiden in nur geringerer Zahl.

Als eigenartig und mit ausgesprochenem ponto-balkanischem Charakter erweist sich die Vergesellschaftung des Saracova-Baches durch das absolute Vorherrschen der *H. pachyptera* und das starke Hervortreten von *H. morio, H. grandis* und *H. phallica* mit einschließend. Die Elmiden sind schwach durch *E. maugetii* und einzelne Individuen von *L. volckmari* und *L. opacus* vertreten.

18. Die unmittelbaren Nebenflüsse der D o n a u, zwischen Baziaş und Orşova, entspringen aus den ganz südwestlich gelegenen Locvei- und Almaş-Gebirgen.

Die Torrenticolen sind in den ersten vorherrschend durch Elmiden vertreten, unter denen einmal *E. maugetii* allein oder gleichzeitig mit *R. cupreus* und *H. substriatus*, ein anderes Mal *R. subviolaceus* dominant ist. Die Hydraeniden kommen nur ganz vereinzelt vor.

Die aus dem Almaşer-Gebirge entspringenden Nebenflüsse zeigen eine im allgemeinen arme torrenticole Fauna. Einige dieser Bäche sind doch einer Erwähnung wert. *E. maugetii* trat nur in Liubotina und Ieşelniţa als Dominante auf. *E. pygmaeus* ist hier meist eine bedeutende Begleitform, die wie in der B e r z a s c a bis zur Dominanz aufsteigen kann, an Zahl alle anderen Arten zusammen übertreffend.

Der ganz westlich gelegene D u b o c h i - p o t o c hatte nur einzelne Individuen von *H. phallica, H. gracilis* und *H. excisa* sowie *E. maugetii* in merklicher Zahl. Ganz vorherrschend zeigte sich hier aber *Deronectes parvicollis.*

Gut vertretene Vergesellschaftungen besaßen die Bäche S e l s c h i und I e - ş e l n i ţ a , in denen aber die Relationen der Arten sehr verschieden waren. S e l - s c h i - p o t o c hat unter den Hydraenen vorherrschend *H. nigrita* und *H. excisa*; *H. grandis, H. morio* und *H. gracilis* in merklicher Zahl, aber fast keine Elmiden. Die I e ş e l n i ţ a beherbergte eine aus acht Hydraeniden und fünf Elmiden zusammengesetzte Vergesellschaftung, unter den ersteren *H. pachyptera* und *H. morio* an der Spitze, *H. sternalis* und *H. gracilis* an zweiter Stelle, unter den letzteren *E. maugetii* stark vorherrschend, an zweiter Stelle *L. opacus*.

19. Der O l t-Fluß mit vielen seiner Nebenflüsse und diejenigen seines Hauptnebenflusses L o t r u wurden unter den anderen Flüssen von Muntenien ('Walachei') näher untersucht. Dieser Fluß sammelt während seines weiten Laufes Gewässer, die aus sechs zu den Ost- und Südkarpaten gehörenden Gebirgsstöcken Hargita, Ciuc, Bodoc, Vrancea, Lotru und Căpătînei entspringen.

Ganz allgemein kann gesagt werden, daß, unabhängig vom Gebirge, in keinem Nebenfluß *H. gracilis* und *E. maugetii* fehlen kann, die letztere unter den Elmiden stets dominant. In den meisten, aber nicht allen Fällen ist unter den Hydraenen *H. gracilis* vorherrschend. In den in den Ostkarpaten entspringenden Bächen gibt es wenig nennenswerte Unterschiede in der Hydraenidenfauna. Am allermeisten zeigt sich *H. gracilis* als vorrherrschend, manchmal diese Dominanz mit *H. riparia* teilend. In merklicher Zahl können noch in den Vergesellschaftungen *H. morio, H. nigrita, H. pygmaea, H. minutissima, H. saga, H. excisa* und, merkwürdig in ihrer Ausstrahlung nach Norden zu, die balkanische *H. phallica* in verschiedenen Kombinationen und Verhältnissen vorkommen. Unter den Elmiden sind noch *E. angustatus* und *E. parallelopipedus*, besonders aber *L. perrisi*, der in den Vergesellschaftungen im Hargita-Gebirge hohe Werte erreicht, zu nennen.

Die Torrenticolfauna der Nebenflüsse des Lotru -Beckens ist arm. Überall gibt as aber *H. gracilis* und *E. maugetii*.

20. Im Argeş-Becken ist nur der Bach Bughea mit seiner hyporhealen Fauna untersucht worden, wo *H. riparia* eine hohe Individuenzahl erreicht, mit viel spärlicheren Individuen von *H. sternalis, H. nigrita, H. pulchella, H. minutissima* und *H. excisa* untermischt.

21. Die Ialomiţa schneidet im oberen Lauf den Gebirgsstock des Bucegi und nimmt hier einige Nebenflüsse auf. Der Hauptnebenfluß aber, die Prahova, sammelt ihre eigenen Nebenflüsse aus dem Bucegi- und dem Gîrbova-Gebirge, wenige vom Leaota. Die Nebenflüsse der Gebiete um Sinaia zeichnen sich durch das totale Fehlen von *H. gracilis* aus, die hier durch *H. saga* vertreten ist, fast überall von *H. morio* begleitet, wenn nicht sogar übertroffen. Außerdem erscheinen noch an manchen Orten *H. nigrita* und *H. pygmaea* in kleiner Zahl. *H. schuleri*, die als Seltenheit gilt, kommt hier auch vor. An Elmiden kommen *E. maugetii* in merklicher Zahl, *E. angustatus* und *L. perrisi* nur ganz vereinzelt vor. Ähnlich zeigt sich die Vergesellschaftung der Arten im Ialomiţatal, wo *H. saga* bei weitem dominant ist.

Ganz verschieden verhalten sich die Nebenflüsse der Doftana, ein Nebenfluß der Prahova, der das Gîrbova-Gebirge durchfließt, indem dort *H. gracilis* oder *H. morio* die Hauptrolle spielen. Für das ganze Karpatengebiet einzigartig zeigte sich ein kleines unbenanntes Bächlein in der Nähe von Câmpina, wo auf Mergelgrund eine aus drei Arten zusammengesetzte Gemeinschaft lebt, und zwar *H. morio* und *H. nigrita* in fast gleichem Verhältnis, unter starkem Vorherrschen von *Ochthebius romanicus*.

22. Der Bach Dvorin, der das Naturschutzgebiet Satchinez (Banat) durchfließt, bietet wieder eine einmalige Erscheinung: eine überaus reiche enge Vergesellschaftung der zwei voneinander nicht leicht unterscheidbaren Arten *Phothydraena paganettii* und *H. palustris*, die außer hier nirgends im Lande zu finden sind.

23. Die Quellen im Gebiet des Rîul Mare im Retezatgebirge sind äußerst arm an Torrenticolen; über 1000 m sogar frei von solchen. Darunter kommt nur *H. hungarica* vor.

24. Der ganzen Karpatenkette gemeinsam ist das Auftreten von *E. latreillei* in den Quellen der montanen Stufe, in den meisten Fällen als deren ausschließliche Bevölkerung.

25. Die Flüsse der Nord-Dobrogea mit ihren bescheidenen Läufen beherbergen in Höhen, die kaum 100 m dem Meer erreichen, sehr reiche Populationen von *E. maugetii* allein.

26. Die Quellen des nördlichen Dobrogea-Horstes, die sich sämtlich im Macin-Gebirge befinden, bilden ihrerseits wieder einen eigenartigen Fall, indem diese in niedrigen Lagen ausschließlich durch *H. grandis* gebildete reiche Populationen beherbergen, wo *E. maugetii* überhaupt fehlt; an manchen Orten in Gesellschaft des anscheinend pontischen (endemischen) *Hydroporus dobrogeanus*.

Zoogeographisch nach Verbreitungstypen können die in Rumänien echte torrenticole Vergesellschaftungen bildenden Käferarten folgendermaßen gruppiert werden:

1. Paläarktisch: *Orectochilus villosus*.
2. Eurosibirisch: *Oreodytes septentrionalis, O. rivalis, Platambus maculatus, H. riparia, Henicocerus exsculptus*.
3. Nordeuropäisch: *Hydroporus nigrita, H. britteni, H. palustris*.
4. Euro-kaukasisch: *Oreodytes borealis, Phothydraena paganettii, H. morio, H. gracilis, Hymenodes metallescens*.
5. Europäisch: *H. nigrita, H. pulchella, H. pygmaea*.
6. Mitteleuropäisch: *Deronectes platynotus, H. bohemica, H. belgica, H. saga, H. truncata, Henicocerus gibbosus, H. granulatus*.
7. Osteuropäisch: *H. sternalis, H. schuleri, H. excisa*.
8. Südeuropäisch: *H. minutissima*.
9. Mediterran: *Photohydraena testacea*, sämtliche Elmiden.
10. Balkanisch: *H. pachyptera, H. bulgarica, H. phallica, H. hungarica, Henicocerus montenegrinus*.
11. Pontisch: *Deronectes parvicollis, Hoplydraena grandis, Asiobates montanus, Hydroporus dobrogeanus*.
12. Dazisch (endemisch): *Ochthebius romanicus*.

Folgende Arten sind wegen ihres auf die Zusammensetzung der Vergesellschaftungen ausgeübten Einflusses besonders bemerkenswert:

## 1. Nordeuropäische Arten:

*H. britteni* gehört zu den großen Seltenheiten und wurde nur in ganz vereinzelten Individuen im Ialomiţa- und Olt-Becken gefunden, das die südöstlichste Grenze ihrer Verbreitung bilden dürfte.

*H. palustris* wurde, wie gesagt, in einem einzigen, sehr langsam fließenden Bächlein, dem Dvorin bei Satchinez, gefunden, wo sie mit *P. paganettii* zusammen eine einzigartige, überaus reiche Gemeinschaft bildet.

## 2. Mitteleuropäische Arten:

*H. truncata*, eine im allgemeinen seltene und nur in ganz vereinzelten Individuen vorkommende Art, die aber in bestimmten Bächen im Bihor-Gebirge zu finden ist. Im Bulz, einem Nebenfluß des Crişul Negru, bildete diese Art sogar fast allein eine nicht allzu spärliche Population.

*H. belgica* dringt nach Rumänien nur in die nördlichen Gebiete ein, wo sie in einzelnen Individuen zu finden ist.

*Henicocerus gibbossus*, eine äußerst seltene Art, die bis jetzt nur an vier Orten in einzelnen Individuen gefunden worden ist.

*H. bohemica* wurde bis jetzt nur in dem Gebiet der Apuseni- (West-) -Gebirge, nämlich im Bihor-, Codru- und Mezeş-Gebirge, im Criş- und Crasna-Becken gefunden, überall auch von *H. morio* begleitet. Im Bächlein Valea Ielegii din Băiasa, das sich als sehr reich an Hydraeniden erwies, gibt es eine eigenartige Vergesellschaftung, die in der Reihe der Häufigkeit nach aus *H. bohemica, H. riparia, H. nigrita, H. morio* und *H. excisa* besteht.

## 3. Südosteuropäische Arten:

*P. paganettii* wurde außer in der mit der vorher erwähnten Art gebildeten Assoziation bei Satchinez bis jetzt nirgends gefunden.

*H. schuleri* ist eine im ganzen Lande sehr seltene Art, die meist nur vereinzelt zu finden ist. In wenigen Individuen traf ich sie nur im Vărghiş-Fluß und im Tufa-Bach, Nebenfluß der Prahova bei Sinaia, außerdem nur noch ganz vereinzelt in ein paar Bächlein.

*Hymenodes metallescens* gilt ebenfalls als eine sehr seltene Art, die bis jetzt nur an vier Orten in je einem Individuum gefangen worden ist.

## 4. Mediterrane Art:

*Phothydraena testacea* fand ich während meiner zahlreichen Forschungen auch im Banat nicht, so daß ihr Vorkommen in der Gegend von Mehadia, von wo sie herstammen soll, noch zu bestätigen bleibt.

## 5. Balkanische Arten, die in Rumänien ihre nördlichste Grenze haben:

*H. pachyptera* kommt ausschließlich in den Gewässern des Banates vor, in einigen bis zur Dominanz steigend, im allgemeinen u.a. auch mit *H. phallica* vergesellschaftet.

*H. phallica* überdeckt im Banat das Areal der vorigen und teilt sich mit ihr manchmal in die Dominanz. Zum Unterschied von der vorigen strahlt sie aber viel weiter nicht nur nach Norden in die Apuseni-Gebirge (Bihor- und Codru-Gebirge), sondern auch nach Nordosten, in die Becken des Mureş und Olt in Transsylvanien, weiter bis in die Moldau (im Trotuş-Becken) eindringend, aus.

*H. bulgarica* scheint im Banat ebenfalls ausschließlich auf das Miniş-Becken (Nebenfluß der Nera) begrenzt zu sein und wurde selbst dort nur im Bächlein Ogaşul Cismarului in einigen Exemplaren gefunden,

## 6. Pontische (Ägäische) Art:

*Hoplydraena grandis*, von Kleinasien aus über die Balkanhalbinsel verbreitet, dringt auch in Rumänien ein, und zwar einerseits in die Nord-Dobrogea, wo sie sich ausschließlich in Quellen aufhält, andrerseits aber im Banat, dort meist außer mit gewöhnlichen Arten noch mit *H. pachyptera* und *H. phallica* vergesellschaftet.

7. Für wahrscheinlich dazisch kann *Ochthebius romanicus* gehalten werden, den ich nur in einem Bächlein, einem Nebenfluß zweiter Ordnung der Prahova, fand. Dort bildet er allein mit *H. morio* eine besondere Vergesellschaftung.

*Verh. des Sechsten Int. Symp. über Entomofaunistik in Mitteleuropa 1975, Junk, The Hague.*

# Die endemischen Trichopteren der Karpaten

LAZARE BOTOSANEANU

*Summary*

The Trichopteran fauna of the various parts of the Carpathian range as well as that of the mountains directly connected to the Carpathians is well enough known as to allow a synthetic approach of the endemic elements of this fauna. All species and subspecies exclusively known from the Carpathians are listed. For each of them the established facts and open problems are presented. Not less than 42 species and geographical races can be considered as Carpathian endemics, this representing about 15% of the whole Carpathian caddisfly fauna. This high percentage could be explained by the considerable length of the range (the Carpathians being distinctly divided by transverse valleys or by intramontane depressions) as well as by its character of a biogeographical crossway. Most of the endemics belong either to the genus *Rhyacophila* or to the family Limnephilidae. A table shows how unequally the endemics are distributed along the Carpathian bow. The study of these endemic elements enable us to clear up many problems concerning the origin and evolution of the Carpathian fauna as a whole, but it proves very useful to take into account also other elements.

Die Trichopterenfauna der verschiedenen Massive der Karpatenkette sowie die der Gebirge, mit denen die Karpaten in unmittelbarer Verbindung stehen, also die Gebirge der Balkanhalbinsel und die von Zentraleuropa, sind heute gut genug bekannt, um uns zu erlauben, einen Überblick über die Endemitten der karpatischen Trichopterenfauna zu versuchen, der wahrscheinlich nicht mehr wesentlich von späteren Entdeckungen geändert werden wird. Hier will ich alle Arten und Unterarten aufzählen, die jetzt ausschließlich aus den Karpaten bekannt sind, indem ich in jedem einzelnen Fall die Tatsachen und offenen Fragen, die sich aus ihrem Studium ergeben, hervorhebe.

*Rhyacophila fagarashiensis* BOTS. ist nur aus dem Fagarasch-Massiv der Südkarpaten bekannt; sie lebt ausschließlich an der oberen Grenze des Fichtenwaldes und in der Hochgebirgszone (1700–2150 m), besonders in Quellen und Ausflüssen von Hochgebirgsseen. Flugzeit: August-September. Sie gehört zur großen *vulgaris*-Gruppe, zur *nubila*-Untergruppe und zum *nubila*-Komplex; dieser Komplex enthält eine Reihe europäischer Arten, die die Gebirge und öfters auch die Hochgebirge zwischen Spanien und dem Kaukasus besiedeln. Die *nubila*-Untergruppe betrachtet

Tabelle 1. Die Verbreitung der endemischen Trichopteren der Karpaten.
Zonen: 1..Slowakisches Erzgebirge, 2..Tatra, 3..Westbeskiden, 4..Ostbeskiden, 5..Cernahora usw., 6..Maramuresch-Gebirge, 7..Rodna, 8..Ostkarpaten (südlich von Rodna), 9..Karpatenknie, 10..Südkarpaten, 11..Banater Gebirge (incl.Cerna-Gebirge), 12..Apuseni-Gebirge. ===Vorkommen; + scheinbar eng begrenzte Verbreitung, bis jetzt nur vereinzelte Fundorte (in den Südkarpaten aber: nur in einem einzigen Massiv gefunden); .... fast sicher auch dort verbreitet. Einzelheiten siehe Text.

| | 1 | 2 | 3 | 4 | 5 | 6 | 7 | 8 | 9 | 10 | 11 | 12 |
|---|---|---|---|---|---|---|---|---|---|---|---|---|
| *R. fagarashiensis* | | | | | | | | | | + | | |
| *R. flava* | | | | | = | = | = | | | | | |
| *R. valkanovi* | | | | | | | | | | = | | = |
| *R. cibinensis* | | | | | | | | | | + | | |
| *R. orghidani* | | | | | | | | | | | | = |
| *R. doehleri* | | | | | | = | = | | | | | |
| *R. motasi* | | | | | | | | | | | | = |
| *R. confinium* | | | | | | = | = | | | | | |
| *R. kimminsiana* | | | | | | | | | | = | | |
| *P. kisbelai* | | | | | | | | | | | | + |
| *P. minima* | | | | | | | | | | | = | |
| *H. sinuata* | | | | | | | | | | | + | |
| *A. motasi* | | | | | | | | | | = | = | |
| *D. carpaticus* | | = | = | = | = | = | = | | | | | |
| *D. r. romanicus* | | | | | | | | | | = | + | + |
| *D. doehleri* | | + | | | | | | | | | | |
| *D. buscatensis* | | | | | | | | | | + | | + |
| *D. brunneus* | ? | | = | = | = | = | = | = | = | = | = | = |
| *R. a. mediocarpaticus* | | | | | | | | | | | = | = |
| *R. a. sylvanocarpaticus* | | | | = | = | = | | | | | | |
| *P. carpaticus* | | | = | = | = | | | | | | | |
| *P. millenii* | | | | | | | | | | = | = | |
| *A. vernalis* | | = | = | = | = | = | = | = | .... | + | | |
| *C. m. mindszentii* | | | | | | | | | | = | + | = |
| *C. czarnohoricus* | | | | | = | | = | | | | | |
| *I. aequalis* | | | | + | = | = | = | = | = | = | + | |
| *A. dacicus* | | | | | | | | | | + | | |
| *A. starmachi* | | + | | | | | | | | | | |
| *A. lazarei* | | + | | | | | | | | | | |
| *A. tatricus* | | + | | | | | | | | | | |
| *C. subradiata* | | | | + | = | | | | | | | |
| *C. polonica* | | = | = | = | = | = | .... | .... | .... | + | | |
| *C. biloba* | | | | | | | | | | + | = | = |
| *P. p. carpathica* | | = | = | = | = | = | .... | .... | = | = | | |

*Tabelle 1. (Forts.)*

| | 1 | 2 | 3 | 4 | 5 | 6 | 7 | 8 | 9 | 10 | 11 | 12 |
|---|---|---|---|---|---|---|---|---|---|---|---|---|
| *P. curviclavatus* | | | | | | | | | | | | = |
| *A. lateroproducta* | | | | | | | | === | === | === | | = |
| *A. transylvanica* | | | | | | + | | | | | | |
| *A. dziedzielewiczi* | | | | | + | | | | | | | |
| *A. kosciuszki* | | | | | = | | | | | | | |
| *A. chomiacensis* | | | | === | == | | | | | | | |

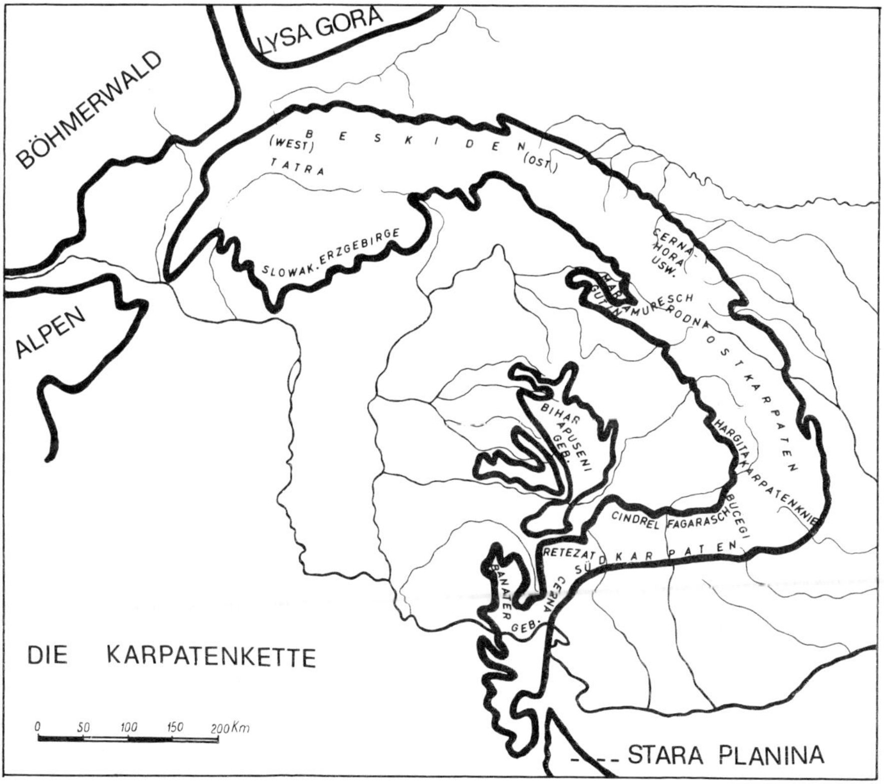

man als die höchstspezialisierte im Rahmen der *vulgaris*-Gruppe, innerhalb derer die Verwandtschaftsbeziehungen bei weitem nicht gut geklärt sind. Man kann sagen, daß die nächstverwandte Art *R. flava* ist, die die zweite endemische Karpatenart darstellt, die zu dieser Gruppe gehört.

*Rhyacophila flava* KLAP. lebt im Cernahora-Massiv, im Maramuresch-Gebirge und im Rodnaer Massiv; eine rhithrobionte Art der Fichtenwaldzone, wo sie eine Höhe von 1600 m erreichen kann. Flugzeit: August-September.

*Rhyacophila valkanovi* BOTS. besiedelt die Massive der Südkarpaten (Retezat, Bucegi) sowie das Apuseni-Gebirge von 800 m bis über die obere Grenze des Fichtenwaldes. Flugzeit: Mai-August. Sie gehört ebenfalls zur *vulgaris*-Gruppe, doch zur *torrentium*-Untergruppe, die man als die primitivste betrachtet. Im Rahmen des *torrentium*-Komplexes (mit sieben Arten) nähert sich *R. valkanovi* deutlich *R. armeniaca* GUER. und *R. torrentium* PICT. Die Erstgenannte ist aus dem Iran, dem Kaukasus und aus Transkaukasien, Bulgarien, Dinarischen Gebirge, und von je einem Fundort in den Südkarpaten und in den östlichen Mittelgebirgen bekannt; die letztere ist in den zentraleuropäischen Gebirgen verbreitet. Ich bin der Meinung, daß die drei Arten die 'Kettenringe' eines Kaukasisch-iranischen Stammes darstellen, der in Richtung auf die Alpen zu gewandert ist; *armeniaca* hat sich nahe der Wurzel eines Ästchens abgezweigt, das sich weiter verzweigt hat, um erst *vulkanovi* und dann *torrentium* abzugeben.

*Rhyacophila cibinensis* BOTS. & MAR. ist eine rhithrobionte Art, die zwischen 1400 und 1600 m in der Fichtenwaldzone des Cibin- (oder Cindrel-) -Gebirges (ein Massiv im Zentrum der Südkarpaten) lebt. Frühlingsart, fliegt im Mai. Sie gehört zur Gruppe und Untergruppe von *R. tristis* und ist sehr nahe mit *bosniaca* SCHMID verwandt, die die Gebirge Bosniens besiedelt und auch eine Frühlingsart (März) ist. Ich muß betonen, daß *cibinensis* und *bosniaca* die primitivsten Arten der Gruppe sind. Der balkanische Ursprung von *cibinensis* steht außer Zweifel: wir haben hier einen deutlichen Fall einer Besiedlung der Karpaten aus einem pleistozänen balkanischen Refugialgebiet.

*Rhyacophila orghidani* BOTS. ist eine krenobionte und rhithrobionte Art, die ausschließlich im Apuseni-Gebirge (Krisch-, Somesch- und Ariesch-Flußgebiete) in mittleren Höhenlagen in der Buchen- und Fichtenwaldzone zu finden ist. Eine frühe Art: Mai-Juni. Zusammen mit *obtusa* KLAP. (Bulgarien: Witoscha und Stara Planina; einmal auch in Jugoslawien gefunden) und mit *vranitzensis* MARINK. & BOTS. (Bosnien, Westserbien) bildet diese Art eine kleine, distinkte, monophyletische Gruppe im Rahmen der *tristis*-Gruppe; diese kleine Gruppe ist die ausgeprägteste apomorphe im Kreise der *tristis*-Gruppe (*R. orghidani* scheint die höchstspezialisierte Art zu sein) und stellt die nächstverwandte Schwestergruppe für den Zweig *cibinensis-bosniaca* dar. Wir haben hier noch einen Fall von postglazialer Besiedlung der Karpaten, die von einem balkanischen Refugium ausging.

*Rhyacophila laevis slovenica* SÝKORA. Obwohl die Frage nicht näher untersucht wurde, habe ich den Eindruck, daß alle (oder die meisten) karpatischen Populationen zu dieser Unterart gehören. Die Rasse ist außerdem morphologisch sehr schwach abgesondert.

*Rhyacophila philopotamoides orientis* SCHMID aus den rumänischen Karpaten ist eine der drei geographischen Rassen, die jetzt innerhalb der Art anerkannt sind (ssp. *philopotamoides* in den Pyrenäen, ssp. *centralis* in den Alpen und in den westlichen Mittelgebirgen sind die anderen). Die geographische Variabilität von *philopotamoides* ist eine interessante Illustration zur Frage der Artaufsplitterung, die innerhalb des *philopotamoides*-Zweiges in den Karpaten stattgefunden hat (s.u.); es geht hier um einen Prozeß von sehr rezenter Aufsplitterung von Populationen, der sicherlich im vollen Ablauf ist.

Der *philopotamoides*-Zweig ist deutlich durch viele originelle Merkmale abgesondert und enthält sechs Arten; alle sind europäisch, vier von ihnen sind karpatische Endemiten, seltene und streng lokalisierte Arten. *R. doehleri* BOTS. ist ein Rhithrobiont, der in der Buchenwaldzone lokalisiert im Maramuresch- und im Rodna-Gebirge lebt; Flugzeit: Juli. *R. motasi* BOTS. lebt in Quellen und Bächlein des Fichtenwaldes ausschließlich im Apuseni-Gebirge; Flugzeit: Juni bis Oktober. *R. confinium* BOTS. ist wie *döhleri* im Maramuresch- und im Rodna-Gebirge verbreitet, und manchmal leben beide zusammen an denselben Fundorten. Beide haben gleiche ökologische Spektren und Flugperioden. *R. kimminsiana* BOTS. dagegen lebt in den Südkarpaten (Fagarasch, Bucegi) zwischen 1400 und 2100 m und zeigt eine klare Tendenz für die Fließgewässer der über der Waldgrenze gelegenen Zonen (seltener lebt sie im oberen Teil der Fichtenwaldzone); Flugzeit: Ende Juli bis Ende August.

Es ist interessant, daß die am weitesten verbreiteten Arten der *philopotamoides*-Zweiges (*philopotamoides* und *hirticornis* MCL.) gleichzeitig die primitivsten sind. Alles zeigt, daß die Evolution des Zweiges vollständig in den Gebirgen Zentraleuropas stattgefunden hat. *R. hirticornis* scheint *doehleri* hervorgebracht zu haben (diese ist deutlich spezialisierter); *philopotamoides* hat anscheinend aus seinen verschiedenen Populationen *confinium, motasi* und *kimminsiana* hervorgebracht. Diese drei Arten sind spezialisierter als *philopotamoides; confinium* und *motasi* scheinen sich auf derselben Spezialisierungsstufe zu befinden, während *kimminsiana* deutlich noch apomorpher ist. Einige wichtige Merkmale in den ♂ Genitalien von *doehleri* äußern sich dank paralleler Evolution wie bei den drei anderen karpatischen Endemiten. Die vier karpatischen Endemiten sind zweifellos durch geographische Isolierung entstanden, und ihre höchst interessante Vorgeschichte ist sicherlich von den Ereignissen bestimmt worden, die die Karpaten während des Pleistozän durchgemacht haben.

*Plectrocnemia kisbelai* BOTS. lebt ausschließlich im Apuseni-Gebirge (Scarisoara-Belioara). Flugperiode: Juni. Sehr nahe mit *minima* verwandt (s.u.). *P. kisbelai* und *minima* sind die kleinsten aller europäischen *Plectrocnemia*-Arten. Es ist klar, daß sich beide Arten aus einem gemeinsamen Stamm abgesondert haben. Es sind sehr typische Endemovikarianten, von denen die eine die Banater Gebirge besiedelt, die andere dagegen das Apuseni-Gebirge. Hinweise über die gemeinsamen Vorfahren kann eine Art wie *P. smiljae* MARINK. aus den Gebirgen Bosniens geben.

*Plectrocnemia minima* KLAP. lebt in Quellen und Bächlein in niedrigen Höhenlagen (bis 700 m) immer in Buchenwald der Banater Gebirge und auch in den cisdanubischen Karpaten bis ins Timoktal. Flugzeit: Mai-Mitte Juli.

*Hydropsysche sinuata* BOTS. & MARINK., bis jetzt nur aus einem einzigen Bächlein im Banater Gebirge im Flußgebiet des Nera im Buchenwald bei einer niedrigen Höhenlage bekannt, ist die einzige Art der bemerkenswerten *instabilis*-Gruppe, die endemisch für die Karpaten zu sein scheint. Diese Artengruppe, zweifellos orientalischen Ursprungs, enthält mehr als 30 schon beschriebene Arten, doch wächst diese Zahl ständig. Mit drei Ausnahmen haben diese Arten eine beschränkte oder äußerst beschränkte Verbreitung im Rahmen der ausgedehnten perimediterranen Zone. Es ist unmöglich, begründete phylogenetische Betrachtungen aufzustellen und phyletische Richtungen festzustellen. Im Gegensatz zu einer neuerdings aufgestellten Behauptung bin ich der Meinung, daß es sich um alte (tertiäre) Relikte handelt; die zirkummediterrane Zone ist im allgemeinen reich an solchen Relikten, z.B. *Helicopsyche, Thremma, Calamoceras;* die morphologischen Unterschiede zwischen den Arten, die öfters (aber durchaus nicht immer!) gering sind, kann man durch den einfachen Bau der männlichen Genitalien erklären.

*Apatania motasi* BOTS. muß man in enger Verbindung mit *A. carpathica* SCHMID betrachten, obwohl diese auch außerhalb der Karpaten verbreitet ist. Beide gehören zur *wallengreni*-Gruppe und zur *meridiana*-Untergruppe. Zu dieser Untergruppe gehören noch zwei Arten: *meridiana* MCL. aus den Pyrenäen und *eatoniana* MCL. aus dem Massif Central, vereinzelt auch in den östlichen Mittelgebirgen. Anscheinend steht *carpathica* näher *meridiana*, und *motasi* näher *eatoniana*; es sind zwei Paare von geographisch vikariierenden Arten. *A. motasi* und *A. carpathica* sind typische krenobionte Arten, die in den Karpaten Rumäniens von der Buchenwaldzone bis in die alpine Zone (600–1900 m) vorkommen. Flugzeit: Ende Mai bis Ende September, mit einem Maximum im August-September.

*Apatania carpathica* SCHMID wurde zum ersten Mal aus dem Cernahora-Massiv beschrieben, wurde dann wiedergefunden (oder zumindest so zitiert) in den slowakischen Gebirgen, der Tatra, den Beskiden und in den Ostkarpaten, südlich bis in das Hargita-Gebirge. *A. motasi* ist nur aus dem Banater Gebirge und aus der gesamten Kette der Südkarpaten bekannt. So schien das Bild ziemlich zusammenhängend zu sein: jede Art scheint einen großen Sektor des Karpatenbogens zu besetzen, ohne Überlagerung der Areale. Eine Reihe nachfolgender Entdeckungen hat jedoch das Bild erheblich kompliziert: einige Populationen (z.B. von Maramuresch oder von Hargita) zeigen intermediäre Merkmale zwischen denen von *carpa-*

*thica* und *motasi*. Noch mehr: in Bosnien wurde eine *Apatania* entdeckt, die sich als die typische *carpathica* erwies! Eine Erklärung dieser komplizierten Frage kann nur eine sehr ausführliche Untersuchung der Variabilität bringen. Prinzipiell kann man mehrere Erklärungen vorschlagen. Meiner Meinung nach ist die folgende die wahrscheinlichste: *carpathica* und *motasi* sind gute Arten; von einem gemeinsamen Vorfahren sind *meridiana* im Westen und *carpathica* im Osten, von einem anderen *eatoniana* im Westen und *motasi* im Osten entstanden. *A. motasi* hat die Banater Gebirge und die Südkarpaten besetzt; die Ausbreitung von *carpathica* hat später stattgefunden. Infolgedessen konnte diese Art nicht mehr das Areal von *motasi* besiedeln, wo schon alle günstigen Nischen besetzt waren. So ist ein disjunktes Areal entstanden: einerseits in den nordwestlichen Karpaten und in den Ostkarpaten, andrerseits in den Gebirgen Bosniens (vielleicht auch in anderen westbalkanischen Gebirgen.) Wahrscheinlich ist die reproduktive Isolierung beider Arten nicht überall vollkommen, was für die Existenz einiger intermediärer (möglicherweise hybrider) Populationen verantwortlich ist.

*Drusus carpathicus* DZIEDZ. ist zwischen der Tatra und dem Rodnaer Gebirge zwischen etwa 1000 und 1800 m verbreitet und zeigt eine klare Präferenz für Quellen und Quellbächlein in der oberen Fichtenwaldzone und in der subalpinen Zone. Flugzeit: zweite Maihälfte bis erste Junihälfte. Es ist eine sehr auffallende Art, die eine Reihe von besonderen Merkmalen zeigt; sie scheint sehr apomorph zu sein und hat eine andere evolutive Richtung als die übrigen *Drusus*-Arten genommen.

*Drusus romanicus* MUR. & BOTS. gehört zur *muelleri*-Gruppe, die in den Alpen zwei weitere Arten enthält: *muelleri* MCL. und *chapmani* MCL. In den Karpaten lebt die Unterart *D. romanicus romanicus* (Cerna-Gebirge, Retezat-, Fagarasch-, teilweise Apuseni-Gebirge). Man findet sie in allen Gewässertypen über der Waldgrenze und viel seltener in Bächlein und Bächen der Fichtenwaldzone (1000–2200 m); Flugzeit: erste Augusthälfte (aber einmal auch im Juni !) . Eine Unterart (*meridionalis* KUM.) lebt in den Gebirgen Bulgariens (Pirin und Rila, 1900–2200 m, August-September). Die zwei geographischen Rassen sind durch geringe, aber anscheinend konstante und signifikante Merkmale getrennt. Es handelt sich hier um eine Art, die während der Würmeiszeit zweifellos ein breites und ununterbrochenes Areal gehabt hat; die postglaziale Erwärmung hat das Fragmentieren des Areals und die morphologische Disjunktion verursacht. Die zwei Rassen leben jetzt ausschließlich in kalten und raschen Fließgewässern besonders in den höchstgelegenen Zonen der zwei Gebirgsgruppen. Das Ursprungszentrum für *romanicus* (wie übrigens für die Gattung *Drusus* im allgemeinen) sollte man in den Alpen suchen.

*Drusus doehleri* MAYER, aus der Hohen Tatra beschrieben (Lisci Pleso-See, 2010 m, 9.8.1933), ist noch nicht wiedergefunden worden und bleibt ungenügend bekannt. Die Art gehört zur *mixtus*-Gruppe mit dem Schwerpunkt in den Alpen.

*Drusus buscatensis* BOTS. ist einerseits vom Apuseni-Gebirge, andrerseits vom

Cibin- oder Cindrel-Gebirge (Südkarpaten) bekannt. Frühlingsart (Mai); lebt in Quellen und Bächlein in der Fichtenwaldzone (etwa 1400–1600 m). Sicherlich nahe mit *doehleri* verwandt, die ihre Schwesterart ist. Es wäre interessant zu wissen, wann und unter welchen Umständen die Artaufsplitterung stattgefunden hat.

*Drusus brunneus* KLAP., der wie die beiden vorigen auch zur *mixtus*-Gruppe gehört, hat eine weite karpatische Verbreitung: Beskiden, Cernahora und benachbarte Gebirgen, alle rumänischen Karpaten bis zur Donau (auch von der Slowakei zitiert, doch meiner Meinung nach falsch). Eine rhithrobionte Art mit breitem ökologischem Spektrum, zwischen etwa 600–800 und 2000 m verbreitet; ziemlich selten in der Buchenwaldzone, viel häufiger in der Nadelwaldzone über 1000 m, häufig auch über der Waldgrenze. Flugzeit: Ende Mai bis Anfang Oktober.

*Rhadicoleptus alpestris* KOL. zeigt eine schöne und noch ungenau bekannte geographische Variabilität. Bis jetzt sind vier Rassen beschrieben; zwei von ihnen sind karpatische Endemiten: *mediocarpaticus* BOTS. & RIEDEL (Banater Gebirge und Apuseni-Gebirge) und *sylvanocarpaticus* BOTS. & RIEDEL (Ostbeskiden, ukrainische Subkarpaten und Maramuresch-Gebirge).

*Potamophylax carpathicus* DZIEDZ. ist eine seltene Art, die in den Beskiden und im Cernahora-Massiv und den benachbarten Gebirgen in 800–1400 m Höhe vorkommt. Flugperiode Juni-Juli. Es ist derzeit unmöglich, etwas Sicheres über seine Verwandtschaftbeziehungen zu geben.

*Potamophylax millenii* KLAP. besiedelt die Banater Gebirge und die gesamte Kette der Südkarpaten bis an ihre östliche Grenze. Lebt in Quellen und Bächen im Mischwald, im Fichtenwald und in der subalpinen Zone, zwischen 700 m (eventuell noch niedriger) und 1800 m. Flugzeit: Ende Juli – Anfang Oktober, besonders aber im August. Es ist derzeit nicht möglich, gut begründete Vermutungen über die Verandtschaftsbeziehungen zu geben.

Die sechs Arten und Unterarten der Gattungen *Acrophylax* und *Chionophylax* bilden eine morphologisch wie biologisch sehr kennzeichnende Gruppe unter den europäischen Limnephiliden. *Acrophylax zerberus* BRAUER hat die weiteste Verbreitung (Pyrenäen, Alpen, Mittelgebirge, westliches Ende der Karpatenkette, nämlich Tatra und Beskiden). *A. vernalis* DZIEDZ. ist eine endemische karpatische Art, die mit *zerberus* in der Tatra und in den Beskiden koexistiert, die aber auch die gesamten Ostkarpaten besiedelt und bis ins Fagarasch-Massiv der Südkarpaten hinuntergeht. *Chionophylax mindszentii mindszentii* SCHMID lebt in allen Massiven der Südkarpaten wie auch im Apuseni-Gebirge und in einem Teil der Banater Gebirge; die zweite geographische Rasse, *bulgaricus* KUM., ist aus der zentralen Stara Planina in Bulgarien bekannt. *C. czarnohoricus* DZIEDZ. hat eine begrenzte Verbreitung im Cernahora-Massiv und im Rodnaer Gebirge. *C. monteryla* BOTS. ist zurzeit nur aus dem Rila-Massiv in Bulgarien bekannt. Drei Formen sind also endemisch für die Karpaten. *Acrophylax vernalis* lebt in Fließgewässern der Nadelwaldzone (850–1500 m). *C. czarnohoricus*, aus der Cernahora zwischen 1350 und

1800 m gemeldet, ist in den Rodnaer Gebirgen zwischen 1600 und 1800 m in Bächen und in kleinen subalpinen Seen zuhause. *C. mindszentii mindszentii*, obwohl auch in Fließgewässern der Fichtenwaldzone lebend, zeigt eine sehr deutliche Vorliebe für Seen, Quellen und Bächen über der Waldgrenze und kann 2250 m erreichen. Für alle diese drei Formen ist die Flugperiode Mai-Juni. Im allgemeinen steht die Biologie der Arten von *Acrophylax* und *Chionophylax* in engem Zusammenhang mit den speziellen klimatischen Bedingungen, die über der Waldgrenze herrschen. *Acrophylax-Chionophylax* ist zweifellos eine monophyletische Gruppe; die zwei Gattungen sind nahe mit *Potamophylax* verwandt. Ich vermute, daß sich beide aus diesem Stamm in den Gebirgen Zentraleuropas im Tertiär differenziert haben. Die zwei Gattungen waren vielleicht schon während der zweiten Hälfte des Tertiärs differenziert. Möglicherweise waren dann schon *A. zerberus* und *C. mindszentii* differenziert; diese zwei Arten scheinen wirklich echte tertiäre Relikte zu sein. Es ist offenbar, daß damals alle diese Trichopteren ausschließlich in den kältesten Gewässern der höchsten Gebirge in der unmittelbaren Nähe von Gletschern oder Firnen lebten. Während der pleistozänen Vereisungen konnten diese streng psychrostenothermen Formen in die meisten europäischen Gebirge eindringen und zwar bis in niedrige Höhenlagen. Sofort nach dem Würm waren sie aber gezwungen, wieder in die Hochgebirge zu wandern. Infolgedessen können diese Insekten wohl unter die 'sessilen südlichen Gletscherrandarten' eingeordnet werden. Es ist sehr wahrscheinlich, daß die Entstehung mehrerer Formen in enger Verbindung mit den klimatischen Veränderungen im Laufe des Pleistozäns erfolgte. Die zwei geographischen Rassen von *C. mindszentii* haben sich nach dem Rückzug der Gletscher differenziert, und die Lage war wahrscheinlich dieselbe für *C. czarnohoricus* einerseits und *C. monteryla* andrerseits: Schwesterarten, die aus einem gemeinsamen tertiären Vorfahren entstanden, jetzt aber geographisch vollständig getrennt sind, weil die günstigen Biotope im weiten intermediären Raum von *C. mindszentii* vielleicht schon im Laufe des Würm besetzt waren.

*Isogamus aequalis* KLAP. ist in den Beskiden, im Cernahora-Massiv und in der Gesamtzahl der Massive der rumänischen Karpaten von Maramuresch bis ins Cerna-Tal verbreitet, nicht aber im Apuseni-Gebirge, und lebt besonders in Quellen, aber auch in Bächen zwischen etwa 300 und 2000 m. Flugzeit: Juli bis Ende Oktober. *Isogamus* ist eine spezialisierte, isolierte Gattung, vielleicht aus dem *Potamophylax*-Komplex entstanden. Die andere Art, *Isogamus lineatus* KLAP., zeigt eine bemerkenswert disjunkte Verbreitung: Fagarasch-Massiv in den Südkarpaten und Scheibleregger Hochalpe in der Steiermark (ein ähnlicher Fall wie bei *Drusus romanicus*, bei *Chionophylax mindszentii* oder bei *Chaetopteryx schmidti*, nur ist bei *I. lineatus* die Divergenz äußerst schwach).

Die Gattung *Allogamus* enthält vier endemische karpatische Arten; alle gehören zur *uncatus*-Gruppe und sind sehr nahe verwandt. *A. dacicus* SCHMID ist bis jetzt durch drei Belegstücke bekannt: ein Stück vom Retezat-Massiv, die zwei anderen vom Fagarasch-Massiv (Südkarpaten). Es ist eine Hochgebirgsart (1900–2100 m), die im August in der Nähe von Seen und deren Ausflüssen fliegt. *A. starmachi* SZCZESNY, *A. lazarei* SZCZESNY und *A. tatricus* SZCZESNY leben in der polnischen Tatra. Alle bis jetzt bekannten Exemplare wurden am Ufer von zwei Bächen (1600 bzw. 1680 m, Flugzeit: Anfang Oktober) gefangen. Diese drei Arten koexistieren also in denselben Bächen, sind sehr nahe untereinander, aber auch mit *dacicus* nahe verwandt. Meiner Meinung nach sind die vier endemischen karpatischen Arten aus verschiedenen Populationen von *A. uncatus* entstanden; diese augenscheinlich plesiomorphe Art ist weit verbreitet und auch überall in den Karpaten zu Hause. *A. dacicus* ist durch ökologische Isolierung entstanden; die drei Arten aus der Tatra wären ein schönes Beispiel von sympatrischer Artbildung. Alle vier zeigen apomorphe Merkmale im Vergleich zu *uncatus* und anderen, die uns die Richtung, die welcher die Selektion gewirkt hat, zeigen.

Nicht weniger als elf Arten und Unterarten der Chaetopterygini sind karpatische Endemiten:

*Chaetopteryx subradiata* KLAP. hat eine eng begrenzte Verbreitung (Cernahora, oberstes Flußgebiet des Prut, 750–1400 m, Flugzeit: August bis Oktober); ein einziges Exemplar wurde in den Beskiden gefangen. Eine sehr isolierte Art, die sich wahrscheinlich nahe der Basis des *Chaetopteryx*-Stammes abgezweigt hat.

*Chaetopteryx polonica* DZIEDZ. hat eine weite Verbreitung: Tatra, Beskiden, Cernahora und benachbarte Gebirge, Maramuresch-Gebirge (sicherlich auch Ostkarpaten), östliche Grenze der Südkarpaten[1]. Besiedelt Quellen und Bächlein im Laubwald und Nadelwald bis an die Waldgrenze (500–1700 m), Flugzeit: September bis November.

*Chaetopteryx biloba* BOTS. ist im Banater Gebirge und im Apuseni-Gebirge verbreitet (in der letzteren Zone bis in die Nähe von Cluj heruntersteigend!), und man findet sie auch im Fagarasch-Massiv der Südkarpaten. Sie besiedelt Quellen und Bäche im Buchenwald und in der unteren Zone des Fichtenwaldes, normalerweise zwischen etwa 600 und 1500 m, kann aber auch unter 500 m heruntersteigen. Flugperiode: Ende September bis Ende Oktober. Nahe mit *C. polonica* verwandt; es handelt sich um ein Paar von Endemovikarianten, die zweifellos einen gemeinsamen Ursprung haben.

*Chaetopteryx schmidi* BOTS. ist im Banater Gebirge verbreitet und besiedelt Quellen, Quellbäche und kleine Bäche (niemals größere Gewässer) ausschließlich im Buchenwald; Flugzeit: Oktober-Dezember. Sie gehört zur *rugulosa*-Gruppe, einer kleinen, aber gut ausgeprägten Artengruppe, die nur zwei andere beschriebenen Arten enthält, und zwar *rugulosa* MCL. (nach SCHMID: 'Dalmatie et Carniole', und in den südöstlichen Alpenausläufern) und *clara* MCL. (sehr selten

[1] Ein Exemplar in Nordmähren gefangen, aber die Art kann trotzdem als Karpatenendemit gelten.

gefunden: Krain, Görz = Gorizia). Nach brieflicher Mitteilung von Herrn Dr. H. MALICKY wurde neuerdings eine Subspezies von *C. schmidi* in Österreich, und zwar auf der Saualpe in Kärnten im subalpinen Nadelwald bei 1600–1800 m, ebenfalls in Quellbächen lebend, gefunden. Ein Exemplar war schon von GABRIEL STROBL um die Jahrhundertwende bei Admont (Steiermark) gefunden und irrtümlich als *rugulosa* determiniert worden. All das spricht dafür, daß die *rugulosa*-Gruppe das genetische Zentrum in den Ostalpen hat; es ist bemerkenswert, daß ein Taxon dieser Gruppe weitab isoliert in den Banater Bergen vorkommt[2].

*Psilopteryx psorosa carpathica* SCHMID. Anfänglich als selbständige Art betrachtet, in Wirklichkeit aber Rasse einer Art mit bemerkenswerter geographischer Variabilität. Ich zähle alle Zonen auf, aus denen die zwei Unterarten mit genügender Wahrscheinlichkeit bestimmt oder gemeldet sind (man muß aber hervorgeben, daß ein gründliches Studium der Variabilität noch nicht verwirklicht worden ist):

*P. p. psorosa* KOL.: verschiedene Zonen der Mittelgebirge, also außerhalb der Karpaten (Altvater, Sudeten, Krkonoše oder Riesengebirge, Schlesien, Mähren); in den Karpaten: Slowakische Gebirge, polnische Tatra, ein Fundort im Maramuresch-Gebirge (Gutin-Massiv).

*P. p. carpathica*: ausschließlich in den Karpaten, und zwar: Tatra, Beskiden, Cernahora usw., Maramuresch-Gebirge, Karpatenknie, Südkarpaten bis an die westliche Grenze (oberes Cerna-Tal).

Es scheint also, daß beide Unterarten nur sehr selten zusammentreffen (Tatra, Maramuresch); man kann sich aber fragen, ob sie wirklich an denselben Fundorten anzutreffen sind. In den Karpaten Rumäniens ist *P. p. carpathica* in Quellen, in kleinen und großen Bächen verbreitet (Buchenwaldzone, Fichtenwaldzone und Hochgebirgszone bis über 2000 m). Ich habe eine interessante Variabilität der Genitalien bemerkt: praktisch hat jedes Massiv eine eigene Form.

*Psilopteryx curviclavatus* BOTS. Diese rhithrobionte Art ist im Apuseni-Gebirge (Bihar-Gebirge) lokalisiert. Es ist eine seltene Art, die man in der oberen Zone des Buchenwaldes und in der Fichtenwaldzone antreffen kann. Flugzeit: Ende September bis Anfang Oktober. Eine sehr isolierte Art, ohne enge Beziehungen zu den anderen *Psilopteryx*; wahrscheinlich ein Relikt (wie z.B. *P. esparraguerra* SCHMID aus der Sierra Nevada) und jedenfalls eine der interessantesten endemischen Köcherfliegen der Karpaten.

Die Gattung *Annitella* umfaßt fünf endemische karpatische Arten. *A. lateroproducta* BOTS. ist im Apuseni-Gebirge, in den Südkarpaten, im Karpatenknie und in den Ostkarpaten verbreitet. *A. transylvanica* MUR. kennt man nur von einer einzigen Lokalität aus dem Maramuresch-Gebirge. *A. dziedzielewiczi* SCHMID wurde nur im Quellgebiet des Prut (Jablonina Planina, Waldkarpaten) gefunden. Ebenfalls aus den Waldkarpaten (Cernahora) ist *A. kosciuszki* KLAP. bekannt. *A. chomiacen-*

[2] Neuerdings auch in Bosnien gefunden, also kein Karpetenendemit!

*sis* DZIEDZ., in derselben Zone wie die zwei erwähnten Arten entdeckt, wurde dann auch in den Ost-Beskiden gefunden. Es sind Herbstarten, wie sämtliche Chaetopterygini, und im allgemeinen in den Bächen der Fichtenwaldzone verbreitet. *A. lateroproducta* hat ein breiteres Höhenlagenspektrum. Genau in der selben Reihenfolge, in der die Arten oben erwähnt sind, bilden sie eine ausgezeichnete orthogenetische Reihe durch sämtliche Merkmale der ♂ und ♀ Genitalien. An den Anfang dieser Reihe könnte man vielleicht *A. triloba* MARINK. aus Bosnien und Bulgarien stellen, während das Ende der Reihe ohne Zweifel von *A. thuringica* ULMER gebildet wird; diese hat ein ziemlich weites Areal von den slowakischen Karpaten bis Westfalen-Sauerland. Bemerkenswert ist, daß die Arten, welche diese morphologisch gradlinige Reihe bilden, längs einer Hauptachse aufeinanderfolgen, die sich genau mit dem gesamten Karpatenbogen deckt, um sich dann durch die Mittelgebirge Böhmens und Deutschlands bis Westfalen fortzusetzen. Die Untersuchung dieser Reihe hat mehrere Schlußfolgerungen ermöglicht: der Stamm ist wahrscheinlich auf der Balkanhalbinsel entstanden, und zwar während des Pleistozän oder sogar früher; er hat die Karpaten und die Mittelgebirge Zentraleuropas allmählich besiedelt, je mehr sich die Würm-Eisdecke zurückzog; 10000 bis 13000 Jahre reichten für die Entstehung der sechs Arten der Reihe *lateroproducta – thuringica*. Die Gattung *Annitella* ermöglicht uns, den Speziationsvorgang zu beobachten. Es ist sehr wahrscheinlich, daß *transylvanica* aus *lateroproducta* entstanden ist, und *thuringica* aus *chomiacensis*; werden *dziedzielewiczi – kosciuszki – chomiacensis* gründlicher bekannt, dann können sie eventuell Beweise für die Möglichkeit der sympatrischen Speziation liefern.

Man kann also beim heutigen Stand der Kenntnisse nicht weniger als 42 Arten und Unterarten von Köcherfliegen als karpatische Endemiten betrachten. Diese Zahl ist ansehnlich und repräsentiert etwa 15% der Gesamtzahl der karpatischen Trichopteren. Das hat mehrere Ursachen, z.B. die ansehnliche Länge der Karpatenkette von etwa 1600 km und ihre bemerkenswerte Fragmentierung durch querlaufende Täler oder durch Senkungen; ihr Charakter eines ‘biogeographischen Kreuzwegs’ (die Karpaten stellen notwendigerweise eine nördliche Grenze für montane Stämme ost- oder westbalkanischen Ursprungs, eine östliche Grenze für montane Stämme zentraleuropäischen Ursprungs dar). Meistens gehören die Endemiten entweder der Gattung *Rhyacophila* oder der Familie Limnephilidae an. Tabelle 1 zeigt, wie ungleich die Endemiten in den verschiedenen Abschnitten des Karpatenbogens verteilt sind; mehr oder weniger wichtige Endemitenzentren bzw. Speziationszentren sind das Apuseni-Gebirge, die Banater Gebirge, die Südkarpaten mit ihren verschiedenen Massiven, die Rodnaer und Maramuresch-Gebirge, das Cernahora-Massiv und die benachbarten Gebirge, die Tatra; umgekehrt erweisen sich das Slowakische Erzgebirge, die lange und breite Kette der Ostkarpaten (südlich von Rodna) und das Karpatenknie von diesem Gesichtspunkt aus als sehr arm. Die Erforschung der Endemiten kann viele Fragen über Ursprung und Evolution der

Tierwelt der Karpaten klären; man darf aber von diesem Gesichtspunkt aus den Wert anderer Kategorien nicht unterschätzen. Genauso wertvoll können sich die karpatischen Arten, die auch außerhalb der Karpaten verbreitet sind (zum Beispiel in den verschiedenen Zonen der Balkanhalbinsel) sowie die Arten mit disjunktem Areal erweisen.

## Literatur


BOTOSANEANU, L. (1959): Cercetări asupra Trichopterelor din Masivul Retezat şi Munţii Banatului. Bucuresti, 165 pp. Edit. Academiei.

— (1967): Trichoptera. In: J. ILLIES (ed.), Limnofauna Europaea, pp. 285–309. Stuttgart.

— (1975): Les Trichoptères (Insecta: Trichoptera) de l'espace carpato-balkanique, fournisseurs de documents pour l'étude de l'evolution. *Riv. Idrobiol. (Perugia)* 12: 119–152.

SCHMID, F. (1952): Le groupe de *Chaetopteryx* (Limnophilidae, Trichoptera). *Rev. Suisse Zool.* 59: 99–171.

— (1955): Contribution à l'étude des Limnophilidae (Trichoptera). *Mitt. Schweiz. Ent. Ges.* 28, Beih., 245 pp.

— (1956): La sous-famille des Drusinae (Trichoptera, Limnophilidae). *Mém. Inst. R. Soc. Nat. Belg., sér. 2*, 55: 1–92.

— (1970): Le genre *Rhyacophila* et la famille des Rhyacophilidae (Trichoptera). *Mém. Soc. Ent. Canad.* 66: 1–230.

*Verh. des Sechsten Int. Symp. über Entomofaunistik in Mitteleuropa 1975, Junk, The Hague.*

# Der derzeitige Erforschungsstand der Trichopteren Österreichs

HANS MALICKY

*Summary*

A first survey on Trichoptera distribution in Austria is given, based on original material of about 60.000 specimens which have been identified by the author during the last seven years. Literature records and immature stages are not considered. A total of 256 species is actually known from Austria; the respective numbers for the regions are given in Tab. 1, the complete list in Tab. 2. About 30 additional species are expected to be found in the next years in Austria.

Als Nebenprodukt umfangreicher Determinationstätigkeit wurde vor sieben Jahren ein Programm zur faunistischen Erforschung der Trichopteren in Österreich begonnen. Grundlage war Material, das ich selber gesammelt habe, wozu noch sehr viel weiteres Material kam, das ich durch die Großzügigkeit zahlreicher entomologischer Kollegen erhielt. Da diese Publikation nur einen vorläufigen Arbeitsbericht darstellt, bitte ich um Verständnis, wenn die lange Liste der Sammler nicht angeführt wird; sie ist den ausführlichen späteren Publikationen vorbehalten. Das Material befindet sich größtenteils in meiner Sammlung. Ferner habe ich mehrere andere Sammlungen berücksichtigt, und zwar die der Herren Dr. A. ADLMANNSEDER (Ried), Dr. J. FLORIN (Kronbühl, Schweiz) und Direktor H. HÖLZEL (Graz), dann die von Pater GABRIEL STROBL angelegte Sammlung im Naturhistorischen Museum des Stiftes Admont, die Bestände des Oberösterreichischen Landesmuseums in Linz, des Steiermärkischen Landesmuseums Joanneum in Graz, große Teile der Bestände der Bayerischen Staatssammlung in München, wo auch die komplette Sammlung von KARL KUSDAS (Linz) aufbewahrt wird, und schließlich die besonders wesentliche Sammlung des Naturhistorischen Museums Wien, die auf FRIEDRICH BRAUER zurückgeht und erstklassig erhalten ist. Von ihr habe ich allerdings erst ungefähr die Hälfte ausgewertet. Umfangreiches noch nicht berücksichtigtes Material befindet sich nach Mitteilung von Dr. TOBIAS im Senckenberg-Museum in Frankfurt am Main und in der Sammlung von Dr. W. DÖHLER, Klingenberg; kleineres Material noch in diversen österreichischen Regionalmuseen. Darüber hinaus kenne ich keine größeren Sammlungsbestände österreichischer Trichopteren, und ich wäre für diesbezügliche Hinweise dankbar.

Die Literatur über österreichische Trichopteren ist bisher grundsätzlich nicht berücksichtigt, weil sie viele falsche Angaben enthält, die größtenteils auf inadäquate Bestimmungsliteratur zurückgehen. Sie soll erst nach dem Abschluß der Bearbeitung alles verfügbaren Originalmaterials, und auch dann nur sehr kritisch, berücksichtigt werden. Larvenmaterial ist ebenfalls nicht berücksichtigt. Insgesamt habe ich bis jetzt schätzungsweise 60.000 Trichopteren österreichischer Herkunft gesehen. Die Auswertung erfolgt im Rahmen des Projekts ZOODAT. Aus Tabelle 1 ergeben sich die Artenzahlen für die einzelnen Familien und Bundesländer, aus Tabelle 2 die Gesamtliste nach dem Stand vom Dezember 1975.

Diese Arbeit ist die erste zusammenfassende Übersicht über die Trichopteren von Österreich in seinen heutigen Grenzen. Die alte Arbeit 'Neuroptera Austriaca' von BRAUER & LÖW bezieht sich nur auf das Erzherzogtum Österreich, d.h. auf die heutigen Bundesländer Ober- und Niederösterreich. Die anderen bisherigen faunistischen Arbeiten beziehen sich nur auf kleinere geographische Einheiten. Ich vermeide daher jeden Hinweis darauf, ob eine Art für Österreich oder das betreffen-

Tabelle 1. Artenzahlen der Trichopteren nach Familien und Bundesländern aufgeschlüsselt, nach dem Stand von August 1976.
N...Niederösterreich, O...Oberösterreich, St...Steiermark, B...Burgenland, K...Kärnten, S...Salzburg, T...Tirol, V...Vorarlberg, Ö...Österreich.

| | N | O | St | B | K | S | T | V | Ö |
|---|---|---|---|---|---|---|---|---|---|
| Rhyacophilidae | 17 | 17 | 14 | 4 | 17 | 11 | 10 | 6 | 22 |
| Glossosomatidae | 9 | 7 | 4 | – | 2 | 3 | 1 | – | 12 |
| Hydroptilidae | 15 | 6 | 1 | 2 | 1 | 1 | 1 | – | 16 |
| Philopotamidae | 7 | 6 | 5 | 1 | 5 | 3 | 3 | – | 8 |
| Hydropsychidae | 11 | 12 | 8 | 4 | 7 | 3 | 2 | 1 | 14 |
| Polycentropodidae | 10 | 11 | 3 | 4 | 6 | 4 | 2 | 2 | 15 |
| Psychomyidae | 11 | 7 | 4 | 1 | 5 | 3 | 4 | 4 | 11 |
| Ecnomidae | 1 | 1 | – | 1 | 1 | 1 | – | – | 1 |
| Phryganeidae | 9 | 7 | 6 | 5 | 5 | 4 | 4 | 4 | 9 |
| Brachycentridae | 6 | 7 | 5 | – | 1 | 1 | – | – | 7 |
| Limnephilidae | 70 | 67 | 71 | 23 | 63 | 30 | 33 | 31 | 95 |
| Goeridae | 5 | 5 | 4 | 2 | 4 | 4 | 2 | – | 5 |
| Lepidostomatidae | 3 | 4 | 3 | 1 | 3 | 2 | – | – | 4 |
| Leptoceridae | 19 | 18 | 12 | 3 | 8 | 3 | 4 | 2 | 26 |
| Sericostomatidae | 3 | 4 | 2 | 1 | 3 | 3 | 1 | 1 | 4 |
| Beraeidae | 4 | 3 | 2 | – | 2 | 2 | 2 | 1 | 4 |
| Odontoceridae | 1 | 1 | 1 | – | 1 | 1 | – | 1 | 1 |
| Molannidae | 1 | 2 | – | – | – | – | – | 1 | 2 |
| zusammen | 202 | 185 | 145 | 52 | 134 | 79 | 69 | 54 | 256 |

Tabelle 2. Übersicht über die bisher in Österreich durch Originalmaterial belegten Trichopteren. Abkürzungen wie in Tab. 1, außerdem: + ... ein Fundort, m ... mehrere (2-20) Fundorte, v ... viele (über 20) Fundorte.

| | N | O | St | B | K | S | T | V |
|---|---|---|---|---|---|---|---|---|
| *Rhyacophila albardana* MCL. | | | | | + | | m | m |
| *R.aurata* BRAUER | v | v | m | | m | m | + | |
| *R.bonaparti* SCHMID | | | | | | | + | |
| *R.dorsalis* CURTIS | v | v | v | m | v | m | m | m |
| *R.fasciata* HAGEN | v | v | m | m | m | m | | |
| *R.glareosa* MCL. | m | + | m | | m | | m | |
| *R.hirticornis* MCL. | m | m | m | + | m | + | | |
| *R.intermedia* MCL. | m | m | m | | m | m | m | + |
| *R.laevis* PICTET | m | | | | | + | | |
| *R.meyeri* MCL. | | | | | m | | | |
| *R.nubila* ZETT. | m | | | | | | | |
| *R.obliterata* MCL. | m | m | m | | m | | | |
| *R.pascoei* MCL. | m | m | m | + | m | | | |
| *R.polonica* MCL. | m | m | m | | m | | | |
| *R.praemorsa* MCL. | | + | | | | | | |
| *R.producta* MCL. | | + | + | | m | | | |
| *R.pubescens* PICTET | m | + | | | | + | | |
| *R.simulatrix* MCL. | m | m | | | m | | | |
| *R.stigmatica* MCL. | m | m | m | | m | m | + | |
| *R.torrentium* PICTET | m | m | m | | m | m | m | m |
| *R.tristis* PICTET | v | v | m | | m | m | m | + |
| *R.vulgaris* PICTET | v | v | v | | m | m | m | m |
| *Agapetus delicatulus* MCL. | | + | | | | | | |
| *A.fuscipes* CURTIS | m | m | | | | + | | |
| *A.laniger* PICTET | | + | | | | | | |
| *A.nimbulus* MCL. | m | | m | | | | | |
| *A.ochripes* CURTIS | m | m | m | | | | | |
| *Glossosoma bifidum* HAGEN | m | m | | | | + | | |
| *G.boltoni* CURTIS | m | m | m | | | | | |
| *G.conformis* NEBOISS | m | m | m | | m | m | | |
| *G.intermedium* KLAP. | | | | | + | | | |
| *Synagapetus iridipennis* MCL. | m | | | | | | + | |
| *S.krawanyi* ULMER | m | | | | | | | |
| *S.moselyi* ULMER | m | | | | | | | |
| *Agraylea multipunctata* CURTIS | m | | | | | | | |
| *A.sexmaculata* CURTIS | m | m | | + | | | | |
| *Allotrichia pallicornis* EATON | m | | | | | | | |
| *Hydroptila forcipata* EATON | m | m | | | | | | |
| *H.ivisa* MALICKY | + | | | | | | | |

| | N | O | St | B | K | S | T | V |
|---|---|---|---|---|---|---|---|---|
| *H.occulta* EATON | m | + | | | | | | |
| *H.simulans* MOSELY | + | | | | | | | |
| *H.sparsa* CURTIS | + | | | | | | | |
| *H.taurica* MARTYNOV | + | | | | | | | |
| *H.tineoides* DALMAN | m | | | | | | | |
| *H.vectis* CURTIS | m | + | | | | | | |
| *Ithytrichia lamellaris* EATON | m | + | | | | | | |
| *Orthotrichia costalis* CURTIS | | | | + | + | | | |
| *Oxyethira flavicornis* PICTET | m | | | | | | | |
| *Stactobia moselyi* KIMMINS | + | | | | | | | |
| *Ptilocolepus granulatus* PICTET | m | m | + | | | + | m | |
| *Chimarra marginata* L. | | m | | | | | | |
| *Philopotamus ludificatus* MCL. | v | v | m | | m | m | m | |
| *P.montanus* DONOVAN | m | m | m | | + | | | |
| *P.variegatus* SCOP. | v | m | m | + | | m | + | |
| *Wormaldia copiosa* MCL. | m | m | m | | m | m | | |
| *W.occipitalis* PICTET | v | m | m | | + | | + | |
| *W.pulla* MCL. | m | | | | | | | |
| *W.subnigra* MCL. | m | | | | + | | | |
| *Cheumatopsyche lepida* PICTET | m | m | m | | + | | | |
| *Hydropsyche angustipennis* CURTIS | m | m | m | + | + | | m | |
| *H.bulbifera* MCL. | m | m | | | | | | |
| *H.bulgaromanorum* MAL. | | + | | | | | | |
| *H.contubernalis* MCL. | m | m | m | m | | | | |
| *H.dissimulata* KUM. & BOTS. | | | | + | | | | |
| *H.fulvipes* CURTIS | m | | | | | | | |
| *H.guttata* PICTET | m | m | | | + | | | |
| *H.instabilis* CURTIS | v | v | m | | m | + | | m |
| *H.pellucidula* CURTIS | v | v | v | m | m | m | | |
| *H.saxonica* MCL. | m | m | m | | + | + | | |
| *H.silfvenii* ULMER | | + | | | | | | |
| *H.siltalai* DÖHLER | m | m | + | | + | | | |
| *H.tenuis* NAVÁS | m | m | + | | | | + | |
| *Cyrnus crenaticornis* KOL. | m | m | | + | | | | |
| *C.flavidus* MCL. | | + | | | + | | | |
| *C.insolutus* MCL. | | m | | | | + | | |
| *C.trimaculatus* CURTIS | m | m | | + | m | + | | |
| *Holocentropus dubius* RBR. | | | + | | | + | | |
| *H.picicornis* STEPHENS | + | | | m | | | | |
| *H. stagnalis* ALB. | | | | + | | | | |
| *Neureclipsis bimaculata* L. | | m | | | | | | |
| *Plectrocnemia brevis* MCL. | m | m | | | + | | | |

| | N | O | St | B | K | S | T | V |
|---|---|---|---|---|---|---|---|---|
| *P.conspersa* CURTIS | v | m | m | | m | + | m | |
| *P.geniculata* MCL. | m | | | | m | | m | + |
| *Polycentropus excisus* KLAP. | m | + | | | | | | |
| *P.flavomaculatus* PICTET | v | v | m | | + | | | m |
| *P.irroratus* CURTIS | m | m | | | | | | |
| *P.schmidi* NOVÁK & BOTS. | m | + | | | | | | |
| *Lype phaeopa* STEPHENS | m | m | | | m | | + | + |
| *L.reducta* HAGEN | m | m | | | | | | |
| *Metalype fragilis* PICTET | + | m | | | | | | |
| *Psychomyia pusilla* F. | v | v | m | + | m | + | + | + |
| *Tinodes dives* PICTET | m | m | m | | + | m | m | + |
| *T.kimminsi* SÝKORA | + | | + | | | | | |
| *T.pallidulus* MCL. | + | | | | | | | |
| *T.rostocki* MCL. | m | m | | | + | | | |
| *T.unicolor* PICTET | m | | | | | | | |
| *T.waeneri* L. | + | m | m | | m | + | + | + |
| *T.zelleri* MCL. | m | | | | | | | |
| *Ecnomus tenellus* RBR. | m | m | | m | m | + | | |
| *Agrypnia obsoleta* MCL. | + | | | | | | | |
| *A.pagetana* CURTIS | + | + | | m | + | | + | |
| *A.varia* F. | m | m | m | m | m | + | | m |
| *Hagenella clathrata* KOL. | + | m | m | + | | + | | |
| *Oligostomis reticulata* L. | m | m | m | + | | | | |
| *Oligotricha striata* L. | m | m | m | | m | m | m | m |
| *Phryganea bipunctata* RETZIUS | m | m | m | | m | | + | + |
| *P.grandis* L. | m | m | m | m | m | + | m | + |
| *Trichostegia minor* CURTIS | m | | | | | | | |
| *Brachycentrus montanus* KLAP. | m | m | + | | | | | |
| *B.subnubilus* CURTIS | | m | + | | | | | |
| *Micrasema longulum* MCL. | + | m | | | | | | |
| *M.minimum* MCL. | m | m | m | | | | | |
| *M.morosum* MCL. | m | + | m | | + | + | | |
| *M.setiferum* PICTET | m | + | | | | | | |
| *Oligoplectrum maculatum* FOURCR. | + | m | + | | | | | |
| *Acrophylax zerberus* BRAUER | m | | m | | m | m | m | |
| *Allogamus auricollis* PICTET | v | v | m | | m | m | m | m |
| *A.hilaris* MCL. | | | | | | | | m |
| *A.uncatus* BRAUER | m | m | m | | m | m | m | + |
| *Anabolia brevipennis* CURTIS | + | | m | | | | | |
| *A.furcata* BRAUER | m | v | m | | m | + | | |
| *A.nervosa* LEACH | | + | | | | | | |

| | N | O | St | B | K | S | T | V |
|---|---|---|---|---|---|---|---|---|
| *Anisogamus difformis* MCL. | | | | | | | | |
| (= *noricanus* MCL.) | | | m | | m | m | + | |
| *Annitella obscurata* MCL. | m | m | m | | m | | + | |
| *A. thuringica* ULMER | + | | | | | | | |
| *Anomalopteryx chauviniana* STEIN | | + | | | | | | |
| *Apatania fimbriata* PICTET | + | m | m | | + | | | |
| *A. helvetica* SCHMID | | | | | | | + | |
| *Chaetopterygopsis maclachlani* STEIN | m | m | m | | + | | | |
| *Chaetopteryx fusca* BRAUER | v | m | m | | m | | + | |
| *C. major* MCL. | m | m | m | + | m | | + | |
| *C. rugulosa* KOL. | | | m | | | | | |
| *C. schmidi* BOTS. | | | + | | + | | | |
| *C. villosa* F. | m | v | m | | | | | + |
| *Colpotaulius incisus* CURTIS | + | | | m | | | | |
| *Consorophylax consors* MCL. | + | | m | | m | | + | |
| *C. montivagus* MCL. | | | m | | + | | | |
| *Cryptothrix nebulicola* MCL. | | | | | | | | + |
| *Drusus annulatus* STEPHENS | + | m | | | | | | |
| *D. biguttatus* PICTET | m | m | m | | m | m | m | m |
| *D. chrysotus* RBR. | m | m | m | + | m | m | m | + |
| *D. destitutus* KOL. | | | | | + | | | |
| *D. discolor* RBR. | m | m | m | | m | m | m | m |
| *D. franzi* SCHMID | | | + | | | | | |
| *D. monticola* MCL. | m | | m | | m | m | m | m |
| *D. trifidus* MCL. | m | m | + | | | + | | |
| *Ecclisopteryx dalecarlica* KOL. | | + | | | | | | |
| *E. guttulata* PICTET | m | m | m | | m | + | m | |
| *E. madida* MCL. | m | m | m | | + | | | |
| *Enoicyla reichenbachi* KOL. | m | m | | | | | | |
| *Glyphotaelius pellucidus* RETZ. | m | m | m | m | m | | | m |
| *Grammotaulius nigropunctatus* RETZ | m | m | m | m | + | | | |
| *G. nitidus* MÜLLER | + | | | | | | | |
| *Halesus digitatus* SCHRANK | m | v | m | | m | + | + | + |
| *H. radiatus* CURTIS | m | m | m | | m | | | m |
| *H. rubricollis* PICTET | + | m | m | | m | m | m | m |
| *H. tesselatus* RAMBUR | m | m | m | | m | | | |
| *Hydatophylax infumatus* MCL. | m | m | | | | | | |
| *Hypnotranus picicornis* PICTET | m | m | m | | m | m | + | |
| *Ironoquia dubia* STEPHENS | + | | | | | | | |
| *Leptotaulius gracilis* SCHMID | | | m | | + | | + | |
| *Limnephilus affinis* CURTIS | m | m | m | m | m | | | |
| *L. algosus* MCL. | | | + | | | | | |

| | N | O | St | B | K | S | T | V |
|---|---|---|---|---|---|---|---|---|
| *L.auricula* CURTIS | m | m | m | m | + | m | | |
| *L.binotatus* CURTIS | m | + | m | m | m | | | m |
| *L.bipunctatus* CURTIS | m | m | m | m | + | m | | |
| *L.centralis* CURTIS | + | m | | | | | | |
| *L.coenosus* CURTIS | m | m | m | | m | m | m | + |
| *L.decipiens* KOLENATI | m | m | m | m | m | | | + |
| *L.elegans* CURTIS | + | + | | | | | | |
| *L.extricatus* MCL. | m | m | m | + | + | + | | m |
| *L.flavicornis* F. | m | m | m | m | m | | | m |
| *L.fuscicornis* RAMBUR | | m | | + | m | | | |
| *L.germanus* MCL. | m | m | m | | | | + | |
| *L.griseus* L. | m | m | m | m | m | | | + |
| *L.helveticus* SCHMID | | | | | m | | | |
| *L.hirsutus* PICTET | + | m | m | m | m | | + | |
| *L.ignavus* MCL. | m | m | m | | m | | + | m |
| *L.lunatus* CURTIS | v | v | m | m | m | m | + | m |
| *L.marmoratus* CURTIS | | | | | m | | | m |
| *L.nigriceps* ZETT. | | + | m | | | | | |
| *L.politus* MCL. | | m | | | | + | | |
| *L.rhombicus* L. | m | m | m | + | m | | m | m |
| *L.sericeus* SAY | m | | | | | | | |
| *L.sparsus* CURTIS | m | m | m | | m | m | + | m |
| *L.stigma* CURTIS | m | m | m | | m | | | |
| *L.subcentralis* BRAUER | | | + | | + | | | |
| *L.vittatus* F. | m | m | m | m | + | | | |
| *Melampophylax melampus* MCL. | m | m | m | | m | m | + | + |
| *M.mucoreus* HAGEN | | + | | | | | | |
| *M.nepos* MCL. | | | m | | | | | |
| *Mesophylax impunctatus* MCL. | | m | + | | m | | | |
| *Metanoea rhaetica* SCHMID | m | m | m | | m | m | m | m |
| *Micropterna lateralis* STEPHENS | m | + | m | m | | | | |
| *M.nycterobia* MCL. | m | m | + | | m | + | + | + |
| *M.sequax* MCL. | m | m | m | m | | + | + | m |
| *M.testacea* GMELIN | + | + | + | | + | | | |
| *Nemotaulius punctatolineatus* RETZ. | | | + | | + | | | |
| *Platyphylax frauenfeldi* BRAUER | + | (+) | + | | | | | |
| *Potamophylax cingulatus* STEPH. | m | m | m | | m | m | m | m |
| *P.latipennis* CURTIS | m | m | m | | + | + | + | m |
| *P.luctuosus* PILLER | m | m | + | | m | | | |
| *P.nigricornis* PICTET | m | m | m | | m | m | | |
| *P.pallidus* KLAPALEK | | | + | | | | | |
| *P.rotundipennis* BRAUER | m | + | m | + | + | | | |

| | N | O | St | B | K | S | T | V |
|---|---|---|---|---|---|---|---|---|
| *Pseudopsilopteryx zimmeri* MCL. | m | m | m | | m | | + | |
| *Rhadicoleptus alpestris* KOL. | m | m | m | + | m | m | m | m |
| *Stenophylax permistus* MCL. | m | m | m | m | m | + | | |
| *S.speluncarum* MCL. | m | | | | + | | | |
| *S.vibex* CURT. | + | | | | | | | |
| *Goera pilosa* F. | m | m | m | m | m | m | | |
| *Lithax niger* HAGEN | m | m | m | | + | m | m | |
| *Silo nigricornis* PICTET | m | m | + | | + | m | | |
| *S.pallipes* F. | m | m | m | + | + | m | + | |
| *S.piceus* BRAUER | m | m | | | | | | |
| *Crunoecia irrorata* CURTIS | | + | | | + | | | |
| *C.kempnyi* MORTON | m | + | m | + | | + | | |
| *Lasiocephala basalis* KOL. | m | m | m | | + | | | |
| *Lepidostoma hirtum* F. | m | m | m | | m | + | | |
| *Adicella cremisa* MALICKY | + | | | | | | | |
| *A.filicornis* PICTET | m | + | + | | | | + | |
| *A.reducta* MCL. | | m | | | | | | |
| *Athripsodes albifrons* L. | + | m | | | + | | | |
| *A.aterrimus* STEPHENS | m | m | + | | m | | + | |
| *A.bilineatus* L. | m | m | | | | | | |
| *A.cinereus* CURTIS | + | m | | | m | + | | |
| *A.commutatus* ROSTOCK | + | m | m | | | | | |
| *Ceraclea alboguttata* HAGEN | | m | | | | | | |
| *C.annulicornis* STEPHENS | m | | | | | | | |
| *C.dissimilis* STEPHENS | m | v | m | | m | | | |
| *C.fulva* RAMBUR | | + | | | | | | + |
| *C.senilis* BURM. | | | + | m | | | | |
| *Erotesis baltica* MCL. | | | + | | | | | |
| *Leptocerus interruptus* F. | m | | | | | | | |
| *L.tineiformis* CURTIS | + | m | m | | | | | |
| *Mystacides azurea* L. | m | m | m | | m | m | + | |
| *M.longicornis* L. | m | m | | | m | m | + | |
| *M.nigra* L. | m | m | m | | | | | |
| *Oecetis furva* RAMBUR | + | m | | m | | | | |
| *O.lacustris* PICTET | + | m | | | | | | |
| *O.ochracea* CURTIS | m | m | + | m | + | | | + |
| *O.testacea* CURTIS | + | | | | m | | | |
| *Setodes punctatus* F. | | + | | | | | | |
| *Triaenodes kawraiskii* MART. | + | | m | | | | | |
| *T.simulans* TJEDER | | | + | | | | | |
| *Notidobia ciliaris* L. | m | m | m | | m | + | | |
| *Oecismus monedula* HAGEN | | m | | | | | | |

| | N | O | St | B | K | S | T | V |
|---|---|---|---|---|---|---|---|---|
| *Sericostoma flavicorne* SCHN. | m | m | m | | m | + | | |
| *S. personatum* SPENCE | m | m | | + | + | + | m | m |
| *Beraea pullata* CURTIS | m | m | + | | + | m | m | + |
| *Beraeodes minuta* L. | m | + | | | | | | |
| *Ernodes articularis* PICTET | m | | | | | | | |
| *E. vicina* MCL. | m | + | + | | + | + | + | |
| *Odontocerum albicorne* SCOPOLI | v | v | m | | m | m | | m |
| *Molanna angustata* CURTIS | + | m | | | | | | + |
| *Molannodes tinctus* ZETT. | | + | | | | | | |

de Bundesland neu ist; diese Liste soll vielmehr als erste Basis für weitere Vergleiche dienen.

Wie Abb. 1 zeigt, ist das Bundesgebiet sehr ungleichmäßig durchforscht. Erwartungsgemäß sind die Umgebungen der Wohnorte von Spezialisten oder engagierten Sammlern besonders gut untersucht: Ried (ADLMANNSEDER), Linz (KUSDAS), Purgstall (RESSL, HÜTTINGER, RAUSCH), Lunz (MALICKY), Gutenstein (KEMPNY), Admont (STROBL), Salzburg, Graz und Klagenfurt (HÖLZEL). Das gleiche gilt für Orte, an denen Lichtfallen betrieben wurden: Kanzelhöhe bei Villach, Theresienfeld bei Wr. Neustadt, Apetlon, Süd- und Oststeiermark. Kleinere, aber sehr respektable Ausbeuten stammen von Urlaubsaufenthalten von Entomologen, und zwar auch dann, wenn die Trichopteren nur nebenbei aufgesammelt werden. Weitaus am gleichmäßigsten durchforscht ist Oberösterreich; voraussichtlich wird in wenigen Jahren eine faunistische Gesamtdarstellung aktuell werden. Gebiete, in denen nach Abb. 1 sehr wenige Arten bekannt sind, sind in der Regel noch wenig besammelt worden. Ausgenommen sind der Seewinkel im Burgenland, wo die Artenzahl aus ökologischen Gründen niedrig ist, und Tirol, wo es nach den bisherigen Befunden trotz hoher untersuchter Probenzahl (vielleicht als Auswirkung der pleistozänen Vergletscherung?) eine reale Artenverarmung geben dürfte.

Die einzelnen Familien sind sehr ungleichmäßig bekannt. Besonders gut und gleichmäßig sind die artenreichen Rhyacophilidae und Limnephilidae belegt. Das liegt daran, daß diese meist größeren Tiere gerne ans Licht fliegen und daher besonders von Lepidopterologen häufig nebenbei mitgesammelt werden. Das gilt auch für *Philopotamus*, Hydropsychidae, Phryganeidae, Sericostomatidae und Odontoceridae. Ungleichmäßig belegt sind verschiedene Gruppen, deren Arten mehr oder weniger tagaktiv und klein sind und die man gezielt von der Ufervegetation abkätschern muß. Diese Tiere sind zwar an geeigneten Stellen manchmal sehr häufig, aber sie werden seltener nebenbei mitgesammelt. Solche Gruppen sind: alle Glossosomatidae, die Gattung *Wormaldia*, die Psychomyidae, Brachycentridae, Goeri-

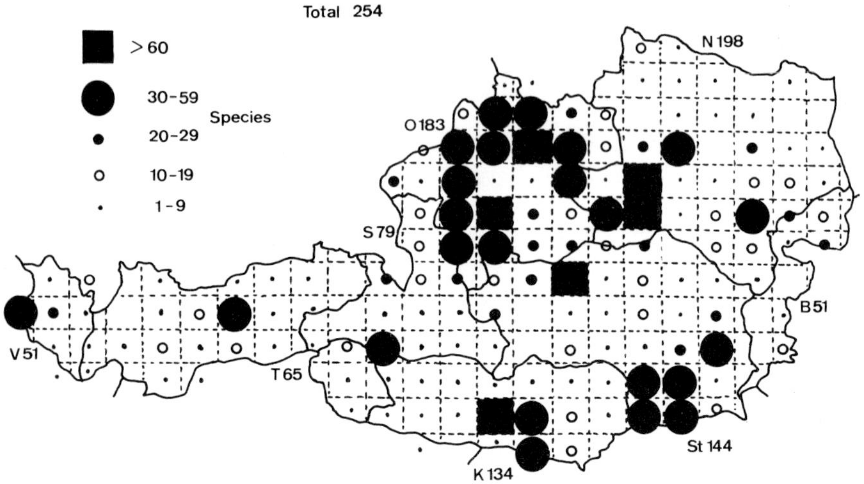


Abb. 1. Die derzeitige Intensität der faunistischen Durchforschung Österreichs auf Trichopteren. – Abkürzungen der Bundesländer wie in Tab. 1. Die dargestellten Rechtecke umfassen jeweils einen Bereich von 12 x 20 Bogenminuten und dienen nur der besseren Übersicht. Stand Dezember 1975.

dae, Lepidostomatidae und Beraeidae. Besonders schlecht bekannt sind die Hydroptilidae und die Leptoceridae. Hydroptilidae sind in der Regel Massentiere, aber sie werden häufig nicht als Trichopteren erkannt und nicht mitgenommen, auch wenn sie das Leuchtgerät zu Hunderten bevölkern. Sie sind zwar nicht so gleichmäßig verbreitet wie etwa verschiedene *Rhyacophila*-Arten, aber doch viel gleichmäßiger, als man nach den bisherigen Verbreitungsbildern schließen könnte. Die Leptoceridae hingegen scheinen im allgemeinen auffallend diskontinuierliche Verbreitung zu haben. Etliche Arten sind nur von einzelnen Fundorten bekannt, und ungefähr zehn Arten, die auf Grund ihrer sonstigen Verbreitung auch in Österreich vorkommen müßten, wurden bisher nicht gefunden.

Die Beeinträchtigung der Trichopterenfauna durch Gewässerverschmutzung ist in Österreich nicht nennenswert und hat nur lokale Bedeutung. Die weitaus meisten Bäche und Flüsse in Österreich sind oligosaprob bis schwach mesosaprob.

'Endemische' Trichopterenarten, d.h. solche, die nur innerhalb der heutigen österreichischen Grenzen vorkommen, dürfte es kaum geben. Etliche Arten, die man dafür gehalten hatte, kommen auch in anderen Ländern vor, wie *Rhyacophila producta* in Italien, *Synagapetus krawanyi* in Jugoslawien, *Hydroptila ivisa* in Bulgarien, *Crunoecia kempnyi* in Jugoslawien. Meines Wissens wurden nur *Drusus franzi*, *Leptotaulius gracilis* und *Adicella cremisa* bisher nicht außerhalb Österreichs gefunden.

Ungefähr 30 Trichopterenarten sind noch zusätzlich für die österreichische Fauna zu erwarten. Einige von ihnen sind in unmittelbarer Grenznähe gefunden worden: *Rhyacophila palmeni* MCL. in Slowenien, *Plectrocnemia apennina* MCL. im Allgäu (Birgsau, ein Pärchen am 4.8. 1974 leg. MENDL in einer Lichtfalle, zwei Kilometer von der österreichischen Grenze entfernt), *Limnephilus italicus* MCL. im Bodenseegebiet (Kreuzlingen, leg. FLORIN) und *Lithax obscurus* im Böhmerwald (nach NOVÁK). Von den in Europa weitverbreiteten und euryöken Arten haben zwei in Österreich deutlich begrenzte Verbreitungsgebiete: *Rhyacophila nubila* kommt nur im nördlichsten Niederösterreich, *Limnephilus marmoratus* nur in Vorarlberg und Kärnten vor.

## Kommentare zu einigen Arten.

*Rhyacophila aquitanica* und *R. philopotamoides* sind, entgegen den Literaturangaben, aus Österreich noch nicht belegt.

*Hydroptila taurica*: Ein Männchen vom Schlarassingbach bei Sölling (Niederösterreich, Bezirk Scheibbs), leg. RAUSCH, 11.7.1973. Sonstige Verbreitung: Krim, Türkei, Iran, Griechenland, Bulgarien.

*Polycentropus excisus* und *P. schmidi*: Diese aus Südosteuropa bekannten Arten werden an mehreren Stellen in Ober- und Niederösterreich immer wieder gefunden.

*Agrypnia obsoleta* ist bisher nur am Lunzer Obersee, dort aber von vielen Sammlern, gefunden worden.

*Chaetopteryx schmidi* wurde aus den Banater Bergen (Rumänien) beschrieben und kommt in einer eidonomisch abweichenden Subspezies auch in Kärnten und in der Steiermark vor. Das Belegstück vom Veitlgraben bei Admont ist schon von STROBL unter dem Namen *rugulosa* publiziert worden. Ich habe die Art im September 1975 in einer größeren Serie auf der Saualpe oberhalb von Wieting gefangen. Sie lebt dort im Quellbereich von Gebirgsbächen um 1600 bis 1800 Meter Seehöhe.

*Apatania fimbriata* ist im nördlicheren Mitteleuropa (und in Österreich im Mühlviertel) ein häufiger Bewohner gewöhnlicher Wiesenquellen. Im österreichischen Alpengebiet lebt sie zwar auch im Quellbereich, aber nur in größeren Gebirgshöhen zwischen ungefähr 1400 und 2000 Metern.

*Grammotaulius nitidus*: In der STROBL-Sammlung in Admont steckt ein ♀ mit dem Zettel: 'Austria, ERBER', das aus der Wiener Umgebung stammen dürfte. Sonst sind mir keine österreichischen Stücke bekannt.

*Leptotaulius gracilis*: Diese Art (und Gattung) ist erst von SCHMID (1955) nach einem ♂ von Krieglach (das allerdings nicht in 'Allemagne' liegt!) beschrieben worden. Ich habe weitere (lauter männliche) Exemplare gesehen: eines vom Arntal bei Innsbruck (10.7.1062, leg. ASPÖCK, coll. HÖLZEL), vier von der Hebalpe, Weststeiermark (1400 m, 24.4.1966, leg. GEPP), und zwei aus dem Maltatal in Kärnten (Hilpersdorf, 20.6.1975, leg. VERMEHREN).

*Limnephilus helveticus*: Aus Kärnten liegen mehrere Funde vor. Im Wiener Museum ist auch ein Stück aus dem Engadin (Silvaplana).

*Limnephilus germanus* konnte bisher nur aus dem Nordalpenbereich bestätigt werden. Die Kärntner Meldungen beziehen sich auf *L. helveticus*.

*Platyphylax frauenfeldi*: Von dieser auffallenden Art gibt es fast nur Funde aus dem vorigen Jahrhundert. Sie wurde im Stadtgebiet von Wien gefangen, ferner an der 'Mur' (unbekannt, wo), und im Wiener Museum steckt ein ♀ mit der Etikette 'Austria, BRITTINGER'. Da BRITTINGER viel bei Steyr gesammelt hat, könnte das Tier vielleicht von dort sein. Vor einigen Jahren hat Dr. ADLMANNSEDER am Innufer zwei Stück gefangen. Alle diese Fundorte liegen in der Nähe größerer Flüsse. Vielleicht ist die Art ein verschmutzungsempfindlicher Bewohner des Potamals? Das würde ihre jetzige Seltenheit zum Teil erklären, aber dann müßte man sie gerade z.B. an der Donau oder an anderen Flüssen wiederfinden können, die in Österreich ziemlich sauber sind.

*Potamophylax pallidus*: Diese südosteuropäische Art ist durch ein ♂ von St. Ulrich im Greith (Steiermark) belegt; es stammt aus einer Lichtfalle, die von der Steiermärkischen Landwirtschaftskammer zum Zweck der Kontrolle von Apfelwicklern betrieben wurde.

*Triaenodes simulans* (= *forsslundi*): Bisher nur von Hartberg (Oststeiermark) belegt, dort aber häufig. In West- und Nordungarn (UJHELYI i.l.) und Rumänien kommt die Art, abgesehen von Nordeuropa, ebenfalls vor.

## Diskussion

FISCHER: Es würde mich interessieren, was von der Fauna der Donau bekannt ist.

MALICKY: Vielleicht kann in den nächsten Jahren eine Lichtfalle irgendwo am Donauufer aufgestellt werden. Derzeit ist von den Trichopteren der Donau so gut wie nichts bekannt, soweit es Österreich betrifft.

FORSTER: Was Deutschland betrifft, auch nichts.

GHILAROV: Ich erinnere mich, daß in den Arbeiten von MARTYNOV angedeutet war, daß die Trichopterenfauna im nördlichen Rußland reicher ist als in den südlicheren Gegenden der Sowjetunion. Ich möchte wissen, ob in Europa im Norden die Zahl der Trichopterenarten größer ist als im Süden oder nicht. Die zweite Frage: Kommt *Enoicyla pusilla* in der Schweiz vor?

MALICKY: Ob *Enoicyla pusilla* in der Schweiz vorkommt, weiß ich nicht. – Generell kann man für ganz Europa sagen: der Artenreichtum an Trichopteren ist weitaus am größten in den mittel- und südeuropäischen Gebirgen. Dort gibt es sehr viele Endemiten, und auch sonst ist die Artenzahl hoch. In Nordeuropa gibt es eine reiche Limnephilidenfauna aus der Verwandtschaft von *Limnephilus* mit etlichen Arten, die nicht weit nach Süden gehen, aber die große Mannigfaltigkeit an Gebirgsbachtrichopteren fehlt dort. Die nordeuropäische Fauna ist erst postglazial eingedrungen, es sind meist expansive Arten. Zum Beispiel sind von *Rhyacophila* nur drei oder vier Arten nach Norden gelangt, aber im restlichen Europa sind es ungefähr neunzig Arten.

VERMEHREN: Ob die Leptoceriden vielleicht doch unsauberes Wasser lieber mögen? Bei uns in Norddeutschland sind sie sehr häufig, und hier findet man kaum welche.

MALICKY: Außer von einzelnen Arten (*Athripsodes aterrimus, C. dissimilis, Mystacides azurea, Oecetis ochracea*) haben wir so wenige Nachweise aus Österreich, daß man fast nichts über ihre vermutlichen ökologischen Ansprüche sagen kann.

GEPP: Gibt es anthropogene Maßnahmen (Flußverbauungen usw.), die die Artenfülle in kleinen Gebieten fördern?

MALICKY: Grundsätzlich wäre es denkbar. Beispielsweise findet man im Eumediterrangebiet in Bächen auf Kalkgestein, sofern sie ganzjährig Wasser führen (was allerdings nur ausnahmsweise passiert), eine reiche Fauna. Dieser Typus der Bäche ist aber größtenteils anthropogen durch Vegetationsvernichtung, und zwar hauptsächlich durch Abbrennen und Ziegenweide, entstanden oder zumindest gefördert worden. Bei intakter Vegetation findet unter den eumediterranen Klimabedingungen in den Bächen auf Kalk eine überaus starke Travertinbildung statt, mit der sich nur ganz wenige Insektenarten erfolgreich auseinandersetzen können.

VARGA: Auch aus Ungarn kan ich einige Angaben von Herrn MALICKY bestätigen, z.B. über *Rhyacophila aquitanica* und *Anabolia nervosa* liegen nur ganz alte Angaben vor. Ob nicht vielleicht auch hier die alten Bestimmungsschlüssel schuld sind? Bei den beiden genannten Arten bin ich fast sicher, daß das der Fall ist. Wie auch die bekannte Geschichte mit *Wormaldia occipitalis* und *triangulifera*. Aus Ungarn war immer *W. triangulifera* gemeldet worden, und in Wirklichkeit haben wir gar keine, sondern nur *occipitalis*.

MALICKY: Ich bin sicher, daß *Wormaldia triangulifera* in Ungarn überhaupt nicht vorkommt, in Österreich auch nicht, denn sie hat rein mediterrane Verbreitung in etlichen Subspezies. *Wormaldia occipitalis* kommt sicher in Ungarn vor. Es kann aber auch *W. subnigra* sein. *Rhyacophila aquitanica* könnte in Ungarn vorkommen, denn sie kommt im angrenzenden rumänischen Banat vor. Aber meist ist sie falsch determiniert worden. Meist war es in Wirklichkeit *R. tristis*. Man muß von jedem verdächtigen Stück ein Genitalpräparat machen.

VARGA: Die Artenarmut, die Sie in Tirol beobachtet haben, bezieht sich auch auf Südtirol? Weil in Südtirol doch einige Gebiete vorhanden sind, die massif de refuge-Charakter gehabt haben müßten?

MALICKY: Ja, eigenartigerweise auch auf Südtirol. Aber das sind nur vorläufige Feststellungen, die sind durchaus noch ändern können.

*Verh. des Sechsten Int. Symp. über Entomofaunistik in Mitteleuropa 1975, Junk, The Hague.*

# Veränderungen in der Zusammensetzung der Trichopterenfauna in größeren Flüssen in Böhmen

KAREL NOVÁK

*Summary*

In the mountain and submountain regions of Bohemia there have occurred no substantial changes in the composition of the fauna of Trichoptera in the course of th e past 60–70 years. On the other hand, the number of species dwelling in the middle and lower streams of comparatively large rivers, such as the Elbe and Vltava, has decreased in some places by more than 50%. At the turn of the century there were found 37 species of Trichoptera in the Vltava in the vicinity of Prague, while at present only 16 species live at this locality. In the middle stream of the Elbe near Čelákovice, 33 species of Trichoptera used to live, but nowadays only 19 species occur there.

Seit 1955 führten wir in Böhmen breit angelegte systematische Untersuchungen der Verbreitung und des jahreszeitlichen Vorkommens der Trichopteren durch, in deren Rahmen sehr reichhaltiges, über 60.000 Exemplare zählendes Material gewonnen wurde. Das Vorkommen der Trichopteren wurde auf 506 ausgewählten und über das ganze Gebiet von Böhmen regelmäßig verteilten Lokalitäten verfolgt. Die meisten Lokalitäten wurden im Verlaufe der Vegetationszeit zwei- bis dreimal, und die sog. ständigen Lokalitäten, 76 an der Zahl, in regelmäßigen Monatsintervallen von März bis Oktober besucht. Dank diesen ausgedehnten faunistischen Untersuchungen verfügen wir heute über eine verhältnismäßig gute Übersicht über die Trichopterenfauna in den einzelnen Gebieten von Böhmen, das mit seinen 220 bekannten Arten zu den trichopterologisch am besten erforschten Teilen Europas gehört (NOVÁK, 1964).

Die trichopterologische Erforschung von Böhmen hat eine alte, von Professor KLAPÁLEK gegründete Tradition. KLAPÁLEK widmete sich der faunistischen Untersuchung der Trichopteren fast 20 Jahre lang, veröffentlichte schon im Jahre 1890 das erste vorläufige Verzeichnis böhmischer Trichopteren, das er bis zum Jahre 1907 um neue, in neun weiteren Arbeiten erhaltene Befunde und Angaben ergänzte. Einige von den späteren Befunden KLAPÁLEKS, die noch in den Sammlungen der Entomologischen Abteilung des Naturwissenschaftlichen Museums in

Kunratice erhalten blieben, wurden bislang nicht publiziert. KLAPÁLEK war nicht nur ein guter Kenner der Ordnung Trichoptera, aber auch ein sehr erfahrener und fleißiger Sammler, der es verstand, die am besten geeigneten Typen von Lokalitäten auszuwählen, desgleichen auch zahlreiche Mitarbeiter zu gewinnen, die ihn mit Material versorgten. Seiner Arbeit verdanken wir unsere heutige verhältnismäßig gute Übersicht über den Stand der Zusammensetzung der Trichopterenfauna in vielen Gebieten von Böhmen an der Jahrhundertwende, d.h. in den Jahren 1890 bis 1910, so daß es uns möglich ist, die Veränderungen, zu denen es in der Trichopterenfaunazusammensetzung seit Jahrhundertbeginn bis zur heutigen Zeit gekommen ist, zu beobachten und auszuwerten.

Im ganzen kann man sagen, daß im Hinblick auf die Artenzusammensetzung im Verlaufe dieses Zeitraums keine größeren Veränderungen eintraten. KLAPÁLEK ermittelte in Böhmen insgesamt 193 Arten, unsere Untersuchungen in den Jahren 1955 bis 1961 ergaben 201 Arten. Die größere Anzahl von Arten findet sich in Gebirgs- und Vorgebirgslagen unseres Landes, was auch aus dem Umstand verständlich ist, daß hier auch die verschiedensten Typen von Wasserbiotopen vorhanden sind. In den Niederungen, wo die Wasserbiotope von monotonerem Charakter sind, ist auch das Artenspektrum der Trichopteren ärmer. Von den Gebirgssystemen Böhmens besitzt der Böhmerwald und sein Vorgebirge die reichhaltigste Trichopterenfauna. Es wurden hier 157 Arten, davon im eigentlichen Böhmerwaldgebiet 108 Trichopterenarten, ermittelt. Für das Böhmerwaldgebirge führt KLAPÁLEK 70 Arten an, während unsere Untersuchungen 82 Arten ergaben. Für das Adlergebirge führt KLAPÁLEK 99 gegenüber unseren 109 Arten an, im Riesengebirge sammelte KLAPÁLEK 53 Arten, wir im Rahmen unserer Untersuchungen 55, vom Erzgebirge berichtet KLAPÁLEK über 44 gegenüber unseren 45 Arten.

Schon aus diesen Zahlen geht hervor, daß es in unseren Gebirgs- und Vorgebirgsgebieten in den letzten 60 bis 70 Jahren zu keinen wesentlichen Veränderungen in der Artenzusammensetzung gekommen ist. Das mengenmäßige Vorkommen der einzelnen Arten ist nur sehr schwer einzuschätzen, da KLAPÁLEK meistens keine Zahlen der gesammelten Individuen angibt. Doch wäre auch eine solche Angabe weitgehend durch die Sammlungsmethode beeinflusst. Unbeschadet dessen kann jedoch schon nach der Anzahl der Lokalitäten, auf denen die oder jene Art gefunden wurde, und auch nach KLAPÁLEKS Aufzeichnungen über das Häufigkeitsvorkommen der einzelnen Arten angenommen werden, daß die Arten, die in unseren Gebirgs- und Vorgebirgslokalitäten heute reichlich vorkommen, auch in KLAPÁLEKS Zeit häufig waren und umgekehrt, daß die Arten, die in KLAPÁLEKS Zeit vereinzelt und selten vorkamen, auch heute vereinzelt und selten zu finden sind. Eine ähnliche Situation ist auch bei anderen Insektengruppen bekannt. So führen z.B. RICHARDS & SOUTHWOOD (1968) als Beispiel einer relativen Populationsstabilität das Vorkommen von Schmetterlingen in Großbritanien an, wo ebenfalls ermittelt wurde, daß Arten, die an der Jahrhundertwende zahlreich waren, auch jetzt zahlreich sind, während seltene Arten weiterhin selten blieben. Ausnahmen sind relativ rar. Unter den Trichopterenarten bildet z.B. die Art *Annitella obscurata* MACLACHL. eine solche Ausnahme. Sie wurde von KLAPÁLEK in einem einzigen Exemplar gefunden, wobei unsere Untersuchungen eine Gesamtzahl von 630 auf 36 Lokalitäten gefundenen Exemplaren ergaben. Umgekehrt war es bei der Art *Chimarra marginata* L., die von KLAPÁLEK an sechs und von MAYER (1936 und 1938) an vier Lokalitäten gefunden und vom ersteren als ziemlich häufig bezeichnet wurde, während wir in unseren Untersuchungen diese Art überhaupt nicht ermitteln konnten.

Während es in den Gebirgs- und Vorgebirgslagen unseres Staates, selbstverständlich mit Ausnahme der stark verunreinigten Flüsse, in der ersten Hälfte dieses Jahrhunderts zu keiner größeren Veränderung in der Zusammensetzung der Trichopterenfauna kam, wurde die Fauna der größeren Flüsse, wie z.B. der Moldau und der Elbe in ihren Unterläufen, besonders wesentlich geschmälert. Den besten Beweis liefert dazu die Trichopterenfauna der Moldau in Prag. KLAPÁLEK ermittelte in der Moldau in Prag insgesamt 37 Trichopterenarten, wobei er allein von der Prager Insel Štvanice 27 Arten angibt. Uns gelang es trotz intensiver Untersuchung unter Benutzung eines Lichtfängers nur 16 Trichopterenarten in der Moldau in Prag zu finden, davon auf der Štvanice-Insel nur 14. Das weist auf eine Minderung der Artenzahl um mehr als 50% hin.

Ähnlich wurde auch die Trichopterenfauna des Mittellaufes der Elbe ärmer. Von der Umgebung von Čelákovice gibt KLAPÁLEK insgesamt 33 Trichopterenarten an, während wir in unseren Untersuchungen nur 19 Arten fanden. Betrachtet man jedoch das Gebiet der Elbe als ein Ganzes, so ist das Ergebnis dieser Minderung der Artenzahl nicht so durchgreifend. Im Elbegebiet fanden wir insgesamt 88 Arten, KLAPÁLEK führt vom gleichen Gebiet 93 Arten an.

Mehrere Arten, um die die heutigen Unterläufe unserer Flüsse ärmer geworden sind, blieben noch in den Oberläufen bzw. in kleineren, weniger verunreinigten Flüssen und Bächen erhalten. Manche Arten, die sich in ihrer Entwicklung nur an die Unterläufe großer Flüsse angepaßt haben, wie z.B. *Orthotrichia angustella* MACLACHLAN, *Athripsodes leucophaeus* RAMB., *Oecetis tripunctata* FABR. und *Setodes viridis* FOURCR., kann man bei uns als ausgestorben betrachten. Seit KLAPÁLEKS Zeiten wurden sie hier nicht mehr gefunden.

Auch die Fauna der Teiche scheint heute bei uns etwas ärmer zu sein als in KLAPÁLEKS Zeiten. So fanden wir z.B. bei unseren Untersuchungen des Beckens von Třeboň und České Budějovice nur 74 Trichopterenarten, während KLAPÁLEK allein vom Třeboň-Becken 82 Arten angibt. Manche Teicharten wie z.B. *Orthotrichia costalis* CURTIS, *Oxyethira falcata* MORT., *Allotrichia pallicornis* EAT. wurden in Böhmen seit KLAPÁLEKS Zeit überhaupt nicht mehr gefunden. Andere wie z.B. *Cyrnus flavidus* MCLACH., *Cyrnus crenaticornis* KOL., *Grammotaulius nitidus* MÜLL., *Agrypnia obsoleta* MACLACH. und *Agrypnia varia* FABR., die in KLAPÁ-

LEKS Zeit verhältnismäßig häufig waren, kommen heute nur ganz vereinzelt vor.

Von den von KLAPÁLEK in Böhmen ermittelten Arten konnten wir insgesamt 17 Arten nicht mehr finden. Davon sind Befunde von 4 Arten problematisch. Es handelt sich um die Arten *Hydropsyche bulbifera* MCLACH., *Apatania muliebris* MCLACH., *Halesus rubricollis* PICT., und *Stenophylax mucronatus* MCLACH. Die Funde dieser Arten wurden von KLAPÁLEK nur als Weibchen determiniert, wobei es sich möglicherweise um Arten handelt, deren richtige Artbestimmung in KLAPÁLEKS Zeit nicht möglich war. Das Belegmaterial steht nicht mehr zur Verfügung. Von den übrigen 13 Arten leben nur drei in Gebirgs- und Vorgebirgsbächen (*Rhyacophila pascoei* MCLACH., *Rhyacophila pubescens* PICT., *Oxyethira friči* KLAPÁLEK) und 10 Arten in Niederungen, davon in Flüssen fünf, in Teichen drei und in Teichkanälen zwei Arten.

Der Rückgang der Anzahl von Trichopterenarten in Niederungsflüssen ist offensichtlich auf die ständig steigende Verunreinigung unserer Wässer, die mehr in den Unterläufen zum Ausdruck kommt, zurückführen. Bei Teichen spielt die Kunstdüngung offenbar eine wichtige Rolle, desgleichen wie auch die stets intensivere Anwendung von Insektiziden, Herbiziden und sonstigen Pflanzenschutzmitteln in der Landwirtschaft.

## Literatur


KLAPÁLEK, F. (1889): Předběžný seznam českých Trichopter. *Věstník král české spol. nauk* 1:69–86.

KLAPÁLEK, F. (1890): Nachträge zum Verzeichnis der Trichopteren Böhmens. *Sitzungsb. der königl. böhm. Gesellschaft der Wissenschaft.*, 1890: 176–196.

KLAPÁLEK, F. (1892): Trichopterologický výzkum Čech v r. 1891. *Rozpravy čes. Akademie l tř.* 2: 443–462.

KLAPÁLEK, F. (1894): II. Dodatky ku seznamu českých Trichopter za rok 1892–1893. *Věstník král. čes. spol. nauk*, 1894, *Tř. matem. přírod.*: 1–8.

KLAPÁLEK, F. (1895): Catalogus insectorum faunae bohemicae. IV. Pelzflügler und Netzflügler (Trichoptera et Neuroptera). Gesellschaft für Physiokratie in Böhmen, Praha: 1–35.

KLAPÁLEK, F. (1895): Nachträge zum Verzeichnis der böhmischen Trichopteren für die Jahre 1892–1893. *Sitzungsb. d. königl. böhm. Gesellschaft d. Wissenschaften* 1895: 1–8.

KLAPÁLEK, F. (1897): Dodatky ku seznamu českých Trichopter za rok 1894–1897. *Věst. král. čes. spol. nauk Tř. mathem-přírodověd.* 62: 1–9.

KLAPÁLEK, F. (1901): Příspěvek ke znalosti fauny Neuropteroid Českomoravské krabatiny. *Věst. Čes. Akademie* 10: 1–6.

KLAPÁLEK, F. (1903): Zpráva o výzkumu českých Neuropteroid v r. 1902. *Věst. Čes. Akademie* 12: 1–8.

KLAPÁLEK, F. (1907): Nové české Neuropteroidy. *Čas. čes. spol. entom.* 4: 22.

MAYER, K. (1935): První příspěvek k poznání chrostíků Českosl. republiky. *Sbor. klubu přírod. v Brně* 18: 1–8.

MAYER, K. (1938): Druhý příspěvek k poznání chrostíků Českosl. republiky. *Folia Entomologica* 1: 55–60.

NOVÁK, K. (1964): Beitrag zur Kenntnis der Köcherfliegen Böhmens (Trichoptera). *Čas. čs. spol. ent. 61*: 279–283.

RICHARDS, O. W. & T. R. E. SOUTHWOOD, (1968): The abundance of insects: Introduction. In T.R.E. SOUTHWOOD (Edit.): Insect Abundance. Symposia of the Royal Entom. Soc. of. London Nr. 4, pp 1–7.

## Diskussion

MALICKY: Sie sagen, *Allotrichia pallicornis* ist seit KLAPALEK's Zeiten nicht mehr gefunden worden?

NOVÁK: Das betrifft Böhmen. In der Slowakei haben wir sie schon gefunden.

MALICKY: Es wundert mich, daß Sie sie für eine Teichart halten. Wir haben aus Niederösterreich etliche Funde aus den letzten Jahren, und zwar immer von Bächen! Ich kenne sie auch aus Griechenland nur von Bächen. Es kann natürlich sein, daß die Larven an ruhigen Stellen der Bäche leben.

*Verh. des Sechsten Int. Symp. Entomofaunistik in Mitteleuropa 1975, Junk, The Hague.*

# Ein Beitrag zur Kenntnis der Chironomidenpopulationen (Diptera) des Schill – (Jiu-) Beckens (Rumänien)

VICTORIA CURE & VIRGINIA POPESCU-MARINESCU

*Summary*

The composition and distribution of the Chironomid populations of the river Schill and its tributaries are described in regard to variation of natural factors and to the intensity of water pollution. 137 taxa were found; 12 of them are recorded first for the fauna of Rumania. The population dynamics of the Chironomids is clearly influenced by the considerable pollution of various kind, caused by urban and industrial sewage. In some parts of the watercourse the bottom fauna is eradicated which meant heavy decrease of the importance of the fish production in this river.

In die Bemühungen zum Schutze der Flüsse vor der Verschmutzung mit Abwässern, die auf nationaler Ebene unternommen werden, reihen sich auch die hydrobiologischen Untersuchungen zur Kenntnis der Lebensbedingungen des Schill-Beckens, eines der wichtigsten und verschmutzesten Flüsse Rumäniens, ein.

## 1. Die Beschreibung des Beckens

Das hydrographische Becken des Schill-Flusses ist im Südwesten des Landes gelegen und hat eine Oberfläche von 10.594 $km^2$. Die Hauptader des Beckens, der Schill-Fluß, hat eine Länge von 331 km. Er bildet sich im Petroşani – Tal aus 2 Hauptflüssen: dem westlichen Schill, der im Retezatgebirge in einer Höhe von 1591–2643 m entspringt, und dem östlichen Schill, der auf der südlichen Seite des Surianu-Gebirges, unter den Gipfeln, die zwischen 1775 und 2050 m Höhe gelegen sind, seine Quellen hat (Abb. 1).

Beide Zweige fließen durch stark geneigte Abhänge, wodurch ihr Lauf sehr schnell, torrential, spezifisch für Gebirgsflüsse grosser Höhen wird. Ihre Täler sind eng, in U-form eingegraben, ohne Uferzonen, mit grobem Alluvialmaterial, großen Felsblöcken, Geröll und Steinen.

Nach der Vereinigung beider Zweige bei Livezeni durchfließt der Schill die malerische Enge von Surduc-Lainici (ungefähr 30 km) und tritt dann in die Vorgebirgs-

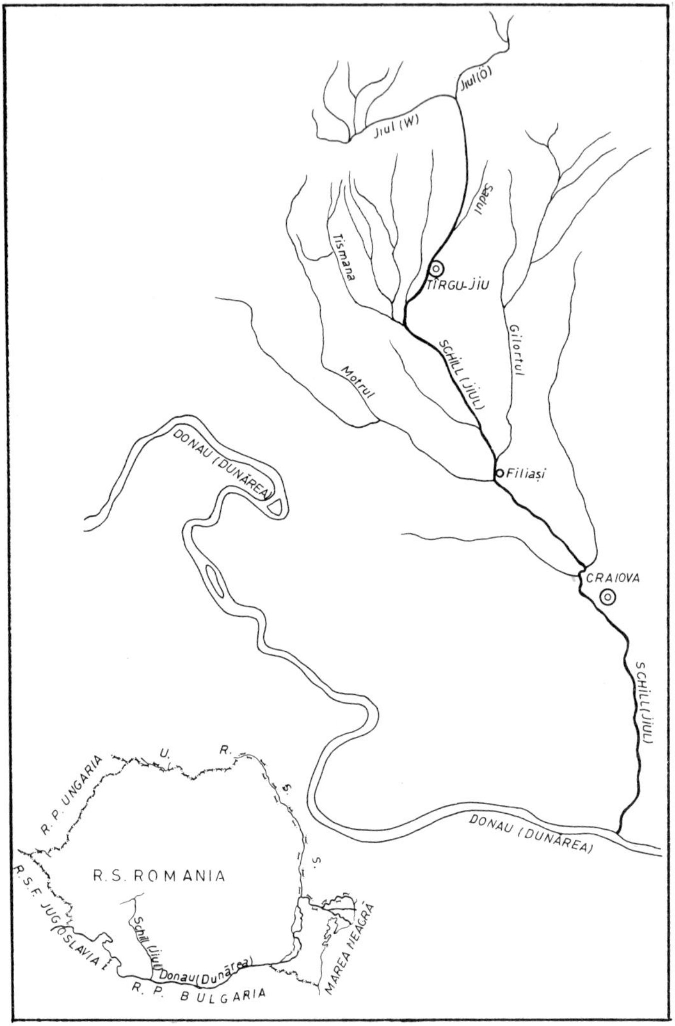


Abb. 1. Lageskizze des Schill-(Jiu-)Beckens

gegend der Karpatenkette, wo er den Charakter eines Hügelflusses bekommt. Flußabwärts von Bumbeşti verringert sich sein Gefälle und der Fluß wächst in die Breite, bekommt Auen, während der eigentliche Fluß Mäander entwickelt. Flußaufwärts von Becket (km 679) mündet er dann in die Donau. In der Ebene ist der Boden des Flusses sandig, an manchen Stellen schlammig, während das Wasser infolge der Anwesenheit von tonig-sandigen Schwebestoffen eine gelbe Farbe bekommt.

Die mittlere Wasserführung des Flusses schwankt von 3,33 $m^3$/sec im oberen Teil bis 87,9 $m^3$/sec beim Einfluß in die Donau.

Zu den wichtigeren Nebenflüssen des Schill zählen die Tismana und Motru auf der rechten, der Sadu, der Gilort und die Amaradia auf der linken Seite.

Im Schill-Becken gibt es zahlreiche und wichtige Verschmutzungsquellen, von welchen einige organische, andere mineralisch verschmutzte Abwässer in den Fluß einführen. Die Mehrzahl der Verschmutzungsquellen sind am Schillfluß selbst gelegen, nur wenige an seinen Nebenflüssen.

Zur ersten Kategorie gehören die häuslichen Abwässer, die von den bevölkerten, am Flusse gelegenen Zentren in den Fluss eingeführt werden, die Abwässer des Lebensmittelkombinates Podari und die mit Kohlenwasserstoffen verschmutzten Abwässer der Industrien in Ticleni, Iasi-Gorj und Colibaşi.

Die mineralisch verschmutzten Abwässer stammen von den Kohlenminen von Lupeni und Petrila, von den Thermozentralen Paroşeni und Craiova, von der Spinnerei 'Viscoza' Lupeni und dem chemischen Kombinat Craiova. Die letztgenannten bilden durch die große Menge von Abwässern und durch ihre Toxizität die größten Verschmutzungsquellen.

Unter den an den Nebenflüssen gelegenen Verschmutzungsquellen erwähnen wir die Galvanisierungsabteilung der metallurgischen Fabrik am Saduflusse, die unter anderen auch Zyanide in den Fluß einführt, und die Graphitflotation von Baia de Fier, die in den Gilort Wasser bringt, das an Schwebestoffen reich ist.

Aus der Analyse der Chironomidenpopulationen des hydrographischen Schill-Beckens geht hervor, daß diese Larven in den Zönosen dieses Flusses gut vertreten sind, sowohl quantitativ als auch qualitativ. In den Zonen mit reinem Wasser sind sie oft vorherrschend, während in den Zonen, in welchen die ökologischen Bedingungen nicht normal sind und Erscheinungen einer langsamen Erkrankung oder einer biologischen Verwüstung des Flusses auftreten, diese Zweiflügler oft die einzigen Überlebenden sind, wobei einige Chironomiden sogar toxischen Substanzen, wie Phenolen, Ammoniak und Zyaniden gegenüber, widerstandsfähig sind. Ihre Verteilung in den Gewässern des Schill ist nach der Art der natürlichen Faktoren und nach der Wasserqualität verschieden.

## 2. Die Verteilung der Chironomiden im Verhältnis zur Natur des Bodens

Wie schon gezeigt wurde, ist die vorherschende Art des Bodens in der Zone des oberen Laufes des Schillflusses felsig und steinig. Hier ist die Strömung des Flusses infolge der großen Neigung des Terrains schnell, an vielen Stellen torrentartig, und die Temperatur des Wassers ist niedrig, so daß die Mehrzahl der gefundenen Chironomiden lithorheophile, stenotherme Kaltwasserformen sind, die für Gebirgsgewässer charakteristisch sind.

Unter den lithorheophilen Arten des Schill führen wir an: *Diamesa insignipes; D. steinboecki,D. pseudostylata, Eukiefferiella alpestris, E. atrofasciata, E. bavarica, E. brevicalcar, E. clypeata, Heptagia punctulata*. Zwischen diesen wurden zahlreiche phytolithorheophile Larven in dem Algenaufwuchs und den Polstern von Fontinalis antipyretica gefunden, wie *Cricotopus algarum, C. latidentatus*, Orthocladiinae g.l. '*minima*' (in dem Algenaufwuchs) und *Bryophaenocladius subvernalis, Eukiefferiella stylifer, Krenosmittia camptophleps, Labrundinia longipalpis, Metriocnemus atratulus, Parametriocnemus stylatus, Pseudosmittia trilobata* (in Moosen).

In der Gebirgszone wurden in den Gräsern, die am Ufer vom Wasser benetzt werden, folgende phytophile Arten gefunden: *Cricotopus bicinctus, Limnophyes prolongatus, L. pusillus, Metriocnemus hygropetricus, Micropsectra trivialis, Monopelopia tenuicalcar* und *Psectrocladius simulans*.

In der Flachlandregion des Schill und in der Mündungszone seiner Nebenflüsse wird der Grund vorherrschend sandig mit schlammigen Abschnitten.

Die psammophilen Biozönozen, die ärmer an Individuen sind (der Boden ist instabiler) sind weniger variabel. Unter den Chironomiden, die in dieser Fazies gefunden wurden, fanden wir: *Chironomus* f.l. *reductus, Cryptochironomus defectus, Limnochironomus* f.l. '*dubia*', *Paratendipes connectens* Nr. 3 Lipina, *P. intermedius, Parachironomus demeijerei, Polypedilum breviantennatum, Polypedilum* sp. (Tendipendinae '*genuinae*' Nr. 9) Lipina, *Potthastia longimanus* und *Cladotanytarsus mancus*.

Die pelophilen Arten im Schillflusse sind wenig zahlreich. Es sind dies: *Chironomus* f.l. *bathophilus, C.* f.l. *plumosus, C.* f.l. *semireductus, C.* f.l. *thummi, Paracladius conversus, Pentapedilum exectum*. Alle diese Arten wurden insbesonders in der Mündungszone des Schillflusses vor seinem Einflusse in die Donau gefunden.

## 3. Die Verteilung der Chironomiden in Abhängigkeit vom Reinheitsgrad des Wassers

Die Veränderungen der Wasserbiozönosen, der Zusammensetzung und der Individuenzahl, welche die verschiedenen Chironomidenpopulationen des Schillflusses bilden, zeigen verschiedene Aspekte, die von der Variabilität der natürlichen Faktoren und von der Natur der Verschmutzungssubstanzen abhängen. So kann die Tatsache erklärt werden, daß bei gleicher Wasserqualität die Biozönosen der Gebirgszonen mit einem stabilen Boden, aus Felsen und Steinen gebildet, mit einem mit Sauerstoff gesättigten Wasser, als Ergebnis der schnellen Strömung und niedrigeren Temperatur, reicher sind und die Zahl der Bioindikatoren der diesbezüglichen Qualität des Wassers größer ist als in den Zonen, in welchen der Boden weniger stabil und aus Steinen, Sand oder Schlamm gebildet wird und die Temperatur stärker schwankt. Was die Natur der Verschmutzungssubstanzen betrifft, die in das Wasser des Schill gelangen, können sie in zwei Kategorien eingereiht werden, obwohl sie genügend verschieden in ihrer Herkunft sind. Es sind dies biologisch abbaufähige und biologisch nicht abbaufähige Stoffe.

Unter den ersteren Stoffen, welche mehr die Qualität des Wassers des Vorfluters beeinflussen, sind die häuslichen Abwässer und die Abwässer der Lebensmittelindustrien zu nennen. In die zweite Kategorie lassen sich die Abwässer, die Kohlenstaub, Asche und Schwebstoffe enthalten, sowie salzreiche, einschließlich mit toxischen Stoffen wie Phenolen, Zyaniden und Ammoniak verunreinigte Gewässer einreihen. Für die Zonen, die vorherrschend mit mineralischen Stoffen verunreinigt werden, kann keine richtige Einteilung der degradierten Abschnitte unter Benützung des Saprobiensystems gemacht werden, da die hauptsächlichste Verschmutzung nicht durch organische verwesungsfähige Stoffe (biologische abbaufähige Stoffe) verursacht wird.

Die Quellenzone des Schill und seiner wichtigsten Nebenflüsse hat das reinste Wasser in diesem Becken. Dasselbe hat einen Reinheitsgrad von 94–98, das Gewässern der ersten Qualität der oligosaproben Zone entspricht. In diesen Gewässern mit einem Reinheitsgrad von über 90 wurden 71 Arten gefunden. Von diesen können folgende Arten, die immer in Gewässern gleicher Wasserqualität im Schillbecken vorkommen, als Bioindikatoren angesehen werden: *Diamesa steinboecki, D. valkanovi, Heptagia punctulata, Helleniella ornaticollis* und *Krenosmittia camptophleps*.

In den leicht verunreinigten Gewässern, mit einem Reinheitsgrad von 70–90, die für Gewässer der zweiten Qualitätskategorie charakteristisch sind und entweder in die β-mesosaprobe (MIHĂIȚĂ 1971) oder in die α-oligosaprobe Unterzone (ZELINKA 1961) eingereiht werden können, wurden 21 Chironomidenarten gefunden. Die Zahl der Chironomidenarten verringert sich also beim Fallen der Wasserqualität; kommen so noch bei einem Reinheitsgrad des Wassers von 59–63 18 Chironomidenarten vor, so gibt es bei einem Reinheitsgrad von 16 nur mehr 2–4 Arten. Im Schillfluß fällt also die Zahl der Chironomidenarten von 71 in den oligosaproben Zonen auf 2–4 in den polysaproben Zonen.

Die kritischste Situation wurde in der Mündungszone des Sadu-Flusses in den Schill angetroffen, wo infolge des Vorhandenseins von Zyaniden der Reinheitsgrad des Wassers null ist und fast immer die Erscheinung der 'biologischen Verwüstung' vorhanden ist (MIHĂIȚĂ 1971). Trotzdem konnten auch hier in der Uferzone zwischen Steinen 7 Arten von Chironomidenlarven gefunden werden, von denen nur *Eukiefferiella clypeata* noch in den mit toxischen oder mineralischen Abwasserstoffen verunreinigten Gewässern des westlichen Schillflusses bei Lupeni gefunden wurde.

In den mit Kohlenstaub verunreinigten Gewässern wurden 30 Chironomidenarten gefunden, die alle auch in den oberhalb der Minen gelegenen reinen Gewässern gefunden wurden. Dies zeigt, daß diese Arten eurytope Formen mit breiter ökologischer Valenz sind. Unter diesen haben eine weitere Verbreitung und eine größere Individuenzahl: *Orthocladius thienemanni, Synorthocladius nudipennis* und Orthocladiinae g.l. '*minima*', die aber mehr in dem auf Steinen vorhandenen Algenüberzug zu finden sind, wo durch die Photosyntheseaktivität der Algen ein günstiges Mikroklima entsteht und wo die Larven Nahrung finden, die aus Mikroorganismen (Protozoen usw,) besteht.

## 4. Systematische Betrachtungen

Im Schillbecken zeigen die Chironomidenpopulationen eine große Mannigfaltigkeit an Formen, die durch die Verschiedenheit des Reliefs und durch die Wasserqualität entlang des ganzen Beckens entstanden sind. Es wurden 137 Arten (Tabelle 1) gefunden, von denen 64% zur Unterfamilie der Orthocladiinae (88 Arten), 26,8% zur Unterfamilie der Chironominae (37 Arten) und 9,8% zur Unterfamilie der Tanypodinae (12 Arten) gehören. Wenn wir die Frequenz der 137 Arten in den Gewässern des Schills betrachten, so sehen wir, daß nur 14 Arten eine Frequenz hatten, die 10% überschritt: *Orthocladius saxicola* (45,8%), die Orthocladiinae g.l. '*minima*' (35%), *O. thienemanni* (26,6%), *Synorthocladius semivirens* (19,1%), *Diamesa insignipes* (17,8%), *Conchapelopia pallidula* (17,8%), *Microcricotopus bicolor* (16,5%), *Brillia modesta* (15,9%), *Eukiefferiella longipes* (13,4%), *Polypedilum convictum* (12,7%), *Corynoneura celeripes* (10,8%), *Cricotopus algarum* (10,8%), *Parakiefferiella bathophila* (10,2%).

Tabelle 1. Die Zusammensetzung und Verteilung der Chironomidenpopulationen im Schillflusse und seinen Nebenflüssen in der Periode 1965-1970.

| Laufende Nummer | Arten | Westlicher Schill | Östlicher Schill | Vereinigter Schill unterhalb Livezeni | Tismana | Motru | Bach bei Petroşeni | Sadu | Gilort | Insgesamt Exemplare | Frequenz |
|---|---|---|---|---|---|---|---|---|---|---|---|
| 0 | 1 | 2 | 3 | 4 | 5 | 6 | 7 | 8 | 9 | 10 | 11 |
| | Unterfamilie Tanypodinae | | | | | | | | | | |
| 1. | *Ablabesmyia phatta* (EGGERT) (?) | – | – | – | 1 | – | – | – | – | 1 | 1 |
| 2. | *Conchapelopia pallidula* MEIG. | 34 | 2 | 15 | 2 | 7 | – | – | 3 | 63 | 17,8 |
| 3. | *Labrundinia longipalpis* GOETGH. | – | – | – | 8 | – | – | – | – | 8 | 2,5 |
| 4. | *Macropelopia* sp. | – | – | – | – | 16 | – | – | – | 16 | 1 |
| 5. | *Monopelopia tennuicalcar* KIEFF. | – | – | – | – | 3 | – | – | – | 3 | 1 |
| 6. | *Paramerina* sp. (*cingulata* ?) | – | – | 2 | – | – | – | – | – | 2 | 1,9 |
| 7. | *Procladius* sp. | 3 | – | 6 | 1 | 9 | – | – | – | 19 | 5,1 |
| 8. | *Tanypus punctipennis* MEIG. | 4 | – | 4 | – | – | – | – | – | 8 | 1,2 |
| 9. | *Zavrelimyia melanura* KIEFF. | 2 | 1 | 16 | 1 | – | – | – | – | 20 | 3,2 |
| 10. | *Zavrelimyia* sp. | – | – | 16 | 1 | – | – | – | – | 1 | 1 |
| 11. | *Tanypodinae* g.l. (*Aspectrotanypus* ?) | 1 | – | 1 | – | – | – | – | – | 2 | 1,9 |
| 12. | Tanypodinae g.l. (*Trissopelopia* ?) | – | 5 | 2 | 26 | 2 | – | – | – | 35 | 6,4 |
| | Unterfamilie Orthocladiinae | | | | | | | | | | |
| 13. | *Acricotopus lucidus* STAEG | – | 1 | – | – | – | – | – | – | 1 | ·1 |
| 14. | *Brillia immaculata* BOTN. et CURE | – | – | 1 | 2 | – | – | – | – | 3 | 1,2 |
| 15. | *B.longifurca* KIEFF. | – | 3 | 3 | 8 | – | – | – | – | 12 | 2,5 |
| 16. | *B. modesta* MEIG. | 10 | 19 | 4 | ·11 | – | — | 1 | 6 | 51 | 15,9 |
| 17. | *B,pallida* SPAERCK | 1 | – | – | – | – | – | – | – | 1 | 1 |
| 18. | *Bryophaenocladius subvernalis* (EDW.) | – | 4 | 2 | 2 | – | – | – | – | 8 | 1,9 |
| 19. | *Chaetocladius* sp. (*acuticornis* KIEFF.?) | – | – | 1 | – | – | – | 1 | – | 2 | 1 |
| 20. | *Coryzoneura celeripes* WINN. | 35 | 29 | 3 | 5 | 2 | 9 | – | – | 81 | 10,8 |
| 21. | *Cricotopus algarum* KIEFF. | 38 | 1 | 106 | 3 | 2 | – | – | – | 150 | 10,8 |
| 22. | *C.bicinctus* MEIG. | 75 | 4 | 24 | 6 | – | 2 | – | – | 111 | 6,4 |
| 23. | *C.fuscus* KIEFF. | 99 | 12 | 12 | 26 | – | – | – | – | 149 | 10,8 |
| 24. | *C.latidentatus* TSHERN. | – | 5 | – | 1 | 38 | – | – | – | 44 | 3,2 |
| 25. | *C.silvestris* F. | 11 | – | 52 | – | – | – | – | – | 64 | 5,7 |
| 26. | *Cricotopus* sp. (*curtus* HIRV.?) | 103 | 6 | 6 | – | – | – | – | – | 119 | 5,7 |

| 0 | 1 | 2 | 3 | 4 | 5 | 6 | 7 | 8 | 9 | 10 | 11 |
|---|---|---|---|---|---|---|---|---|---|---|---|
| 27. | *Cricotopus* sp. (*flavocinctus* KIEFF.?) | – | 2 | – | – | – | – | – | – | 2 | 1 |
| 28. | *Cricotopus* sp. (ind.aut. 1) | 12 | 8 | – | – | – | – | – | – | 20 | 1 |
| 29. | *Diamesa* 1. *carpatica* BOTN. et CURE | 2 | – | – | – | 11 | – | 4 | – | 17 | 2,5 |
| 30. | *D. heterodentata* BOTN. et CURE | – | – | – | – | – | – | – | – | 1 | 1 |
| 31. | *D. inaequabilis* PANKR. | 1 | – | – | – | – | – | – | – | 1 | 1 |
| 32. | *D. insignipes* KIEFF. | 251 | 35 | 33 | 56 | 21 | – | – | 70 | 466 | 17,8 |
| 33. | *D. latitarsis* GOETGH. | 28 | 2 | – | – | 1 | – | – | — | 31 | 2,5 |
| 34. | *D. pseudostylata* TSHERN. | 1 | – | 2 | – | – | – | – | – | 3 | 1,9 |
| 35. | *D. steinboecki* GOETGH. | – | – | – | 7 | – | – | – | 425 | 432 | 6,4 |
| 36. | *D. valkanovi* SAETH. | 106 | – | – | – | – | – | – | – | 106 | 1,2 |
| 37. | *Eukiefferiella alpestris* GOETGH. | 37 | 6 | 2 | – | 1 | – | – | – | 71 | 5,7 |
| 38. | *E. atrofasciata* GOETGH. | – | – | – | 4 | – | – | – | – | 4 | 1,2 |
| 39. | *E. bavarica* GOETGH. | – | 18 | 2 | 15 | – | – | – | – | 35 | 5,7 |
| 40. | *E. brevicalcar* KIEFF. | 35 | – | 3 | 14 | – | 1 | – | – | 53 | 6,4 |
| 41. | *E. clypeata* KIEFF. | 1 | – | – | – | – | – | 1 | – | 2 | 1,2 |
| 42. | *E. longicalcar* KIEFF. | 33 | 40 | – | 11 | 23 | 6 | – | 3 | 116 | 10,8 |
| 43. | *E. longipes* TSHERN. | 46 | 13 | 10 | 42 | 2 | 3 | – | – | 116 | 13,4 |
| 44. | *E. quadridentata* TSHERN. | – | – | – | 14 | – | – | – |  | 14 | 1,9 |
| 45. | *E. similis* GOETGH. | – | – | – | 6 | – | – | – | – | 6 | 1,2 |
| 46. | *E.* cf. *similis* (ZAVREL) | 26 | – | – | 11 | – | – | – | – | 37 | 5,1 |
| 47. | *E. stylifer* GOETGH. | 3 | – | – | – | – | – | – | – | 3 | 1 |
| 48. | *E. tshernovskii* PANKR. | 8 | – | – | – | – | – | – | 2 | 10 | 1,2 |
| 49. | *Eukiefferiella* sp. | – | – | – | 84 | – | – | – | – | 84 | 2,5 |
| 50. | *Epoicocladius ephemerae* KIEFF. | – | – | – | 1 | – | – | – | – | 1 | 1 |
| 51. | *Helleniella* sp. (*ornaticollis* EDW.?) | – | – | – | – | 1 | – | – | – | 1 | 1 |
| 52. | *Heptagia punctulata* GOETGH. | 4 | – | – | – | – | – | – | – | 4 | 1,2 |
| 53. | *Heterotrichocladius marcidus* (WALK.) | 1 | – | 6 | – | – | – | – | – | 7 | 1,2 |
| 54. | *Krenosmittia camptophleps* (EDW.) | 2 | – | – | – | – | – | – | – | 2 | 1 |
| 55. | *Limnophyes prolongatus* KIEFF. | 1 | 8 | 8 | – | – | – | – | – | 17 | 4,4 |
| 56. | *L. pusillus* EAT. | – | 1 | – | – | – | – | – | – | 1 | 1 |
| 57. | *L. transcaucasicus* TSHERN. | 3 | – | – | 7 | – | – | – | – | 10 | 3,2 |
| 58. | *Limnophyes* sp. | 1 | – | – | – | – | – | – | – | 1 | 1 |
| 59. | *Metriocnemus atratulus* ZETT. | – | – | – | – | 1 | – | – | – | 1 | 1 |
| 60. | *M. fuscipes* MEIG. | 4 | – | – | – | – | – | – | – | 4 | 1,2 |
| 61. | *M. hygropetricus* KIEFF. | 1 | 2 | 2 | – | – | – | – | – | 5 | 2,5 |
| 62. | *M. scirpi* KIEFF. | 1 | – | – | – | 1 | – | – | – | 2 | 1,9 |
| 63. | *Metriocnemus* sp. | – | – | – | – | 2 | 1 | – | – | 3 | 1,2 |
| 64. | *Microcricotopus bicolor* ZETT. | 8 | 13 | 97 | 31 | – | – | – | – | 149 | 16,5 |
| 65. | *Odontomesa fulva* (KIEFF.) PEG.* | – | – | – | 1 | – | – | – | – | 1 | 1 |

| 0 | 1 | 2 | 3 | 4 | 5 | 6 | 7 | 8 | 9 | 10 | 11 |
|---|---|---|---|---|---|---|---|---|---|---|---|
| 66. | *Orthocladius rivulorum* KIEFF. | 2 | 11 | 14 | – | 5 | – | – | 1 | 33 | 7,6 |
| 67. | *O. rhyacobius* KIEFF. | – | 38 | – | – | – | – | – | – | 38 | 5,0 |
| 68. | *O. saxicola* KIEFF. | 514 | 41 | 152 | 85 | 47 | – | 2 | 1 | 842 | 45,8 |
| 69. | *O. saxosus* TOK. | 3 | 4 | – | – | – | – | – | – | 7 | 1,9 |
| 70. | *O. thienemanni* KIEFF. | 45 | 90 | 38 | 157 | 190 | – | – | 16 | 546 | 21,6 |
| 71. | *Parakiefferella bathophila* KIEFF. | 102 | 22 | 34 | 6 | – | – | – | – | 164 | 10,2 |
| 72. | *Parametriocnemus stylatus* KIEFF. | – | – | – | 13 | – | – | – | – | 13 | 1 |
| 73. | *Paracladius conversus* (WALK.) HIRV. | 56 | – | – | – | 1 | – | – | – | 57 | 1,9 |
| 74. | *Paracladius* sp. (*Paratrichocladius triquetra* TSHERN.) | – | – | – | 1 | 1 | 1 | – | – | 3 | 1,9 |
| 75. | *Paraorthocladius nudipennis* KIEFF. | 78 | 6 | 4 | 11 | – | – | – | – | 99 | 8,3 |
| 76. | *Potthastia longimanus* KIEFF. | 3 | 2 | – | 4 | – | 1 | 1 | 1 | 11 | 5,7 |
| 77. | *Prodiamesa bathyphila* KIEFF. | – | – | – | 5 | – | – | – | – | 5 | 1 |
| 78. | *P. olivacea* MEIG. | – | – | – | 1 | 2 | – | – | – | 3 | 1,2 |
| 79. | *Psectrocladius psilopterus* KIEFF. | – | 1 | – | – | – | – | – | – | 2 | 1,9 |
| 80. | *P. simulans* JOH. | – | 27 | – | – | – | – | – | – | 27 | 2,5 |
| 81. | *Pseudodiamesa branickii* NOV. | 2 | – | – | – | – | – | – | – | 2 | 1 |
| 82. | *Pseudosmittia trilobata* (EDW.) | – | 1 | 1 | 1 | – | – | – | – | 3 | 1,9 |
| 83. | *Smittia aquatilis* GOETGH. | 3 | 4 | 1 | – | 1 | – | – | – | 9 | 3,2 |
| 84. | *S. aterrima* (MEIG.) | 1 | – | 1 | – | – | – | – | – | 2 | 1,2 |
| 85. | *S. sedula* KONST. | 1 | 1 | 1 | 3 | 2 | – | – | – | 8 | 3,2 |
| 86. | *Smittia* sp. | 1 | – | – | – | – | – | – | – | 1 | 1 |
| 87. | *Synorthocladius semivirens* KIEFF. | 299 | 71 | 38 | 34 | 3 | – | – | – | 443 | 19,1 |
| 88. | *Thienemannia gracilis* KIEFF. | – | – | – | 40 | – | – | – | – | 40 | 1 |
| 89. | *Thienemanniella clavicornis* KIEFF. | 1 | – | – | – | – | – | – | – | 1 | 1 |
| 90. | *T. flaviforceps* KIEFF. | 26 | – | 1 | 8 | 5 | 2 | – | – | 42 | 8,3 |
| 91. | *T. fusca* KIEFF. | – | 3 | 4 | 1 | 1 | – | – | – | 9 | 3,8 |
| 92. | *Trissocladius potamophilus* (TSHERN.) | 2 | 5 | 8 | 16 | 2 | – | – | – | 33 | 7,6 |
| 93. | Orthocladiinae g.l. *caliginosa* PANKR. | 1 | 7 | – | – | – | – | – | – | 8 | 1,2 |
| 94. | Orthocladiinae g.l. *delicatula* BOTN. et CURE | – | 11 | 1 | 14 | – | – | – | – | 25 | 2,5 |
| 95. | Orthocladiinae g.l. *fontana* PANKR.** | 8 | 5 | 23 | 9 | – | – | | – | 45 | 10,2 |
| 96. | Orthocladiinae g.l. '*minima*' CURE | 3875 | 226 | 128 | 341 | 83 | – | – | – | 4653 | 35,0 |
| 97. | Orthocladiinae g.l. *principata* PANKR. | – | 23 | – | – | 1 | – | – | – | 24 | 2,5 |
| 98. | Orthocladiinae g.l. *tridentifer* LINEV. | 2 | 3 | 10 | – | – | – | – | – | 15 | 2,5 |
| 99. | Orthocladiinae g.l. '*minima* nr. 2' | 12 | – | – | – | – | – | – | – | 12 | 2,5 |
| 100. | Orthocladiinae g.l. '*minima* nr. 3' | 39 | 5 | 4 | 46 | – | – | – | – | 94 | 10,2 |

| 0 | 1 | 2 | 3 | 4 | 5 | 6 | 7 | 8 | 9 | 10 | 11 |
|---|---|---|---|---|---|---|---|---|---|---|---|
| Unterfamilie Chironominae | | | | | | | | | | | |
| Tribus Tanytarsini | | | | | | | | | | | |
| 101. | *Cladotanytarsus* gr. *mancus* V.D. WULP | – | – | 1 | – | 22 | – | – | – | 23 | 2,5 |
| 102. | *Lauterbornia* sp. | 1 | | 1 | | 6 | | – | | 8 | 1,9 |
| 103. | *Micropsectra lobatifrons* BOTN. et CURE | 21 | – | 1 | – | – | – | – | – | 1 | 1 |
| 104. | *M. praecox* MEIG. | 21 | 5 | 4 | – | – | – | – | – | 30 | 4,4 |
| 105. | *M. trivialis* KIEFF. | 2 | 1 | 2 | – | – | – | – | – | 5 | 3,2 |
| 106. | *Neozavrelia luteola* GOETGH. | – | – | 3 | – | 3 | – | – | – | 6 | 3,2 |
| 107. | *Paratanytarsus lauterborni* KIEFF. | – | 1 | – | – | – | – | – | – | 1 | 1 |
| 108. | *Rheotanytarsus exiguus* JOH. | – | 1 | 1 | – | 10 | – | – | – | 12 | 2,5 |
| 109. | *Stempelinella brevis* EDW. | 3 | – | – | 38 | – | – | – | – | 41 | 6,4 |
| 110. | *Tanytarsus gregarius* KIEFF. | 2 | 25 | 2 | 3 | 6 | – | 5 | – | 41 | 8,9 |
| 111. | *Tanytarsus* sp. | – | – | 3 | – | – | – | – | – | 3 | 1,2 |
| Tribus Chironomini | | | | | | | | | | | |
| 112. | *Chironomus* f. l. *bathophilus* KIEFF. | – | – | 7 | – | – | – | – | – | 7 | 1,2 |
| 113. | *C.* f.l. *plumosus* L. | 3 | – | – | – | – | – | – | – | 3 | 1 |
| 114. | *C.* f.l. *semireductus* LENZ. | 1 | – | 44 | – | – | – | – | – | 45 | 1,2 |
| 115. | *C.* f.l. *reductus* LIP. | – | – | – | – | 1 | – | – | – | 1 | 1 |
| 116. | *C.f.l. thummi KIEFF.* | – | – | 2 | – | 10 | – | – | – | 12 | 1,2 |
| 117. | *Chironomus* sp. (*alpestris* GOETGH.) | – | – | – | – | 1 | – | – | – | 1 | 1 |
| 118. | *C.* l. *psammophila* BOTN. et CURE | 1 | – | 1 | 1 | 2 | – | – | – | 5 | 2,5 |
| 119. | *Cryptochironomus defectus* KIEFF. | – | – | 8 | – | – | – | – | – | 8 | 1,2 |
| 120. | *C. vulneratus* ZETT. | – | – | 2 | 2 | – | – | – | – | 4 | 2,5 |
| 121. | *Endochironomus tendens* F. | – | – | 3 | – | – | – | – | – | 3 | 1,2 |
| 122. | *Microtendipes tarsalis* WALK. | – | – | 2 | – | – | – | – | – | 2 | 1 |
| 123. | *Parachironomus demeijerei* KRUS. | – | – | 2 | – | – | – | – | – | 2 | 1,2 |
| 124. | *Paracladopelma camptolabis* KIEFF. | – | 2 | 3 | 1 | 1 | – | – | – | 7 | 3,2 |
| 125. | *Paratendipes 'connectens* nr. 3' LIP. | – | – | 4 | – | – | – | – | – | 4 | 1,9 |
| 126. | *P. intermedius* TSHERN. | – | – | 2 | – | – | – | – | – | 2 | 1,2 |
| 127. | *P. transcaucasicus* TSHERN. | – | – | – | – | 6 | – | – | – | 6 | 1 |
| 128. | *Pentapedilum exsectum* KIEFF. | 3 | 1 | 5 | 1 | – | – | – | – | 10 | 2,5 |
| 129. | *Polypedilum breviantennatum* TSHERN. | – | – | 1 | 2 | 10 | – | – | – | 13 | 2,5 |
| 130. | *P. convictum* WALK. | 1 | 4 | 53 | 27 | 1 | – | 1 | 3 | 90 | 12,7 |
| 131. | *Polypedilum* sp. (Tendipedini '*genuini* nr. 3') LIPINA | 1 | 3 | – | 14 | 1 | – | – | – | 19 | 7,5 |
| 132. | *P.scalaenum* SCHR. | – | – | 17 | 2 | 1 | – | – | – | 20 | 3,8 |

| 0 | 1 | 1 | 3 | 4 | 5 | 6 | 7 | 8 | 9 | 10 | 11 |
|---|---|---|---|---|---|---|---|---|---|---|---|
| 133. | *Polypedilum* sp. (Tendipedini '*genuini* nr. 9') LIPINA | 1 | – | – | – | 1 | – | – | – | 1 | 1 |
| 134. | Tendipedini g. l. *macrophthalma* TSHERN. | – | – | – | 6 | 1 | – | – | – | 7 | 1,2 |
| 135. | Tendipedini g. l. *monoculata* BOTN. et CURE | 1 | – | – | – | – | – | – | – | 1 | 1 |
| 136. | Tendipedini g.l. ('*minuta*') | – | – | 1 | – | – | – | – | – | 1 | 1 |
| 137. | *Limnochironomus* f.l. '*dubia*' CURE | – | 4 | – | 1 | – | – | – | – | 5 | 1,9 |
| | Insgesamt Taxa | 79 | 57 | 73 | 65 | 49 | 7 | 7 | 13 | | |
| | Insgesamt Proben | 42 | 26 | 35 | 26 | 14 | 1 | 3 | 9 | =157 | |

* Syn. *Cryptochironomus polysetica* BOTN. et CURE (1956)
** Syn. *Orthocladius* 1. *barbata* CÂNDEA (1954)
***Syn. *Zavrelia inopinata* BOTN. et CURE (1954)

Die Frequenz wurde durch das Verhältnis der Zahl der Proben, in welchen die betreffende Art gefunden wurde, zur gesamten Zahl der aus dem Schillflusse analysierten Proben (= 157) bestimmt.

Von den im Schillflusse gefundenen Arten werden 9 zum ersten Male für die Fauna Rumäniens angegeben. Es sind dies: *Diamesa valkanovi* GOETGH; *D. inequabilis* PANKR., *Eukiefferiella atrofasciata* GOETGH., *E. stylifer* GOETGH., *Paracladius conversus* (WALK.), *Psectrocladius simulans* JOH., *Thienemanniella fusca* KIEFF., *Micropsectra trivialis* KIEFF. und *Neozavrelia luteola* GOETGH. 12 Arten sind neu als Larvenformen, da sie früher in Puppenform oder in Erwachsenenstadium gefunden wurden (ALBU 1966, 1970, 1972, BOTNARIUC und ALBU 1972). Es sind dies: *Ablabesmyia phatta* (EG.), *Bryophaenocladius subvernalis* (EDW.), *Cricotopus bicinctus* MEIG., *Diamesa latitarsis* GOETGH., *Heleniella ornaticollis* (EDW.), *Heterotrissocladius marcidus* (WALK.), *Krenosmittia camptophleps* (EDW.), *Metriocnemus fuscipes* MEIG., *Parametriocnemus stylatus* KIEFF., *Pseudosmitria trilobata* (EDW.), *Smittia aterrima* (MEIG.), *Thienemanniella clavicornis* KIEFF.

Das Studium der Dynamik der Chironomidenpopulationen des hydrographischen Schillbeckens spiegelt sich in der Tatsache, daß dieser Fluß, insbesonders in seinem Hauptlauf, stark von verschiedenen Verschmutzungsquellen beeinflußt wird. Die Verminderung und in verschiedenen Abschnitten sogar das periodische Verschwinden der Nahrungsbasis hat die Entvölkerung dieses Flusses an Fischen zur Folge gehabt, wodurch seine Bedeutung in der Fischwirtschaft des Landes äußerst gering geworden ist.

*Verh. des Sechsten Int. Symp. über Entomofaunistik in Mitteleuropa 1975, Junk, The Hague.*

# Über die Sciomyziden-Fauna (Diptera) der Baltischen Sowjetrepubliken

K. ELBERG

*Summary*

Sciomyzidae are predators and parasitoids of terrestrial and freshwater snails and are therefore of certain economic importance. In Estonia 69 species (which are listed), in Lithuania 49 species, and in Latvia 54 species are actually known; in the sum of the three countries there are 71. The difference in the numbers is explained by different collecting activity. The faunae are compared with those of other European regions. Phenological data are presented.

Die Fliegen der Familie Sciomyzidae nehmen sowohl unter den limnischen Diptera Brachycera als auch unter den malacophagen Insekten eine wichtige Stellung ein. Seit den 1950er Jahren werden sie in verschiedenen Ländern intensiv erforscht, was auf die Versuche zurückgeht, sie in der Molluskenbekämpfung anzuwenden. Die Larven von Sciomyziden sind Prädatoren und Parasitoide der Süßwasser- und Landmollusken, die den Bestand der aus Mollusken bestehenden Zwischenwirte einiger Parasiten des Menschen und der Haustiere vermindern und dadurch eine gewisse Bedeutung für Medizin und Veterinärmedizin haben. Außer den Untersuchungen auf dem Gebiete der biologischen Bekämpfung sind verstärkte Untersuchungen auch auf den Gebieten der Systematik, Lokalfaunistik, Zoogeographie und Biologie der Sciomyziden angelaufen.

Von den Lokalfaunen der Sciomyziden der europäischen Länder wurden vor allem in den letzten zehn Jahren die Ergebnisse der eingehenderen Untersuchungen hauptsächlich für die Tschechoslowakei (ROZKOŠNÝ, 1966 : 77 Arten), für Ungarn (SOÓS, 1958; ROZKOŠNÝ, 1972 : 69 Arten), Dänemark (KNUTSON und LYNEBORG, 1965 : 66 Arten) und England (STEPHENSON und KNUTSON, 1970 : 63 Arten) veröffentlicht. Für ganz Europa erschien eine Liste der limnischen Sciomyziden-Arten mit Verbreitungsangaben nach limnofaunistischen Regionen (VERBEKE und KNUTSON, 1967) in dem Sammelband 'Limnofauna Europaea' von J.ILLIES. In allgemeinen Zügen enthält diese Arbeit auch die Angaben über die Artzusammensetzung der Fauna der Baltischen Sowjetrepubliken, obwohl dieses Gebiet als Baltische Provinz an den südlichen Teil der Leningrader Oblast (bis zur Newa im Norden) und an die Kaliningrader Oblast angeschlossen worden ist. Eine

Tabelle der genannten Arbeit gibt uns darüber Auskunft, daß damals in dieser Provinz 57 limnische Sciomyziden-Arten bekannt waren. Drei dieser Arten (*Tetanocera amurensis* HENDEL, *T. brevisetosa* FREY = *T. pallidior* STACKELBERG, syn. n., *Pteromicra oldenbergi* HENDEL) sind bis heute in den Baltischen Sowjetrepubliken nicht entdeckt worden, sondern in den Grenzen der Baltischen Provinz nur in der Leningrader Oblast. Die Sciomyziden-Fauna der gut erforschten Leningrader Oblast umfaßt 72 Arten (STACKELBERG, 1958, 1963, 1965), plus *Antichaeta nigra* KARL (1 ♀, unveröffentlicher Fund). Die Artenlisten dieser Lokalfaunen zeigen die Gründlichkeit der faunistischen Arbeiten hinsichtlich der Sciomyziden-Fauna in Estland, Lettland und Litauen.

Die einzige Zusammenfassung des jetzigen Jahrhunderts über die estnischen Sciomyziden verfasste H. REMM (1959) vor mehr als 15 Jahren. Die Arbeit enthält 53 numerierte Arten und außer ihnen noch weitere 2 Arten, die unter Fragezeichen stehen. Später folgten Berichtigungen und Ergänzungen zur Liste der estnischen Sciomyziden-Fauna in einigen Arbeiten von J. VERBEKE (1964a, b; 1967) und des Verfassers (ELBERG, 1963, 1965, 1966, 1971). Unveröffentlicht sind wiederholte Fänge der Art *Tetanocera gracilior* STACKELBERG in den letzten 2 Jahren in Kabina bei Tartu. Bis dahin war die Art nur als Typusmaterial aus der Leningrader Oblast bekannt (STACKELBERG, 1963). Insgesamt umfaßt die Sciomyziden-Fauna Estlands jetzt 69 Arten.

In der Artenliste der Sciomyziden-Fauna Lettlands finden wir 54 Arten (ELBERG, 1968a) und Litauens 49 Arten (ELBERG, 1968b). Die unterschiedliche Zahl der Arten in den Baltischen Republiken ist durch die unterschiedliche Zahl der erfaßten Fundstellen und unterschiedliche Menge der bearbeiteten Exemplare bedingt (in Estland über 4000 Exemplare von 217 Fundstellen, in Lettland 1030 Exemplare von 114 Fundstellen und in Litauen nur 579 Exemplare von 50 Fundstellen) und ist nicht etwa als eine Abnahme der Artenzahl nach dem Süden aufzufassen. Die Artenliste der Sciomyziden der Baltischen Sowjetrepubliken besteht gegenwärtig aus den Arten, die für Estland festgestellt worden sind, und soll durch die in Lettland gefundene *Tetanocera punctifrons* ROND, und die in Litauen gefundene *Euthycera fumigata* (SCOPOLI), ergänzt werden. Damit erhalten wir für die Baltischen Sowjetrepubliken eine Anzahl von 71 Arten, was zu der Vermutung führt , daß die Fauna dieses Gebietes nicht weniger durchforscht ist als die der Leningrader Oblast oder Dänemarks, der Tschechoslowakei oder Englands. Wenn wir darüber hinaus die Faunen der Nachbargebiete (Schweden, Finnland und Leningrader Oblast) in Betracht ziehen, so dürfen wir wohl annehmen, daß die wirkliche Zahl der Sciomyziden der Baltischen Sowjetrepubliken annähernd 80 Arten betragen kann. Der Verfasser hat schon früher Artenlisten für die Sciomyziden Lettlands und Litauens veröffentlicht (ELBERG, 1968a, b), weshalb dieser Arbeit nur eine Artenliste der Sciomyziden für Estland beigefügt wird.

Ihrer artlichen Zusammensetzung nach steht die hier besprochene Fauna der

Sciomyziden-Fauna Mitteleuropas sehr nahe, wie die große Menge der gemeinsamen Arten beweist (so besitzen wir z.B. 64 Arten, die wir mit der Tschechoslowakei gemeinsam haben), wozu kommt, daß hier eine ganze Anzahl von Arten ihre nördliche Arealgrenze erreicht. So erreichen hier mehr oder weniger sicher die Nordgrenze ihrer Verbreitung folgende sieben Arten: *Pherbellia clathrata* (LOEW), *Antichaeta analis* (MG.), *Coremacera cincta* (FABR.), *Euthycera fumigata* (SCOPOLI), *Pherbina intermedia* VERBEKE, *Psacadina punctata* (FABR.) und *Tetanocera punctifrons* ROND. Auch *Psacadina vittigera* (SCHINER) ist in Finnland nicht gefunden, aber die Häufigkeit und Zahl der Art ist in Estland zu groß dafür, als daß man hier die Verbreitungsgrenze der Art annehmen könnte. Ebenfalls fehlt in der Artenliste Finnlands die Art *Tetanocera phyllophora* MELANDER, aber das ist offensichtlich darauf zurückzuführen, daß der Fund von *T. nigricosta* ROND. durch HACKMAN (1963) sich auf diese Art bezieht. Die Ostgrenze ihrer Verbreitung finden in den Baltischen Sowjetrepubliken *C. cincta* (FABR.), *E. fumigata* (SCOPOLI) – beide Arten haben hier gleichzeitig die Nordgrenze ihrer Verbreitung –, und *Ectinocera borealis* ZETT, die darüber hinaus als einzige Art hier auch die Südgrenze ihres Areals besitzt. Es soll an dieser Stelle aber darauf hingewiesen werden, daß die Verbreitung der letztgenannten und ziemlich seltenen Art immer noch schlecht erforscht ist. Die Westgrenze ihrer Verbreitung finden in den Baltischen Sowjetrepubliken 3 Arten: *Knutsonia rossica* (MAYER), *Pherbellia clathrata* (LOEW) und *Ph. stackelbergi* ELBERG. Bis heute gelten *Sciomyza lucida* HENDEL und *Tetanocera gracilior* STACKELBERG als 'endemische' Arten für die Baltischen Republiken und Leningrader Oblast, jedoch dürfen wir wohl annehmen, daß die Verbreitung dieser beiden Arten noch nicht völlig bekannt ist.

Die vom Verfasser hauptsächlich nach estnischen Funden beschriebene neue Art *Limnia paludicola* ELBERG, die eine an sumpfigen Stellen lebende biotopische Vikariante der ihr äußerlich sehr nahen Art *L. unguicornis* (SCOPOLI) ist, wurde zur Zeit ihrer Beschreibung ostwärts bis zum Baikalsee verbreitet gefunden (ELBERG, 1965), danach aber in Westeuropa bis England (KIDD, 1967), in Mitteleuropa bis zu den Alpen (VERBEKE und KNUTSON, 1967) und bis Ungarn (ROZKOŠNÝ, 1972), auch in der Türkei (KNUTSON und BERG, 1971), und im Norden bis zur Kolahalbinsel (unveröffentlichte Materialien).

In den Baltischen Sowjetrepubliken wird die andere Art, *L. unguicornis* (SCOPOLI) in nichtsumpfigen, oft mehr trockenen Biotopen angetroffen: an nichtsumpfigen Ufern der Binnengewässer, auf Auwiesen, Strandwiesen und Hainwiesen, in breitblätrigen Laubwäldern, Erlengehölzen und sogar auf wacholderbestandenen *Alwaren*böden.

Von den Sciomyziden-Arten des Baltikums sind 1 Art holarktisch-orientalisch, 17 Arten holarktisch, 2 Arten paläarktisch-orientalisch, 14 Arten transpaläarktisch, 1 Art eurasisch, 12 Arten eurosibirisch und 24 Arten westpaläarktisch.

Neben der Erforschung der Verbreitung der Sciomyziden hat der Verfasser auch die Phänologie der Sciomyziden-Arten untersucht. Im April, vor allem in der zweiten Hälfte oder Ende des Monats, fand man im erforschten Gebiet 6 Arten: *Elgiva cucularia* (L.), *E. rufa* (PANZER), *Hydromya dorsalis* (FABR.), *Pherbellia albocostata* (FALL.), *Ph. schoenherri* (FALL.), *Psacadina vittigera* (SCHIN.). Die Zahl der Arten nimmt im Mai zu. Bis Ende Mai wurden schon 22 Arten gefunden. Die überwiegende Mehrzahl der Arten kommt aber im Juni vor, wobei *Knutsonia albiseta* (SCOP.), *K. lineata* (FALL.) und *K. rossica* (MAYER) die spätesten Arten sind, die regelmäßig erst in der zweiten Junihälfte erscheinen. Gegen Ende des Sommers nimmt die Zahl der Arten ab, vor allem werden die stenochronen (*Coremacera cincta* (FABR.), *Pelidnoptera fumipennis* (ZETT.), *P. nigripennis* (FABR.) u.a.) und einige seltenere Arten (*Pherbellia ventralis* (FALL.), *Tetanocera punctifrons* (ROND.) u.a.) weniger oft angetroffen. Im September wurden noch 26 Arten gefangen. Im September oder Oktober verschwinden die Sciomyziden bei eintretenden Nachtfrösten in den Sümpfen regelmäßig früher als in den übrigen Biotopen, ebenso in Küstengebieten regelmäßig früher als im Binnenlande. Im Oktober konnten nur acht Arten gefangen werden.

Eine Speicherung von Fettstoffen im Körper einiger *Pherbellia*-Arten (*Ph. griseola* (FALL.), *Ph. argyra* VERBEKE, *Ph. schoenherri* (FALL.), insbesondere aber bei der Art *Hydromya dorsalis* (FABR.) weist auf die Vorbereitung zur Überwinterung als Imago. Die letztere Art ist im Frühling auch die erste; sie erscheint in der ersten Aprilhälfte. Im Nachbargebiet wurde in der Leningrader Oblast ein weibliches Exemplar von *Ph. schoenherri* (FALL.) im März vom Schnee gefangen (leg. K. B. GORODKOV). Natürlich schließen diese Beobachtungen eine Überwinterung derselben Arten auch in präimaginalen Stadien nicht aus, was bei Sciomyziden eine gewöhnlichere Erscheinung ist. Eine Überwinterung der Art *H. dorsalis* (Fabr.) im präimaginalen Zustand hat man z.B. in England behauptet (KNUTSON und BERG, 1963).

Die phänologischen Angaben, die bei der Erforschung der estnischen, lettischen und litauischen Sciomyziden gewonnen wurden, fallen in ihren Hauptzügen mit den entsprechenden Angaben aus Ungarn (SOÓS, 1958), aus der Tschechoslowakei (ROZKOŠNÝ, 1966), aus Dänemark (KNUTSON und LYNEBORG, 1965) und aus der Leningrader Oblast (STACKELBERG, 1958, 1965) zusammen.

## LISTE DER ESTNISCHEN SCIOMYZIDEN

Phaeomyiinae

*Pelidnoptera* RONDANI, 1856
- *fuscipennis* (MEIGEN, 1830)
- *nigripennis* (FABRICIUS, 1974)

Sciomyzinae

Sciomyzini

*Colobaea* ZETTERSTEDT, 1838
- *bifasciella* (FALLÉN 1820)
- *distincta* (MEIGEN, 1830)
- *pectoralis* (ZETTERSTEDT, 1847)
- *punctata* (LUNDBECK, 1923)

*Pherbellia* ROBINEAU-DESVOIDY, 1830
- *albocostata* (FALLÉN, 1820)
- *argyra* VERBECKE, 1967
- *austera* (MEIGEN, 1830)
- *brunnipes* (MEIGEN, 1838)
- *cinerella* (FALLÉN, 1820)
- *clathrata* (LOEW,1847)
- *dubia* (FALLÉN, 1820)
- *griseola* (FALLÉN, 1820)
- *grisescens* (MEIGEN, 1830)
- *nana* (FALLÉN, 1820)
- *obtusa* (FALLÉN, 1820)
- *pallidiventris* (FALLÉN, 1820)
- *schoenherri* (FALLÉN, 1826)
- *sordida* (HENDEL, 1902)
- *stackelbergi* ELBERG, 1965
- *ventralis* (FALLÉN, 1820)

*Pteromicra* LIOY, 1864
- *angustipennis* (STAEGER, 1845)
- *glabricula* (FALLÉN, 1820)
- *leucopeza* (MEIGEN, 1838)

*Sciomyza* FALLÉN, 1820
- *dryomyzina* ZETTERSTEDT, 1848
- *lucida* HENDEL, 1902
- *simplex* FALLÉN, 1820
- *testacea* MACQUART, 1835

*Tetanura* FALLÉN, 1820
- *pallidiventris* FALLÉN, 1820

Tetanocerini

*Antichaeta* HALIDAY, 1838
- *analis* (MEIGEN, 1830)
- *atriseta* (LOEW, 1849)
- *brevipennis* (ZETTERSTEDT, 1846)

*Coremacera* RONDANI, 1856
- *cincta* (FABRICIUS, 1781)
- *marginata* (FABRICIUS, 1781)

*Dichetophora* RONDANI, 1868
- *finlandica* VERBECKE, 1964

*Dictya* MEIGEN, 1803
- *umbrarum* (LINNÉ, 1761)

*Ectinocera* ZETTERSTEDT, 1864
- *borealis* (ZETTERSTEDT, 1836)

*Elgiva* MEIGEN, 1838
- *cucularia* (LINNÉ, 1767)
- *rufa* (PANZER, 1798)

*Euthycera* LATREILLE, 1829
- *chaerophylli* (FABRICIUS, 1798)

*Hydromya* ROBINEAU-DESVOIDY, 1830
- *dorsalis* (FABRICIUS, 1798)

*Knutsonia* VERBECKE, 1964
- *albiseta* (SCOPOLI, 1763)
- *lineata* (FALLÉN, 1820)
- *rossica* (MAYER, 1953)

*Limnia* ROBINEAU-DESVOIDY, 1830
- *paludicola* ELBERG, 1965
- *unguicornis* (SCOPOLI, 1763)

*Pherbina* ROBINEAU-DESVOIDY, 1830
- *coryleti* (SCOPOLI, 1763)
- *intermedia* VERBECKE, 1948

*Psacadina* ENDERLEIN, 1938
- *punctata* (FABRICIUS, 1794)
- *vittigera* (SCHINER, 1864)
- *zernyi* (MAYER, 1953)

*Renocera* HENDEL, 1900
- *pallida* (FALLÉN, 1820)
- *striata* (MEIGEN, 1830)
- *strobli* HENDEL, 1900

*Sepedon* LATREILLE, 1804
- *sphegea* (FABRICIUS, 1775)
- *spinipes* (SCOPOLI, 1763)

*Tetanocera* DUMERIL, 1800
- *arrogans* (MEIGEN, 1830
- *elata* (FABRICIUS, 1781)
- *ferruginea* FALLÉN, 1820
- *freyi* STACKELBERG, 1963
- *gracilior* STACKELBERG, 1963
- *hyalipennis* ROSER, 1840
- *montana* DAY, 1881
- *phyllophora* MELANDER, 1820
- *robusta* LOEW, 1847
- *silvatica* MEIGEN, 1830
- *unicolor* LOEW, 1847

*Trypetoptera* HENDEL, 1900
- *punctulata* (SCOPOLI, 1763).

*Verh. des Sechsten Int. Symp. über Entomofaunistik in Mitteleuropa 1975, Junk The Hague.*

# ZOODAT – die tiergeographische Datenbank Österreichs

ERNST R. REICHL

*Summary*

The purpose of ZOODAT is central recording of informations on distribution of animals in Austria. The informations are available to scientists and institutions which are interested in zoological and environmental problems. In 1972, ZOODAT was started with 5000 data in a small computer IBM 1130 and was first used for the study of problems which arise with organization and storage of zoogeographical data. From 1975 onwards a more efficient computer IBM 360/44 is used. At present about 150.000 data on Lepidoptera, Hymenoptera (Vespidae, Eumenidae, Halictidae, Pompilidae), Trichoptera, Neuroptera and Plecoptera are stored. Additional groups will be incorporated in the next future. Apart from the geographical, historical and phenological aspects are equally considered. Far beyond producing distribution maps, ZOODAT is available for broad information supply on environmental problems. – A number of already available computer programs are demonstrated.

Aufgabe der Tiergeographischen Datenbank Österreichs ist es, Beobachtungen und Fundnachweise über die gesamte Tierwelt Österreichs zentral mittels elektronischer Datenverarbeitung zu speichern, um sie jederzeit in detaillierter oder nach variablen Gesichtspunkten kondensierter Form den Fachwissenschaften (Zoologie, Ökologie, Umweltforschung) zur Verfügung stellen zu können. ZOODAT ist also ein 'nationales' Datenbanksystem – im Rahmen der Faunistik Mitteleuropas oder des internationalen Forschungsprojektes 'European Invertebrate Survey' somit ein Subsystem – aber immerhin eines, das die Planungs- und Erprobungsphase nunmehr hinter sich hat und sich unseres Erachtens nach so gut bewährt hat, daß es auch außerhalb der Landesgrenzen einigem Interesse begegnen könnte.

Zunächst einige Worte zur Berechtigung eines 'nationalen' Datenbanksystems: Sind 'nationale', computerunterstützte Systeme im Bereich der Biogeographie ein Chauvinismus, eine Geldverschwendung – oder eine Notwendigkeit? Das ist eine Frage der Datenquantität und der Organisation. Solange eine internationale Zentrale die anfallenden Daten allein bewältigen kann, solange diese Zentrale in der Lage ist, Auswertungswünsche der Datenlieferanten (wir speichern Daten ja nicht als Selbstzweck, sondern um aus ihnen Informationen zu gewinnen) jederzeit mit vertretbarer Antwortzeit zu erfüllen, solange sind nationale Subsysteme ein Luxus. Sobald eine Zentrale das nicht mehr bewältigen kann, sind sie eine Notwendigkeit. Ein paar Zahlen dazu: Als die entomologische Arbeitsgemeinschaft in Linz beschloß, eine Lepidopterenfauna von Oberösterreich herauszugeben, da war sie stolz darauf, diese Fauna auf 92.000 gesammelte Fundmeldungen von Macrolepidopteren gründen zu können und hat geglaubt, daß damit so ziemlich alles erfaßt ist, was an Daten über oberösterreichische Schmetterlinge vorliegt. Seit wir nun diese Lepidopterendaten, wie viele andere, mit dem 'nationalen' Subsystem ZOODAT erfassen, kommen wir zu anderen Größenordnungen: Wir schätzen, daß die aus Sammlungen und aus der Literatur erreichbaren Meldungen über oberösterreichische Macrolepidopteren etwa bei 250.000 liegen werden! Bei anderen Bundesländern wird es ganz ähnlich sein, sobald nur die gründliche Erschließung aller Quellen begonnen hat. Wenn wir diese Zahlen vorsichtig extrapolieren, dann kommen wir zu dem Schluß, daß eine Tiergeographische Gesamtdatenbank Österreichs, wenn sie nur die derzeit in Sammlungen und Verzeichnissen vorliegenden Daten – die aber vollständig – umfassen sollte, einen Umfang von etwa vier bis zehn Millionen Fundmeldungen haben würde. Nun ist Österreich noch ein ziemlich kleines Land – doch dürften diese Zahlen allein schon die Notwendigkeit unterstreichen, tiergeographische Daten nicht nur auf nationaler Basis zu sammeln, sondern auch auf nationaler Basis zu speichern. Was wir dabei freilich unbedingt anstreben müssen, ist eine 'Aufwärts-Verträglichkeit' der nationalen Systeme mit dem zentralen, gesamteuropäischen System: Alles, was das zentrale System verlangt, müssen die nationalen Systeme liefern können – aber nicht unbedingt umgekehrt. Diese Forderung erfüllt Österreichs ZOODAT vollkommen.

Die Komponenten eines Datenbank-Systems sind:

a. Datenerfassung
b. Übernahme und Speicherung
c. Informationserschließung.

Es wäre verfehlt zu glauben, die Informationserschließung sei ein sekundäres Problem, es genüge, zunächst einmal die Daten zu sammeln, ohne sich um spätere Möglichkeiten einer Auswertung Sorge zu machen! Damit würde gegen einen Ökonomie-Grundsatz verstoßen werden, dessen Nichtbeachtung im günstigsten Falle den Nutzen eines Datenbank-Projektes stark reduziert, im ungünstigsten Fall die Kosten so hochtreibt, daß das ganze Projekt undurchführbar wird.

## Datenerfassung

Woher kommen unsere Daten?

- Aus Sammlungsaufnahmen
- aus der Literatur
- aus unveröffentlichten Karteien und Listen.

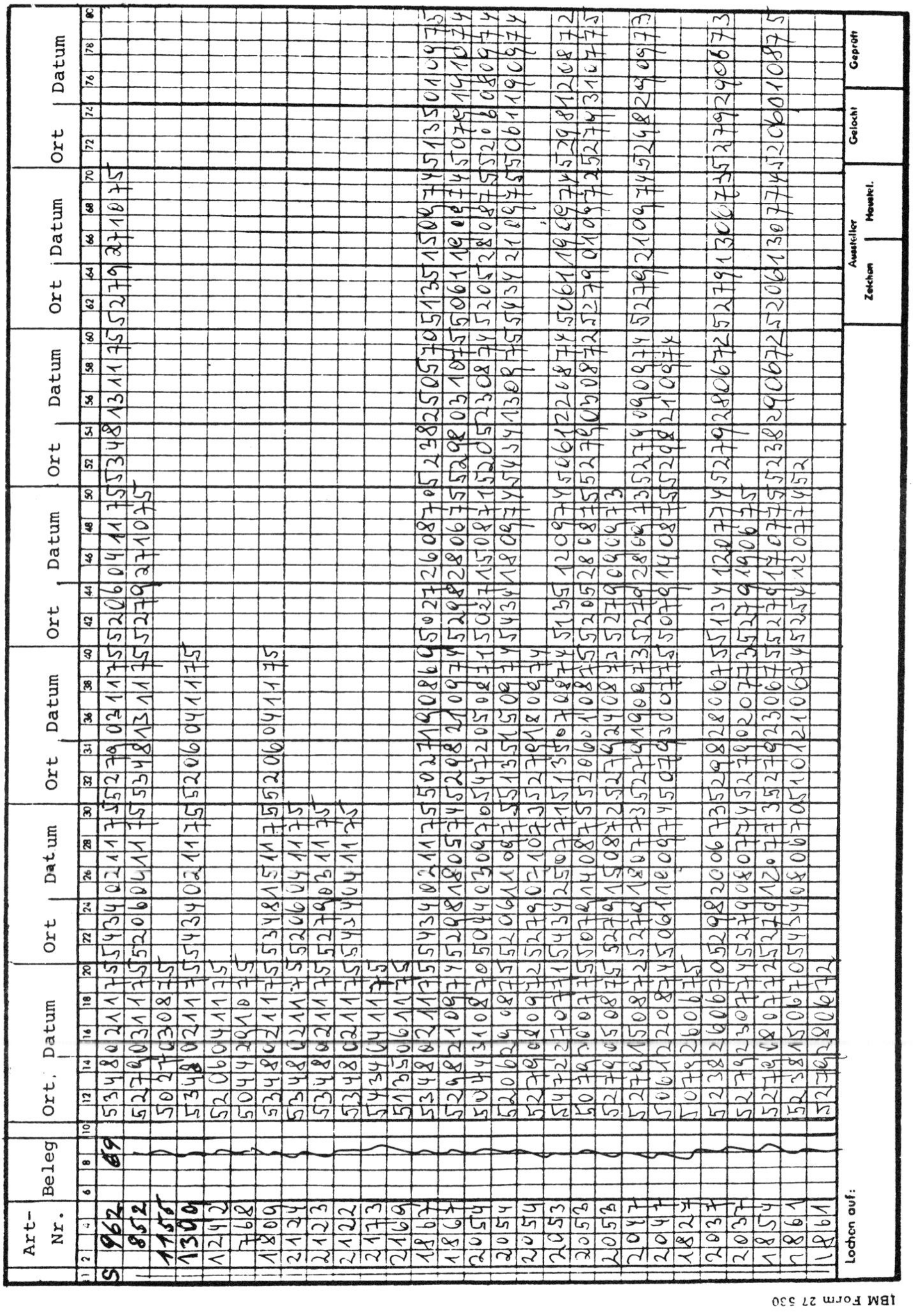


Abb. 1. S-Formular zur Aufnahme von Fundmeldungen, die nach Arten geordnet sind und keine quantitativen Angaben enthalten.

Wie sehen diese Daten aus?

Wenn sie aus Sammlungen aufgenommen werden, bestehen sie aus dem Art-Namen und dem Inhalt der Fundetikette, sonst nichts. Und wenn sie aus Karteien, Listen oder aus der Literatur kommen, enthalten sie zumeist auch nicht viel mehr, höchstens etwas genauere Informationen zu den vier Kategorien: Art, Fundort, Datum, Beobachter. Wo es irgendwie möglich ist, lassen wir diese Daten sofort durch den Beobachter – nicht erst in der Zentrale – in Belege übertragen, aus denen sie eine Locherin mit möglichst geringem Aufwand in Lochkarten übertragen kann. Eine Locherin kostet viel Geld, und sie hat sachlich keine Ahnung von dem, was sie ablocht. Es lohnt sich also, in eine optimale Gestaltung der Lochbelege viel Zeit und Mühe zu investieren.

Für diese Datenerfassung gibt es zur Zeit vier verschiedene Formulare, von denen nur eines besprochen werden soll: Das S – F o r m u l a r – es dient zur Erfassung von Daten, die nach Arten geordnet sind (wie zumeist in Sammlungen), und die keine quantitativen Angaben über Individuenzahlen enthalten (Abb. 1). Die Art-Nummer (Spalte 2–5) entnimmt der Bearbeiter einer Liste, die ihm die Zentrale zur Verfügung stellt (Abb. 2). Sie enthält nur Arten, die in Österreich vorkommen oder wenigstens zu erwarten sind. Für die Aufnahme neuer Arten gibt es einfache Regeln. Auf Wunsch kann der Bearbeiter diese Listen auch in alphabetischer statt systematischer Reihenfolge bekommen, bei den Lepidopteren sogar nach Wahl in der Nomenklatur von FORSTER & WOHLFAHRT oder von STAUDINGER & REBEL. Für das Updating dieser Liste ist ein Spezialist in dieser Gruppe als sogenannter Gruppenkoordinator zuständig.

Die Beleg-Nummer (Spalte 6–9) gibt Auskunft über die Herkunft der Daten; sie wird ohne jeden Sachzusammenhang fortlaufend vergeben und charakterisiert eine Sammlung, eine Literaturstelle, eine unveröffentlichte Kartei oder Liste. Damit ist auf einfachste Weise der Zusammenhang mit der Quelle der Daten gegeben. Wenn man die Glaubwürdigkeit überprüfen will, oder wenn man mehr Details über eine Meldung erfahren will, weiß man sofort, wohin man sich zu wenden hat.

Nun folgen sieben Felder für die Eintragung von Fundort und Funddatum von sieben Meldungen, die sich auf die vorn genannte Art beziehen. In anderen Formularen bringen wir bis zu 16 Fundmeldungen auf einer Lochkarte unter. Das spart Zeit bei allen Beteiligten und natürlich auch Kosten. Das Fund-Datum wird sechsstellig (TTMMJJ) angegeben; bei Funden aus dem vorigen Jahrhundert kommt ein Minus in die Spalte 10. Die Fundort-Nummer entnimmt der Bearbeiter wieder einer Liste, die wir ihm, getrennt nach Bundesländern, zur Verfügung stellen (Abb. 3). Auch die Fundort-Nummern werden (innerhalb eines Bundeslandes) fortlaufend vergeben, sagen also absolut nichts über die Lage des Ortes aus. Für die Aufnahme neuer Fundorte gibt es wieder einfache Regeln.

Warum haben wir uns für diese Form der Fundortsangabe, die sich beträchtlich

```
****************************************************************************
*  Z O O D A T   * TIERGEOGRAPHISCHE DATENBANK OESTERREICHS   *   18.09.1974   *
****************************************************************************
```

ARTENLISTE PLECOPTERA

| | | | |
|---|---|---|---|
| 1 | ARCYNOPTERYX | COMPACTA | MCLACHL. |
| 5 | BESDOLUS | IMHOFFI | PICTET |
| 10 | DICTYOGENUS | ALPINUS | PICTET |
| 15 | DICTYOGENUS | FONTIUM | RIS |
| 20 | DICTYOGENUS | VENTRALIS | PICTET |
| 25 | DIURA | BICAUDATA | LINNAEUS |
| 30 | ISOGENUS | NUBECULA | NEWMAN |
| 35 | PERLODES | DISPAR | RAMBUR |
| 40 | PERLODES | INTRICATA | PICTET |
| 45 | PERLODES | JURASSICA | AUBERT |
| 50 | PERLODES | MICROCEPHALA | PICTET |
| 55 | ISOPERLA | ALPICOLA | ILLIES |
| 60 | ISOPERLA | DIFFORMIS | KLAPALEK |
| 65 | ISOPERLA | GOERTZI | ILLIES |
| 70 | ISOPERLA | GRAMMATICA | PODA |
| 75 | ISOPERLA | OBSCURA | ZETT. |
| 80 | ISOPERLA | OXYLEPIS | DESPAX |
| 85 | ISOPERLA | PAWLOWSKII | WOJTAS |
| 90 | ISOPERLA | RIVULORUM | PICTET |
| 95 | ISOPERLA | SILESICA | ILLIES |
| 100 | ISOPERLA | SUDETICA | KOLENATI |
| 105 | ISOPERLA | TRIPARTITA | ILLIES |
| 110 | DINOCRAS | CEPHALOTES | CURTIS |
| 115 | DINOCRAS | MEGACEPHALA | KLAPALEK |
| 120 | MARTHAMEA | VITRIPENNIS | BURM. |
| 125 | PERLA | BIPUNCTATA | PICTET |
| 130 | PERLA | BURMEISTERIANA | CLAASSEN |
| 135 | PERLA | GRANDIS | RAMBUR |
| 140 | PERLA | MARGINATA | PANZER |
| 145 | CHLOROPERLA | SUSEMICHELI | ZWICK |
| 150 | CHLOROPERLA | TRIPUNCTATA | SCOPOLI |
| 155 | ISOPTENA | SERRRICORNIS | PICTET |
| 160 | SIPHONOPERLA | BURMEISTERI | PICTET |
| 165 | SIPHONOPERLA | MONTANA | PICTET |
| 170 | SIPHONOPERLA | NEGLECTA | ROSTOCK |
| 175 | SIPHONOPERLA | TAURICA | PICTET |
| 180 | SIPHONOPERLA | TORRENTIUM | PICTET |
| 185 | XANTHOPERLA | APICALIS | NEWMAN |
| 190 | TAENIOPTERYX | ARANEOIDES | KLAPALEK |
| 195 | TAENIOPTERYX | AUBERTI | KIS&SOWA |
| 200 | TAENIOPTERYX | HUBAULTI | AUBERT |
| 205 | TAENIOPTERYX | KUEHTREIBERI | AUBERT |
| 210 | TAENIOPTERYX | NEBULOSA | LINNAEUS |
| 215 | TAENIOPTERYX | SCHOENEMUNDI | MERTENS |
| 220 | BRACHYPTERA | BRAUERI | KLAPALEK |
| 225 | BRACHYPTERA | MONILICORNIS | PICTET |
| 230 | BRACHYPTERA | RISI | MORTON |
| 235 | BRACHYPTERA | SETICORNIS | KLAPALEK |
| 240 | BRACHYPTERA | TRIFASCIATA | PICTET |
| 245 | OEMOPTERYX | LOEWII | ALBARDA |
| 250 | RHABDIOPTERYX | ACUMINATA | KLAPALEK |
| 255 | RHABDIOPTERYX | ALPINA | KUEHTR. |
| 260 | RHABDIOPTERYX | HAMULATA | KLAPALEK |
| 265 | RHABDIOPTERYX | NAVICULA | THEI. |
| 270 | RHABDIOPTERYX | NEGLECTA | ALBARDA |
| 275 | AMPHINEMURA | BOREALIS | MORTON |
| 280 | AMPHINEMURA | STANDFUSSI | RIS |
| 285 | AMPHINEMURA | SULLICOLLIS | STEPHENS |
| 290 | AMPHINEMURA | TRIANGULARIS | RIS |
| 295 | NEMOURA | AVICULARIS | MORTON |

Abb. 2. Beispiel einer Arten-Liste.

******************************************************************************
* Z O O D A T * TIERGEOGRAPHISCHE DATENBANK OESTERREICHS * 05.07.1975 *
******************************************************************************

FUNDORTLISTE OBEROESTERREICH

| NR. | ORT | PC | LAENGE | BREITE | SEEHOEHE |
|---|---|---|---|---|---|
| 116 | BERNERAU | 8250 | 14.06 | 47.77 | 640- |
| 790 | BERNHARDSCHLAG | 7451 | 14.21 | 48.53 | 850- |
| 323 | BLANKENBACH | 7743 | 12.99 | 48.22 | 350- |
| 914 | BLASBODEN (SENGSENBEG.) | 8252 | 14.36 | 47.74 | 1100- |
| 999 | BLOSSKOGEL (PRIELGEBIET) | 0 | 0.0 | 0.0 | - |
| 986 | BLUMAU B.KIRCHDORF | 8050 | 14.10 | 47.91 | 420- |
| 345 | BODENWIES | 8253 | 14.56 | 47.75 | 1541- |
| 620 | BODINGGRABEN | 8252 | 14.39 | 47.77 | 720- |
| 969 | BOIG | 0 | 0.0 | 0.0 | - |
| 923 | BORSEE A.D.BODENWIES | 8253 | 14.60 | 47.76 | 620- |
| 852 | BOSRUCK | 8352 | 14.34 | 47.62 | 1330-2010 |
| 864 | BOSRUCKHUETTE | 8352 | 14.36 | 47.63 | 1000- |
| 951 | BRANDSTATT B.EFERDING | 7650 | 14.02 | 48.33 | 265- |
| 985 | BRANDTNERALM (PYHRGAS) | 8352 | 14.38 | 47.64 | 1250- |
| 39 | BRAUNAU | 7744 | 13.03 | 48.25 | 352- |
| 794 | BRAUNBERG B.FREISTADT | 7553 | 14.58 | 48.48 | 902- |
| 9165 | BREININGSHAM B.RIED | 0 | 0.0 | 0.0 | - |
| 9189 | BREITENAU | 7548 | 0.0 | 0.0 | - |
| 935 | BREITENSCHUETZING | 7948 | 13.80 | 48.08 | 390- 430 |
| 631 | BREITENSTEIN B.KIRCHSCHLAG | 7551 | 14.27 | 48.41 | 760- 940 |
| 660 | BRENNERIN (HOELLENGEBIRGE) | 8147 | 13.57 | 47.81 | 700-1600 |
| 910 | BRODFALL (PRIELGEBIET) | 8250 | 14.05 | 47.70 | 2327- |
| 9074 | BRUENNDL IN FALL B.WILHERING | 7650 | 14.16 | 48.31 | 265- |
| 990 | BRUNN IM GRIES B.SCHWAND | 7743 | 12.97 | 48.20 | 370- |
| 175 | BRUNNENFELD (LINZ-SUED) | 7751 | 14.31 | 48.26 | 260- 280 |
| 350 | BRUNNENSCHUTZGEBIET B.STEYR | 7952 | 14.44 | 48.07 | 325- |
| 9001 | BRUNNENWINKEL B.STEYRLING | 8150 | 14.09 | 47.80 | 540- |
| 314 | BRUNNSTEINERSEE | 8351 | 14.26 | 47.65 | 1454- |
| 650 | BRUNNWALD | 7451 | 14.26 | 48.51 | 831- |
| 512 | BRUNNWALDMOOR | 7451 | 14.27 | 48.51 | 750- |
| 9030 | BUCHBERG (INNERBREITENAU) | 8152 | 14.33 | 47.83 | 1083- |
| 9056 | BUCHBERG AM ATTERSEE | 8047 | 13.53 | 47.92 | 470- 800 |
| 9185 | BUCHKIRCHEN | 0 | 0.0 | 0.0 | - |
| 9151 | BURGSTALL B.KIRCHBERG O.D.D. | 0 | 0.0 | 0.0 | - |
| 308 | CHORINSKY-KLAUSE | 8347 | 13.55 | 47.65 | 625- |
| 387 | CHRISTKINDL | 7952 | 14.39 | 48.03 | 361- |
| 510 | DACHSBERG B.SCHWARZENBERG | 7249 | 13.85 | 48.72 | 880- |
| 214 | DACHSTEIN-GLETSCHER | 8547 | 13.61 | 47.48 | - |
| 9013 | DACHSTEIN, HOHER | 8547 | 13.60 | 47.47 | 1740-3000 |
| 310 | DAMBACHTAL B.WINDISCHG. | 8252 | 14.39 | 47.71 | 650- |
| 438 | DAMBACHTAL B.STEYR | 8052 | 14.43 | 47.98 | 290- |
| 274 | DAMBERG | 8052 | 14.44 | 47.99 | 747- |
| 947 | DAUERBACH B.UNTERWEISSENBACH | 7555 | 14.84 | 48.47 | 900- |
| 9004 | DAVIDSCHLAG | 0 | 0.0 | 0.0 | - |
| 652 | DESSELBRUNN | 7948 | 13.77 | 48.02 | 380- 430 |
| 9180 | DICKERLDORF B.WELS | 0 | 0.0 | 0.0 | - |
| 50 | DIESSENBACH B.VOECKLABRUCK | 7947 | 13.54 | 48.02 | 450- 540 |

Abb. 3. Auszug aus einer alphabetischen Fundort-Liste.

von der Darstellungsform in ähnlichen Projekten des Auslandes unterscheidet, entschlossen?

– Warum Nummern statt Namen?

Wir haben z.B. kürzlich etwa 3.500 Fundangaben mit dem Ortsnamen Purgstall a.d. Erlauf übernommen: Niemand wird bestreiten, daß es eher zumutbar ist, 3.500-mal die Nummer 1037 zu schreiben als den Namen 'Purgstall a.d. Erlauf'.

– Warum keine aussagekräftigen Nummern, z.B. Koordinaten oder Planquadrate?

Eine Angabe in Planquadraten bringt zwangsläufig eine Vergröberung der Information, die man nicht mehr rückgängig machen kann, sofern nur sie allein gespeichert wird. Wir wollen aber einem Mitarbeiter, der das vielleicht für eine Arbeit dringend braucht, auch einmal ermöglichen, zwei Fundorte, die nur 100 m voneinander entfernt sind, mit verschiedenen Nummern zu bezeichnen und mit ihnen als mit zwei getrennten Biotopen zu arbeiten. Ein internationales System braucht das sicher nicht – ein nationales wird vielseitiger, wenn es das kann. Eine Verwendung der Ortskoordinaten als Ortsnummer würde das zwar auch leisten, aber sie müßte achtstellig sein, wenn sie dasselbe leisten wollte wie unsere vierstellige Ortsnummer. Eine achtstellige Nummer merkt sich aber niemand mehr auswendig: Vielfache Arbeitszeit, vielfache Fehleranfälligkeit! Noch ein großer Vorteil der sachfreien Ortsnummer: Man kann Daten bereits aufnehmen, ohne die genaue Lage der Fundorte zu wissen. Man kann einem Mitarbeiter, der aus purem Idealismus die Funddaten etwa einer Musealsammlung aufnimmt, nicht auch noch zumuten, jeden neuen Fundort vorerst in der Österreichischen Karte 1 : 50.000 zu suchen und seine Koordinaten auszumessen. – Ein Nachteil der sachfreien Ortsnummer hat sich bis heute nicht gezeigt.

In anderen Formularen können zusätzlich noch Individuenzahlen, auch getrennt nach Geschlechtern oder Entwicklungsstadien, aufgenommen werden. Wir können also auch quantitative Daten in der ZOODAT speichern.

## Datenübernahme und Datenspeicherung

Die Daten aus den Erfassungsformularen werden nun sofort, ohne die geringste Prüfung, auf Lochkarten übernommen. Nicht einmal die sonst übliche Formalprüfung auf Lochfehler (die übrigens die Lochkosten verdoppeln würden) lassen wir durchführen! Die Belege werden also so, wie sie sind, abgelocht und gehen in den Computer, werden aber dort nicht gleich in die Datenbank gespeichert, sondern dienen nur zum Erstellen einer Kontroll-Liste. Diese Kontroll-Liste enthält alle aufgenommenen Daten wieder im Originaltext, also nicht in Nummern verschlüsselt, sondern mit vollem Art- und Ortsnamen (Abb. 4). Diese Liste enthält nun alle bisher gemachten Fehler in bunter Folge; Fehler der Locherin, Fehler beim Verschlüsseln der Daten und schließlich die schlimmen: Mißverständnisse bei der Interpretation von Art- oder Orts-Namen; die noch schlimmeren: Determinationsfehler;

```
*****************************************************************************************
*  Z O O D A T  * TIERGEOGRAPHISCHE DATENBANK OESTERREICHS  *  24.08.1975  *
*****************************************************************************************


4727  HEPIALUS        SYLVINA         L.

BELEG NR.   31

                                                              KONTROLLE
 9185 BUCHKIRCHEN                     29. 8.1968

   1 FUNDMELDUNG


2797 *** DIESE ART-NUMMER EXISTIERT NOCH NICHT
     *** BITTE UM ANGABE DES NAMENS
 1231 OBERWEIDEN                      10. 7.1956

   1 FUNDMELDUNG



1082  ACRONICTA       ALNI            L.

BELEG NR.    1

                                                              KONTROLLE
  173 STRASS IM ATTERGAU               .  .1930
 5169 WEISSENBACH B.STROBL            28. 5.1939
  907 AICHBERG B.LINZ                 27. 5.1949
   64 OFFENSEE                         .  .
   86 HOELLENGEB.B.WEISSENBACH        20. 6.1934
   86 HOELLENGEB.B.WEISSENBACH         . 8.1933
  676 AURACHKAR                       28. 6.1952

   7 FUNDMELDUNGEN
```

Abb. 4. Beispiel für eine Kontroll-Liste (die Art-Nummer 2797 ergab sich aus einem Ablochfehler; die richtige Nummer hätte 2767 geheißen).

und die allerschlimmsten, weil irreparablen: falsche Fundetiketten. Diese Liste bekommt der Bearbeiter zur Korrektur; wenn er selber nicht Spezialist ist, bekommt sie auch ein Fachmann zur Prüfung auf Plausibilität. Dieser kann, wenn er da und dort Zweifel hat, das entsprechende Material gleich zur Überprüfung anfordern, im ärgsten Falle sogar empfehlen, die gesamten Daten wegen Unverläßlichkeit zunächst zurückzuhalten. Wir stellen aber nicht zur Bedingung, daß nur Material, das von Spezialisten überprüft wurde, in die Datenbank Aufnahme findet. Zunächst erhöbe sich da die Frage, wer nun als Spezialist gelten soll und wer nicht. Vor allem aber vertreten wir die Überzeugung, daß die Datenbank gerade dem Spezialisten helfen und nicht ihm zusätzliche Arbeit aufbürden soll. Wir können dem Spezialisten aus der Datenbank ja durch vielerlei Auswertungen gezielte Hinweise geben, wo seine Revisionstätigkeit erforderlich zu sein scheint, etwa bei Meldungen, die phänologisch oder arealkundlich ganz aus dem Rahmen der angegebenen Art fallen. Wir können ihm ferner – im Rahmen der Vollständigkeit der Datenbank natürlich – erschöpfend Auskunft geben, in welchen Sammlungen er etwa Individuen einer Artgruppe findet, die er gerade revidiert – und seien auch ein paar falsch determinierte darunter, die er dann wenigstens finden und richtigstellen kann. – Im übrigen können wir in der Datenbank bei jeder einzelnen Fundmeldung speichern, von welchem Spezialisten sie revidiert wurde.

Die überprüften Kontroll-Listen gehen zurück in die Zentrale, die notwendigen Korrekturen werden durchgeführt, und nun erst kommen die Fundmeldungen endgültig in die Datenbank, und zwar fast in der gleichen Form, wie sie auf den Listen standen: Mit Art-Nummer, Orts-Nummer, Datum, Beleg-Nummer und eventuell mit Individuenzahlen. Dann ist bei jeder Meldung noch ein Feld frei für den eben genannten Determinationswert und ein weiteres Feld für Allfälliges, was uns in naher Zukunft noch einfallen könnte. Das ist eine extrem günstige und platzsparende Form der Speicherung, über die wir uns sehr viele Gedanken gemacht haben: Denn nun beginnt der Einflußbereich der Computerspezialisten, des Informatikers, und da gibt es wieder eigene ökonomische Gesetze, auf die hier nicht eingegangen werden soll, die zu ignorieren aber letal für alle Datenbank-Ambitionen wäre.

Eins muß allerdings erwähnt werden: Eine derart komprimierte, nackte Speicherung der Funddaten in einer Funddatei setzt natürlich voraus, daß alle weiteren Informationen über die Art in einer eigenen Arten-Stammdatei, über die Orte in einer Orte-Datei, über die Beleg-Nummern in einer Beleg-Datei gespeichert sind. In der Artenstammdatei natürlich in erster Linie der Name der Art, in der Belegdatei eine genauere Beschreibung der Herkunft der Daten.

Über die Orte-Datei ist etwas mehr zu sagen, weil die Charakteristik eines Fundortes von besonderer Bedeutung für die Auswertungsmöglichkeiten ist, die uns die Datenbank bietet. Hier kommt uns die durch die bezugslose Fundort-Nummer gegebene vollkommene Freiheit sehr entgegen, weil sie uns erlaubt, sehr genau definierte Fundorte auch genau zu charakterisieren, bei großzügigen Ortsangaben aber auf Details zu verzichten. Zu jeder Fundort-Nummer ist natürlich der Name des Fundorts gespeichert. Darüber hinaus ist Platz vorhanden für:

– Die geographischen Koordinaten in einer Genauigkeit von 1/100 Grad.

– Das Planquadrat nach dem UTM-Netz und nach dem 6 x 10-Minuten-Netz. Beides wäre entbehrlich, weil der Computer aus den Koordinaten das UTM-Quadrat in 1/100 Sekunde, das 6 x 10-Minuten-Quadrat in einer Zehntausendstel-Sekunde berechnen kann. Die Streitfrage um das beste Gitternetz ist also ein sehr peripheres Problem. Die wirklichen Sorgen liegen anderswo.

– Die Höhenlage. Versuchsweise geben wir derzeit einen Höhenbereich an, und zwar den niedrigsten und den höchsten Punkt, der sich in einem Bereich von 1 km rund um den Fundort findet.

– Die mittlere Jahrestemperatur des Fundortes.

– Für weitere klimatologische, phänologische oder soziologische Charakteristika des Fundortes ist noch Platz vorgesehen.

Es soll nicht verschwiegen werden, daß die Orte-Datei das Sorgenkind der ZOODAT ist. Die Art, das Datum, der Beleg sind vielleicht nicht immer ganz eindeutig, aber sie sind doch wenigstens Diskontinua. Der Fundort dagegen ist etwas kontinuierliches, er hat keine klaren Grenzen; den einen Fundort kann man über etliche Kilometer erstrecken, ohne ihm etwas von seiner Charakteristik zu nehmen, ein anderer – etwa ein kleines Moor – verliert nach 50 m seinen Sinn. Es ist aber gewiß gut und wichtig, daß ZOODAT so flexibel ist, nötigenfalls zwei im Abstand von 150 m aufgestellte Lichtfallen als zwei verschiedene Fundorte zu bezeichnen.

## Informationserschließung

Vorausgeschickt sei, daß die Datenbank derzeit an einer Rechenanlage IBM/360–44 implementiert ist, also an einem Computer, den man zur mittleren Größenklasse rechnen kann. Bis zum Februar dieses Jahres lief eine Versuchsversion sogar auf einem Kleinrechner IBM 1130 zu unserer vollsten Zufriedenheit. Allerdings war diese Kleinanlage mit etwa 95.000 gespeicherten Meldungen bereits ziemlich am Ende ihrer Kapazität, während uns die jetzige Anlage auf viele Jahre hinaus keine Kapazitätssorgen machen wird.

An der Spitze der Auswertungen stehen derzeit noch einfache Datenlisten, wohl deshalb, weil die vielfältige Nutzungsmöglichkeit der ZOODAT noch garnicht recht bekannt ist. Aber schon die Datenlisten zeigen die großen Vorteile einer maschinellen Datenbank:

– Man bekommt grundsätzlich eine geordnete Liste (keine Einschübe, keine Nachträge) und kann das Ordnungskriterium selbst bestimmen (Abb. 5, 6).

– Man kann gewünschte Daten selektieren lassen, z.B. alle Meldungen von einem bestimmten Fundort oder Planquadrat oder – auch das ist schon programmiert –

```
*********************************************************************************************
*  Z O O D A T  * TIERGEOGRAPHISCHE DATENBANK OESTERREICHS  *  24.08.1975  *
*********************************************************************************************
```

FUNDMELDUNGEN GEORDNET NACH FUNDORTEN

292 ERERIA GORGE ESP.

| FNR | FUNDORT | DATUM | BELEG | MELDUNGEN |
|---|---|---|---|---|
| 127 | PRIEL, GR. | 8. 9.1924 | 1 | 1 |
| 127 | PRIEL, GR. | 3. 8.1957 | 500 | 1 |
| 213 | SIMONYHUETTE | . .1908 | 1 | 1 |
| 213 | SIMONYHUETTE | 5. 8.1920 | 1 | 1 |
| 213 | SIMONYHUETTE | 20. 7.1925 | 1 | 1 |
| 213 | SIMONYHUETTE | 10. 8.1925 | 1 | 1 |
| 213 | SIMONYHUETTE | 15. 7.1928 | 1 | 1 |
| 213 | SIMONYHUETTE | 6. 8.1931 | 1 | 1 |
| 213 | SIMONYHUETTE | 20. 7.1936 | 1 | 1 |
| 213 | SIMONYHUETTE | 13. 8.1974 | 52 | 1 |
| 214 | DACHSTEIN-GLETSCHER | 28. 7.1957 | 504 | 1 |
| 216 | LANERFELD | 20. 7.1915 | 1 | 1 |
| 216 | LANERFELD | 14. 7.1917 | 1 | 1 |
| 216 | LANERFELD | 18. 7.1919 | 1 | 1 |
| 216 | LANERFELD | 21. 7.1920 | 1 | 1 |
| 216 | LANERFELD | 4. 6,1921 | 1 | 1 |
| 216 | LANERFELD | 30. 7.1923 | 1 | 1 |
| 216 | LANERFELD | 5. 8.1923 | 1 | 1 |
| 231 | WILDENKOGEL | . 7.1960 | 504 | 1 |
| 231 | WILDENKOGEL | . 7.1961 | 504 | 1 |
| 254 | ADAMEKHUETTE | 14. 8.1927 | 1 | 1 |
| 255 | WARSCHENECK | . . | 1 | 1 |
| 256 | HUTTERER-HOESS | 10. 8.1923 | 1 | 1 |
| 256 | HUTTERER-HOESS | 9. 9.1923 | 1 | 1 |
| 419 | WILDKAR (DACHSTEIN) | . . | 1 | 1 |
| 488 | TOTER MANN (WARSCHENECK) | 23. 9.1923 | 1 | 1 |
| 502 | DONNERKOGEL | 24. 8.1960 | 18 | 1 |
| 511 | WIESBERGHAUS | 13. 8.1923 | 1 | 1 |
| 511 | WIESBERGHAUS | 3. 9.1948 | 1 | 1 |
| 511 | WIESBERGHAUS | 9. 8.1962 | 18 | 1 |
| 544 | GJAIDALM | 3. 8.1917 | 1 | 1 |
| 544 | GJAIDALM | 31. 7.1919 | 1 | 1 |
| 544 | GJAIDALM | 10. 8.1925 | 1 | 1 |
| 557 | SPEIKWIESE (WARSCHENECK) | 30. 7.1901 | 1 | 1 |
| 557 | SPEIKWIESE (WARSCHENECK) | 7. 8.1902 | 1 | 1 |
| 557 | SPEIKWIESE (WARSCHENECK) | 1. 8.1909 | 1 | 1 |
| 557 | SPEIKWIESE (WARSCHENECK) | 8. 8.1910 | 1 | 1 |
| 574 | KLINSERSCHARTE (GR.PRIEL) | 31. 7.1960 | 516 | 1 |
| 574 | KLINSERSCHARTE (GR.PRIEL) | 16. 8.1967 | 5 | 1 |
| 600 | ZELLERHUETTE (WARSCHENECK) | 18. 7.1911 | 1 | 1 |
| 600 | ZELLERHUETTE (WARSCHENECK) | 23. 8.1913 | 1 | 1 |
| 600 | ZELLERHUETTE (WARSCHENECK) | 2. 8.1915 | 1 | 1 |
| 600 | ZELLERHUETTE (WARSCHENECK) | 10. 8.1916 | 1 | 1 |
| 600 | ZELLERHUETTE (WARSCHENECK) | 4. 8.1919 | 1 | 1 |
| 600 | ZELLERHUETTE (WARSCHENECK) | 27. 7.1921 | 1 | 1 |
| 601 | RAMESCHKAR | 13. 7.1924 | 1 | 1 |
| 637 | WOISING | . 7.1960 | 504 | 1 |
| 637 | WOISING | . 8.1961 | 504 | 1 |
| 642 | RINNERKOGEL | . 7.1960 | 504 | 1 |
| 642 | RINNERKOGEL | . 8.1961 | 504 | 1 |

Abb. 5. Auszug aus einer Verbreitungsliste (Fundmeldungen nach Fundorten geordnet).

```
**************************************************************************************************
*  Z O O D A T  * TIERGEOGRAPHISCHE DATENBANK OESTERREICHS  *  24.08.1975  *
**************************************************************************************************
```

FUNDMELDUNGEN GEORDNET NACH ERSCHEINUNGSZEIT

292 EREBIA GORGE ESP.

| FNR | FUNDORT | DATUM | BELEG | MELDUNGEN |
|---|---|---|---|---|
| 255 | WARSCHENECK | . . | 1 | 1 |
| 419 | WILDKAR (DACHSTEIN) | . . | 1 | 1 |
| 213 | SIMONYHUETTE | . .1908 | 1 | 1 |
| 216 | LANERFELD | 4. 6.1921 | 1 | 1 |
| 231 | WILDENKOGEL | . 7.1960 | 504 | 1 |
| 637 | WOISING | . 7.1960 | 504 | 1 |
| 642 | RINNERKOGEL | . 7.1960 | 504 | 1 |
| 231 | WILDENKOGEL | . 7.1961 | 504 | 1 |
| 601 | RAMESCHKAR | 13. 7.1924 | 1 | 1 |
| 216 | LANERFELD | 14. 7.1917 | 1 | 1 |
| 213 | SIMONYHUETTE | 15. 7.1928 | 1 | 1 |
| 600 | ZELLERHUETTE (WARSCHENECK) | 18. 7.1911 | 1 | 1 |
| 216 | LANERFELD | 18. 7.1919 | 1 | 1 |
| 926 | KRIPPENSTEIN (DACHSTEIN) | 18. 7.1964 | 3 | 1 |
| 216 | LANERFELD | 20. 7.1915 | 1 | 1 |
| 213 | SIMONYHUETTE | 20. 7.1925 | 1 | 1 |
| 213 | SIMONYHUETTE | 20. 7.1936 | 1 | 1 |
| 216 | LANERFELD | 21. 7.1920 | 1 | 1 |
| 600 | ZELLERHUETTE (WARSCHENECK) | 27. 7.1921 | 1 | 1 |
| 214 | DACHSTEIN-GLETSCHER | 28. 7.1957 | 504 | 1 |
| 557 | SPEIKWIESE (WARSCHENECK) | 30. 7.1901 | 1 | 1 |
| 216 | LANERFELD | 30. 7.1923 | 1 | 1 |
| 544 | GJAIDALM | 31. 7.1919 | 1 | 1 |
| 574 | KLINSERSCHARTE (GR.PRIEL) | 31. 7.1960 | 516 | 1 |
| 637 | WOISING | . 8.1961 | 504 | 1 |
| 642 | RINNERKOGEL | . 8.1961 | 504 | 1 |
| 557 | SPEIKWIESE (WARSCHENECK) | 1. 8.1909 | 1 | 1 |
| 600 | ZELLERHUETTE (WARSCHENECK) | 2. 8.1915 | 1 | 1 |
| 544 | GJAIDALM | 3. 8.1917 | 1 | 1 |
| 127 | PRIEL, GR. | 3. 8.1957 | 500 | 1 |
| 600 | ZELLERHUETTE (WARSCHENECK) | 4. 8.1919 | 1 | 1 |
| 910 | BRODFALL (PRIELGEBIET) | 4. 8.1920 | 1 | 1 |
| 813 | OBERFELD (DACHSTEIN) | 4. 8.1970 | 54 | 1 |
| 926 | KRIPPENSTEIN (DACHSTEIN) | 4. 8.1970 | 3 | 1 |
| 213 | SIMONYHUETTE | 5. 8.1920 | 1 | 1 |
| 216 | LANERFELD | 5. 8.1923 | 1 | 1 |
| 213 | SIMONYHUETTE | 6. 8.1931 | 1 | 1 |
| 557 | SPEIKWIESE (WARSCHENECK) | 7. 8.1902 | 1 | 1 |
| 557 | SPEIKWIESE (WARSCHENECK) | 8. 8.1910 | 1 | 1 |
| 813 | OBERFELD (DACHSTEIN) | 8. 8.1969 | 54 | 1 |
| 511 | WIESBERGHAUS | 9. 8.1962 | 18 | 1 |
| 813 | OBERFELD (DACHSTEIN) | 9. 8.1969 | 3 | 1 |
| 910 | BRODFALL (PRIELGEBIET) | 10. 8.1909 | 1 | 1 |
| 600 | ZELLERHUETTE (WARSCHENECK) | 10. 8.1916 | 1 | 1 |
| 256 | HUTTERER-HOESS | 10. 8.1923 | 1 | 1 |
| 213 | SIMONYHUETTE | 10. 8.1925 | 1 | 1 |
| 544 | GJAIDALM | 10. 8.1925 | 1 | 1 |
| 813 | OBERFELD (DACHSTEIN) | 12. 8.1967 | 54 | 1 |
| 511 | WIESBERGHAUS | 13. 8.1923 | 1 | 1 |
| 213 | SIMONYHUETTE | 13. 8.1974 | 52 | 1 |

Abb. 6. Auszug aus einer phänologischen Liste (Fundmeldungen nach Erscheinungszeit geordnet).

alle Meldungen in einem bestimmten Umkreis, etwa 5 oder 12 km um einen bestimmten Ort.

– Auch eine Selektion nach Höhenlage ist möglich, also etwa eine Gegenüberstellung der Funde unter 1400 m zu jenen über 1400 m Höhe.

– Dasselbe nach jedem beliebigen anderen Ortskriterium, soweit es bereits in der Ortedatei gespeichert ist.

– Natürlich auch zwischen beliebigen Koordinatengrenzen oder für ein bestimmtes Bundesland.

– Auch das Inhaltsverzeichnis einer Sammlung liefert, mit dem Selektionskriterium 'Beleg-Nummer', der Computer in wenigen Minuten.

– Neben beliebiger Ordnung und beliebiger Selektion ist auch noch eine beliebige Kompression der Daten möglich: An Stelle aller Einzeldaten nur die Zahl der Meldungen für eine beliebige Kategorie. Beispiele wären etwa die Gegenüberstellung der Zahl der Meldungen – oder, bei quantitativen Angaben, auch der Zahl der gemeldeten Individuen – in einzelnen Jahren oder an bestimmten Plätzen.

Was man durch Zahlen ausdrücken kann, läßt sich oft noch viel übersichtlicher durch Diagramme veranschaulichen. Die vorliegenden Flugzeit-Diagramme (Abb. 7, 8) hat unser Computer in je etwa drei Sekunden aus den Daten der ZOODAT erstellt, und er hat in dieser Zeit sogar eine statistische Kurvenglättung durchgeführt, damit die Zufallszacken aus dem Diagramm verschwinden. In einem der beiden Fälle sind überdies ♂♂ und ♀♀ getrennt ausgewiesen und übereinander gedruckt – was natürlich nur dort möglich ist, wo quantitative Angaben, getrennt nach Geschlechtern, gemacht wurden.

Sobald jemand ähnliche Diagramme für die Höhenverteilung von Arten haben will, werden wir sie auch programmieren. Auch Phänologie in Abhängigkeit von der Höhenlage kann man programmieren, sobald es jemand braucht.

Verbreitungskarten direkt vom Computer lassen sich auch drucken (Abb. 9). Zum Glück haben wir unsere Orte nicht im UTM-Netz charakterisiert – da geht quer durch Österreich ein häßlicher Keil, in dem die angeblichen Quadrate deformiert werden – sondern in Koordinaten, und wir haben ein Unterprogramm, das uns diese Koordination in jede der praktisch vorkommenden Kartenprojektionen umrechnet. Die besonders schöne, aber ziemlich langsame Methode, Karten mit einem Plotter zu zeichnen, wird demnächst auch zur Verfügung stehen. Vorerst drucken wir unsere Verbreitungskarten für den Normalgebrauch mit dem Drucker auf Endlospapier, und zwar die Karte und die Fundpunkte in einem Arbeitsgang. Vorteil: Die Punkte sitzen immer exakt richtig und die Verarbeitung geht sehr schnell. Nachteil: Das Ergebnis sieht nicht so schön aus wie Punkte auf einer vorgedruckten Landkarte. Wer uns aber vorgedruckte Landkarten auf Endlospapier liefert, der kann seine Verbreitungskarten auch – mit demselben Programm – auf vorgedruckten Karten bekommen.

Dieses Verbreitungskartenprogramm kann noch viel mehr: Es kann in Verbin-

```
*************************************************************************************
*  Z O O D A T   * TIERGEOGRAPHISCHE DATENBANK OESTERREICHS  *  10.01.1974  *
*************************************************************************************
```

81 LEPTIDIA SINAPIS L.

VERTEILUNG DER FUNDDATEN

| DATUM | FUNDE | |
|---|---|---|
| 6.-10. 3. | 0 | * |
| 11.-15. 3. | 0 | * |
| 16.-20. 3. | 0 | ** |
| 21.-25. 3. | 0 | ***** |
| 26.-31. 3. | 3 | ********* |
| 1.- 5. 4. | 5 | ************** |
| 6.-10. 4. | 5 | ******************* |
| 11.-15. 4. | 12 | ************************ |
| 16.-20. 4. | 4 | **************************** |
| 21.-25. 4. | 11 | ********************************** |
| 26.-30. 4. | 17 | **************************************** |
| 1.- 5. 5. | 17 | ***************************************** |
| 6.-10. 5. | 10 | ************************************* |
| 11.-15. 5. | 10 | ******************************** |
| 16.-20. 5. | 8 | *************************** |
| 21.-25. 5. | 10 | ********************** |
| 26.-31. 5. | 5 | *************** |
| 1.- 5. 6. | 0 | ********** |
| 6.-10. 6. | 1 | ******* |
| 11.-15. 6. | 2 | ******** |
| 16.-20. 6. | 5 | ********* |
| 21.-25. 6. | 2 | *********** |
| 26.-30. 6. | 5 | ************* |
| 1.- 5. 7. | 1 | **************** |
| 6.-10. 7. | 10 | ******************** |
| 11.-15. 7. | 8 | ********************** |
| 16.-20. 7. | 9 | ********************* |
| 21.-25. 7. | 4 | ****************** |
| 26.-31. 7. | 5 | ************** |
| 1.- 5. 8. | 3 | *********** |
| 6.-10. 8. | 3 | ********* |
| 11.-15. 8. | 2 | ****** |
| 16.-20. 8. | 1 | **** |
| 21.-25. 8. | 0 | ** |
| 26.-31. 8. | 0 | ** |
| 1.- 5. 9. | 1 | * |
| 6.-10. 9. | 0 | * |
| 11.-15. 9. | 0 | * |
| 16.-20. 9. | 0 | * |
| 21.-25. 9. | 0 | * |

179 FUNDMELDUNGEN

Abb. 7. Funddatendiagramm einer Art, die im Beobachtungsraum (hier Oberösterreich) eine partielle 2. Generation ausbildet.

```
**************************************************************************************************
*  Z O O D A T   *  TIERGEOGRAPHISCHE DATENBANK OESTERREICHS   *   10.07.1975   *
**************************************************************************************************

2010     DOLICHOVESPULA   SAXONICA   F.

VERTEILUNG DER FUNDDATEN


 MAENNCHEN...*        WEIBCHEN...0

    DATUM          FUNDE
                   MM    WW

  6.-10. 4.        0     0    0
 11.-15. 4.        0     0    0
 16.-20. 4.        0     0    00
 21.-25. 4.        0     0    0000
 26.-30. 4.        0     2    00000000
  1.- 5. 5.        0     3    0000000000000
  6.-10. 5.        0     6    000000000000000
 11.-15. 5.        0     3    00000000000000
 16.-20. 5.        0     2    00000000000
 21.-25. 5.        0     1    0000000000
 26.-31. 5.        0     2    000000000
  1.- 5. 6.        0     4    0000000
  6.-10. 6.        0     0    000000
 11.-15. 6.        0     1    000
 16.-20. 6.        0     0    00
 21.-25. 6.        0     0    0
 26.-30. 6.        0     0    0
  1.- 5. 7.        0     0    0
  6.-10. 7.        0     0    000
 11.-15. 7.        0     0    000000
 16.-20. 7.        1     5    000000000
 21.-25. 7.        0     1    00000000000*****
 26.-31. 7.        6     5    00000000000**********************
  1.- 5. 8.       19     2    0000000000*************************************
  6.-10. 8.       17     1    000000*************************************
 11.-15. 8.        3     0    0000*************************
 16.-20. 8.        0     0    0000*************
 21.-25. 8.        0     1    00000*******
 26.-31. 8.        6     3    0000000******
  1.- 5. 9.        3     2    000000******
  6.-10. 9.        2     0    0000*****
 11.-15. 9.        0     0    00**
 16.-20. 9.        0     0    0*
 21.-25. 9.        0     0    0
 26.-30. 9.        0     0    0
  1.- 5.10.        1     0    0*
  6.-10.10.        0     0    0
 11.-15.10.        0     0    0
 16.-20.10.        0     0    0
 21.-25.10.        0     0    0

102 STUECKMELDUNGEN
```

Abb. 8. Funddatendiagramm, getrennt nach Geschlechtern. Es ist deutlich zu erkennen, daß die Weibchen zweimal im Jahr, die Männchen dagegen nur im Hochsommer auftreten.

dung mit dem Selektionsprogramm Untergruppen von Daten bilden und die Untergruppen mit verschiedenen Zeichen auf dieselbe Karte drucken; es kann zu jedem Fundpunkt einen Kommentar schreiben; es schreibt diesen Kommentar, wenn der Platz auf der Karte nicht reicht, in eine Legende unter der Karte; es erlaubt, ganze Bereiche mit einem beliebigen Zeichen sozusagen zu schraffieren – für dieses kleine Meisterstück habe ich meinen Mitarbeitern, Herrn Dipl. Ing. A. REGL und Herrn Dipl. Ing. F. D. VALACH, ganz besonders zu danken.

Weitere Auswertungsmöglichkeiten führen in den Bereich der Multivarianten-Analyse. Wir sind z.B. davon überzeugt, daß das phänologische Erscheinungsdatum eines Insekts sich aus mehreren Komponenten zusammensetzt: Einer artspezifischen, einer jahresspezifischen, einer ortsspezifischen und einem Rest, der sich aus vielen anderen zufälligen Einflüssen ergibt. Art, Ort, Jahr und Erscheinungsdatum haben wir aber in der ZOODAT. Wenn wir ein Programm schreiben, das das Erscheinungsdatum in diese vier Komponenten zerlegt, und zwar so, daß der Zufallsrest möglichst klein wird, könnten wir z.B. phänologische Karten erstellen, die den Aussagewert unserer Klimakarten weit übertreffen und den Vorteil haben, daß sie kein zusätzliches Geld kosten, weil die Daten schon existieren. – Das Programm existiert schon, die ersten Ergebnisse damit sind höchst ermutigend. – Dies nur als Beispiel einer sehr komplexen Auswertung aus der ZOODAT.

Zum Schluß noch die Frage nach dem derzeitigen Umfang der Datenbank: Gespeichert sind zur Zeit (Anfang September 1975) ziemlich genau 120.000 Fundmeldungen. Im Vorfeld der ZOODAT – vor dem Ablochen oder zur Prüfung der Kontroll-Listen bei den Bearbeitern – befinden sich schätzungsweise weitere 40.000 Meldungen. Von den gespeicherten 120.000 Meldungen beziehen sich etwa 3.000 auf Neuropteren, 8.000 auf Trichopteren, 10.000 auf Hymenopteren und 99.000 auf Lepidopteren. Daß die Lepidopteren derart in der Überzahl sind, liegt daran, daß die Schlußredaktion des dritten Bandes der 'Schmetterlinge Oberösterreichs' bereits mit Unterstützung durch die ZOODAT vor sich gehen soll und die Lepidopterologen Oberösterreichs größtes Interesse zeigen, alle ihre Daten bis dahin erfaßt zu haben.

Regional gesehen führt aus dem genannten Grunde Oberösterreich weit bei den Lepidopteren, Niederösterreich (dank dem Einsatz von Herrn RAUSCH, Purgstall) bei den Neuropteren, während bei den Trichopteren und den Hymenopterenfamilien Halictidae, Vespidae und Eumenidae bereits ein Großteil des aus Österreich überhaupt verfügbaren Materials erfaßt ist, soweit es den Spezialisten (H. MALICKY, A. W. EBMER, J. GUSENLEITNER) bekannt war.

Noch ein Wort zur Datensicherheit: Eine Datenbank von diesem Umfang, in die so viele Mitarbeiter viel Arbeitszeit investiert haben, muß sich amortisieren: Sie muß in Summe Arbeit sparen helfen und nicht Arbeit kosten. Damit sie das kann, muß sie Bestand, Kontinuität haben. Es darf bis in alle Zukunft nicht vorkommen, daß die mit soviel Mühe aufgenommenen Daten irgendwann noch ein zweites Mal

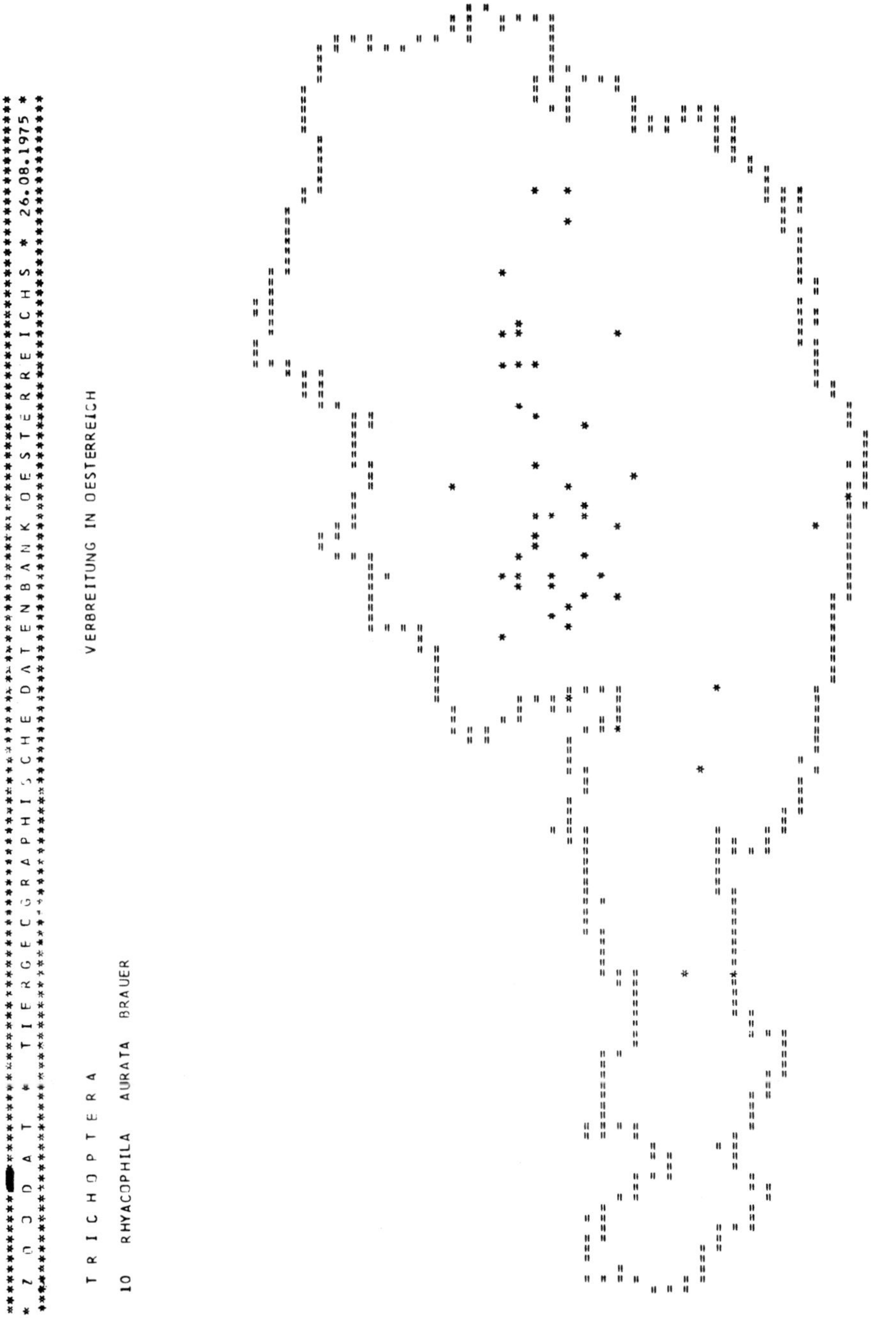


Abb. 9. Von Computer direkt gedruckte Verbreitungskarte einer Trichoptere in Österreich.

```
*****************************************************************************************
*  Z O O D A T  * TIERGEOGRAPHISCHE DATENBANK OESTERREICHS  *  27.10.1975  *
*****************************************************************************************

LEPIDOPTERA - VERBREITUNG IN OBEROESTERREICH

1232    AGROTIS    CUPREA  HB.
```

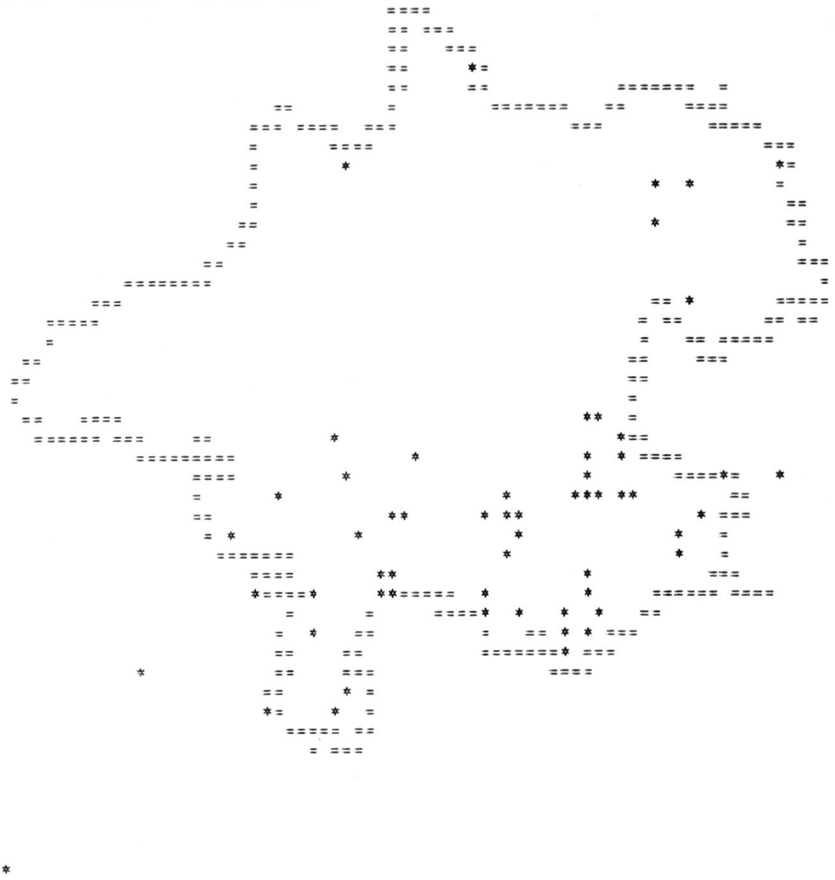

Abb. 10. Vom Computer direkt gedruckte Verbreitungskarte eines Schmetterlings in Oberösterreich.

aufgenommen werden müssen. Datensicherheit ist daher von ganz grundlegender Bedeutung. Wir haben alle Daten der ZOODAT vierfach gespeichert: Einmal für den laufenden Betrieb auf einer Magnetplatte der IBM/360 und dreimal auf Magnetbändern. Die drei Sätze von Magnetbändern werden an drei verschiedenen Orten aufbewahrt. Nach menschlichem Ermessen kann also den Daten nichts passieren, sie werden zur Verfügung stehen, solange man Magnetbänder lesen kann. Und bevor Magnetbänder museumsreif sind, wird man sie maschinell, ohne daß man die Mühe wiederholen müßte, mit der wir die Daten erfassen mußten, auf irgend einen anderen Datenträger überspielen können, der dann gerade modern ist.

## Diskussion

ILLIES: Können Sie eine Angabe, die gespeichert ist und von der sich später herausstellt, daß sie falsch war, wieder herausnehmen?

REICHL: Selbstverständlich.

ILLIES: Und die Reservebänder, die Sie zuhause haben, halten Sie die auch immer auf dem neuesten Stand?

REICHL: Das geschieht je nach Bedarf, etwa einmal im Monat.

ILLIES: Es hat uns sehr beeindruckt, daß der Computer das Funddatendiagramm in drei Sekunden schreibt. Aber: das Programm dazu zu schreiben braucht doch einige Tage? Wenn ich mit einer Frage an Sie käme, die zwar von Ihrem Material her beantwortet werden kann, für die Sie aber das Programm noch nicht fertig im Schubfach liegen haben, dann können Sie die Antwort nicht in drei Sekunden liefern, sondern dann brauchen Sie ein paar Tage. Wer schreibt nun die Programme?

REICHL: Dieser Hinweis ist sehr wichtig, daß hier nicht nur ein Datenfriedhof existiert, den man nach drei verschiedenen Richtungen auswerten kann, und seien diese Richtungen noch so interessant. In dem Datenmaterial steckt gewiß noch viel mehr, als man mit diesen drei Programmen herausholen kann. Wenn jemand von uns eine Neuauswertung möchte, die noch nicht programmiert ist, dann werden wir sie für ihn programmieren. Das kann nach Schwierigkeitsgrad Tage bis Monate dauern. Aber wenn ein Programm so kompliziert ist, daß wir Monate brauchen, bis es läuft, dann ist es mit Sicherheit eine Auswertung, die der Auftraggeber händisch in fünf Jahren nicht zustande brächte. Wir haben eine einzige Regel für die Benützer der Datenbank, und die ist unbeschreiblich einfach: daß aus Gründen der Fairneß die Wünsche eines Benützers der ZOODAT in einer ehrlichen Relation zu seiner Leistung für die ZOODAT stehen sollen. Wenn ein Mann uns zehntausend Daten liefert, dann kann er von uns beinahe alles an Auswertungen bekommen. Wenn er aber glaubt, uns zwanzig Meldungen über *Vespa germanica* liefern zu können, um dafür hunderttausend Daten zu bekommen, dann werden wir ihn vor die Tür setzen. So einfach ist das.

GEPP: Welchen Vorteil bringt ein Plotter gegenüber dem jetzigen System?

REICHL: Es schaut schöner aus. Das ist alles. Es dauert allerdings auch bedeutend länger. Eine Landkarte zu drucken dauert im Augenblick noch an die dreißig Sekunden. Das ist uns zu langsam; wir werden das Programm noch schneller machen. Wenn man aber mit Plottern das gleiche macht, dann dauert es fünf bis acht Minuten. Dafür werden die Landkarten optisch bedeutend schöner

GEPP: Wären sie dann als Vorlage schon druckreif?

REICHL: Ja.

ILLIES: Wir haben den gesamten Inhalt der Limnofauna Europea auf einem Band gespeichert. Ich wollte hochrechnen. Die Frage stellen: Wenn alle Gruppen so gut bearbeitet wären in Europa wie die Plecopteren, wieviele Endemiten gäbe es dann in Korsika insgesamt? Nur habe ich leider keinen gefunden, der mir die Programme schreibt. Vielleicht kann ich Ihnen das vorlegen? Ich liefere Ihnen damit mehr als zehnmal *Vespa germanica*. Ich glaube, zweieinhalb Millionen bits sind da gespeichert.

REICHL: Sie haben wahrscheinlich das Pech gehabt, mit Ihren Problemen an einen 'reinen' Informatiker, einen 'Kerninformatiker' geraten zu sein. Wir Informatiker der Linzer Universität bemühen uns um eine 'Angewandte Informatik' und damit gern um die Lösung von Problemen, die von außen an uns herangetragen werden. Aber auch in Deutschland gewinnt die Angewandte Informatik an Boden.

MORGE: Ich höre mit Staunen von dreißig Sekunden und Ihre Bemerkung, daß diese 'Zeit' noch zu lang sei. In unserer Wissenschaft rechnet man mit dreißig Jahren und noch viel mehr. Ist das nun bloß eine Art Stolz, daß dreißig Sekunden oder fünf Minuten ein Problem sein können oder sein sollen?

REICHL: Das Problem liegt darin, daß der Computer, an dem wir das rechnen, nicht uns gehört, sondern der Universität. Wenn wir, angenommen, hundert Verbreitungskarten haben wollen, dann kostet uns das derzeit 50 Minuten. Es ist nicht ganz leicht, den Computer für fast eine Stunde zu bekommen. Natürlich ist aber ein wenig Stolz auch dabei.

F. P. MÜLLER: Die Angaben über die Phänologie haben eine sehr große Bedeutung für die angewandte Entomologie. Wie ist dabei die Aussagekraft? Erstens ist die Sammelaktivität der Entomologen nicht über das ganze Jahr gleichmäßig erstreckt. Es gibt gewisse Monate, Urlaubszeiten usw., da die Sammelaktivität wesentlich erhöht ist. Haben Sie auch schon Erfahrung darüber, wie weit man solche Aussagen machen kann, wenn eine relativ geringe Zahl von Fundmeldungen vorliegt, z.B. über die Zahl der Generationen, wie sich die Generationen überschneiden? Das sind Gebiete, die gerade für die Praxis eine sehr große Bedeutung haben.

REICHL: Das sind zwei Dinge, die ich nur etwas oberflächlich beantworten kann. Einwand 1 ist nach unseren Erfahrungen sehr wichtig und sehr zu berücksichtigen. Das ist Zufall in dem hier gezeigten Diagramm von *Leptidea sinapis*, daß eine zweigipflige Kurve, bei der der zweite Gipfel niedriger ist, tatsächlich bedeutet: die erste Generation erscheint immer, die zweite nur partiell. Wenn Sie dasselbe für *Pieris brassicae* machen, würden Sie feststellen, daß die erste Generation die weitaus häufigste ist, was natürlich völlig falsch wäre. Aber der Sammler meldet im Frühling, wenn es noch wenige Schmetterlinge gibt, auch die *Pieris brassicae*, im Sommer meldet er sie nicht mehr. – Wenn man sehr wenige Daten hat, ist das natürlich ein allgemein statistisches Problem. Die Aussagekraft von Kurven ist umso schwächer, je geringer die Daten sind. Eine Grenze des Sinnvollen anzugeben, wäre aber ein Akt der Willkür. Wenn Sie allerdings weniger als 20 Meldungen haben, dann weigert sich bereits das Programm, ein solches Diagramm zu schreiben, weil es sicher aussagelos wäre.

*Verh. des Sechsten Int. Symp. über Entomofaunistik in Mitteleuropa 1975, Junk, The Hague.*

# The basic philosophy of the European Invertebrate Survey and its application.

JOHN HEATH

*Summary*

The success of the survey methods developed in Britain for the production of the 'Atlas of the British Flora' and by the Flora Europaea Mapping organisation in Helsinki inspired the setting up of the European Invertebrate Survey in 1969. Since that date almost all European countries have become participants and 22 are represented on the Committee.

Its objectives are 1. the compilation of lists of verified zoogeographic data which can be used for map making and statistical studies and 2., the publication and interpretation of distribution maps based on the UTM grid with 50 km squares being used for all Europe with 10 km or 5 km squares for maps of individual countries. To further these aims the EIS is actively encouraging and assisting in the setting up of national records centres.

Centres now exist in Belgium, Czechoslovakia, Finland, France, Germany (BRD), Italy, Luxembourg, Poland, Republic of Ireland, Sweden, United Kingdom and Yugoslavia. Maps of more than 1250 species have been produced by the participating countries. In 1974 a special survey of 12 species of Hymenoptera and 12 species of Lepidoptera aimed at publication of maps in 1976 was launched. Preliminary maps for all Europe from this survey have been prepared. Maps of some species of Mollusca and plant Nematodes have also been made.

*Verh. des Sechsten Int. Symp. über Entomofaunistik in Mitteleuropa 1975, Junk, The Hague.*

# Stand und Probleme der faunistischen Erfassungsarbeit in der Bundesrepublik Deutschland*

PAUL MÜLLER

*Summary*

Objectives, methods, and the actual state of the faunistical survey in the GFR, which is part of the European Invertebrate Survey, are presented. Several organisation systems have been developed according to the requirements of certain animal groups and the problems of their recording. The data are incorporated into a computer on the basis of the UTM square grid system. Correlations between climate, land use, concentration of air pollution, distribution of plants, and other parameters, and the distribution of animal species are available for environmental planning and other projects of common interest.

Systematiker, Faunisten und Biogeographen fordern seit über 100 Jahren (u.a. ROSSMÄSSLER 1853) eine chorologische Erfassung verschiedener Tiergruppen, eine Aufgabe, die teilweise bereits erfolgreich von unseren wissenschaftlichen Vätern und Großvätern gelöst wurde, teilweise jedoch, offensichtlich in Abhängigkeit von den spezifischen biologischen Eigenschaften der Taxa und der Zahl ihrer Bearbeiter, bis zum heutigen Tage auf eine befriedigende Lösung wartet. Die gegenwärtige Situation unterscheidet sich jedoch grundlegend von jeder früheren; denn es sind nicht mehr ausschließlich Systematiker, Faunisten und Biogeographen, die aus Freude an ihren Forschungsobjekten ihre Erfassung betreiben, sondern eine steigende Zahl jener, die für die Entwicklungsplanungen unserer Länder die Verantwortung tragen. Die Rückwirkungen auf unsere Wissenschaft sind unverkennbar, auch auf dem Sektor der finanziellen Förderung, und wir dürfen die berechtigte Hoffnung hegen, daß die Provinzialisierungsphase der Systematik und Faunistik überwunden sein dürfte.

Die Notwendigkeit des Einsatzes ökologischer Kriterien in der Raum- und Stadtplanung – um nur zwei wichtige öffentliche Aufgabenstellungen anzusprechen – wird in der BRD von niemandem mehr ernsthaft bestritten. Grundlage hierzu muß eine groß- und kleinräumige Erfassung aller ökologischen Informationen (von ein-

* Mit Unterstützung der Deutschen Forschungsgemeinschaft

zelnen Arten und Biozönosen bis zu komplexen Ökosystemen) und eine Bewertung der durch unterschiedliche Faktoren bewirkten Veränderungen einzelner Informationselemente sein. Der Umfang eines solchen Erfassungssystems und die Notwendigkeit, die gewonnenen Daten mit weiteren Raumeinheiten (Klima, Immissionsbelastung, Nutzungsformen u.a.) zu verknüpfen, erfordert ihre Aufarbeitung und Speicherung mit EDV-Anlagen, und die gewünschte Informationsgeschwindigkeit und eine regelmäßige Kontrolle möglicher Veränderungen machen die Erstellung eines Mitarbeiter- und Informationskatasters unumgänglich.

Diese allgemein akzeptierbaren Forderungen werden vom 'European Invertebrate Survey' (HEATH 1967, LECLERCQ 1967) hinreichend erfüllt. Dieses wurde im Rahmen eines von der Deutschen Forschungsgemeinschaft geförderten Projektes ('Erfassung der westpaläarktischen Tierarten in der BRD'; Mu 252/4) auf die Bundesrepublik Deutschland übertragen (MÜLLER 1972, 1974, 1975, MÜLLER & KLOMANN 1975, MÜLLER & SCHREIBER 1972, HOFFRICHTER & TRÖGER 1973, SCHMIDT 1975, JUNGBLUTH 1975, SCHREIBER 1974). Seit 1973 wird von der Saarbrücker Kartierungszentrale (Biogeographie, Universität des Saarlandes) aus, mit Hilfe eines immer stärker anwachsenden Mitarbeiternetzes in allen Teilen der BRD, am Aufbau eines adäquaten Informations- und Fundortkatasters für verschiedene Tierarten gearbeitet.

## I. Informationssammlung und -verarbeitung

### *1. Erfassung der Daten*

Die Methoden der Bestandsaufnahme richten sich nach den gruppenspezifischen Besonderheiten der zu erfassenden Tierarten, deren Auswahl nach bestimmten Kriterien erfolgt, über die weiter unten berichtet werden soll. Bei Arten, die bereits in der Literatur in ihren wesentlichen Verbreitungsstrukturen erfaßt sind, fällt den Mitarbeitern an der Kartierung primär die Aufgabe zu, deren aktuelle Verbreitung und Arealdynamik zu erfassen. Bei systematisch schwierigen Gruppen müssen Spezialisten sowohl die Erfassung älterer Verbreitungsangaben (Literatur, Museen, private Sammlungen) als auch der aktuellen übernehmen.

Für Familien der Lepidopteren, Coleopteren und Vertebraten werden in der Saarbrücker Zentrale alle älteren Literatur-Verbreitungsangaben zusammengestellt. Das in den Museen der BRD vorhandene Material wurde und wird durchgearbeitet. Für die Vertebraten fällt es dabei den jeweiligen Kollegen im allgemeinen – trotz erheblichem Zeitaufwand – nicht allzu schwer, die notwendigen Verbreitungsangaben zu den vorhandenen Belegstücken mitzuteilen. Für viele Invertebraten ist das jedoch aus Arbeitsüberlastung im allgemeinen nicht möglich, weshalb sowohl meine Mitarbeiter als auch die Bearbeiter einzelner Tiergruppen die wichtigsten Sammlungen aufsuchen müssen, um die notwendigen Informationen zusammentragen zu

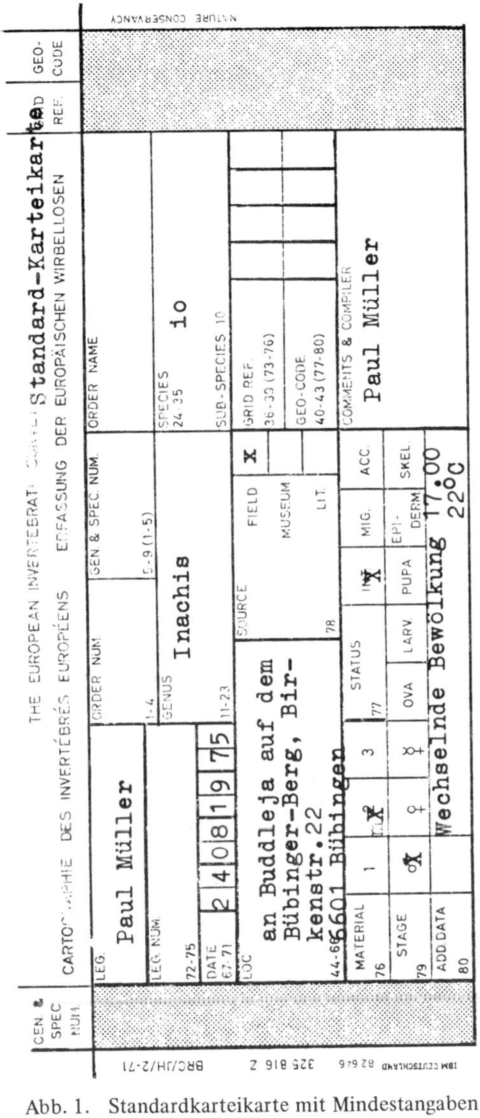


Abb. 1. Standardkarteikarte mit Mindestangaben

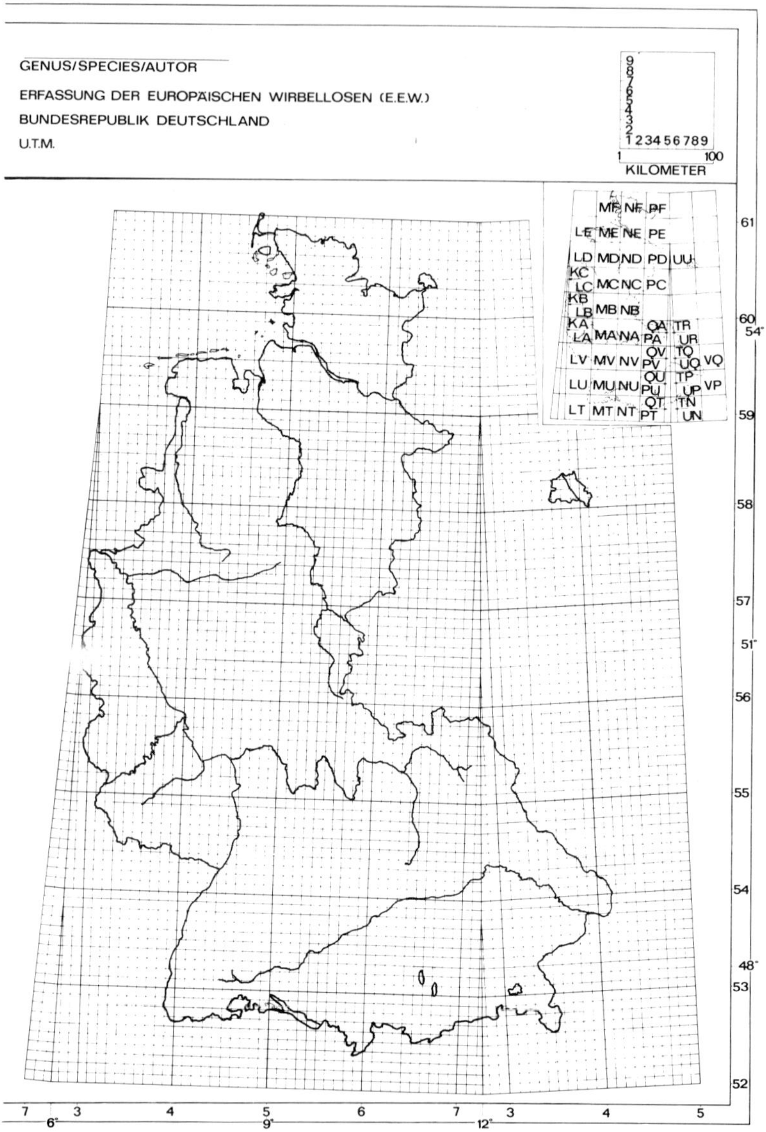


Abb. 2. Beispiel für eine Fundortsammelkarte (DIN-A 4). Auf der Vorderseite wurde die BRD im UTM-Gitternetz abgebildet. Auf der Rückseite werden die Fundorte für eine Art eingetragen.

SPECIES (Gen./Spec./Ssp./Autor/Fam./Ord.)

GEN. & SPEC. NR.

| Mitarb. Nummer | Mitarbeiter / Quelle / Zusätze |
|---|---|
| | |

| Plan-quadrat | Geo-Code Bundesl. | LOC. | Log. | Bemerkungen Status/Stadium | Datum | Anzahl ♂ | ♀ | ? |
|---|---|---|---|---|---|---|---|---|
| | | | | | | | | |
| | | | | | | | | |
| | | | | | | | | |
| | | | | | | | | |
| | | | | | | | | |
| | | | | | | | | |
| | | | | | | | | |
| | | | | | | | | |
| | | | | | | | | |
| | | | | | | | | |
| | | | | | | | | |
| | | | | | | | | |
| | | | | | | | | |
| | | | | | | | | |
| | | | | | | | | |
| | | | | | | | | |
| | | | | | | | | |
| | | | | | | | | |
| | | | | | | | | |
| | | | | | | | | |
| | | | | | | | | |
| | | | | | | | | |
| | | | | | | | | |
| | | | | | | | | |
| | | | | | | | | |
| | | | | | | | | |
| | | | | | | | | |
| | | | | | | | | |
| | | | | | | | | |

Rückseite der Fundortsammelkarte.

können. Hier liegen zweifellos wichtige Probleme des Informationstransfer, die bisher keineswegs befriedigend gelöst sind.

Wie an anderer Stelle (u.a. MÜLLER 1974) bereits ausgeführt, kann jeder Spezialist für eine bestimmte Tiergruppe oder -art an der Erfassung der aktuellen Arealdynamik im Rahmen des Kartierungsprojektes mitarbeiten, indem er 1. auf Standard-Karteikarten, die einer computermäßigen Bearbeitung zugeführt werden können, Verbreitungsangaben festhält und übermittelt, 2. Artenlisten für bestimmte Länder oder Gebiete und 3. Fundortlisten für bestimmte Arten erstellt.

Die Standard-Karteikarte (Abb. 1) enthält Informationen, von denen der Mitarbeiter die Fächer Leg. (= Name des Sammlers, Beobachters oder Autors), Date (= Datum z.B. 01 07 1971 = 1. Juli 1971), Loc (= Fundort), Species, Source (= Herkunft der Information), Material (=Zustand der Exemplare), Status (int. = einheimisch, Mig. = Wanderer, Acc. = Irrgast), Stage (= Geschlecht, Entwicklungsstadium) und Comments and Compiler (= Name des Mitarbeiters) für *eine* Art und *einen* Fundort ausfüllen muß. Für zusätzliche Angaben (z.B. ökologische, genetische) ist die Spalte 'Add. data' und die Rückseite vorgesehen.

Hervorgehoben werden muß die Tatsache, daß durch diese Karte jeder Fundort exakt festgelegt wird. Entsprechend der von uns verwendeten Programme wird ihn der computergesteuerte Plotter zwar im Mittelpunkt eines 10 x 10 km großen Grids drucken (für Bübingen lautet die Grid Ref. z.B. LV 54), die genaue Fundortsituation (z.B. an Buddleja auf dem Bübinger Berg, Birkenstraße 22, 6601 Bübingen) geht dadurch jedoch nicht verloren. Allein für die Amphibien und Reptilien der BRD (33 Arten) liegen über 17 000 Standard-Karteikarten für verschiedene Grids in der Zentrale vor. Durch die jeweilige Arealgröße einer Art und die Mitarbeiterdichte verändert sich naturgemäß auch die Standardkarteikartenzahl (z.B. *Lacerta vivipara* 807 Standardkarteikarten, davon 548 für verschiedene Grids; *Vipera berus* 1153 Standardkarteikarten, davon 612 für verschiedene Grids; *Vipera aspis* 27 Standardkarteikarten, davon 8 für verschiedene Grids). Für die Invertebraten liegt die Zahl der Einzel-Fundortdaten bereits weit über 100 000 (allein für die Lepidopterenfamilien Papilionidae, Pieridae und Nymphalidae über 50 000). Es wäre wünschenswert, wenn alle Sammler auch für ihre private Kartei diese Karten, die von der Kartierungszentrale in Saarbrücken bezogen werden können (1000 Stck. DM 20,–) verwenden würden, soweit sie ihre eigene Informationskartei noch nicht nach anderen Prinzipien, die eine Umstellung erheblich erschweren würde, aufgebaut haben. Diese Karten können von der Zentrale kopiert werden. Als Lochkarten werden sie direkt dem Computer zugeführt.

Bei der Übernahme längerer Fundortlisten aus der Literatur oder aus einem Museum ist es jedoch im allgemeinen für den Mitarbeiter zu zeitaufwendig, für jede Art und jeden Fundort eine Standardkarteikarte auszufüllen. In diesen Fällen wird die *Fundortsammelkarte* verwandt (Abb. 2). Wir haben in den beiden letzten Jahren verschiedene Typen entwickelt, die für den Mitarbeiter dadurch attraktiver wurden,

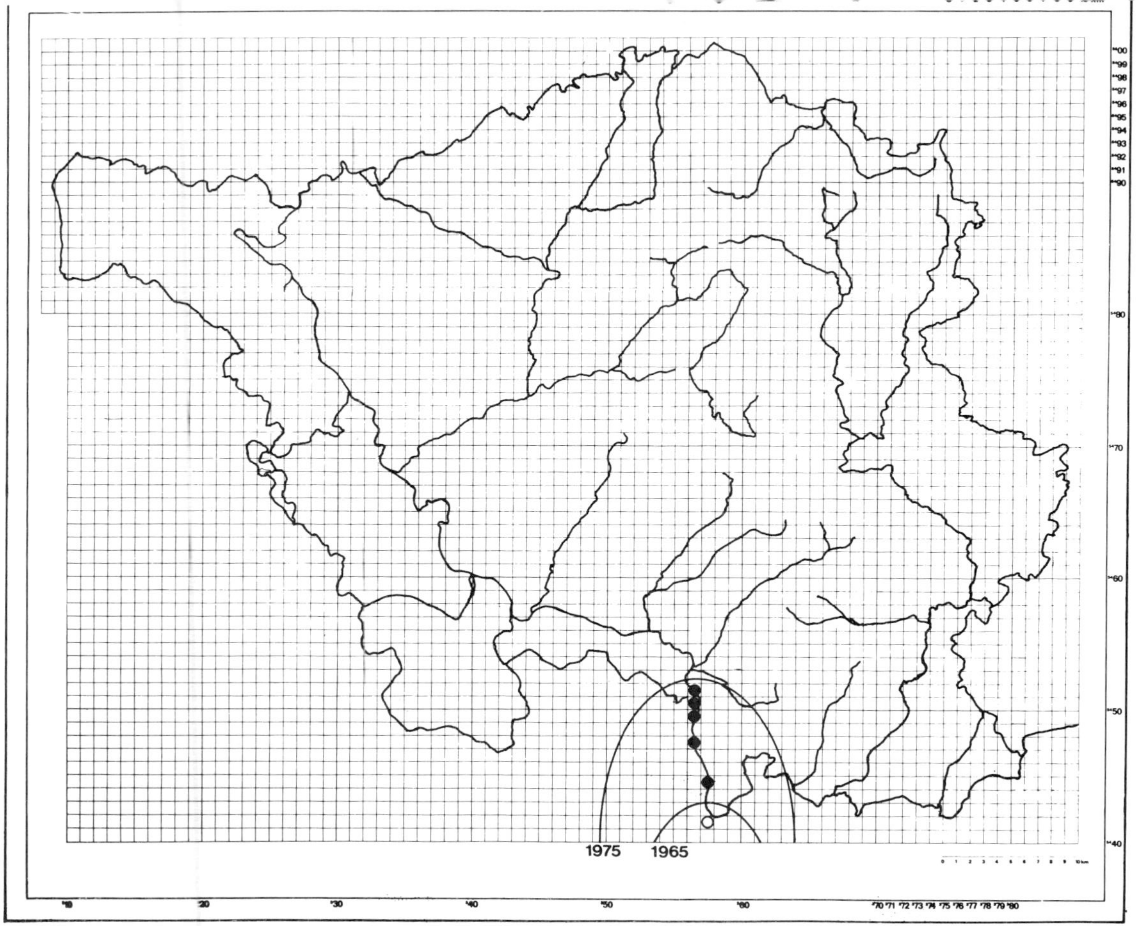


Abb. 3. Verbreitung der Süßwassergarnele *Atyaephyra desmaresti* im 1 x 1 km Gitternetz des Saarlandes.

daß auf ihrer Rückseite eine Rasterkarte des Untersuchungsgebietes (vgl. JUNGBLUTH 1972, 1974, MÜLLER 1974), der BRD und evtl. auch eine Übersicht über Eupa bzw. die Erde aufgedruckt ist.

Solche Karten können vom Mitarbeiter ebenfalls als 'persönliche' Karteikarte und Arealkarte benutzt werden. Sie wurden von uns für die BRD (Gridgröße 10 x 10 km), für alle Bundesländer (Gridgröße 5 x 5 km; 1 x 1 km; vgl. Abb. 3) und für einzelne Gebiete (z.B. Vogelsberg 250 x 250 m; Stadtverband Saarbrücken 250 x 250 m; Umgebung von Heidelberg 1 x 1 km) entwickelt.

Die von uns fertiggestellten *Artensammelkarten* enthalten Artenlisten eines Untersuchungsraumes. Durch einfaches Ankreuzen gut ansprechbarer Arten kann im Gelände schnelle Kartierungsarbeit geleistet werden. Solche Karten, die zum Teil allerdings nur bestimmte, vorrangig zu kartierende Arten enthalten, liegen vor für die Lepidopteren, Coleopteren (Carabidae), Odonaten, Mollusken, Hymenopteren (12 Arten: *Tiphia femorata, Sceliphron spirifex, Chalybion femoratum, Philanthus coronatus, Philanthus triangulum, Crabro alpinus, Crabro loewi, Lestica alata, Lestica clypeata, Lestica subterranea, Anthidium manicatum, Xylocopa violacea*), Amphibien und Reptilien der BRD (Abb. 4, 5).

Alle Informationen der Arten- und Fundortsammelkarten müssen in der Kartierungszentrale in Saarbrücken auf die Standardkarteikarte oder direkt auf Band übertragen werden.

Um den Mitarbeitern weitere Anregungen zu eigener Kartierungsarbeit zu bieten und die Kartierungsgrundlage zu vereinheitlichen, wurden U.T.M.-(Merkator-Gitternetz) Gitternetzkarten für die BRD und die einzelnen Bundesländer entwickelt. Das Kartieren setzt allerdings voraus, daß man die Gridreferenz der einzelnen Gitternetze kennt. Diese kann dem Deutschen Generalatlas entnommen werden. Ein Katalog für die Grids einzelner Bundesländer (vgl. KLOMANN & MÜLLER 1975) und für alle bisher der Zentrale vorliegenden Fundorte liegt vor. Auf der U.T.M.-Karte der BRD entfallen z.B. 35 der insgesamt 2712 10 x 10 km großen Raster auf das Saarland, das im 100 x 100 km Quadranten LV liegt. Die einzelnen im 100 km Quadranten liegenden 10-km-Quadrate werden durch einen Rechts- und einen Hochwert gekennzeichnet, wobei ausgehend von der linken unteren Ecke des 100 km – Quadrats, mit 0 beginnend nach rechts der jeweilige Rechtswert, von diesem ausgehend (mit 0 beginnend) der Hochwert nach oben abgezählt wird.

Alle anfallenden Informationen, von den Daten der floristischen Kartierung Mitteleuropas (vgl. HAEUPLER & SCHÖNFELDER 1973) bis zur $SO_2$-Immission, können in diese Karten eingetragen und korreliert werden.

Die in die Karten eingehenden Informationen besitzen folgende Markierungen:

- ● = Fund ab 1960
- ○ = Fund vor 1960 (ausnahmsweise, wenn besonders vermerkt, auch vor 1900)

Liste der vorkommenden Amphibien-u. Reptilienarten:

Fundort: ______________________ fraglich (?)

fehlt (-)

kommt vor (+)

Salamandra atra
Salamandra salamandra
Triturus alpestris
Triturus cristatus
Triturus helveticus
Triturus marmoratus
Triturus vulgaris
Alytes obstetricans
Bombina bombina
Bombina variegata
Pelobates fuscus
Bufo bufo
Bufo calamita
Bufo viridis
Hyla arborea
Rana arvalis
Rana dalmatina
Rana esculenta et lessonae
Rana ridibunda
Rana temporaria
Emys orbicularis
Testudo graeca
Testudo hermanni
Anguis fragilis
Lacerta agilis
Lacerta muralis
Lacerta viridis
Lacerta vivipara
Coronella austriaca
Elaphe longissima
Natrix natrix
Natrix tessellata
Vipera aspis
Vipera berus

Adresse des Einsenders der Liste:

Ausgefüllte Liste bitte senden an:

Prof. Dr. Paul Müller
66 Saarbrücken 11
Universität des Saarlandes
Abt. Biogeographie

Abb. 4. Artensammelkarte für die in der BRD zu kartierenden Amphibien und Reptilien. Sie wird ausschließlich für einen Fundort verwendet.

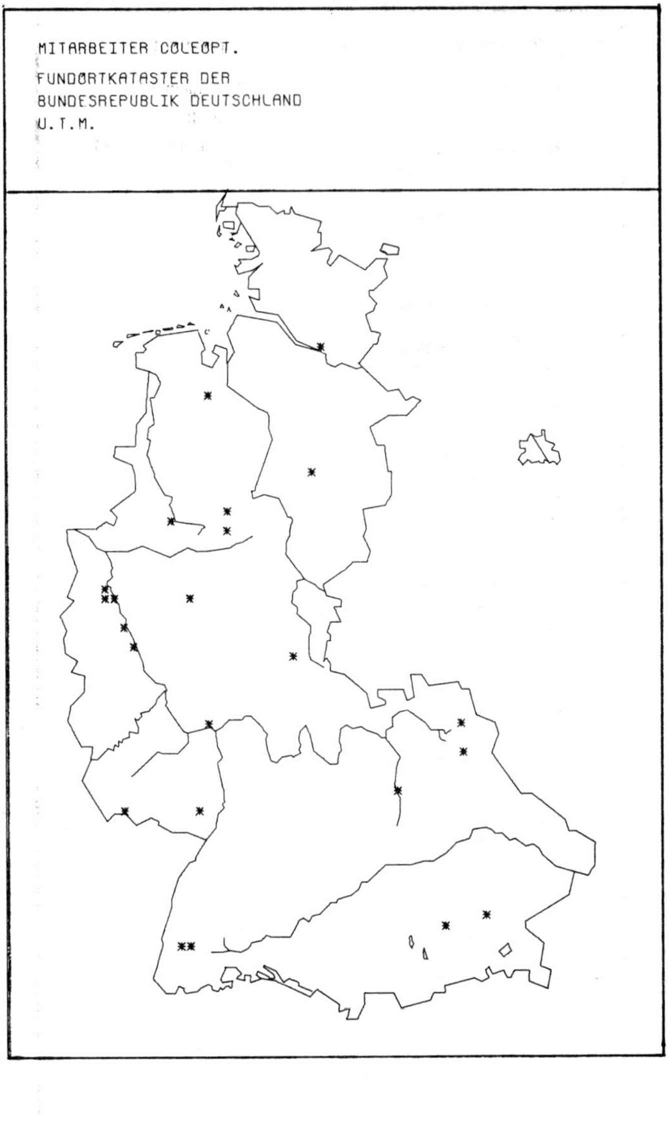


Abb. 5. Mitarbeiterkataster (Computerkarte) der an der Coleopterenkartierung mitarbeitenden Spezialisten (Lage der Wohnorte; Stand 4.9.1975).

⊙ = Zeitraum unsicher
E = die Art wurde eingebürgert (z.B. Uhu) oder eingeschleppt (z.B. Bisamratte)
Θ = in der *Umgebung* von Ort X ab 1960
O = in der *Umgebung* von Ort X vor 1960.

Jede Karte, in der die Verbreitung einer bestimmten Art enthalten ist, muß durch einen Mitarbeiter- und Informationskataster abgesichert werden.

## II. Informations- und Mitarbeiterkataster

Der Mitarbeiterkataster hat die Aufgabe, die Gleichmäßigkeit der Bearbeitung eines größeren Raumes zu garantieren. Betrachten wir als Beispiele die Mitarbeiterkataster für die Lepidopteren, Coleopteren, Amphibien und Reptilen der BRD (Stand 4. September 1975; Abb. 5–7), so wird sofort deutlich, daß bestimmte Räume durch ein dichtes Netz von Mitarbeitern abgesichert sind, während in anderen große Lücken klaffen. Eine verläßliche Kartierung setzt jedoch voraus, daß eine gleichmäßige Verteilung der Mitarbeiter angestrebt werden muß.

Die Zahl der Mitarbeiter hat sich seit 1973 bei einzelnen Gruppen mehr als verdoppelt. Während 1973 nur 30 Lepidopterologen am Projekt mitarbeiteten, hat sich die Zahl der 1975 aktiv am Projekt der Lepidopterenkartierung Beteiligten auf 111 erhöht (Abb. 8), die Zahl der Mitarbeiter der Molluskenkartierung von 5 (1973) auf 21 (1975), jene der Coleopterologen von 13 (1973) auf 30 (1975; vgl. Abb. 9) und die der Herpetologen von 0 (1973) auf 94 (1975; Abb. 10).

Es versteht sich von selbst, daß die einzelnen Mitarbeiter Verbreitungsangaben aus zahlreichen Grids mitteilen. Deshalb wird der Mitarbeiterkataster durch einen Informationskataster ergänzt. Dieser läßt den Bearbeitungsstand eines Gebietes sofort erkennen (BRESINSKY & SCHÖNFELDER 1974, HAEUPLER 1974, KLOMANN & MÜLLER 1975, MÜLLER 1975). Mitarbeiter- und Informationskataster (als Beispiel vgl. Abb. 11) garantieren die Vergleichbarkeit der in den Karten enthaltenen Informationen, wissenschaftliche Nachvollziehbarkeit der getroffenen Aussagen, schnelle Erfassung und regelmäßige Kontrolle ökologischer Informationen. Eine Kartierung für eine in allen Naturräumen der BRD entsprechend ihrer ökologischen Valenz zu erwartende Art sehe ich als 'abgeschlossen' an, wenn der Informationskataster für alle 10 x 10 km Raster 'gefüllt' ist.

## III. Informationsverarbeitung

Bis Mai 1975 wurden die von den Mitarbeitern der Zentrale zugesandten Daten, nachdem sie (soweit nicht schon geschehen) auf Standardkarteikarten übertragen

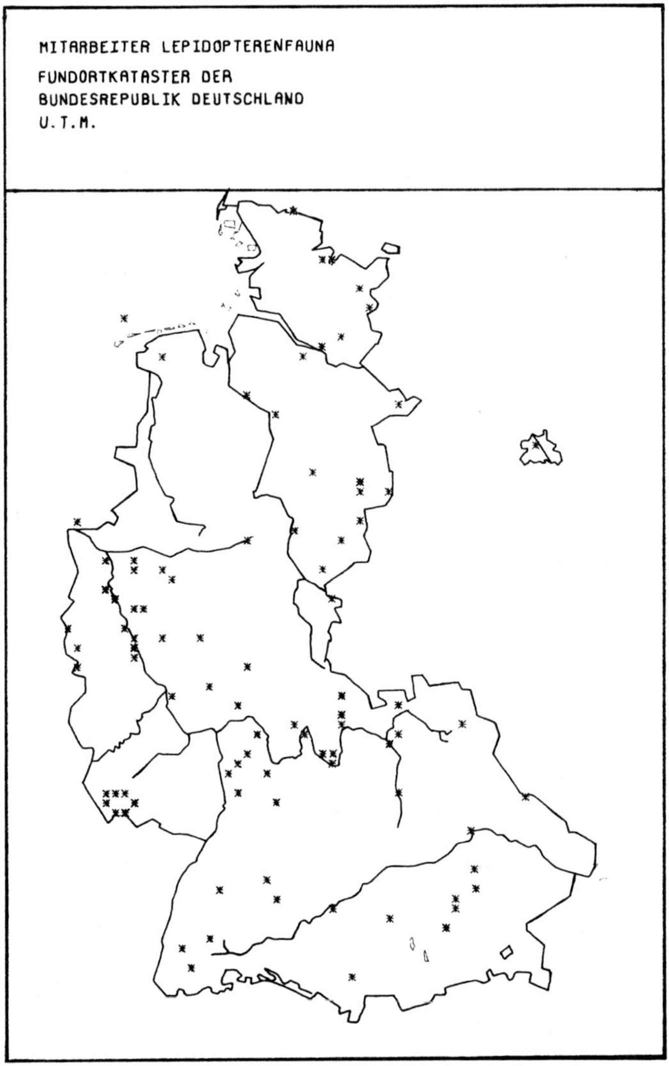


Abb. 6. Mitarbeiterkataster der Lepidopterologen (Stand 4.9.1975)

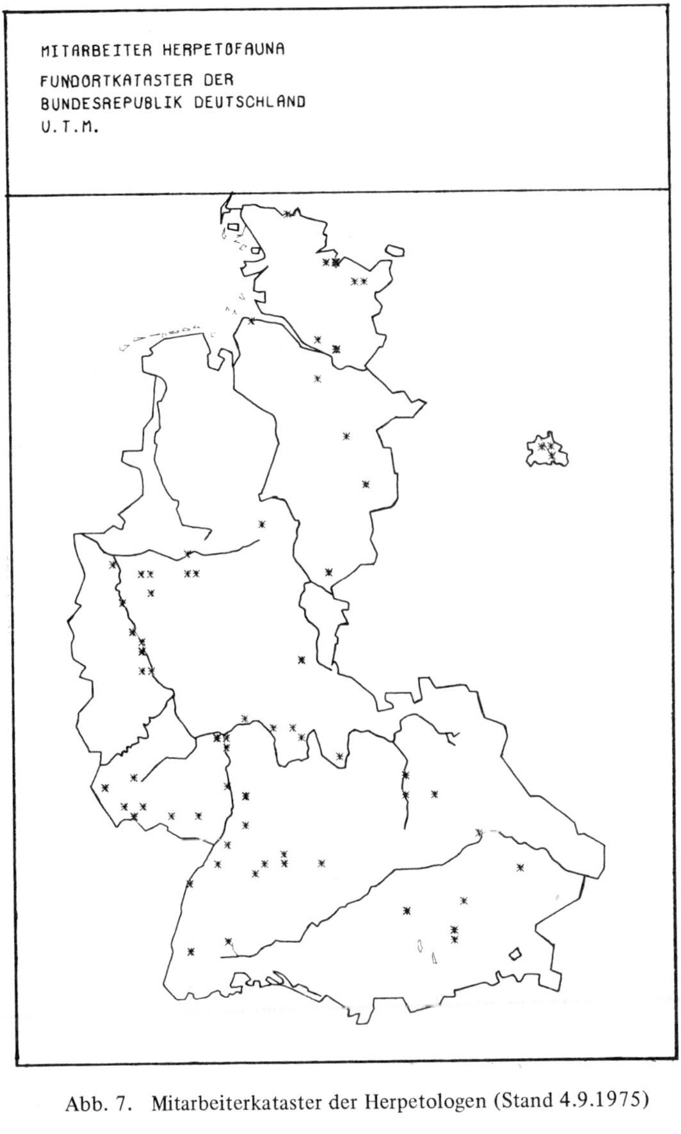


Abb. 7. Mitarbeiterkataster der Herpetologen (Stand 4.9.1975)

Mitarbeiter der Coleopterenkartierung der BRD 1974/75

| | | | |
|---|---|---|---|
| BICK, | Bonn | LB | 62 |
| CYMOREK,S. | Krefeld | LB | 38 |
| DREISMANN,H. | Rietburg | MC | 64 |
| EBER,W. | Oldenburg | MD | 48 |
| EBERT,H. | Saarbrücken | LV | 55 |
| GAUSS,R. | Wittental | MU | 21 |
| GEISTHARDT,M. | Ingelheim | MA | 44 |
| GERSDORF,E. | Hannover | ND | 50 |
| GREGER,R. | Marktredwitz | TR | 94 |
| GRIES,B. | Münster | MC | 05 |
| HEYDEMANN,B. | Kiel | NF | 72 |
| HOFFRICHTER,O. | Freiburg | MU | 11 |
| KLOMANN,U. | Saarbrücken | LV | 55 |
| KNIE, J. | Bonn | LB | 62 |
| LEVENS,H. | Hamburg | NE | 63 |
| LOHSE,G.A. | Hamburg | NE | 63 |
| LÖSER,S. | Düsseldorf | LB | 47 |
| NAGEL, P. | Saarbrücken | LV | 55 |
| POSPISCHIL, R. | Köln | LB | 54 |
| PREUSS, G. | Landau | MV | 35 |
| PUTHZ,V. | Schlitz | NB | 31 |
| RENNER,K. | Bielefeld | MC | 66 |
| RÖSSLER,G. | Wunsiedel | TR | 84 |
| SCHERER,G. | München | PU | 93 |
| SOLLMANN, A. | Büttgen | LB | 37 |
| THIELE, H. | Köln | LB | 54 |
| TIMM, H. | Hamburg | NE | 63 |
| TRÖGER, E. J. | Freiburg | MU | 11 |
| UHMANN, G. | Pressath | QA | 11 |
| WOLF, H. | Plettenberg | MB | 27 |

Abb. 8. Mitarbeiter der Coleopterenkartierung der BRD (Stand 4.9.1975)

Mitarbeiter der Lepidopterenkartierung der BRD 1974 75

| | | | |
|---|---|---|---|
| ACHTELIK, G. | Essen | LC | 60 |
| ASAL, J. | Todtnau | MT | 29 |
| BARWINSKI, P. | Geilenkirchen | KB | 94 |
| BAIERL, H. | Neusass | PU | 34 |
| BAUER, G. | Dusseldorf | LB | 47 |
| BAUER, O. | Coburg | PA | 46 |
| BAUER, U. | Mosbach | NU | 16 |
| BECK, A. | Freiburg | MU | 11 |
| BENDER, R. | Saarlouis | LV | 36 |
| BESTLE, K.H. | Großrosseln | LV | 45 |
| BIERMANN, H. | Ueberau | MA | 81 |
| BLASIUS, R. | Heidelberg | MV | 77 |
| BOTT, A. | Poppenhausen | NA | 85 |
| BRAUN, E.L. | Friedrichsthal | LV | 66 |
| BRAUN, K. | Furtwangen | MU | 42 |
| BRAUN, W. | Simmerath | LB | 00 |
| BREUER, A. | Koln | LB | 54 |
| BROCKMANN, E. | Uslar | NE | 42 |
| BRUER, W. | Braunschweig | PE | 09 |
| BURGHARDT, G. | Grossen-Busseck | M | 80 |
| CLEVE, K. | Berlin | UU | 82 |
| DAHNERS, H. | Bonn | LB | 62 |
| DERRA, M. | Wanne-Eickel | LC | 31 |
| DÖRNER, M. | Regensburg | TQ | 83 |
| DRÜKE, R.W. | Holzminden | NC | 34 |
| EBBINGHAUS, R. | Ahrensburg | NE | 84 |
| EITSCHBERGER, U. | Lengfeld | NA | 71 |
| ERBELING, L. | Letmathe | MB | 09 |
| FABER, K.H. | Gottingen | NC | 60 |
| FINCK, F. | Lubeck | PE | 17 |
| FINK, G. | Nurnberg | PV | 47 |
| FISCHER, H.G. | Saarbrucken | LV | 55 |
| FRANCKE, H.L. | Munchen | PU | 93 |
| FRIEDEL, W.S. | Freising | QU | 06 |
| GARTHE, E. | Bamberg | PA | 32 |
| GEIGER, H. | Troisdorf | LB | 63 |
| GLEBER, W. | Wolfenbuttel | PC | 08 |
| GÖRGNEN, E. | Nieder-Roden | MA | 93 |
| GREUBEL, S. | Poppenhausen | NA | 85 |
| GUTTMANN, R. | Braunschweig | PC | 09 |
| HARBICH, H. | Salz | NA | 87 |
| HARKORT | Dusseldorf | LB | 47 |
| HEIN, D. | Schonaich | NU | 08 |
| HOHMANN, H. | Bremen | MD | 88 |
| JANSEN, P. | Aurich | LE | 92 |
| JUNK, H. | Siersburg | LV | 37 |
| KAHLHEBER, D. | Villmar | MA | 48 |
| KLEMMER, W. | Fürth | UQ | 46 |
| KÖHLER | Lüchow | PD | 47 |
| KORNEMANN, B. | Osterode | MC | 83 |
| KREMER, B.P. | Bonn-Bd.Godesbg. | LB | 61 |
| KRISTAL, P.M. | Bürstadt | MV | 69 |
| LOBENSTEIN, U. | Hannover | ND | 50 |
| LOELF, T. | Hamburg | NE | 66 |
| LOSER, S. | Dusseldorf | LB | 47 |
| LUER, H. | Vienenburg | PC | 05 |
| MAEY, H. | Bonn | LB | 62 |
| MAIXNER, B. | Krefeld | LB | 38 |
| MALKMUS, W. | Partenstein | NA | 34 |
| MARTENS, E. | Krefeld | LB | 38 |
| MEHLAU, W. | Braunschweig | PC | 09 |
| MEIER, M. | Mitteltal | MU | 57 |
| MÖRTTER, R. | Bonn | LB | 62 |
| NAUMANN, C. | Munchen | PU | 93 |
| NIENHAUS, J. | Vreden | LE | 56 |
| NIPPEL, F. | Wermelskirchen | LB | 76 |
| OTT, W. | Coburg | PA | 46 |
| PIETERS, M. | Stolbg-Busbach | LB | 02 |
| PILOTEK, D. | Bamberg | PA | 32 |
| REBER, U. | Mosbach | NV | 16 |
| RECKE, J. | Dortmund | LC | 90 |
| REFFKE, D. | Burscheid | LB | 66 |
| REIMANN, O. | Kempten | NT | 98 |
| RÖSZLER, G. | Wunsiedel | TR | 84 |
| ROSENBAUM, J. | Bad Ems | MA | 07 |
| RUHL, H. | Bad Neustadt | NA | 87 |
| RUMMLER, H.J.u.D. | Braunschweig | PC | 09 |
| SCHMIDT-KOEHL, W. | Saarbrucken | LV | 55 |
| SCHMITT, A. | Eschwege | NB | 77 |
| SCHONMANN, H. | Lohr | NA | 43 |
| SCHREIBER, H. | Spiesen | LV | 66 |
| SCHUH, H. | Munchen | PU | 93 |
| SCHUMACHER, H. | Ruppichteroth | LB | 93 |
| SCHUTZE, A. | Osterode | NC | 83 |
| SEIDLEIN, H. | Schweinfurt | NA | 84 |
| SPAARMANN, E. | Elten | LC | 05 |
| SCHUTTE, M. | Thalexweiler | LV | 57 |
| SEYER, H. | Saarbrucken | LV | 55 |
| STAMPA, S. | Munkborup | NF | 37 |
| STEINELT, M. | Oberursel | MA | 76 |
| STEINIGER, H. | Wurzburg | NA | 61 |
| STOBBE, H. | Hamburg | NE | 63 |
| STRECK, A. | Bensheim | MA | 70 |
| STOCKERT, B. | Memmelsdorf | PA | 43 |
| STUCK, G. | Kronshagen | NF | 62 |
| STURMER, E. | Verden | ND | 16 |
| TUCHERT, H. | Ochsenfurt | NA | 70 |
| TURANDELLA, R. | Siegen | MB | 33 |
| UBELACKER | Würzburg | NA | 61 |
| VOLLRATH, H. | Weihenstephan | TP | 89 |
| WALFORT, V. | Gelsenkirchen | LC | 61 |
| WALTHER, C. | Helmstedt | PC | 38 |
| WEBER, E. | Mariabrunn | QU | 06 |
| WEIGT | Dusseldorf | LB | 47 |
| WEINBERGER, M. | Bruckberg | TP | 87 |
| WENZEL, G. | Nurtingen | NV | 09 |
| WEYH, R. | Ulm-Wiblingen | NU | 75 |
| WISSEL, F. | Braunschweig | PC | 09 |
| WITTORFF | Kiel | NF | 72 |
| ZAHM, N. | Hüttersdorf | LV | 47 |
| ZENGLEIN, A. | Poppenhausen | NA | 85 |

Abb. 9. Mitarbeiter der Lepidopterenkartierung der BRD (Stand 4.9.1975)

Mitarbeiter der Herpetofauna der BRD 1974 75

| | | | |
|---|---|---|---|
| ANT, H. | Hamm | MC | 12 |
| ASSMANN, O. | Freising | QU | 06 |
| BACK, H.-E. | Bonn | LB | 62 |
| BACKES, H. | Dudweiler | LV | 55 |
| BADER, R. | Hirsau | MU | 89 |
| BAUER, | Düsseldorf | LB | 47 |
| BECK, L. | Bochum | LC | 70 |
| BECKER, D.W. | Ingelheim | NA | 33 |
| BECKER, J. | Porz-Wahn | LB | 63 |
| BRAUNS, A. | Braunschweig | PC | 09 |
| BREHM, J. | Schlitz | NB | 31 |
| BRIEDEN, G. | Wuppertal | LB | 78 |
| CLAUSNITZER, H. J. | Eschede | ND | 84 |
| DAUM, W. | Rüsselsheim | MA | 53 |
| DEMMELER, O. | Merzig | LV | 28 |
| EITSCHBERGER, U. | Langfeld | NA | 71 |
| EYER, N. | Karlsruhe | MU | 52 |
| FELDMANN, R. | Bösperde | MC | 10 |
| FITTKAU, E.-J. | Plön | NF | 90 |
| FLINDT, R. | Ludwigsburg | NV | 11 |
| GAUCKLER, K. | Nürnberg | PV | 47 |
| GIZYCKI, F.v. | Hamburg | NE | 73 |
| GLANDT, D. | Bruckhausen | LC | 31 |
| GOLDER, F. | Mainz Mombach | MA | 43 |
| GRANDISON, A. | London | | GB |
| GRANDL, A. | Alzenau | NA | 04 |
| GRUBER, U. | München | PU | 93 |
| GÜMPEL, D. | Schlitz | NB | 31 |
| GUNKEL, E. | Pinneberg | NE | 54 |
| GUTTMANN, P. | Braunschweig | PC | 09 |
| HAFFNER, P. | Merzig | LV | 28 |
| HEINRICH, D. | Kiel | NF | 72 |
| HEMMER, H. | Mainz | MA | 43 |
| HENDRICKS, G. | Remagen-Kripp | LB | 70 |
| HENKE, J. | Baden-Baden | MV | 40 |
| HENLE, K. | Rutesheim | MV | 90 |
| HIRSCHFELD, K. | Kehl | MU | 18 |
| HÖRNIG, J. | Bruchsal | MV | 74 |
| JENKNER, P. | Essen | LC | 60 |
| JUNG, M. | Neunkirchen | LV | 66 |
| JUNG, W. | Schwab.Gmünd | NV | 50 |
| JUNGBLUTH, J. | Heidelberg | MV | 77 |
| KINZELBACH, R. | Mainz | MA | 43 |
| KLEMMER, K. | Frankfurt | MA | 75 |
| KNEITZ, G. | Bonn | LB | 62 |
| KINDLE, F. | Goslar | MC | 95 |
| KOEPCKE, | Hamburg | NE | 73 |
| KONIG, D. | Kronshagen | NF | 62 |
| KÖNIG, R. | Kiel | NF | 72 |
| KRABBENHÖFT, H. | Eutin | PF | 00 |
| KRAMER, H. | Bonn | LB | 62 |
| KRAPP, F. | Wachtb.-Adend. | LB | 60 |
| KRAUS, O. | Hamburg | NE | 73 |
| KREUZER, P. | Göttingen | NC | 60 |
| KUENZER, P. | Göttingen | NC | 60 |
| LANKES, H. | Regensburg | TQ | 83 |
| LEICHT, E. | Altdorf-Rasch | PV | 77 |
| MÄGDEFRAU, K. | Deisenhofen | PU | 92 |
| MALKMUS, R. | Heigenbrucken | NA | 24 |
| MOELLER, H. | Erlangen | PV | 49 |
| MÜLLER, J. | Cuxhaven | ME | 86 |
| MÜLLER, P. | Saarbrucken | LV | 55 |
| NAUMANN, C. | München | PU | 93 |
| NIEHUIS, M. | Landau | UP | 29 |
| OBERT, H.-J. | Bonn | LB | 62 |
| OBST, F.-J. | Dresden | | |
| PETERS, G. | O.-Berlin | | |
| PIEPER, H. | Kiel | NF | 72 |
| POSPISCHILL, R. | Köln | LB | 54 |
| PREUSS, G. | Annweiler | MV | 25 |
| REICHERT, H. | Nonnweiler | LV | 59 |
| REMMERT, H. | Erlangen | PV | 49 |
| RICHTER, K. | Augsburg | PU | 45 |
| RÖBEN, P. | Heidelberg | MV | 77 |
| SCHELLER, R. | Lu.-Oggersheim | MV | 58 |
| SCHICHTEL, M. | Dudweiler | LV | 55 |
| SCHLAILE, H. | Freiburg | MU | 11 |
| SCHMIDT, E. | Flensburg | NF | 27 |
| SCHMIDTLER, J.F. | Munchen | PU | 93 |
| SCHNEIDER, B. | Pirmasens | LV | 95 |
| SCHREMMER, F. | Heidelberg | MV | 77 |
| SCHUBERT, O. | Buchholz | NE | 50 |
| SCHUSTER, W. | Augsburg | PU | 45 |
| STRECK, H. | Hettstedt Halle | | |
| SUKOPP, H. | Berlin | UU | 82 |
| THIELE, H.U. | Köln | LB | 54 |
| TIMM, H. | Hamburg | NE | 73 |
| VIERTEL, B. | Oppenheim | MA | 52 |
| WEBER, H. | Heusweiler | LV | 46 |
| WEIGERT, G. | Neheim-Husten | MC | 20 |
| WENDLAND, V. | Berlin | UU | 91 |
| WERMUTH, H. | Stuttgart | NV | 10 |
| WEYGOLDT, P. | Freiburg | MU | 11 |
| WOLSBECK, H. | Karlsruhe | MV | 52 |

Abb. 10. Mitarbeiter der Amphibien- und Reptilienkartierung der BRD (Stand 4.9.1975).

wurden und die Gridreferenzen der Fundorte festlagen, manuell in Gitternetzkarten der BRD eingetragen (Abb. 12/13).

Dieses sehr arbeitsintensive Verfahren wurde Ende Mai durch ein Computer-Programm (Klomdat) abgelöst. Computergesteuerte Plotter drucken nur die Gitternetzkarten mit den gewünschten Verbreitungsdaten aus. Das aus den Gridkarten der BRD bekannte 10 x 10 km Netz kann dabei nach Wunsch mitgedruckt werden.

Computer- und Plotteranlage gehören zur Zentralen Rechenanlage der Universität des Saarlandes. Die gewünschten Karten werden vom Computer in Sekundenschnelle erstellt (Abb. 14–17). Fehler der Gridreferenzen werden kontrolliert und vom Rechner 'bestreikt', wenn sie außerhalb der im Programm festgelegten Norm liegen.

Der Computer ist aber in der Qualität seiner Karten von den Mitarbeitern abhängig. Für manche Tiergruppen fällt die Erstellung eines Fundort- und Mitarbeiterkatasters, dessen Informationen jährlich abgerufen werden sollen leicht, während er für andere vermutlich niemals zustandekommen dürfte. Hier müßten zwangsläufig Auswahlkriterien gesetzt werden (s.w.u.), die zu einer Selektion der vorrangig zu kartierenden Gruppen und Arten führten.

## IV. Auswahlkriterien für die Kartierung einzelner Tierarten und -gruppen

Grundsätzlich ist es wünschenswert, von jeder Tiergruppe die räumliche Verbreitung vollständig zu kennen. Aus praktischen Gründen wird diese Aufgabe für eine Anzahl von Familien ja sogar Ordnungen bzw. Klassen lösbar sein (u.a. Decapoda, Odonata, Coleoptera, Lepidoptera, Vertebrata), bei anderen wird man sich zunächst auf einzelne Arten beschränken müssen. Wir haben deshalb 28 Tiergruppen für die Kartierung ausgewählt (vgl. Organisationsschema für die BRD; Stand 4.9.1975; Abb. 18), die teilweise jedoch nur durch eine Art vertreten werden. Ihre Auswahl folgte einerseits sachlichen Auswahlkriterien, andererseits individuellen Initiativvorschlägen einzelner Kollegen, die ihre speziellen Fragestellungen und Interessen in das Kartierungsprojekt einbrachten. Seit 1974 legen wir vier Auswahlkriterien an, um zu den im Forschungsprojekt gesetzten Zielen zu gelangen und zugleich für allgemeine Fragestellungen (Fragen der Allgemeinen Zoologie, Genetik, Natur-, Umwelt- und Artenschutz, Raumplanung u.a.) Grundlagenmaterial zu erhalten.

### *1. Systematische Kriterien*

Forderung:

a. Das zu kartierende Taxon muß soweit bearbeitet sein, daß Verwechslungen zwischen einzelnen Arten ausgeschlossen werden können.

b. Die Erstellung eines Mitarbeiter- und Informationskatasters muß möglich sein.

c. Die Informationen müssen von Spezialisten überprüft werden können.

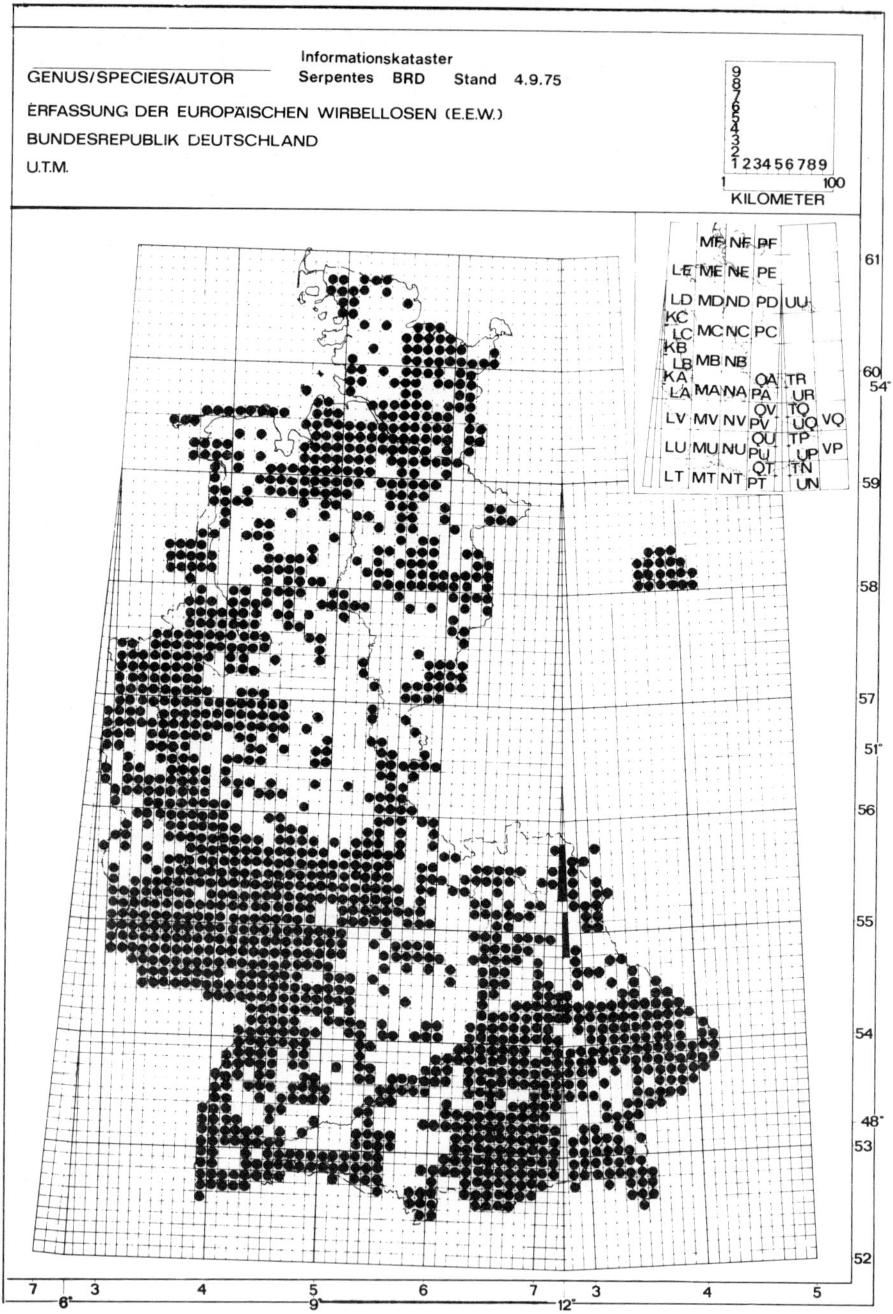


Abb. 11. Informationskataster für die Kartierung der Serpentes der BRD (Stand 4.9.1975). Aus den schwarzen Grids liegen positive oder negative Fundortmeldungen für einzelne Arten vor.

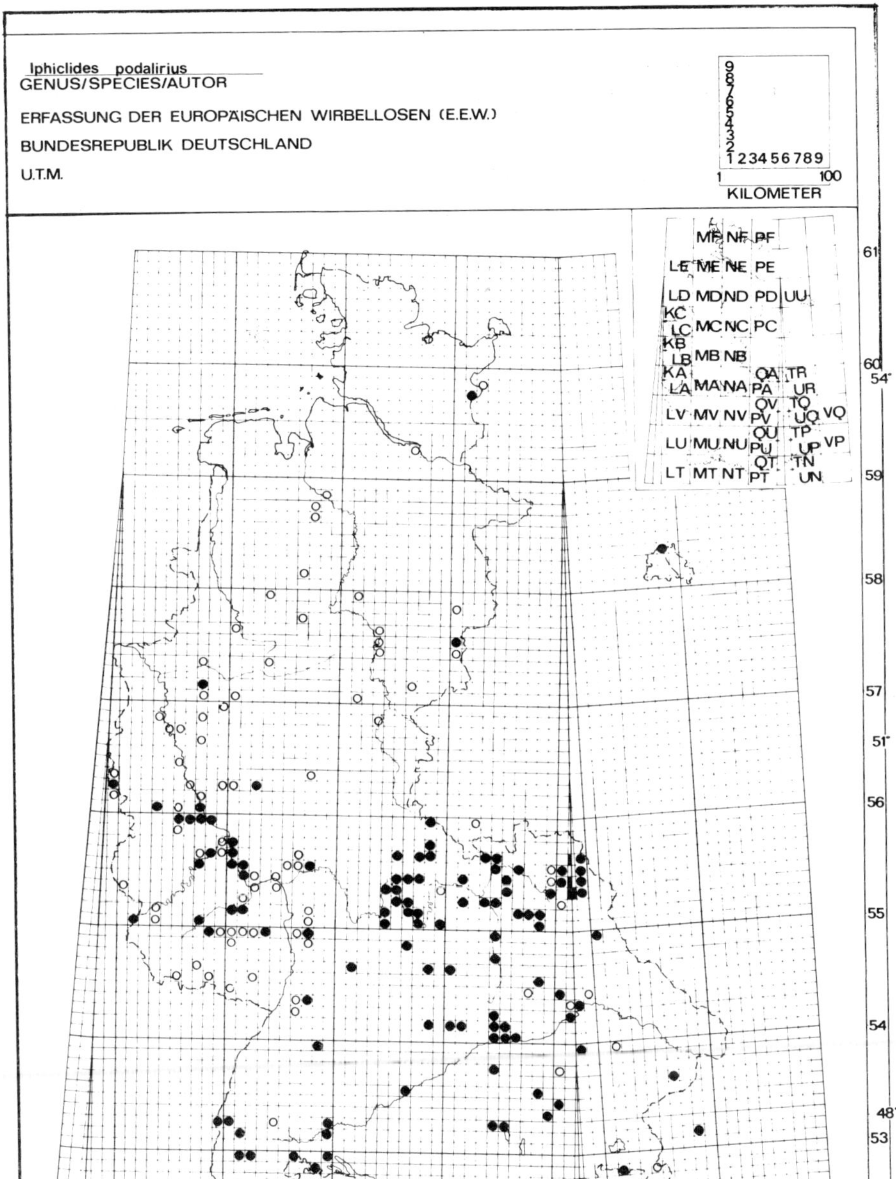


Abb. 12. Manuell hergestellte Gitternetzkarte von *Iphiclides podalirius*. (Bearbeiter: H. SCHREIBER, Biogeographie, Saarbrücken).

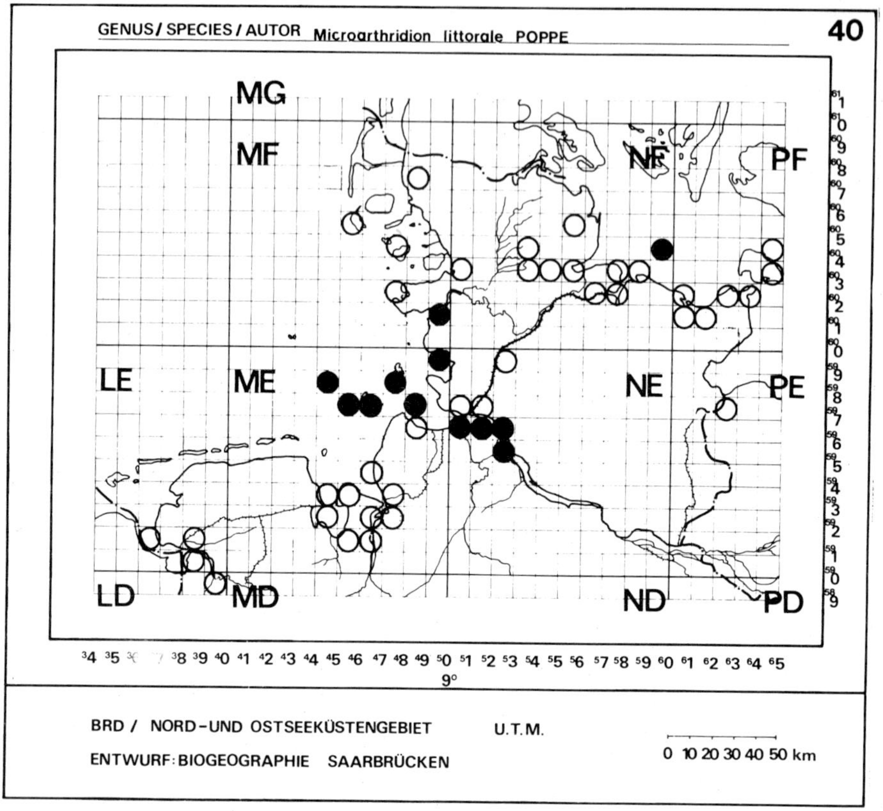


Abb. 13. Manuell hergestellte Gitternetzkarte des Krebses *Microarthridion littorale* (Bearbeiter: H. KUNZ, Biogeographie, Saarbrücken).

Gruppen, die diese Forderungen (zumindest in einzelnen Familien) erfüllen, sind die Lepidopteren, Coleopteren, Odonaten und Vertebraten. Deshalb wurde seit 1973 die Kartierung dieser Gruppen betrieben. Von den Lepidopteren ist die Kartierung der Papilionidae, Pieridae und Nymphalidae unter Leitung von Herrn Dr. H. SCHREIBER (Saarbrücken) und 111 Mitarbeitern (vgl. Abb. 8) fertiggestellt worden, und die drei nächsten Familien werden gerade aufgearbeitet. Die Bemühungen von Herrn Wiss. Ass. U. KLOMANN, der maßgeblich das Computer-Programm mitentwickelte, führten zur Erfassung der in Abb. 19 dargestellten Coleopteren-Arten. Unter Leitung von Herrn Prof. SCHMIDT (Flensburg) entstehen die Verbrei-

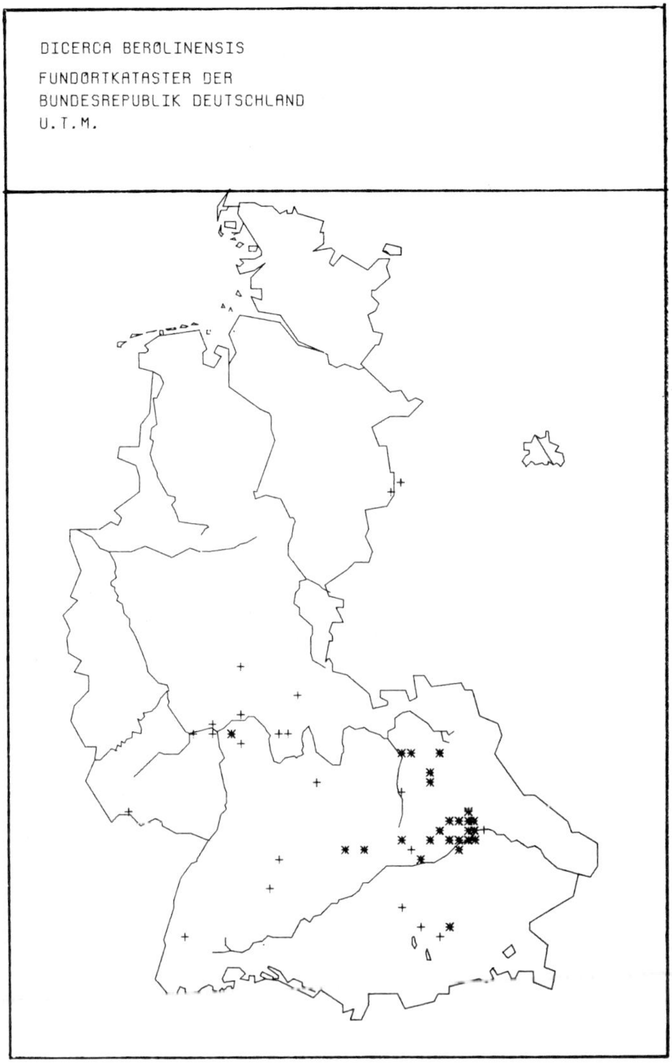


Abb. 14. Verbreitung (Computerkarte) des Buprestiden *Dicerca berolinensis* (noch nicht abgeschlossen). Durch Kreuze werden Funde vor, durch Sternchen Funde nach 1960 gekennzeichnet.

tungskarten der Odonaten der BRD. Bisher liegen regionale Karten von Schleswig-Holstein (SCHMIDT 1975) und dem Saarland (BUTZ 1973) vor. Die Verbreitungskarten der Amphibien und Reptilien der BRD wurden in Saarbrücken durch Mithilfe von mehreren Museen und 94 Mitarbeitern fertiggestellt (MÜLLER 1975). Für Mammalia, Aves und Pisces wurde die Kartierung der eingeschleppten Arten aufgenommen. Über die laufende Kartierung weiterer Arten gibt das Organisationsschema Auskunft.

## 2. *Chorologische Kriterien*

Chorologische Kriterien wurden von der Struktur, Funktion und Dynamik einzelner Tierareale abgeleitet (MÜLLER 1974). Dabei ist es selbstverständlich, daß das Kriterium 'Arealveränderungen' vorrangig als Auswahlkriterium verwandt wurde. Hierbei interessieren rezente Arealexpansionen ebenso wie Arealregressionen. Für beide Typen der Arealdynamik sollen durch die Kartierung Arten ausgeschieden werden, die zum Teil auch als Bioindikatoren verwandt werden können (zum Problem vgl. MÜLLER 1975). Dabei soll in Anlehnung an SUKOPP (1972) geklärt werden:

| | |
|---|---|
| 1. der Expansionsbeginn | |
| 2. die Einwanderungszeit | a) indigene Arten |
| | b) Archäozoen (Alteinwanderer) |
| | c) Neozoen (Neueinwanderer) |
| 3. die Expansionsweise | a) unter Einfluß des Menschen |
| | b) ohne Einfluß des Menschen |
| 4. die Expansionsrichtung | |
| 5. der Expansionserfolg | a) einheimisch |
| | b) neuheimisch = Agriozoen, mit festem Platz in rezenter Fauna |
| | c) kulturabhängig = Epökozoen |
| | d) unbeständig = Ephemerozoen |
| 6. das Vorpostenareal | |
| 7. der Regressionsbeginn | |
| 8. Regressionsweise | a) unter Einfluß biotischer Faktoren |
| | b) unter Einfluß abiotischer Faktoren (bzw. unter Einfluß von a und b) |
| 9. Regressionsrichtung | |
| 10. Restareal | |

Diese chorologischen Kriterien lenken die Aufmerksamkeit sowohl auf klein- und großräumige Arealveränderungen als auch auf kleinareale, seltene und eingeschleppte Arten. Gerade die letzte Gruppe ist für eine Fülle allgemeiner Fragestellungen, von dem Einfluß eingeführter Arten auf die indigene Fauna und Flora angefangen bis zu Problemen der angewandten Entomologie und Geomedizin von hervorragen-

Abb. 15. Verbreitung (Computerkarte) von *Asida sabulosa* (Coleoptera) in der BRD (Bearbeiter: P. NAGEL, Biogeographie, Saarbrücken).

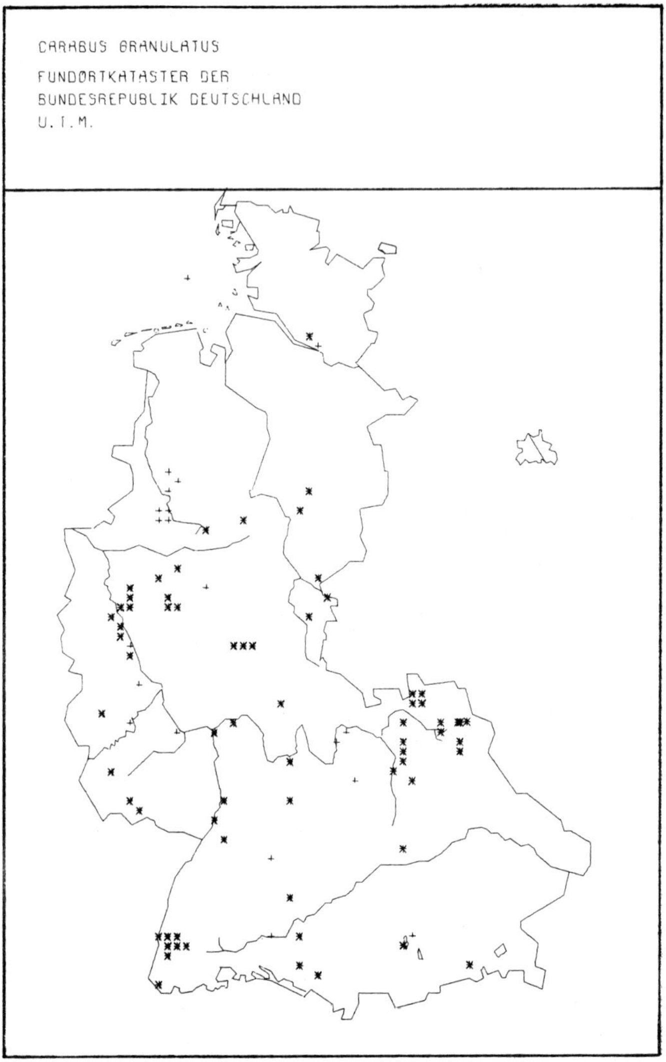


Abb. 16. Verbreitung (Computerkarte) von *Carabus granulatus* (Coleoptera) in der BRD (Bearbeiter: U. KLOMANN, Biogeographie, Saarbrücken). Die Kartierung ist noch nicht abgeschlossen.

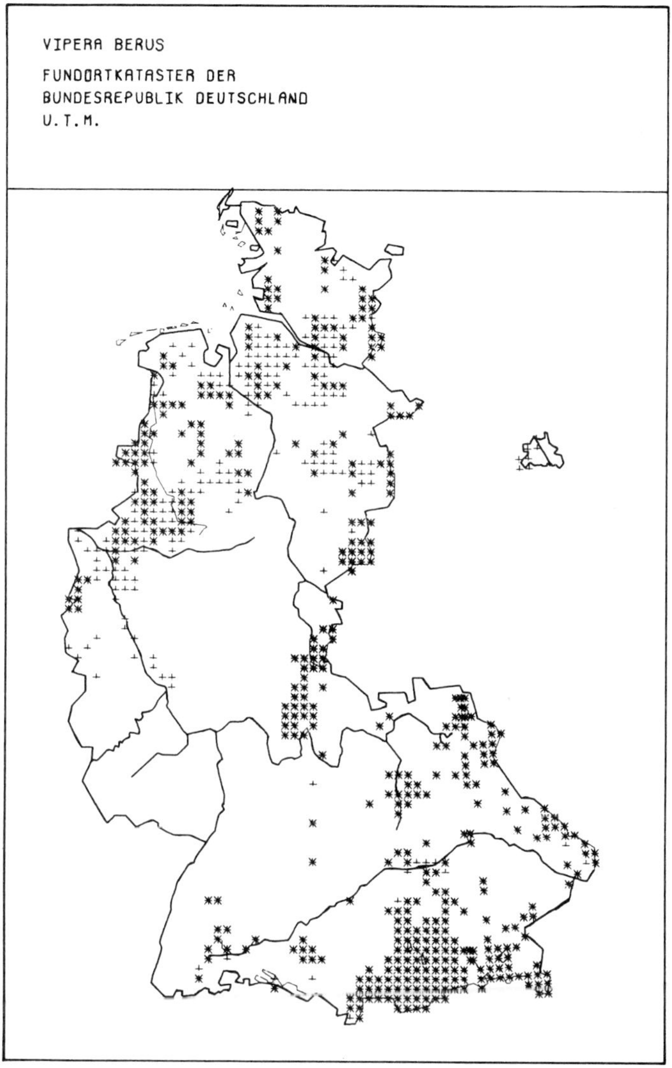


Abb. 17. Verbreitung von *Vipera berus* (Reptilia, Viperidae) in der BRD.

ORGANISATIONSSCHEMA
Fundortkataster BRD
Stand: 4.9.1975

1. PROTOZOA
   Sporoz. / SB
2. HYDROZOA
   Cordyl. caspia; Crasped. sowerbyi / KINZELBACH, R., Mainz
3. TURBELLARIA
   SB
4. TREMATODES / CESTODES
   eingeschleppte Arten / SB
5. NEMATODES
   terrestrische Arten / STURHAN,D., Münster
6. OLIGOCHAETA
   Literaturauswertung / SB
7. TARDIGRADA
   SB
8. MOLLUSCA
   vgl. Arten-u. Mitarbeiterliste
   Unitas Malacologica Europaea,
   Pomatias elegans
   Eobania vermiculata
   Discus ruderatus
   Margaritifera margaritifera / ANT, H., Hamm
9. CRUSTACEA
   Harpacticoidea / KUNZ, H., SB
   Amphipoda, Gammaridae / MEIJERING, M., Schlitz
   Decapoda / JUNGBLUTH, J., Heidelberg; KINZELBACH, R., Mainz; TÜRKAY, M., Frankfurt; SB
10. DIPLOPODA
   Schizophyllum sabulosum / SB
11. APTERYGOTA
   Collembola / HÜTHER, W., Bochum
12. EPHEMEROPTERA
   Baetis / PUHTZ, V., Schlitz
13. ODONATA
   vgl. Artenliste; SCHMIDT, E., Flensburg
14. PLECOPTERA
   ILLIES, J., Schlitz
15. ORTHOPTERA
   HÜTHER, W., Bochum; SB
   Dermaptera / RADEK, G. Ludwigsburg
16. THYSANOPTERA
   ZUR STRASSEN, R., Frankfurt
17. HEMIPTEROIDEA
   SCHRÖDER, H., Frankfurt, K., Bruchhausen; HOFFRICHTER, O., Freiburg
18. COLEOPTERA
   vgl. Arten-u.Mitarbeiterliste
   Stenus / PUHTZ, V., Schlitz
19. HYMENOPTERA
   12 "Hym.selecta"/SCHMIDT, K., Mainz
   Bombus, Psithurus / REINIG, W.F., Nürtingen
   versch. Arten / GAUSS, R., Wittental; HOHMANN; KLUG, O., Großkotzenburg
   KNEITZ, G., Bonn; PETERS, D.S., Frankfurt; SCHREMMER, F., Heidelberg
   WEIFFENBACH, H., Giessen
20. DIPTERA
   Chironomidae / FITTKAU, E.-J., München; REISS, F., Plön
   Drosophila / SB
   Tabanidae / SB
21. PLANIPENNIA
   Ascalaphidae / SB
22. TRICHOPTERA
   ILLIES, J., Schlitz
23. LEPIDOPTERA
   vgl. Mitarbeiterliste
24. ARACHNOIDEA
   KRAUS, O., Hamburg
25. PISCES
   eingeführte Arten / SB
26. AMPHIBIA / REPTILIA
   vgl. Arten-u.Mitarbeiterliste / SB
27. AVES
   eingeführte Arten / SB
28. MAMMALIA
   eingeführte Arten / SB

Abb. 18. Organisationsschema der 1974/75 zu kartierenden Tiergruppen und -arten in der BRD.

der Bedeutung. Das gilt nicht nur für eine große Zahl von Sporozoen, Trematoden, Cestoden, Dipteren, Coleopteren, Hymenopteren und Lepidopteren, sondern ebenso für Coelenteraten (*Cordylophora caspia, Craspedacusta sowerbyi*), Turbellarien (*Dugesia tigrina*), Oligochaeten (*Branchiura sowerbyi*) Crustaceen (*Atyaephyra desmaresti , Orconectes limosus, Pacifastacus leniusculus, Eriocheir sinensis, Orchestia cavimana, Gammarus berilloni, Asellus meridianus* u.a.), Mollusken (*Viviparus viviparus, Lithoglyphus naticoides, Potamopyrgus jenkinsi, Physa acuta, Unio mancus bourgeticus, Dreissena polymorpha*), Homopteren (*Ceresa bubalus,* Abb. 20) und Mammalier (*Ondatra zibethica*).

Im allgemeinen lassen sich die Arealveränderungen eingeschleppter Arten, vorausgesetzt, daß sie keine explosionsartige Populationsentwicklung durchmachen, von wenigen Spezialisten verfolgen. Das gilt in vielen Fällen auch für die sogenannten 'seltenen Arten' und Spezies mit Rest- oder Vorpostenarealen in der BRD (u.a. *Andrena ratisbonensis*; vgl. Abb. 21), *Colias myrmidone, Natrix tessellata, Elaphe longissima, Vipera aspis, Lacerta viridis*; Abb. 22, 23). Auch Verschiebungen der Arealgrenzen in der BRD lassen sich bei einzelnen Arten oftmals ohne allzu großen Arbeitsaufwand großmaßstäblich erfassen (vgl. die Arealexpansionen von *Argyope bruennichi, Dicerca berolinensis* und die Arealregressionen von *Argopus ahrensi*). Seit langem wurde diesem Phänomen bereits Beachtung geschenkt, und zahlreiche wissenschaftliche Kollegen haben minutiös die lokale Arealdynamik einzelner Arten oder Teilpopulationen darstellen können. Völlig andersartig sind jedoch die Probleme, wenn es gilt, die jährlichen oder längerfristigen Veränderungen in der BRD weitverbreiteter, teilweise auch recht häufiger Arten zu erfassen. Ohne ein dichtes Netz von Mitarbeitern ist diese Arbeit nicht mehr von einem einzelnen Wissenschaftler zu leisten. Analog den Verhältnissen auf den Sektoren der Luft- und Wasserreinhaltung, wo wir für alle Gebiete der BRD Emissions- und Immissionskataster errichten, ist die Erstellung eines Fundortkatasters notwendig, der jeder Arealkarte, gleichgültig welche kartographische Ausdrucksform wir wählen, zugrunde liegen muß. Erst durch jährliche gleichmäßige Kontrollen in allen Teilräumen (naturräumliche Gliederung) der BRD lassen sich die auftretenden Populationsveränderungen innerhalb der Areale, die lokal zu einer Bereicherung, Verarmung oder Verfälschung führen können, mit abiotischen und biotischen Faktoren korrelieren und wichtige Fragen des Natur- und Artenschutzes beantworten (z.B. welche Arten sind in ihrer Arealdynamik stärker von abiotischen, welche von biotischen Faktoren z.B. anderen Arten abhängig? Welches sind die bedrohten Arten und Ökosysteme, z.B. Heiden, Kalkgrasland, Hecken, Moore, Marschen, oligotrophe Seen in der BRD? Welche vom Menschen geschaffenen neuen Standorte werden von welchen Arten besiedelt ?).

Diese Fragen leiten über zu populationsökologischen Kriterien, die von uns zur Ausscheidung von vorrangig zu kartierenden Arten herangezogen werden.

## 3. *Populationsökologische und genetische Kriterien*

Populationsökologische und genetische Kriterien führten uns zur Ausscheidung von Populationen, bei denen die Zusammenhänge zwischen Teilpopulationen und bestimmten Raumbedingungen bereits bekannt sind oder vermutet werden und

Coleoptera selecta:

Carabus coriaceus L.<br>
" irregularis F.<br>
" fabrici PANZ.<br>
" purpurascens F.<br>
" violaceus L.<br>
" intricatus L.<br>
" auronitens F.<br>
" problematicus THOMS.<br>
" auratus L.<br>
" marginalis F.<br>
" granulatus L.<br>
" convexus F.<br>
" nitens L.<br>
" clathratus L.<br>
" variolosus F.<br>
" cancellatus ILLIG.<br>
" ullrichi GERM.<br>
" arcensis HERBST.<br>
" monilis F.<br>
" nemoralis MÜLL.<br>
" hortensis L.<br>
" silvestris PANZ.<br>
" linnei PAYK.<br>
" glabratus PAYK.

Hinzu kommen folgende weitere Carabiden:

Agonum assimilis PAYK.<br>
Molops piceus PANZ.<br>
Abax ater VILL.<br>
" parallelus Dft.<br>
" ovalis Dft.<br>
Pterostichus oblongopunctatus L.<br>
" niger SCHALL.<br>
" vulgaris L.<br>
" madidus F.<br>
" cristatus DUF.<br>
Cychrus attenuatus F.

Abb. 19. 1974/75 kartierte Carabidenarten der BRD.

Abb. 20. Verbreitung der aus Nordamerika eingeschleppten Büffelzirpe *Ceresa bubalus* (Stand 4.9.1975; Bearbeiter: HOFRICHTER & TRÖGER, Freiburg).

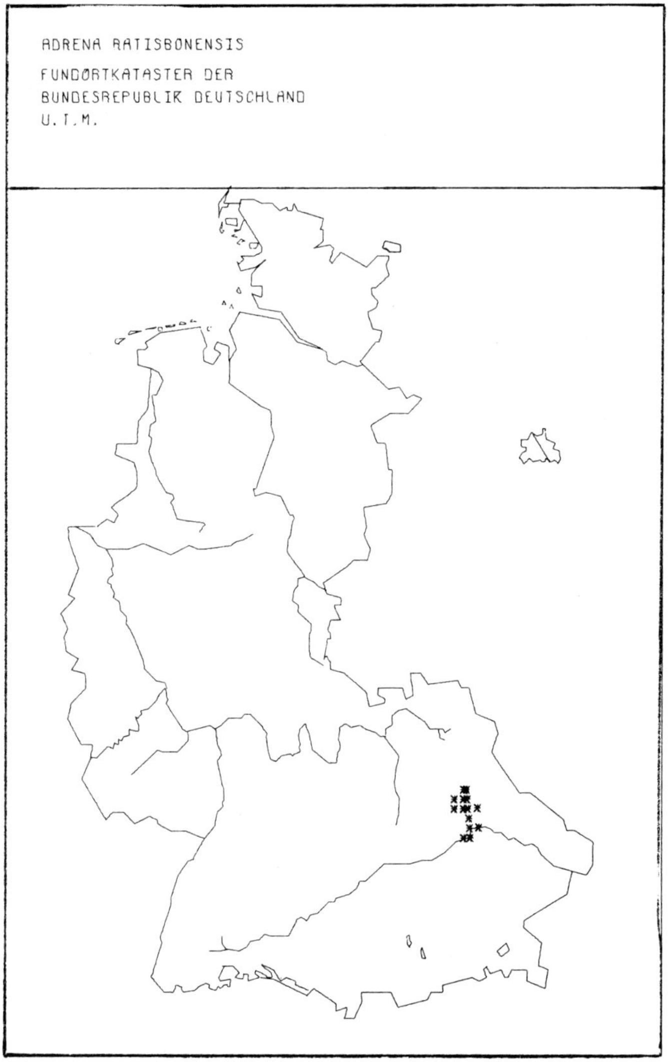


Abb. 21. Verbreitung von *Adrena ratisbonensis* in der BRD (Bearbeiter: GAUCKLER, Nürnberg).

Abb. 22. Verbreitung von *Lichenophanes varius* in der BRD (Bearbeiter: P. NAGEL, Biogeographie, Saarbrücken)

Abb. 23. Verbreitung der Würfelnatter *Natrix tesselata* in der BRD.

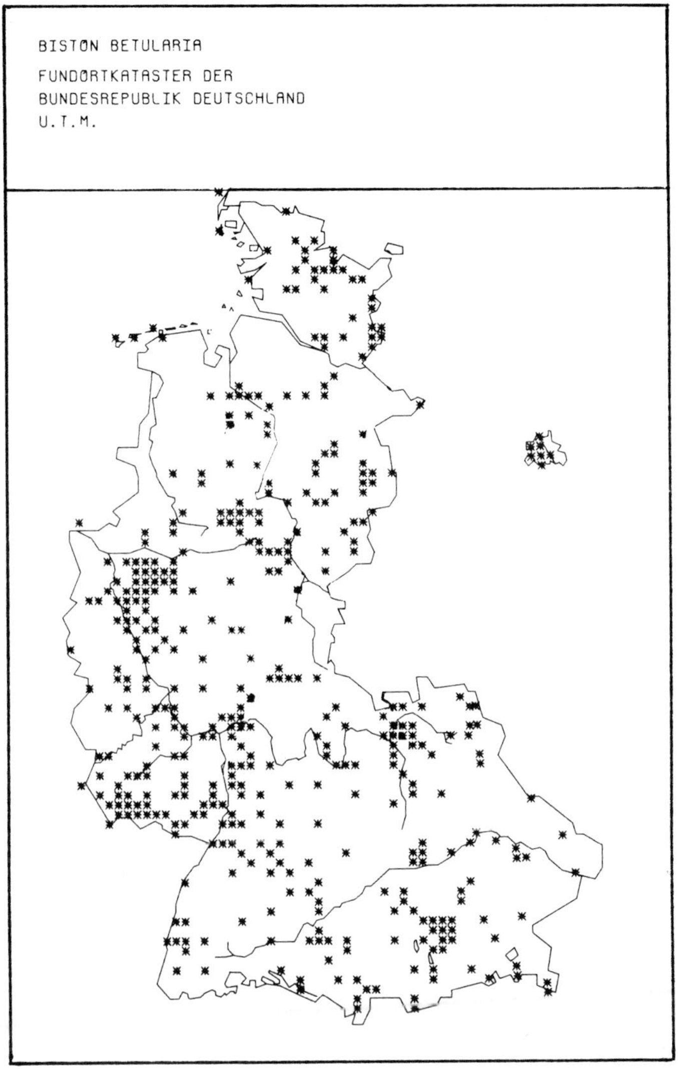


Abb. 24. Verbreitung von *Biston betularia* in der BRD (Bearbeiter: JUNK. Biogeographie, Saarbrücken).

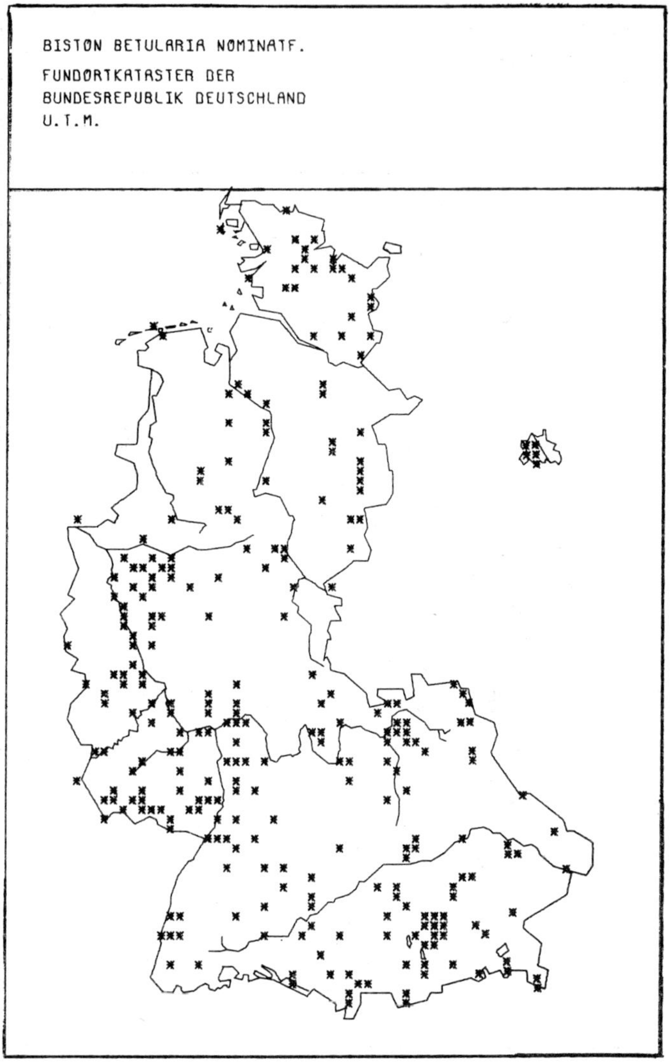


Abb. 25. Verbreitung von *Biston betularia* forma *betularia* in der BRD.

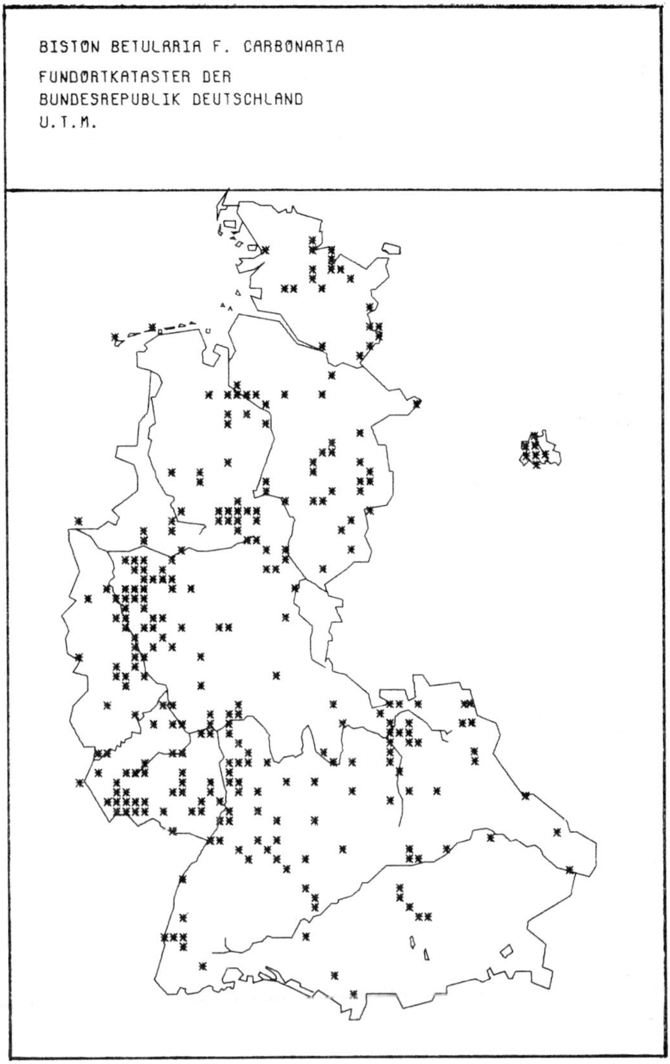


Abb. 26. Verbreitung von *Biston betularia* forma *carbonaria* in der BRD. Man beachte das Fehlen dieses Phänotyps in weiten Teilen der Bayerischen Alpen.

solche, die eine genetische Differenzierung aufweisen, die mit bestimmten abiotischen und/oder historischen Faktoren verknüpft werden kann. Sinn eines solchen Ansatzes ist die Klärung der Kausalzusammenhänge zwischen Subspeziesgrenzen, Dynamik und Konstanz von Hybridbelts und dem lokalen Auftreten polymorpher Populationen. Da sich Polymorphismus, als Vielgestaltigkeit der Individuen einer Spezies, sowohl in der Struktur als auch in der Funktion ausprägen kann (SCHMIDT 1974), sollen für die Kartierung zunächst nur solche Populationen herangezogen werden, wo der Polymorphismus im Phänotypus sichtbar wird. Naturgemäß sind diese Kartierungen nur von relativ wenig Spezialisten durchführbar, doch gibt es auch hier günstige Ansatzpunkte, wie die Kartierung der verschiedenen Phänotypen von *Biston betularia* durch meinen Mitarbeiter H. JUNK (1975) beweist. Diese Art ist, wie im übrigen etwa 30 weitere Geometriden, durch ihre Neigung zum Industriemelanismus bekannt. Die industriemelanistische Form (forma: *carbonaria*) tritt überwiegend in Verdichtungsräumen auf, von wo sie naturgemäß auch in andere Räume ausstrahlt (ASKEW et al. 1971, BISHOP 1972, KETTLEWELL 1955, 1973, LEES et al. 1973). KETTLEWELL hat durch den Aufbau eines Mitarbeiternetzes (170) die Häufigkeitsverteilung einzelner Morphen in Großbritannien aufklären können. Für die BRD liegen nur lokale Arbeiten vor, die vergleichbare Aussagekraft besitzen (u.a. CLEVE 1970). Deshalb hat JUNK in mühevoller Kleinarbeit eine Aufnahme der gegenwärtigen Situation der BRD erstellt, aus der u.a. sehr deutlich die Notwendigkeit überregionaler Erfassungssysteme abgeleitet werden kann.

Angaben von 161 Privatsammlern, Informationen aus Museen und Instituten, sowie eigene Sammeltätigkeit führten zur Auswertung von 5 317 Exemplaren, die eine relativ gleichmäßige Verteilung über die BRD zeigen (Abb. 24).

Sie lassen jedoch in weit über 80% der Fälle keine quantitativen Schlußfolgerungen über die relative Häufigkeit der einzelnen Morphen zu, da Sammler naturgemäß meist 'selektiv' sammeln. In Gebieten, in denen die forma carbonaria selten ist, ist diese gerade deswegen in den Sammlungen meist überrepräsentativ vertreten. Die Verbreitungskarten der hellen Nominatform und der industriemelanistischen *carbonaria*-form (Abb. 25/26) lassen deshalb nur qualitative Aussagen zu. In den Verdichtungsräumen der BRD ist eine Häufung von *carbonaria*-Funden nachweisbar, während weite Gebiete der Bayerischen Alpen *carbonaria*-frei zu sein scheinen. Diesen Fragen wollen wir in den nächsten Jahren durch einen gezielten Ausbau des Lepidopteren-Mitarbeiter-Netzes weiter nachgehen, um zu quantitativen Vergleichszahlen der einzelnen Phänotypen zu gelangen.

## *4. Regionale Kriterien*

Schließlich halten wir es für dringend erforderlich, daß die Erfassung und Kartierung von Tierarten und Biozönosen, unabhängig von den Kriterien 1 bis 3, dort vorrangig betrieben wird, wo durch eine geplante Nutzungsänderung einschneidende Veränderungen oder Sukzessionen der Fauna zu erwarten sind. Grundsätzlich sollte hierbei jede Tiergruppe erfaßt und archiviert werden. Das gilt auch für den Fall, daß gegenwärtig für bestimmte Tiergruppen Spezialisten fehlen. Diese Forderung wird nicht nur von Systematikern, Ökologen und Biogeographen vertreten. Sie läßt sich auch ableiten aus einer Fülle von neuen Bundesgesetzen, angefangen von den Naturschutzrahmenrichtlinien bis hin zum 1974 erlassenen Bundesimmissionsschutzgesetz:

'Zweck dieses Gesetzes ist es, Menschen sowie Tiere, Pflanzen und andere Sachen vor schädlichen Umwelteinwirkungen und, soweit es sich um genehmigungsbedürftige Anlagen handelt, auch vor Gefahren, erheblichen Nachteilen und erheblichen Belästigungen, die auf andere Weise herbeigeführt werden, zu schützen und dem Entstehen schädlicher Umwelteinwirkungen vorzubeugen' (§ 1).

Deshalb wurde und wird die Kartierung in solchen Räumen von uns intensiviert, in denen eine Erweiterung des Bebauungsplanes vorgesehen ist, neue Verkehrsverbindungen entstehen sollen und der Bau von Großkraftwerken ökologische Veränderungen (z.B. durch thermale Veränderung der Vorfluter) erwarten läßt. Die in Saarbrücken durchgeführten Untersuchungen von P. JOOS (1975) über die Arthropodenfauna saarländischer Autobahnen, S. BARTHOLOMÉ (1975) über *Cepaea*-Populationen in Verdichtungsräumen, U. KLOMANN (1975) über Bodenarthropoden unter Immissionsbelastung, V. SAUER (1975) über Fischarten in belasteten und unbelasteten Gewässern des Saar-Mosel-Raumes und die Dissertation von A. SCHÄFER (1975) über die Mollusken der Saar wurden von diesen regionalen Kriterien (Veränderungen des Bebauungsplanes im Verdichtungsraum; geplante Saarkanalisierung) geprägt. Darüber hinaus wurde als ein Schwerpunktsthema die Erfassung der Fauna urbaner Ökosysteme in den Vordergrund gestellt (MÜLLER 1975). Auf 25 Langzeituntersuchungsflächen im Verdichtungsraum Saarbrücken-Völklingen werden Diversitätsuntersuchungen und Arealdynamik von Arthropoden durchgeführt. Fragen der Besiedlungsgeschwindigkeit vom Menschen geschaffener Biotope (z.B. Autobahnränder, Schienenstränge, Halden, Kühlteiche u.a.), der Artenzusammensetzung und Anpassungsfähigkeit der Kolonisten sind für urbane Räume in vielen Bereichen noch weitgehend unbearbeitet. Auch für die Dynamik synanthroper Arten, das regionale Auftreten von Parasiten und Krankheitsüberträgern (Ausbreitung der Tularämie, Verbreitung der Zeckenencephalitis, Tollwut; in Zusammenarbeit mit Prof. Dr. H. BECKENKAMP, Saarbrücken) sind Einzelprojekte dringend erforderlich. Nicht vernachlässigt wurde die Erfassung und Kontrolle der Fauna von Naturschutzgebieten im Saar-Mosel-Raum und der Naturwaldzellen (REIS 1975, MÜLLER *et al.* 1975). Erwünscht sind Kartierungen von Räumen, die von Naturkatastrophen (Überschwemmungen, Flächenbrände) heimgesucht werden und von der Fauna besonders gefährdeter Ökosysteme (u.a. alte Buchenwälder).

Sicherlich wird man die Liste der Kriterien noch verbessern und erweitern können. Mir erscheint es wichtig, daß sie einen kritikfähigen Ansatz bilden, der Anregung bietet und neben gezieltem Arbeitseinsatz auch den Raum offenhält für spezielle Interessen und Wünsche. Diese kommen durch wechselnde Anregungen zwischen Zentrale und Mitarbeitern zustande. Ein ideenreicher und arbeitsintensiver Mitarbeiter kann hier erstaunliches leisten, wie u.a. die Kartierungen von 271 Harpacticoidea-Arten durch Dr. H. KUNZ (Biogeographie Saarbrücken) und der terrestrischen Nematoden durch Dr. D. STURHAN (Münster) belegen.

Der enorme Arbeitsaufwand, den der Aufbau des Forschungsprojektes erforderte und die bisher erzielten Ergebnisse zeigen, daß sich der Einsatz lohnte. Für die im Organisationsschema in Abb. 18 wiedergegebenen Arten können zum Teil flächendeckende, abgeschlossene Kartierungen vorgelegt und Interessenten zur Verfügung gestellt werden. Die weitere Entwicklung des Projektes muß sich neben den zu kartierenden Arten besonders auf die weitere Verbreiterung und Verdichtung der Mitarbeiternetze für die BRD erstrecken. Hierzu bedarf es der verstärkten Mitarbeit aller Systematiker, Faunisten und Biogeographen.

## Literatur


ASKEW, R. P., L. M. COOK, & J. A. BISHOP, (1971): Atmospheric pollution and melanic moth in Manchester and its environs. *J. Applied Ecology* 8 (1): 247–256.

BARTHOLOMÉ, S. (1974): Die Variabilität von *Cepaea nemoralis* und *Cepaea hortensis* Populationen in der Umgebung von Saarbrücken. Staatsexamensarb., Biographie, Saarbrücken.

BISHOP, J. A. (1972): An experimental study of the cline of industrial melanism in *Biston betularia* (L.) (Lepidoptera) between urban Liverpool and rural North Wales. *J. Animal Ecology* 41: 209–243.

BRESINSKY, A. & P. SCHÖNFELDER, (1974): Bericht zum Fortschritt der Kartierung der Flora Bayerns in der Vegetationsperiode 1973.- Anregungen für 1974. In: *Mitt. Arbeitsgem. flor. Kart. Bayerns* 4: 3–18.

BUTZ, W. (1973): Odonaten als ökologische Indikatoren für saarländische Landschaften. Abhdl. Arbeitsgemeinschaft tier- und pflanzengeogr. Heimatforschung Saarland.

CLEVE, K. (1970): Die Erforschung der Ursachen für das Auftreten melanistischer Schmetterlingsformen im Laufe der letzten hundert Jahre. *Z. angew. Ent.* 65: 371–387.

HAEUPLER, H. (1974): Statistische Auswertung von Punktrasterkarten der Gefäßpflanzenflora Süd-Niedersachsens. *Scripta Geobotanica* 8: 1–141.

HAEUPLER, H. & SCHÖNFELDER P. (1973): Bericht über die Arbeiten zur floristischen Kartierung Mitteleuropas in der Bundesrepublik Deutschland. *Mitt. Flor.-soz. Arbeitsgemeinschaft N.F.* 15/16: 14–21.

HOFFRICHTER, O. & E. J. TRÖGER, (1973): *Ceresa bubalus* F. (Homoptera: Membracidae)- Beginn der Einwanderung in Deutschland. *Mitt. bad. Landesver. Naturkd. u. Naturschutz N.F.* 11 (1): 33–43.

JOOS, H.-P. (1975): Die Zusammensetzung der Bodenarthropodenfauna in der Umgebung einer Bundesautobahn. Staatsexamensarbeit, Biogeographie, Saarbrücken.

JUNGBLUTH, J. H. (1972): Die Verbreitung und Ökologie des Rassenkreises *Bythinella dunkeri* (FRFLD. 1856). *Arch. Hydrobiol.* 70: 230–273.
— (1973): Über die Verbreitung des Edelkrebses *Astacus (Astacus) astacus* (L. 1758) im Vogelsberg Oberhessen. (Decapoda: Astacidae). *Philippia* 2: 39–43.
— (1974): Über die Kartierung der Mollusken von Hessen. *Mitt. dt. malak. Ges.* 3.
— (1975): Die Molluskenfauna des Vogelsberges unter besonderer Berücksichtigung biogeographischer Aspekte. Biogeographica, Verl. W. Junk, The Hague.
JUNK, H. (1975): Verbreitung und Variabilität von *Biston betularia* L. Staatsexamensarbeit Biogeographie, Saarbrücken.
KETTLEWELL, H. B. D. (1955): Selection experiments on industrial melanism in the Lepidoptera. *Heredity* 9: 323–342.
— (1973): The evolution of melanism. Oxford.
KLOMANN, U. (1974): Bodenarthropoden unter Immissionsbelastung (unter besonderer Berücksichtigung der Familie Carabidae, Coleoptera). Staatsexamensarbeit, Biogeographie, Saarbrücken.
KLOMANN, U. & P. MÜLLER, (1975): Ökologischer Informationskataster für das Saarland. Mitt. Biogeogr. *Abt. Geogr. Inst. Univ. Saarlandes* 7: 1–24.
KOEPPEL, H. W. (1975): Erfahrungen mit dem Einsatz von Computern. In: P. MÜLLER, (ed.) Verhdl. der Gesellschaft für Ökologie, Erlangen, Verl. Junk, The Hague.
LEES, D. R., CREED, E. R. & J. G. DUCKETT, (1973): Atmospheric pollution and industrial melanism. *Heredity* 30: 227–232.
MÜLLER, P. (1972): Biogeographie und die 'Erfassung der Europäischen Wirbellosen'. *Ent. Z.* 82 (3).
— (1974): Aspects of Zoogeography. Verl. W. Junk, The Hague. pp. 208.
— (1974): Erfassung der westpaläarktischen Invertebraten; *Fol. Ent. Hung.* 27: 405–430.
— (1975): Vorkommen der Nase (*Chondrostoma nasus*) bei Völklingen in der Saar. *Sportfischer* 4.
— (1975): Ökologische Kriterien für die Raum- und Stadtplanung. *Umwelt Saar* 1974: 6–51.
MÜLLER, P. & H. SCHREIBER, (1972): Erfassung der europäischen Wirbellosen. *Mitt. Biogeogr. Abt. Univ. Saarlandes* 2: 1–12.
MÜLLER, P., U. KLOMANN, P. NAGEL, H. REIS & A. SCHÄFER, (1975) Indikatorwert unterschiedlicher biotischer Diversität im Verdichtungsraum von Saarbrücken. Verhdl. Ges. Ökologie, Erlangen, 3: 113–128.
NAGEL, P. (1975): Studien zur Ökologie und Chorologie der Coleopteren (Insecta) xerothermer Standorte des Saar-Mosel-Raumes mit besonderer Berücksichtigung der die Bodenoberfläche besiedelnden Arten. Dissertation, Biogeographie, Saarbrücken.
REIS, H. (1974): Populationsmessungen an bodennahen Arthropoden in saarländischen Naturwaldzellen unter besonderer Berücksichtigung der Carabidae (Coleoptera).
ROSSMÄSSLER, E. A. (1853): Über eine Fauna molluscorum extramarinorum Europae und einen prodomus für eine solche. *Z.Malakozool.* 10: 33–39.
SAUER, V. (1975): Gewicht und Größe von Fischen in belasteten und unbelasteten Gewässern des Saar-Mosel-Raumes. Staatsexamensarbeit, Biogeographie, Saarbrücken.
SCHÄFER, A. (1975): Untersuchungen über die Bedeutung der Saarbelastung auf Arealdynamik und Struktur von Molluskengesellschaften der Saar. Dissertation, Biogeographie, Saarbrücken.

SCHMIDT,E. (1975): Die Libellenfauna des Lübecker Raumes. *Ber. Ver. Nat. H. Nat. Hist. Mus. Lübeck* 13/14: 25–43.
SCHMIDT, G. H. (ed.) (1974): Sozialpolymorphismus bei Insekten. Wissenschaftl. Verlagsgesellsch. Stuttgart.
SCHREIBER, H. (1974): Zur Erfassung der europäischen Wirbellosen (EEW) Lepidopterenprogramm. *Atalanta* 5 (4): 231–235.
SUKOPP, H. (1972): Wandel von Flora und Vegetation in Mitteleuropa unter dem Einfluß des Menschen. Umweltschutz in Land- und Forstwirtschaft 50: 112–139, Verl. Parey, Hamburg u. Berlin.

## Diskussion

KOLBE: Erstens eine Anregung. Wenn schon eine Aufnahme der Fundpunkte diverser Tierarten in den Computer erfolgt, so sollte darüber hinaus versucht werden, weitere zusätzliche Daten in diesen einzuspeisen. Dieser Tatbestand stetzt allerdings voraus, daß einschlägige Daten erarbeitet worden sind. Die rheinischen Koleopterologen haben für das Rheinland im Rahmen ihrer Arbeiten eine Karteikarte (Fig. 27) entwickelt, die jedem Käfer zusätzlich eine Vielzahl ökologischer Angaben zuordnet. Es wird also nicht nur nach dem Fundort im weiteren Sinne, sondern auch nach dem Biotop, dem Stratum und dem 'Fundsubstrat' gefragt. Weiterhin werden auch diverse klimatische Daten u.a. abgefragt. Diese Angaben könnten sicherlich unter Umständen als Arbeitsgrundlage für weitere intensive Forschungen an Hochschulen dienen. Mein Vorschlag geht dahin, zu überprüfen, in welchem Umfang auch ökologische Daten von dem Computer aufgenommen werden können. Zweitens: Zur Auswirkung von Schwefeldioxid auf Koleopteren. Es ist bekannt, daß Schwefeldioxid in erster Linie die Fotosynthese beeinträchtigt. In Kürze werden wir auch im Wuppertaler Raum durch das Inkrafttreten einer Müllverbrennungsanlage Auswirkungen durch den verstärkten Anfall von $SO_2$ erfahren. Gibt es bereits konkrete Angaben über direkte oder indirekte $SO_2$-Schädigungen an Koleopteren im Bereich der Baum- und Strauchschicht und auf der Bodenoberfläche?

P. MÜLLER: Ich würde mir wünschen, daß alle Koleopterologen in der BRD dieses System übernähmen und daß man dann die Transferierbarkeit der ökologischen Daten aufgreifen sollte. Das ist kein Problem. Wir haben in Saarbrücken eine der modernsten EDV-Anlage. Das Kernproblem ist, daß man den Mitarbeitern im ganzen Land Geräte, wie Thermometer, Hygrometer usw. zur Verfügung stellen müßte, und das geht praktisch aus finanziellen Gründen nicht.

Über $SO_2$-Auswirkung auf Koleopteren: Wir haben eine Reihe von zum Teil schon abgeschlossenen Arbeiten, z.B. über Flechten und chemische Blattanalyse. Im Augenblick kann ich aber keinen einzigen Befund über Koleopteren vorlegen. Über Vertebraten sind aber Daten verfügbar. Es ist auch schwierig, über die Einzelwirkung von SO, etwas zu sagen, da in der Praxis kumulative Wirkungen vieler Schadstoffe vorkommen.

ASPÖCK: Wie sind die Koordinationen der von Ihnen, HEATH und REICHL (und anderen) entwickelten Systeme auf ganz Europa auszudehnen?

P. MÜLLER: Von der EDV-mäßigen Verarbeitung her ist es überhaupt kein Problem. Die Diskussionen der ersten Stunde waren kontroversiell. Wichtig ist die Gewährleistung der Trans-

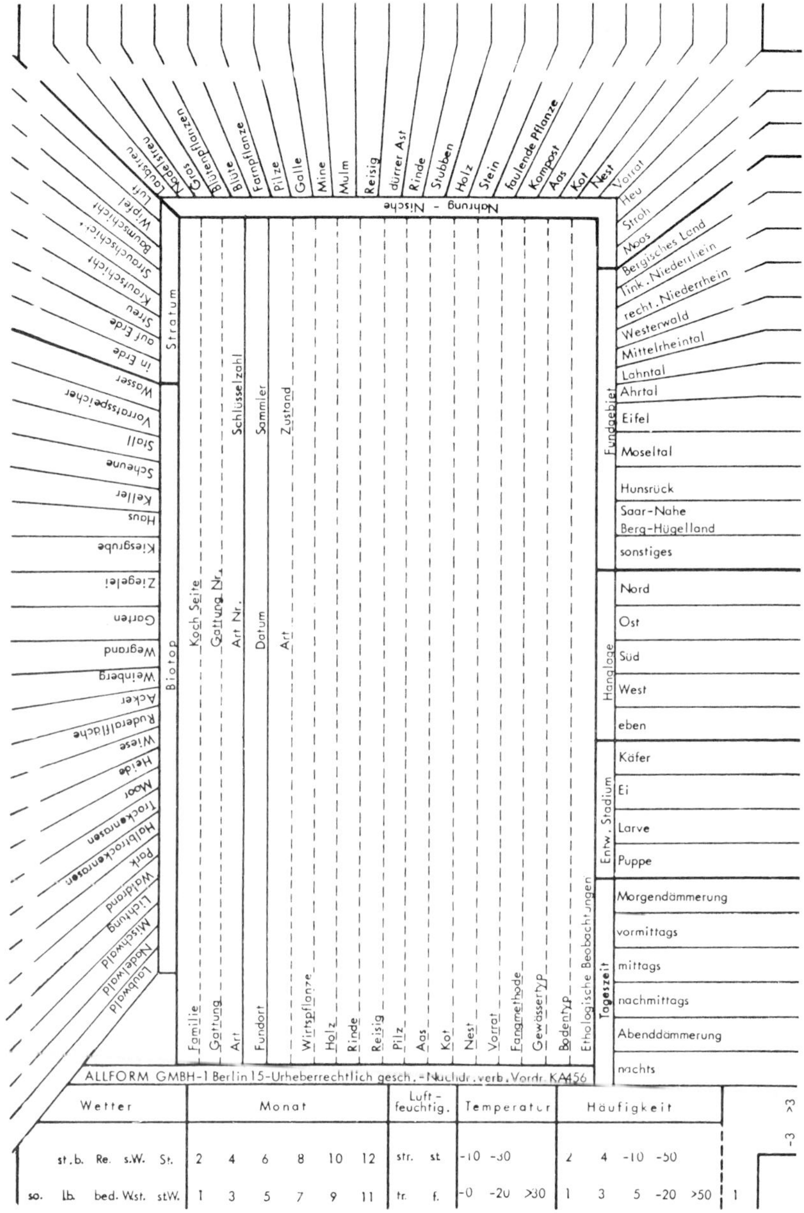


Abb. 27. Karteikarte für die koleopterologische Landessammlung des Rheinlandes, die im Fuhlrott-Museum in Wuppertal aufgebaut werden soll. Diese Karte wird noch dahingehend geändert werden, daß nicht die ‘Käferfauna der Rheinprovinz’ von K. KOCH (1968), sondern ‘Die Käfer Mitteleuropas’ von FREUDE, HARDE & LOHSE für die Schlüsselzahlen verwendet werden. (Zum Diskussionsbeitrag von KOLBE).

ferierbarkeit der Daten auf europäischem Niveau. Wichtig ist ferner, daß die Informationen zunächst irgendwo gespeichert und erreichbar sind. Die Computer sind mit diesen Problemen viel schneller fertig als wir. Vorrangig sollte deshalb in jedem Land ein vernünftiges Informationssystem aufgebaut werden. Das wichtigste, was der Computer später leistet, ist die Korrelation der Daten und nicht die Herstellung von Arealkarten. Dafür ist ein Computer viel zu schade und viel zu teuer.

ASPÖCK: Halten Sie es für notwendig, daß in jedem Staat eine solche Dokumentationsstelle besteht, oder würden nicht wenige Stellen genügen? Sind Sie bereit, Daten von Fundorten außerhalb der BRD aufzunehmen?

P. MÜLLER: Innerhalb Mitteleuropas können Daten ohneweiters ausgetauscht werden. Aber die Informationen z.B. über Griechenland sind in unseren Museen wesentlich umfassender als im Land selbst.

GEPP: Das Liefern von Informationen kann unter Umständen sehr problematisch sein. Ich denke an ein Beispiel: in der Steiermark erfassen wir Moore, und wir haben diese vermessen. Erst diese Grundlagen haben leider dazu geführt, daß die Industrie darangegangen ist, die Besitzer auf Torfvorkommen aufmerksam zu machen. Gibt es bei Ihnen irgend eine Art Datenschutzprinzip?

P. MÜLLER: Man sollte durch ein solches Problem nicht den Ansatz, daß man überhaupt etwas tut, verhindern. Wir 'schauen' uns jeden Partner an, mit dem wir zusammenarbeiten.

*Verh. des Sechsten Int. Symp. über Entomofaunistik in Mitteleuropa 1975, Junk, The Hague.*

# Der Informationswert faunistischer Daten für populationsökologische Untersuchungen: Das Verteilungsmuster der Wirtsrassen von *Larinus sturnus* SCHALL. und *L. jaceae* F. (Coleoptera: Curculionidae)

HELMUT ZWÖLFER

*Summary*

The primary function of a faunistic survey is to yield information on distribution areas of animals. In certain insect groups, however, a survey can produce additional information of relevance for insect population ecology: phaenological records, records of host plants, natural enemies or competitor species. The evaluation of such information is greatly facilitated by data processing systems, as is demonstrated for the relationships between two weevil species associated with thistle host plants: *Larinus sturnus* SCHALL. and *L. jaceae* F. The distribution, host plants, parasitoids and interactions with competitors of the two *Larinus* spp. were investigated as part of a general inventory of phytophagous insects associated with Palearctic Cardueae (Compositae) host plants. Wherever the two *Larinus* species occur together, their populations diverge in their host selection, but where one member of the pair occurs alone, it may converge towards the second in its breeding range. Results of feeding and oviposition tests and competition experiments show that the regionally changing host patterns of the two *Larinus* spp. constitute an 'ecological character displacement'. It reduces the risk of interspecific competition for larval food and space as well as the risk of being exposed to the same complex of controlling entomophagous enemies.

Die Möglichkeiten der modernen Datenauswertungssysteme erleichtern nicht nur faunistische Bearbeitungen, sie stellen auch wertvolle Hilfsmittel zur Klärung populationsökologischer Fragen dar. Voraussetzung ist dabei eine methodisch durchgeführte Gewinnung der betreffenden Nachweise. Als Beispiel für den ökologischen Informationswert faunistischer Daten werden hier Ergebnisse einer Freilanduntersuchung über Wechselbeziehungen zwischen zwei Rüsselkäferarten der Gattung *Larinus* besprochen.

## 1. Material und Methodik

Verbreitung und Ökologie von *Larinus sturnus* SCHALL. und *L. jaceae* F. untersuchten wir im Rahmen einer Bestandesaufnahme der Insektenfauna paläarktischer

Disteln. Diese Bestandesaufnahme wurde 1961 in Mitteleuropa begonnen und im Verlauf der folgenden 14 Jahre über West-, Süd- und Osteuropa, sowie über Einzelgebiete der Türkei, des Irans, Westpakistans und Japans ausgedehnt. Insgesamt sind derzeit über 90 Wirtspflanzenarten mit über 3000 Einzelproben erfaßt, wobei u.a. über 300 000 Blütenköpfe bearbeitet wurden. Ergebnisse dieser Inventarisierung der Distelinsekten finden sich bei ZWÖLFER (1965, 1973) und ZWÖLFER et al. (1971).

Drei verschiedene Methoden gelangten zur Anwendung: a. Freilandbestände einer Wirtspflanze wurden im Gelände gründlich abgesucht (je nach Umfang der Population 10 bis 30 Minuten). b. Proben von Blütenköpfen, Stengeln oder Wurzeln wurden im Labor in Käfigen und Photoeklektoren in Zucht gehalten, um schlüpfende Insektenimagines zu gewinnen. c. Umfangreiche Proben von Blütenköpfen und anderen Pflanzenorganen wurden – wo nötig unter dem Binokular – seziert. Phytophage Insektenlarven oder -puppen und deren Parasitoide wurden teils einzeln in Gelatinekapseln gezüchtet, teils zum Aufbau einer Bestimmungssammlung in Alkohol konserviert. Mittlerweile ist dadurch bei über 90% der in den Köpfen europäischer Disteln gefundenen Phytophagenlarven eine Bestimmung bis zur Art möglich.

Jede an einem bestimmten Tag im Freiland inspizierte und/oder eingebrachte Wirtspflanzenpopulation erhielt eine Kennziffer (Probenkennziffer), unter der die betreffenden Protokollblätter fortlaufend abgeheftet wurden. Außerdem bezeichneten wir unsere Beobachtungsgebiete mit Kennziffern und ebenso die bearbeiteten Wirtspflanzenarten (Arealkennziffern bzw. Wirtsartkennziffern).

Zur Auswertung der auf über 4000 Protokollblättern eingetragenen Beobachtungen, Zucht- und Sektionsbefunden wurden zunächst getrennte Register für die Proben, die Phytophagenarten sowie die Wirtspflanzenarten angelegt. Da sich mit zunehmender Probenzahl Auswertungen immer zeitraubender gestalteten, übertrug ich unsere Daten von den Registern in ein Sichtloch-Karteikartensystem (EKAHA 05000 SL, Karten mit 5000 Positionen). Diese Lochkarten erfassen folgende Merkmalsgruppen:
a. Bearbeitungsmethodik (Freilandbeobachtung, Zucht, Sektion, Auszählung); b. Beobachtungsmonate (Phaenologie). Für die Frühjahrs- und Sommermonate wurde hier je eine Karte für einen 15-Tage-Abschnitt angelegt, für Herbst und Winter je eine Karte für jeden Kalendermonat; c. Sammelregionen (je eine Karte für 2–3 benachbarte Beobachtungsgebiete); d. Wirtspflanzenarten (je eine Karte für jede bearbeitete Pflanzenart); e. Phytophagenarten. Für die wichtigeren Insektenarten wurde je eine Karte für Brutnachweise und eine Karte für Brut- und/oder Imaginalnachweise erstellt.

In einem zusätzlichen Lochungssystem wurden für die wichtigeren Insektenarten in eigens dafür reservierten Positionen Beobachtungsareale ( =Arealkennziffern), Larval- und Imaginalphaenologie (je eine Position für 3 Tage eines Kalendermonats) und Wirtspflanzenarten (Wirtsartenkennziffern) gelocht, so daß mit einem Blick für beliebige Artenpaare von Phytophagen Wirtspflanzenspektrum, Phaenologie und Verbreitung im Beobachtungsgebiet verglichen werden kann.

Tabelle 1. Beispiele für Anwendungsmöglichkeiten des Sichtlochkartensystems für faunistisch-ökologische Fragestellungen

| Sichtlochkartenkombination | Fragestellung |
|---|---|
| $a+Me_v$ ($Mo_w$, $Re_y$, $Pf_z$) | Wurde die Art a mit der Bearbeitungsmethode v (während des Beobachtungsmonats w, in der Sammelregion y, an der Wirtspflanzenart z) festgestellt? |
| $a+Mo_1, Mo_2 \ldots\ldots\ldots Mo_n$ | Wie oft wurde die Art a während der Monate 1 bis n nachgewiesen? (=Phaenologie) |
| $a+Pf_z+Re_y+Mo_1 \ldots\ldots Mo_n$ | Phaenologie der Art a an der Wirtspflanze z im Gebiet y |
| $Me_v+Re_y+Pf_z$ | Probenumfang für Bearbeitungsmethode v im Sammelgebiet y an der Wirtspflanze z |
| $a+Me_v+Re_y+Pf_z/Me_v+Re_y+Pf_z$ | Stetigkeit der Art a bezogen auf Wirtspflanzenart z und Region y (% des Vorkommens von Art a) |
| a+b | Wie oft und wo treten die Arten a und b gemeinsam in einer Probe auf? |
| $a+b+Re_y$ ($Mo_w$, $Pf_z$) | Häufigkeit des gemeinsamen Vorkommens der Arten a und b in der Sammelregion y (während des Beoabachtungsmonats w, an der Pflanzenart z) |
| $a+b+Re_y+Pf_z$ | Wie häufig und in welchem Proben treten die Arten a und b im Sammelgebiet y an der Wirtsart z gemeinsam auf? |

*Erläuterungen:* Gezählt und ausgewertet wird die Zahl der den einzelnen Karten gemeinsamen gelochten Positionen. Da jede Position eine Protokollnummer angibt, können bei Bedarf die betreffenden Probenprotokolle schnell ermittelt werden.
Es bedeutet: a,b = Phytophagenart a bzw. b; Me = Bearbeitungsmethode; Mo = Beobachtungsmonat; Re = Sammelregion; Pf = Wirtspflanzenart.

Jede Sichtlochkarte stellt ein Register für ein bestimmtes Sachgebiet (Methodik, Phaenologie, Areale, Wirte, Phytophagenarten) dar, in dem die einschlägigen Protokollnummern in der jeweils zuständigen Position eingelocht sind. Werden Karten, die verschiedene Sachgebiete beinhalten, übereinander gelegt, so läßt sich an den gelochten Positionen sofort feststellen, ob, wieviel und welche Proben bestimmte Merkmalskombinationen gemeinsam haben. In Tabelle 1 sind Beispiele für Anwendungsmöglichkeiten unseres Lochkartensystems gezeigt.

Der Vorteil der Sichtlochkarte liegt gegenüber einer einfachen Kartei in der größeren Vielfalt der Auswertungsmöglichkeiten. Im Vergleich zum Randlochkartensystem besitzt das Sichtlochkartensystem eine größere Flexibilität. Eine Sichtlochkartei kann additiv aufgebaut werden, das heißt im Verlauf der Arbeit neu auftauchende Fragestellungen können ohne Änderung des Gesamtsystems berücksichtigt werden. Eine Begrenzung unseres Systems liegt darin, daß lediglich bis zu 5000 Proben erfaßt werden können und daß das Abfragen der Sichtlochkarten mehr Zeit in Anspruch nimmt, als das Abfragen von Daten aus einem EDV-System.

## 2. Das Verteilungsmuster der Wirtsrassen von *Larinus sturnus* und *L. jaceae*

### *2.1. Literaturangaben*

Das Gesamtverbreitungsgebiet der beiden *Larinus*-Arten deckt sich weitgehend: Beide Arten sind für Westeuropa (Frankreich), Mitteleuropa (Schweiz, Österreich, BR Deutschland, CSR, Polen, Ungarn), Osteuropa (südliche USSR, Rumänien) und Südeuropa (Italien, Jugoslawien, Griechenland) nachgewiesen. Literatur bei ZWÖLFER *et al.* (1971), außerdem TER-MINASYAN (1967), SMRECZYNSKI (1968), ROUBAL (1941), PETRI (1912), PORTA (1934), NOVAK (1952), ENDRÖDI (1959). Im nordwestlichen Europa kommt *L. sturnus*, nicht aber *L. jaceae*, in Holland vor (BRAKMAN, 1966). Während *L. jaceae* in Europa kaum den 50. Breitengrad überschreitet, besitzt *L. sturnus* ein disjunktives Nebenareal in Nordeuropa (Mittelschweden, Finnland (LINDROTH, 1964), Sowjet-Karelien (PALMÉN, 1946). Im Osten erstreckst sich das Areal beider Arten bis in den turkmenischen Raum.

Die vor unserer Untersuchung (ZWÖLFER *et al.*, 1971) veröffentlichten Brutpflanzenangaben sind in Einzelheiten oft widersprüchlich und naturgemäß unvollständig. Von neueren Autoren, etwa SCHERF (1964), HOFFMANN (1954) oder TER-MINASYAN (1967) werden für beide *Larinus*-Arten als Brutwirte Carduus-, Cirsium- und Centaurea-Arten angegeben.

### *2.2. Eigene Ergebnisse*

Summarisch stimmen unsere Befunde mit den Literaturangaben gut überein: Wir haben bei unserer Bestandesaufnahme europäischer Distelinsekten *L. sturnus* und

*L. jaceae* von der Westküste Frankreichs über Mitteleuropa bis zur Balkanhalbinsel im Osten und bis nach Mittelitalien und Nordgriechenland im Süden beobachtet, wobei die Larven beider Arten in Köpfen von Carduus spp., Cirsium spp. und Centaurea, die Larven von *L. sturnus* überdies auch aus Köpfen von Arctium spp. nachgewiesen werden konnten.

Die beiden *Larinus*-Arten besitzen gleiche Lebensgewohnheiten und ähneln sich imaginalmorphologisch so sehr, daß zur sicheren Bestimmung gelegentlich der Genitalapparat der Männchen bzw. die Larvenkopfkapsel zugezogen werden muß. In anbetracht ihrer zweifellos engen Verwandschaft erschien es fraglich, ob *L. sturnus* und *L. jaceae* als sympatrisches Artenpaar tatsächlich eine derart übereinstimmende Biologie aufweisen, wie dies die vorhandenen Literaturangaben vermuten ließen. Daher überprüfte ich mit Hilfe der in Abschnitt 1 geschilderten Sichtlochkartentechnik die Brutpflanzendaten und das syntope Vorkommen der beiden *Larinus*-Arten für die einzelnen Sammelgebiete.

Es stellte sich dabei heraus, daß *L. sturnus* und *L. jaceae* jeweils aus verschiedenen Wirtspflanzen gezogen worden waren, wenn sie syntop vorkamen, und daß das Brutpflanzenspektrum der beiden Rüsselkäfer von Region zu Region starken Abänderungen unterlag.

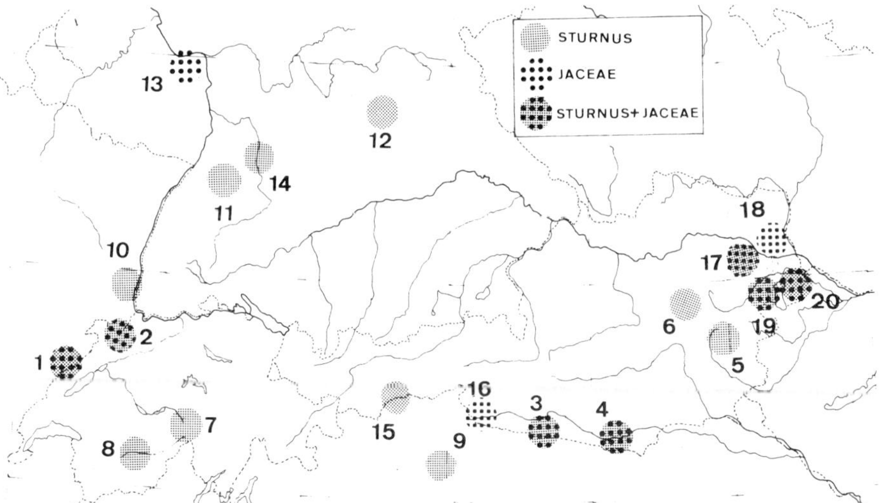


Abb. 1. Einige Fundplätze von *Larinus sturnus* und *L. jaceae* in Mitteleuropa. Erläuterungen in Abschn. 2.2.

Abb. 1 gibt eine Übersicht über einige mitteleuropäische Fundorte (eine Erörterung der gesamten, wesentlich umfangreicheren Funde erfolgt andernorts). Es wurden an den in Abb. 1 eingezeichneten Fundplätzen folgende Situationen angetroffen:

Platz 1. (Doubstal bei Pontarlier, französischer Jura). *L. sturnus* brütet in Centaurea scabiosa L., *L. jaceae* in Carduus personata (L.) JACQ.

Platz 2. (Soulce bei Delémont, Schweizer Jura). *L. sturnus* brütet in Centaurea scabiosa, *L. jaceae* dagegen in Carduus nutans L.

Platz 3. (Hermagor, Kärnten). *L. sturnus* kommt vor, die Brutpflanze wurde nicht festgestellt. *L. jaceae* brütet in Cirsium oleraceum (L.) SCOP.

Platz 4. (Klagenfurt, Kärnten). *L. sturnus* kommt vor, Brutpflanze nicht festgestellt. *L. jaceae* brütet in Carduus acanthoides L.

Platz 5. (Hartberg, Steiermark). *L. sturnus* brütet in Arctium lappa L., *L. jaceae* nicht beobachtet.

Platz 6. (Mariazell, Steiermark). *L. sturnus* brütet in Centaurea scabiosa, *L. jaceae* nicht festgestellt.

Platz 7. (Grimselgebiet, Berner Alpen). *L. sturnus* brütet in Cirsium spinosissimum (L.) SCOP., *L. jaceae* ist nicht vorhanden.

Platz 8. (Arolla, Walliser Alpen). *L. sturnus* brütet in Cirsium spinosissimum, *L. jaceae* kommt nicht vor.

Platz 9. (Val Parola-Paß, Dolomiten). *L. sturnus* brütet in Cirsium spinosissimum, *L. jaceae* kommt nicht vor.

Platz 10. (Mulhouse, elsässische Oberrheinebene). *L. sturnus* brütet in Carduus nutans und Centaurea scabiosa, *L. jaceae* kommt nicht vor.

Platz 11. (Pfor[illegible]m, nördlicher Schwarzwald). *L. sturnus* brütet in Carduus nutans, *L. jaceae* wurde bislang nicht beobachtet.

Platz 12. (Erlangen, Franken). *L. sturnus* brütet in Cirsium oleraceum, *L. jaceae* nicht festgestellt.

Platz 13. (Mainz). *L. sturnus* nicht gefunden, *L. jaceae* brütet in Centaurea scabiosa.

Platz 14. (Bönnigheim, Schwäbisches Keuperland). *L. sturnus* brütet in Carduus nutans, *L. jaceae* nicht gefunden.

Platz 15. (Obergurgl, Nordtirol). *L. sturnus* brütet in Cirsium spinosissimum, *L. jaceae* kommt nicht vor.

Platz 16. (Sillian, Kärnten). *L. sturnus* nicht festgestellt, *L. jaceae* brütet in Carduus acanthoides.

Platz 17. (Tullner Feld, Niederösterreich). *L. sturnus* brütet in Cirsium vulgare (SAVI) TEN., *L. jaceae* in Carduus acanthoides.

Platz 18. (Deutsch Wagram, Niederösterreich). *L. sturnus* wurde nicht beobachtet, *L. jaceae* brütet in Carduus acanthoides und C. nutans.

Platz 19. (Winden am Neusiedler See). *L. sturnus* brütet in Arctium spp. und Cirsium vulgare, *L. jaceae* in Carduus acanthoides.

Platz 20. (Neusiedl am See, Burgenland). *L. sturnus* brütet in Arctium tomentosum MILL. und A. lappa L., *L. jaceae* brütet in Carduus acanthoides und C. nutans.

Entsprechende Verhältnisse wurden auch in Frankreich, Italien und Griechenland festgestellt. Wo *L. sturnus* und *L. jaceae* zusammen beobachtet wurden, lagen fast immer deutlich verschiedene Wirtsspektren vor.

*L. sturnus* und *L. jaceae* bieten also typische Beispiele eines 'regionalen Futterpflanzenwechsels' (WARNECKE, 1939, BURMANN, 1956, ZWÖLFER, 1970). Um diese Erscheinung bei *Larinus* biologisch deuten zu können, habe ich folgende Versuche durchgeführt: a) Durch vergleichende Fraß- und Eiablagetests sollte festgestellt werden, ob *Larinus*-Populationen verschiedener Herkunft auch im Labor Wirtswahlunterschiede zeigen. b) Bei gemeinsam eingekäfigten *L. sturnus* und *L. jaceae*-Imagines habe ich das Begegnungsverhalten der Käfer untersucht. c) Im Versuchsgarten in Delémont (Schweiz) wurden in Gazebeuteln Pärchen von *L. sturnus* und *L. jaceae* gemeinsam an Blütenköpfe von Carduus crispus L. angesetzt, um Auswirkungen einer eventuell vorhandenen interspezifischen Larvenkonkurrenz im Brutsubstrat verfolgen zu können. d) In der gleichen Absicht wurden innerhalb einer isolierten lokalen *L. jaceae*-Population an Carduus nutans (im Tal von Soulce, Delémont) eine vom Oberrheingebiet von C. nutans exportierte *L. sturnus*-Population angesiedelt. Eine weitere künstliche Mischpopulation von *L. jaceae* und *L. sturnus* an Carduus nutans wurde im Distelgarten der Europäischen Station des CIBC (Delémont, Schweiz) begründet.

Eine eingehende Schilderung dieser Versuche erfolgt in einer in Vorbereitung befindlichen Publikation. Hier seien lediglich die wichtigsten Ergebnisse kurz zusammengefaßt:

a. Alternativwahlversuche, bei denen in Petri-Schalen Blattscheibchen von je zwei verschiedenen Futterpflanzen angeboten worden waren, zeigten, daß die von Centaurea scabiosa, Carduus nutans oder Arctium spp. stammenden *L. sturnus*-Populationen Blätter ihrer jeweiligen Brutpflanze deutlich bevorzugten. Der Futterwahlunterschied (Fig. 2) zwischen der Centaurea- und der Arctium-Population von *L. sturnus* ist hochsignifikant ($P < 0.001$), die entsprechenden Unterschiede zwischen den *L. sturnus*-Populationen von Arctium und Carduus, bzw. Centaurea und Carduus sind signifikant ($P < 0,01$). Ähnliche Unterschiede wurden bei der Wahl der Eiablagesubstrate beobachtet. Diese Versuche zeigen, daß den Wirtswahlunterschieden der Freilandpopulationen von *L. sturnus* im Labor reproduzierbare Verhaltensunterschiede zugrunde liegen. Zwar konnte der Nachweis einer genetischen Verankerung dieser Wirtswahlunterschiede bislang aus technischen Gründen nicht geführt werden, aber in Anbetracht der Fundumstände der *Larinus*-Populationen fasse ich die Versuchsergebnisse als einen deutlichen Hinweis auf das Vorliegen von Wirtsrassen auf.

b. Im Gegensatz zu anderen Distelinsekten (Bohrfliegen) zeigen *L. sturnus* und *L. jaceae* bei einer Begegnung auf dem Blütenkopf kein antagonistisches Verhalten. Wirtswahlunterschiede bei syntopen *L. sturnus* und *L. jaceae*-Populationen können also nicht auf eine Interferenz der Imagines zurückgeführt werden.

c. Auch im gleichen Blütenkopf fressende Larven von *L. sturnus* und *L. jaceae* verhalten sich nicht aggressiv. Im Versuch kam es aber zu einer deutlichen Nahrungs- und Raumkonkurrenz, die sich in einer erhöhten Mortalität der *L. sturnus*-Larven äußerte. Gegenüber ihren Eltern, die sich in C. nutans ohne interspezifische Konkurrenz entwickelt hatten (Körperlänge 11.0–11.5 mm), waren die unter den Bedingungen einer experimentellen interspezifischen Konkurrenz herangewachsenen *L. sturnus*-Individuen im Imaginalstadium wesentlich kleiner (Körperlänge 6.3–10.0 mm). *L. jaceae* wurde in diesem Versuch durch die interspezifische Konkurrenz weniger beeinflußt als *L. sturnus*.

d. Im Freilandversuch in Soulce verschwand die eingeführte *L. sturnus*-Populationen nach zwei Jahren wieder, vermutlich wegen eines starken Rückgangs der Wirtspflanzenpopulation. Der Freilandversuch zeigte, daß *L. sturnus* und *L. jaceae* in den C. nutans-Köpfen denselben Mortalitätsfaktoren ausgesetzt sind: Als Prädatoren traten Larven von zwei Pyralidenarten der Gattung *Homeosoma* auf, als Raum- und Nahrungskonkurrent war die Bohrfliege *Urophora solstitialis* (L.) wichtig (ZWÖLFER, 1973) und als gemeinsamer Parasit wurde die Schlupfwespe *Exeristes roborator* F., im Versuchsgarten in Delémont außerdem die Brackwespe *Bracon urinator* F. und die gregäre Erzwespe *Tetrastichus? crassicornis* ERDÖS festgestellt. Die im gleichen Gebiet in Centaurea scabiosa-Köpfen brütende einheimische *L. sturnus*-Rasse wird dagegen vorwiegend von der Eulophidengattung *Entedon* befallen, die in der Delemonter Region Wirte in Carduus- oder Cirsium-Köpfen nicht angreift.

## *2.3. L. sturnus und L. jaceae als Beispiel einer 'ökologischen Kontrastbetonung'*

Ich habe bereits früher (ZWÖLFER, 1970) den auffallenden Futterpflanzenwechsel der beiden *Larinus*-Arten als eine ökologische Differenzierung gedeutet, mit der zwei nahverwandte und in ihrer Lebensweise übereinstimmende Arten einer interspezifischen Konkurrenz aus dem Wege gehen. Die inzwischen vorliegenden Beobachtungen und Versuchsergebnisse zeigen, daß eine Nahrungs- und Raumkonkurrenz zwischen den beiden *Larinus*-Arten experimentell hergestellt und damit in ihren Auswirkungen beobachtet werden kann. Da im Freiland die als Brutsubstrat von *Larinus* beanspruchten Blütenköpfe meist auch von Bohrfliegen und Kleinschmetterlingslarven besetzt sind (ZWÖLFER, 1973), würde bei Befall derselben Wirtspflanzenpopulation das Konkurrenzverhältnis zwischen den Larven der beiden *Larinus*-Arten sehr einschneidend sein. Überdies würden, wie unsere Freilandexperimente zeigten, die beiden *Larinus*-Arten auch dem Angriff des gleichen Parasitoidkomplexes ausgesetzt sein, so daß sie nicht nur in Bezug auf die Nahrung, sondern auch in Bezug auf ihre Freßfeinde ökologisch homolog wären. Bei dieser zweifachen ökologischen Homologie ist aber eine stabile Koexistenz phytophager Insektenarten nicht möglich (ZWÖLFER, 1975).

Das geschilderte Verhältnis zwischen *L. sturnus* und *L. jaceae* entspricht dem von BROWN & WILSON (1956) 'character displacement' genannten Prinzip wonach sich Arten mit ähnlichen ökologischen Nischen, dort, wo sie gemeinsam vorkommen, in bestimmten Merkmalen von einander abheben. Meist werden hier Beispiele morphologischer Merksmalsdivergenz angeführt, aber nach den Autoren kann sich das 'character displacement' durchaus auch auf ökologische, ethologische oder

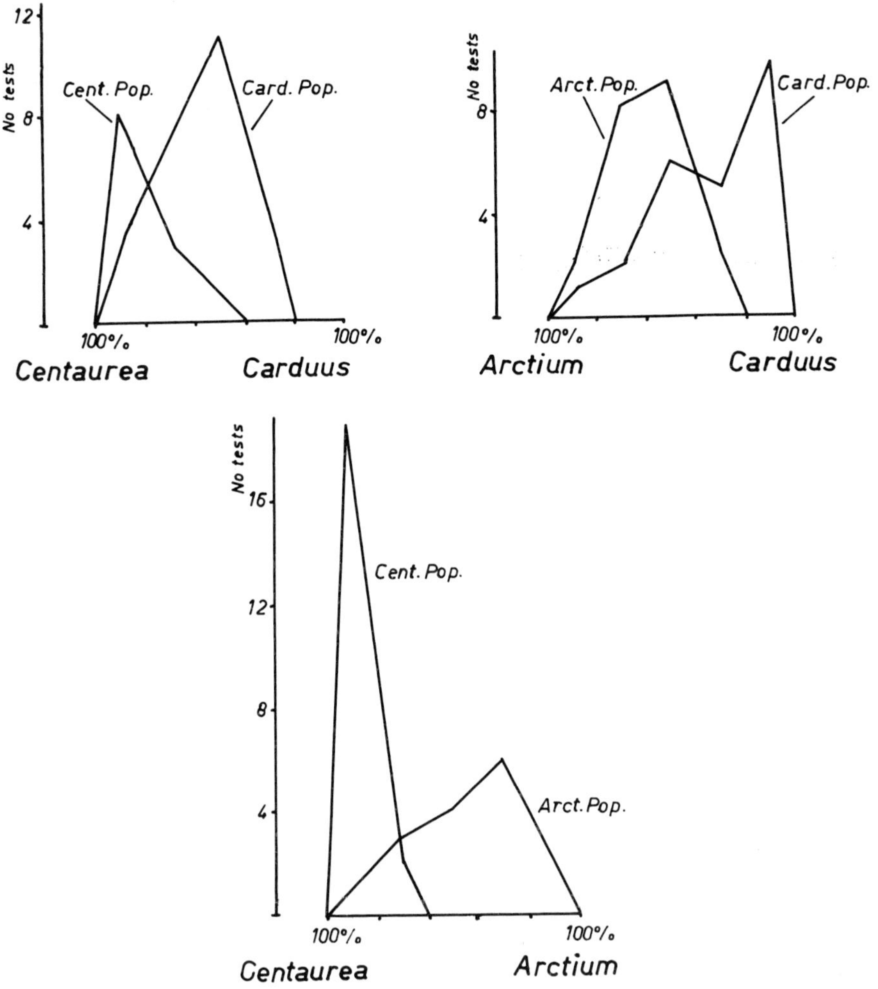


Abb. 2. Unterschiede in der Futterpflanzenwahl bei drei verschiedenen *L. sturnus*-Herkünften.

Es wurden jeweils in Petrischalen 3–5 Imagines einer bestimmten *L. sturnus*-Population (Cent. Pop.: Population von Centaurea scabiosa, Schweizer Jura; Card. Pop.: Population von Carduus nutans, Mulhouse, Elsass; *Arct.* Pop.: Population von Arctium spp., Neusiedl/See, Burgenland) Blätter zweier verschiedener Futterpflanzen (Centaurea: C. scabiosa; Carduus: C. nutans; Arctium: A. minus) für 2–3 Tage angeboten und sodann die Fraßlöcher ausgezählt. Das Ergebnis jedes Einzeltests wurde in einer Scala in Klassengrößen von 20% aufgetragen (100% Centaurea; nur Fraß an Centaurea, kein Fraß am Alternativwirt; 80% Centaurea: zwischen 99–80% Fraß an Centaurea, zwischen 1–19% Fraß am Alternativwirt u.s.f.). Die Ordinate der Diagramme gibt die Zahl der betreffenden Einzeltests an, die Abszisse das jeweils beobachtete Wahlverhalten. In jedem Einzeldiagramm werden 2 *L. sturnus*-Populationen von verschiedenen Wirtspflanzen miteinander verglichen.

physiologische Merkmale beziehen ('the characters involved can be morphological, ecological, behavioral, or physiological'). In Anlehnung an ABS (1963) übersetzte ich den englischen Ausdruck mit 'Kontrastbetonung'. Im Gegensatz zu den vorwiegend in der Literatur behandelten Fällen einer morphologischen Kontrastbetonung liegt bei *L. sturnus* und *L. jaceae* eine ö k o l o g i s c h - e t h o l o g i s c h e Kontrastbetonung vor.

## 3. Ausblick

Die faunistisch-ökologische Untersuchung des Verhältnisses zwischen *L. sturnus* und *L. jaceae* wurde durch die Benutzung eines Datenverarbeitungssystems (Sichtlochkarten) sehr erleichtert. Hilfsmittel dieser Art, insbesondere EDV-Systeme, erlauben zweifellos eine Auswertung faunistischer Einzelbeobachtungen, die in diesem Ausmaß früher nie möglich gewesen wäre. Allerdings ist dabei zu berücksichtigen, daß der Informationswert faunistischer Daten unterschiedlich ist. Ein Fundortnachweis einer Insektenart bei gleichzeitigen Angaben über Nahrung, Konkurrenten und Feinde erlaubt viel weitergehende Schlußfolgerungen als ein Nachweis auf Grund eines Fallen- oder Käscherfangs.

Bei denjenigen Insektenarten, die mit ihren jeweiligen Wirtspflanzen eng verbunden sind, besteht die Chance, mit herkömmlichen Methoden (Absuchen der Pflanze auf Larven oder Lebensspuren wie Blattminen und Gallen, Anlegen von Zuchten) zugleich mit dem Fundnachweis wichtige biologisch-ökologische Aufschlüsse zu erhalten. Diese Methode eines gezielten Absuchens von Wirtspflanzen setzt natürlich biologische und oft auch larvalmorphologische Kenntnisse voraus und bringt, rein quantitativ gesehen, bei gleichem Arbeitsaufwand weniger Information als etwa Fallenfänge. Aber sie erscheint mir für ein vertieftes Verständnis der Insektenfaunistik unerläßlich.

Zweifellos sind die modernen entomologischen Fangmethoden ein elegantes und wirksames Werkzeug der Faunistik geworden, aber sie sollten nicht als Alternative sondern als Ergänzung zur biologisch-ökologisch orientierten Sammelarbeit verstanden werden. Daher sollten die in der Faunistik verwendeten Datenverarbeitungssysteme so erweitert werden, daß auch beim Fundortsnachweis anfallende Zusatzinformationen biologisch-ökologischer Art ausgewertet werden können.

## Literatur


ABS, M. (1963): Vergleichende Untersuchungen an der Haubenlerche (*Galerida cristata* (L.)) und Theklalerche (*G. theklae* BREHM). – *Bonner Zool. Beitr.* 14: 1–128.

BRAKMAN, P. J. (1966): Lijst van Coleoptera uit Nederland en het omliggend gebied. – *Monogr. ned. ent. vereen*, 2: 1–219.

BROWN, W. L. & E. O. WILSON, (1956): Character displacement. – *Systemat. Zool.*, 5: 49–64.

BURMANN, K. (1956): Kleinfalterraupen an Pappeln in Nordtirol. – *Anz. Schädlingsskde.* 29: 145–146.

ENDRÖDI, S. (1959): Fundortsangaben über die Rüsselkäfer (Curculionidae) des Karpathenbeckens I. – *Fol. entomol. Hungarica (series nova)*, 12: 216–262.

HOFFMANN, A. (1954): Coléoptères Curculionides, part 2. – In Fauna de France, 59: 487–1208. Paris.

LINDROTH, C. H. (1964): Catalogus Coleopterorum Fennoscandiae et Daniae. – 476 S. Lund.

NOVAK, P. (1952): Kornjasi jadranskoy primorja (Coleoptera). – Jugoslavenska Akadem., 521 S. Beograd.

PALMÉN, E. (1946): Materialien zur Kenntnis der Käferfauna im westlichen Swir-Gebiet (Sowjet-Karelien). – *Acta soc. fauna flora fenn., Helsinki*, 65: 1–198.

PETRI, K. (1912): Siebenbürgens Käferfauna auf Grund ihrer Erforschung bis zum Jahre 1911. – 375 S. Hermannstadt.

PORTA, A. (1934): Fauna Coleopterorum Italica, Vol. V., Rhynchophora-Lamellicornia. – 467 S. Piacenza.

ROUBAL, J. (1941): Katalog der Coleopteren der Slowakei und der Ostkarpathen. – 362 S. Prag.

SCHERF, H. (1964): Die Entwicklungsstadien der mitteleuropäischen Curculioniden (Morphologie, Bionomie, Ökologie).– *Abh. Senckenb. naturf. Ges.*, 506: 1–335.

SMRECZYNSKI, S. (1968): Coleoptera, Ryjkowce Curculionidae, Podroziny Tanymecinae, Cleoninae, Tanyrhynchinae, Hylobiinae. – *Klucze oznaczania owadow Polski*, 59: 1–106, Warschau.

TER-MINASYAN, M. E. (1967): Rüsselkäfer, Unterfamilie Cleoninae der USSR Fauna, Tribus Lixini. – *Opred. Fauna SSSR*, 95: 1–147. Leningrad (in Russisch).

WARNECKE, G. (1939): Die Heidelbeere als Nahrungspflanze der Schmetterlingsraupen. (Ein Beispiel für den regionalen Wechsel von Nahrungspflanzen). – *Mitt. ent. Ges. Halle*, 17: 5–10.

ZWÖLFER, H. (1965): Preliminary list of phytophagous insects attacking wild Cynarae (Compositae) species in Europe. – *Techn. Bul. Commonwealth Inst. Biol. Control*, 6: 81–154.

ZWÖLFER, H. (1970): Der 'regionale Futterpflanzenwechsel' bei phytophagen Insekten als evolutionäres Problem. – *Z. ang. Ent.*, 65: 233–239.

ZWÖLFER, H. (1973): Competition and co-existence in phytophagous insects attacking the heads of Carduus nutans L.. – *Proc. second int. symposium biol. control weeds, Rome,* 1971 (P. H. DUNN, ed.), 74–81, Commonw. Agric. Bureaux, Farnham Royal.

ZWÖLFER, H. (1975): Artbildung und ökologische Differenzierung bei phytophagen Insekten. – *Verh. Dtsch. Zool. Ges.*, 1974, 394–401, Stuttgart.

ZWÖLFER, H., K. E. FRICK, & L. A. ANDRES, (1971): A study of the host plant relationships of European members of the genus *Larinus* (Col. Curculionidae). – *Techn. Bul. Commonw. Inst. Biol. Contr.*, 14: 97–143.

*Verh. des Sechsten Int. Symp. über Entomofaunistik in Mitteleuropa 1975, Junk The Hague.*

# Bodenarthropoden als Belastungsindikatoren in urbanen Räumen

UWE KLOMANN

*Summary*

Sixteen areas in the town of Saarbrücken (GRF) were investigated by means of BARBER traps between may and december 1972 to obtain information about anthropogenous deterioration. In addition, the vegetation was mapped with phyto-sociological methods, temperature and evaporation were continuously recorded, and the pH of the soil was determined. The single areas showed rather different natural conditions, but nevertheless groups of areas could be recognized according to the similarity of factors. As measure for deterioration the presence and abundance of Carabidae (Coleoptera) were used by aid of the diversity formula of SHANNON & WIENER. Diversity rates were negatively correlated with the degree of anthropogenous deterioration.

Organismen werden, wenn ihre ökologische Bindung an einen speziellen Biotop bekannt ist, zu Indikatoren für die Gesamtheit der Lebensbedingungen, die auf den entsprechenden Standort einwirken (SCHMITHÜSEN 1968, MÜLLER 1972, 1974). Die natürlichen Begrenzungen von Tier- und Pflanzenarealen sind, mit wenigen Ausnahmen durch eine Vielzahl von Faktoren bestimmt. Einmal die physisch-geographischen Faktoren des Standortes, zum zweiten von den innerhalb der Biota wirksamen Faktoren wie Populations- und Gesellschaftsdynamik sowie Konkurrenz. Untersucht man nun Standorte, die innerhalb des Wirkungsbereiches von Städten liegen, so kommt zu dem wirksamen Faktorenkomplex der abiotischen Faktoren eine Komponente hinzu, nämlich die anthropogene Belastung. Das Problem der vorliegenden Untersuchungen ergab sich aus der Frage nach der Reaktion von Tiergemeinschaften auf den Faktorenkomplex eines 'Ökosystem Industriestadt'. In diesem speziellen Fall auch die Frage nach der Reichweite des städtischen Einflusses gegenüber der Umgebung.

Da eine umfassende Untersuchung des gesamten Gebietes zu umfangreich wäre, wurden kleinere Flächen ausgewählt und untersucht. Die Auswahl der Untersuchungsflächen mußte verschiedene Gesichtspunkte berücksichtigen. Zunächst sollte eine relative Vergleichbarkeit der Standorte gewährleistet sein. Das heißt, daß Flächen ausgesucht werden mußten, bei denen Boden, Exposition, Höhenlage usw. einen Vergleich zulassen. Außerdem mußten Standorte gefunden werden, die ein-

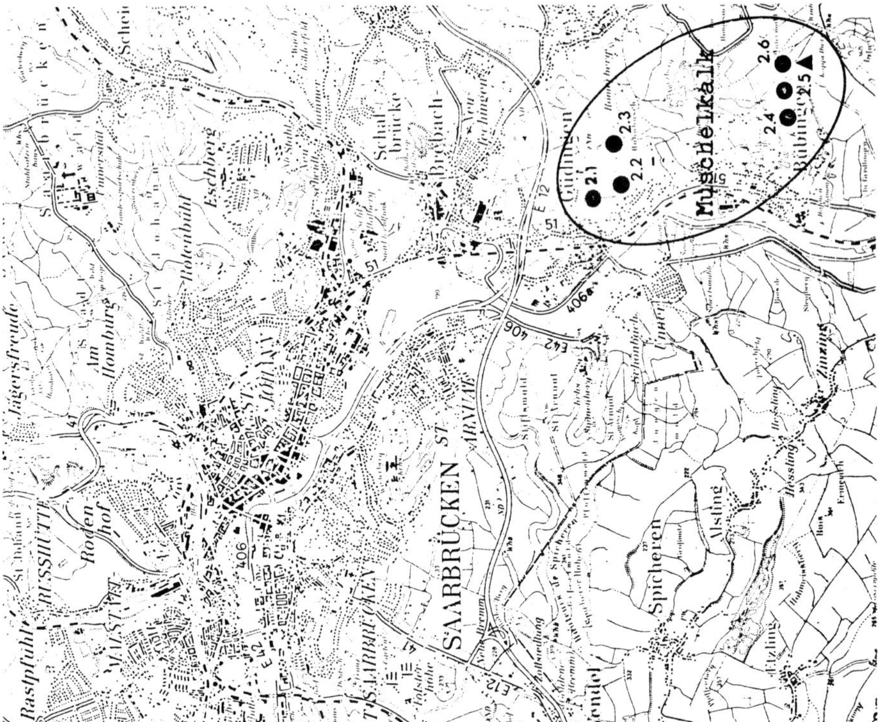


Abb. 1. Lage der 16 Untersuchungsflächen um den Verdichtungsraum von Saarbrücken. ▲ = Waldflächen

mal eine hohe und zum andern eine möglichst geringe Belastung aufzuweisen haben. Durch langjährige Messungen des Staatl. Hygiene-Instituts (Staub-, $SO_2$-, CO- Konzentrationen; vergl. RUMLER, NEIS & HERBOLSHEIMER 1972) und Untersuchungen der Abteilung Biogeographie (u.a. Schneeanalysen, Flechtenkartierungen) lagen Informationen vor, nach denen schließlich 16 Flächen ausgewählt wurden, die sich in 3 Untersuchungsreihen gliederten. Die Reihen 1 und 3 lagen auf Buntsandstein, die Reihe 2 auf Muschelkalk. Um eine größere Vielfalt der untersuchten Flächen zu gewährleisten, wurden sowohl offene Flächen als auch Waldflächen in die Untersuchung einbezogen (siehe Abb. 1). Auf diesen Flächen war es notwendig, möglichst viele der wirksamen Faktoren zu erfassen. Als erstes wurde der Tagesgang der Temperatur und der Evaporation bestimmt. Dabei ließen sich wiederum drei Gruppen bilden:

1. Waldflächen; diese sind relativ kühl (18–19° C), weisen nur geringe Temperaturschwankungen auf und der Evaporationswert ist ebenfalls niedrig (0,3 ml/ 30 min).
2. Offene Flächen mit einer etwas höheren Temperatur (21–22° C) und einer Evaporation von 0,4 ml/30 min.
3. Offene Flächen, die sehr warm sind (23–24° C) und eine relativ hohe Evaporationsrate aufweisen (0,6 ml/30 min).

Auf allen Flächen wurden Bodenproben entnommen und auf ihren pH-Wert untersucht. Dabei lagen alle Werte in dem für Böden angegebenen Neutralbereich zwischen pH 6 und pH 8.

Besonderer Wert wurde auf die Erfassung der Bodeninsekten gelegt. Diese wurden in den Jahren 1972 und 1973 jeweils von März bis Dezember mit der Barberfallenmethode gefangen. Insgesamt waren es 1972 auf allen Flächen 45 039 Insekten, die sich auf 13 Gruppen verteilten (siehe Tab. 1).

Am häufigsten vertreten waren Ameisen und Käfer. Bei den Coleopteren wurden 12256 Individuen gefangen, davon waren 9003 Carabiden. Unter den Carabiden gibt es zahlreiche Arten mit sehr ausgeprägten Bindungen an bestimmte Lebensräume, deshalb liegt es nahe zur Klärung der Frage nach der Belastung bzw. Belastbarkeit eines Ökosystems Industriestadt, Carabidenpopulationen auf ihre Indikatorqualität hin zu untersuchen. Ihre schnelle Reaktionsfähigkeit macht sie auch für experimentelle ökologische Untersuchungen besonders geeignet (THIELE 1963). Deshalb wurden die gefangenen Carabiden bis zur Art bestimmt und der Anteil der Arten an der Gesamtpopulation in Prozenten errechnet. Hierbei zeigten sich schon beträchtliche Unterschiede (Tab. 2). Die Stabilität eines Ökosystems hängt eng mit der Vielfalt der Arten zusammen, die innerhalb des Systems Platz finden.

Um für diese Artenvielfalt einen brauchbaren Maßstab einzuführen, genügt es nicht, einfach nur die Anzahl der Arten zu erfassen. Man muß auch ihre Häufigkeit erkennen. Da bei der Barberfallenmethode keine absoluten Werte der Artenzahlen, sondern nur die Aktivitätsabundanzen erfaßt werden und es uns außerdem unmög-

Tabelle 1. Ergebnisse der Barberfallenfänge 1972

BODENARTHROPEN (insgesamt)

| | 1.1 | 1.2 | 1.3 | 1.4 | 1.5 | 1.6 | 2.1 | 2.2 | 2.3 | 2.4 | 2.5 | 2.6 | 3.1 | 3.2 | 3.3 | 3.4 | S1 |
|---|---|---|---|---|---|---|---|---|---|---|---|---|---|---|---|---|---|
| Formicidae | 105 | 5 | 31 | 268 | – | 38 | 686 | 1818 | 2174 | 826 | 12585 | 6 | 285 | 308 | 148 | 84 | 19367 |
| Coleoptera | 585 | 260 | 386 | 714 | 1124 | 5840 | 193 | 362 | 247 | 297 | 655 | 579 | 314 | 183 | 471 | 46 | 12256 |
| Araneae | 410 | 210 | 200 | 193 | 274 | 1796 | 273 | 231 | 195 | 287 | 256 | 203 | 254 | 319 | 270 | 107 | 5478 |
| Isopoda | 484 | 28 | 128 | 519 | 50 | 19 | 117 | 58 | 38 | 271 | 88 | 5 | 123 | 333 | 171 | 13 | 2445 |
| Diplopoda | 227 | 56 | 61 | 96 | 53 | 45 | 145 | 72 | 22 | 116 | 44 | 8 | 134 | 38 | 208 | 11 | 1336 |
| Opiliones | 218 | 5 | 21 | 40 | 41 | 246 | 54 | 64 | 70 | 72 | 103 | 9 | 2 | 29 | 214 | 71 | 1259 |
| Diptera | 38 | 81 | 80 | 46 | 123 | 102 | 67 | 76 | 52 | 34 | 14 | 13 | 78 | 85 | 86 | 80 | 1055 |
| Orthoptera | 11 | 107 | 1 | 11 | 21 | 110 | 87 | 27 | 21 | 71 | 44 | 13 | 81 | 54 | 50 | 5 | 714 |
| Collembola | 78 | 4 | 80 | 78 | 36 | 16 | 45 | 6 | 65 | 20 | 2 | 29 | 9 | 10 | 28 | 15 | 521 |
| Chilopoda | 36 | 9 | 13 | 6 | 25 | 9 | 18 | 13 | 13 | 22 | 39 | 2 | 2 | 7 | 14 | 3 | 231 |
| Homoptera | 1 | – | 2 | 4 | – | – | 21 | 36 | 52 | 33 | 7 | 5 | 19 | 3 | 19 | – | 202 |
| Heteroptera | 2 | 4 | 12 | 7 | – | 3 | 3 | 3 | 13 | 15 | 4 | 11 | 8 | 2 | 5 | 12 | 104 |
| andere Hymenoptera | 2 | 2 | – | 5 | – | 7 | 1 | – | 2 | – | 14 | 1 | 6 | 18 | 12 | 1 | 71 |
| S2 | 2197 | 771 | 1015 | 1987 | 1747 | 8231 | 1710 | 2766 | 2964 | 2064 | 13855 | 884 | 1315 | 1696 | 1696 | 448 | 45039 |

lich war, alle auf den Flächen wirksamen Faktoren zu erfassen, war es unerläßlich, ein Maß für Mannigfaltigkeit zu benutzen. Unter den verschiedenen gebräuchlichen Maßen hat sich die als 'Informationsgehalt eines Systems' bezeichnete SHANNON-WIENER Formel am besten bewährt. Sie lautet:

$$H_S = - \sum_{i=1}^{S} pi \ln pi$$

$H_S$ = Ausmaß der Mannigfaltigkeit
S = Anzahl der vorhandenen Arten
pi = relative Abundanz der i-ten Art (ausgedrückt von 0,0–1)
ln pi = Logarithmus von pi zur Basis e

H gibt den Grad der Ungewißheit an, mit der beim zufälligen Herausgreifen einer Einheit aus einem System, was die Barberfalle ja letztlich macht, eine ganz bestimmte Information erfaßt wird. Die für die Carabidenpopulationen errechneten Werte sind aus Abb. 2 ersichtlich.

Betrachtet man nun alle Ergebnisse im Zusammenhang, so läßt sich feststellen, daß die Verteilung der Insekten auf den betrachteten Untersuchungsflächen weitgehend an Hand der abiotischen Faktoren, der Vegetation und der anthropogenen Belastung zu interpretieren ist.

Zunächst können die Flächen in zwei Großgruppen gegliedert werden; in Waldflächen und waldfreie Flächen. Bei den Waldflächen fällt das völlige Fehlen der Formicidae auf, diese Tiere sind in borealen Wäldern vorwiegend an Rand bzw. Lichtungslagen gebunden. Bei den Carabiden dominieren im Wald die *Abax*-Arten, vor allem *A. ater* und *A. ovalis*, letzterer ist nur in Fagetalia zu finden. Eine Ausnahme bildet hier lediglich die Fläche 2.6, hier handelt es sich um einen Buchenwald, bei dem durch forstwirtschaftliche Maßnahmen der gesamte Unterwuchs entfernt wurde. Dies führt dazu, daß einige typische Arten ausfallen. Eine solche Störung drückt sich in der Verminderung des $H_S$-Wertes aus. Die Fläche 2.6 hat den geringsten Diversitätswert aller untersuchten Flächen.

Die waldfreien Flächen haben zwar einen größeren Artenreichtum als die Waldflächen, aber ihr $H_S$-Wert liegt im Durchschnitt nicht höher. Einen Unterschied im Artenreichtum zwischen Muschelkalk und Buntsandsteinflächen konnte im Raum Saarbrücken nicht festgestellt werden, dagegen lagen die Individuenzahlen auf Muschelkalkböden im Durchschnitt höher als auf Buntsandstein.

Bei den offenen Flächen lassen sich zwei sofort ausschließen (1.1 und 3.4). Sie liegen in direkter Stadtnähe und sind anthropogen am stärksten überformt. (Hohe Staubbelastung, Abbrennen der Fläche, Schadgase usw.). Hier finden sich nur noch 7 bzw. 2 Käferarten.

Als Gesamtergebnis der Untersuchungen läßt sich folgendes festhalten:

Tab. 2

| Flächennummer: | 1.1 | 1.2 | 1.3 | 1.4 | 1.5 | 1.6 | 2.1 | 2.2 | 2.3 | 2.4 | 2.5 | 2.6 | 3.1 | 3.2 | 3.3* | 3.4 | | |
|---|---|---|---|---|---|---|---|---|---|---|---|---|---|---|---|---|---|---|
| Arten | ANZAHLEN | | | | | | | | | | | | | | | | S1 | % |
| *Pterostichus coerulescens* L. | 10 | – | – | 5 | – | 328 | 51 | – | 43 | 61 | – | – | 1 | 37 | 66 | – | 3402 | 37,79 |
| *Abax ater* VILL. | 195 | 98 | 160 | 189 | 178 | 15 | – | 215 | 30 | 1 | 294 | 46 | 30 | – | – | – | 1881 | 20,89 |
| *Pterostichus cupreus* L. | 1 | – | – | – | – | 615 | – | – | – | 8 | 2 | – | – | – | – | – | 626 | 6,95 |
| *Pterostichus lepidus* LESKE. | – | – | – | – | – | 357 | – | – | – | – | – | – | – | – | – | – | 357 | 3,96 |
| *Abax ovalis* DFTSCH. | – | – | 3 | 8 | 284 | – | – | – | – | – | – | 0 | – | – | – | – | 305 | 3,38 |
| *Pterostichus vulgaris* L. | – | – | – | – | 22 | 111 | – | – | 37 | – | 1 | – | 8 | – | 113 | 6 | 298 | 3,30 |
| *Carabus purpurascens* F. | 5 | – | 15 | 2 | – | 162 | 25 | – | – | 1 | 36 | – | – | – | – | – | 246 | 2,73 |
| *Abax parallelus* DFTSCH. | 7 | 19 | – | 16 | 93 | – | 5 | – | – | 3 | 7 | 2 | – | – | – | – | 207 | 2,29 |
| *Carabus auratus* L. | – | – | – | 54 | – | 17 | 3 | – | 5 | – | 25 | – | 3 | 10 | 65 | – | 182 | 2,02 |
| *Harpalus pubescens* MÜLL. | – | – | – | – | – | 163 | – | – | 4 | – | – | – | 9 | – | 2 | – | 178 | 1,97 |
| *Harpalus rubripes* DUFT. | 7 | – | – | 13 | – | – | 5 | – | 6 | 8 | 86 | – | 6 | 3 | – | – | 134 | 1,48 |
| *Calathus fuscipes* GZE. | – | – | – | – | – | 89 | – | – | – | 6 | – | – | – | 3 | 13 | – | 111 | 1,23 |
| *Molops piceus* PANZ. | – | 72 | 1 | – | 36 | – | – | – | – | – | – | – | – | – | – | – | 109 | 1,21 |
| *Carabus nemoralis* MÜLL. | 7 | – | 7 | 10 | 9 | 53 | – | 3 | 1 | 17 | – | – | – | – | – | – | 107 | 1,18 |
| *Pterostichus madidus* F. | – | 16 | 24 | 6 | 16 | 1 | – | – | – | – | 12 | 7 | – | – | – | – | 82 | 0,91 |
| *Amara communis* PANZ. | – | – | – | 14 | – | 30 | – | – | 23 | – | – | – | – | – | 13 | – | 80 | 0,88 |
| *Bembidion lampros* HBST. | – | – | – | – | – | 30 | – | 4 | 9 | 2 | 17 | – | 2 | – | 3 | – | 67 | 0,74 |
| *Amara lunicollis* SCHIÖDTE | 3 | – | – | – | – | – | – | 12 | 7 | 8 | 2 | – | 27 | – | – | – | 57 | 0,63 |
| *Pterostichus oblongopunctatus* F. | – | – | – | – | 51 | 6 | – | – | – | – | – | – | – | – | – | – | 57 | 0,63 |
| *Pterostichus minor* GYLL. | – | – | – | – | – | – | 8 | 21 | – | 5 | 10 | – | – | – | 1 | – | 45 | 0,49 |
| *Agonum dorsale* PONT. | – | – | – | – | – | 33 | – | – | – | 6 | 2 | – | 2 | – | – | – | 43 | 0,47 |
| *Harpalus latus* L. | – | – | – | 1 | – | 23 | – | 2 | – | – | – | – | 9 | – | – | – | 35 | 0,38 |
| *Agonum mülleri* HBST. | – | – | – | – | – | 33 | – | – | – | – | – | – | – | – | – | – | 33 | 0,36 |
| *Harpalus puncticeps* STEPH. | – | – | – | – | – | – | 3 | – | – | – | 2 | – | – | 26 | – | – | 31 | 0,34 |
| *Harpalus aeneus* F. | – | – | – | – | – | 6 | – | – | – | – | 1 | – | – | 9 | 14 | – | 30 | 0,33 |
| *Pterostichus cristatus* DUFOUR | – | – | 14 | – | 2 | – | – | – | 1 | – | – | – | – | – | 12 | – | 29 | 0,32 |
| *Carabus problematicus* TH. | – | – | 14 | – | 7 | – | – | – | – | – | 4 | – | – | – | – | – | 25 | 0,27 |
| *Carabus arcensis* HBST. | – | 7 | – | – | 16 | – | – | – | – | – | – | – | – | – | – | – | 23 | 0,25 |
| *Calathus melanocephalus* L. | – | – | – | – | – | 13 | – | – | – | – | – | – | – | – | 7 | – | 20 | 0,22 |
| *Carabus coriaceus* L. | | – | 4 | 1 | 2 | 5 | – | – | – | 2 | 5 | – | – | 3 | – | – | 19 | 0,21 |
| *Amara bifrons* GYLL. | – | – | – | – | – | 14 | – | – | – | – | – | – | – | 3 | – | – | 17 | 0,18 |
| *Agonum sexpunctatum* L. | – | – | – | – | – | 16 | – | – | – | – | – | – | – | – | – | – | 16 | 0,17 |
| *Notiophilus palustris* DFSCH. | – | – | – | – | – | 2 | 4 | 4 | – | – | – | – | 3 | – | – | – | 13 | 0,14 |
| *Nebria brevicollis* F. | – | – | – | – | – | 6 | – | – | – | – | – | – | – | – | 6 | – | 12 | 0,13 |

Tabelle 2. (Forts.)

| Flächennummer: | 1.1 | 1.2 | 1.3 | 1.4 | 1.5 | 1.6 | 2.1 | 2.2 | 2.3 | 2.4 | 2.5 | 2.6 | 3.1 | 3.2 | 3.3 | 3.4 | | |
|---|---|---|---|---|---|---|---|---|---|---|---|---|---|---|---|---|---|---|
| Arten | ANZAHLEN | | | | | | | | | | | | | | | | S1 | % |
| *Trichotichnus laevicollis* DFT. | – | 1 | 8 | – | 1 | – | – | – | – | – | – | – | – | 2 | – | – | 12 | 0,13 |
| *Amara eurynota* PANZ. | – | – | – | 4 | – | 5 | – | – | – | – | – | – | – | – | – | – | 9 | 0,09 |
| *Bembidion illigeri* NET. | – | – | – | – | – | – | – | – | – | – | – | – | – | – | 1 | 8 | 9 | 0,09 |
| *Panagaeus bipustulatus* F. | – | – | – | 2 | – | – | – | – | – | 5 | – | – | – | – | – | – | 7 | 0,07 |
| *Pterostichus vernalis* PANZ. | – | – | – | – | – | 7 | – | – | – | – | – | – | – | – | – | – | 7 | 0,07 |
| *Anisodactylus binotatus* F. | – | – | – | – | – | – | 1 | – | – | – | 1 | – | 5 | – | – | – | 7 | 0,07 |
| *Leistus ferrugineus* L. | – | – | – | – | – | – | – | 2 | – | – | – | – | – | 7 | – | – | 7 | 0,07 |
| *Amara equestris* DFTSCH. | – | – | – | – | – | – | – | – | – | – | – | – | – | – | – | – | 7 | 0,07 |
| *Cychrus attenuatus* F. | – | – | 5 | – | 1 | – | – | – | – | – | – | – | – | – | – | – | 6 | 0,06 |
| *Badister bipustulatus* F. | – | – | – | | – | – | – | – | – | 6 | – | – | – | – | – | – | 6 | 0,06 |
| *Pterostichus niger* SCHALL | – | – | – | – | 5 | – | – | – | – | – | – | – | – | – | – | – | 5 | 0,05 |
| *Amara aulica* PANZ. | – | – | – | – | – | – | – | – | – | 5 | – | – | – | – | – | – | 5 | 0,05 |
| *Brachynus crepitans* L. | – | – | – | – | – | – | – | – | – | – | 5 | – | – | – | – | – | 5 | 0,05 |
| *Harpalus atratus* L. | – | – | – | – | – | – | – | – | – | – | – | – | 5 | – | – | – | 5 | 0,05 |
| *Stomis pumicatus* PANZ. | – | – | – | – | – | – | – | – | – | – | 2 | – | – | – | 2 | – | 4 | 0,04 |
| *Amara plebeja* GYLL. | – | – | – | – | – | – | – | – | – | – | 2 | – | – | – | 2 | – | 4 | 0,04 |
| *Amara aenea* DEG. | – | – | – | 3 | – | – | – | – | – | – | – | – | – | – | – | – | 3 | 0,03 |
| *Harpalus rufitarsis* DFTSCH. | – | – | – | – | – | 2 | – | – | – | – | – | – | – | – | – | – | 2 | 0,02 |
| *Leistus rufomarginatus* DFTSCH. | – | – | – | – | – | 2 | – | – | – | – | – | – | – | – | – | – | 2 | 0,02 |
| *Acupalpus teutonus* SCHRK. | – | – | – | – | – | 1 | – | 1 | – | – | – | – | – | – | – | – | 2 | 0,02 |
| *Badister sodalis* DFTSCH. | – | – | – | – | – | – | – | 2 | – | – | – | – | – | – | – | – | 2 | 0,02 |
| *Asaphidion flavipes* L. | – | – | – | 1 | – | 1 | – | – | – | – | – | – | – | – | – | – | 2 | 0,02 |
| *Carabus convexus* F. | – | – | 1 | – | – | – | – | – | – | – | – | – | – | – | – | – | 1 | 0,01 |
| *Harpalus quadripunctatus* DEJ. | – | – | – | – | 1 | – | – | – | – | – | – | – | – | – | – | – | 1 | 0,01 |
| *Notiophilus aquaticus* L. | – | – | – | – | – | 1 | – | – | – | – | – | – | – | – | – | – | 1 | 0,01 |
| *Clivina fossor* L. | – | – | – | – | – | 1 | – | – | – | – | – | – | – | – | – | – | 1 | 0,01 |
| *Olisthopus rotundatus* PAYK. | – | – | – | – | – | 1 | – | – | – | – | – | – | – | – | – | – | 1 | 0,01 |
| *Acupalpus meridianus* L. | – | – | – | – | – | – | – | 1 | – | – | – | – | – | – | – | – | 1 | 0,01 |
| *Bembidion guttula* F. | – | – | – | – | – | – | – | – | – | – | 1 | – | – | – | – | – | 1 | 0,01 |
| *Calathus erratus* SAHLB. | – | – | – | – | – | – | – | – | – | – | – | – | – | 1 | – | – | 1 | 0,01 |
| S2 | 235 | 213 | 256 | 329 | 724 | 4949 | 100 | 267 | 166 | 144 | 515 | 55 | 110 | 101 | 325 | 14 | 9003 | |
| Coleoptera (Gesamtzahl) | 586 | 260 | 386 | 714 | 1124 | 5840 | 193 | 362 | 247 | 297 | 655 | 57 | 314 | 183 | 471 | 46 | 12257 | |

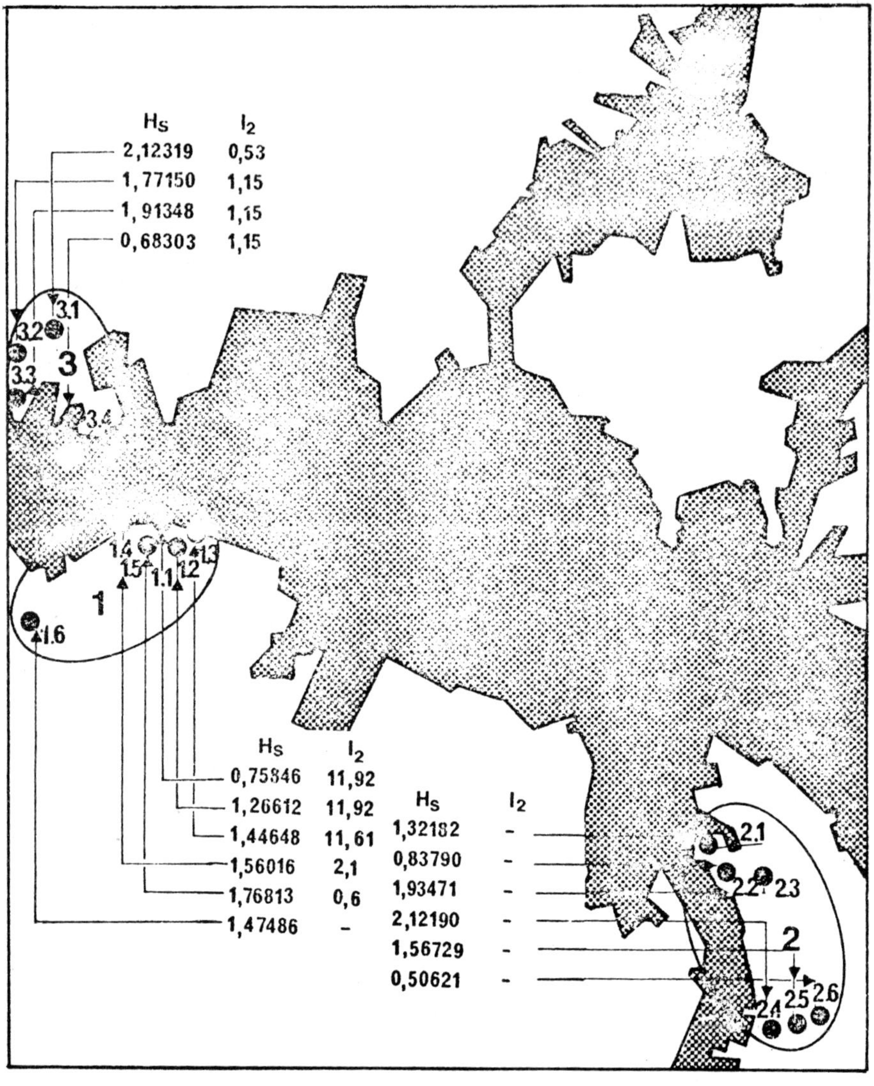


Abb. 2. Lage der 16 Untersuchungsflächen in unmittelbarer Umgebung des Verdichtungsraumes von Saarbrücken. Für jeden Standort sind die $H_S$-Werte (nur für Carabiden) dargestellt. ($I_2$ = Staubbelastung in g/qm.Tag)

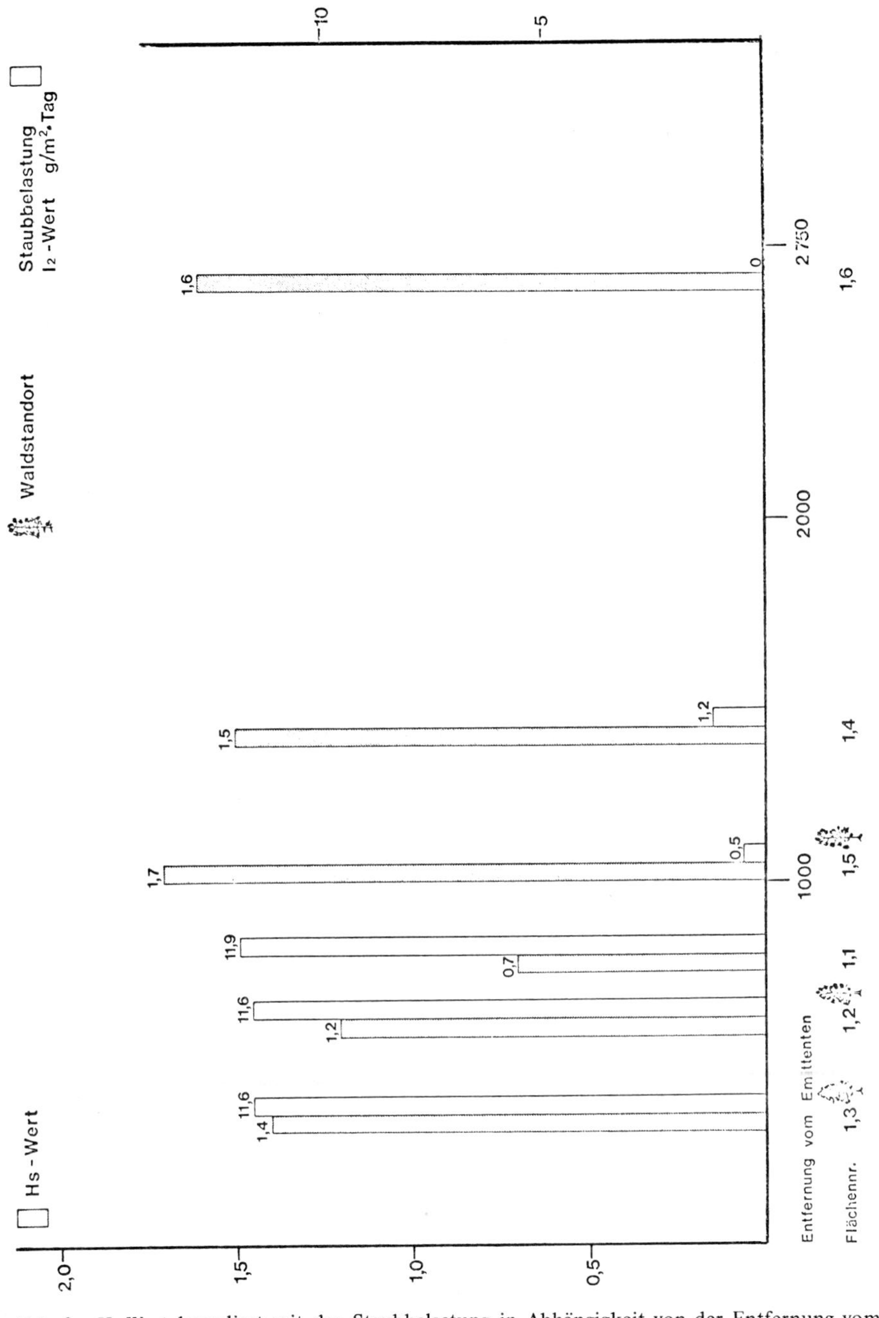


Abb. 3. $H_s$-Wert korreliert mit der Staubbelastung in Abhängigkeit von der Entfernung vom Emittenten

Für die Verbreitung und Habitatbindung von Bodenarthropoden, und hier speziell der Carabiden, sind in erster Linie abiotische Faktoren wie Temperatur, Feuchtigkeit, Licht- und Bodenverhältnisse verantwortlich zu machen. Der Faktor der anthropogenen Belastung und damit der Störung der Biotope spielt auf jeden Fall eine Rolle, wenn er auch jetzt in vollem Umfang auf allen Flächen noch nicht erfaßt werden kann. Daß dieser Störfaktor aber besonders in der Nähe von Ballungsräumen wirksam wird, ließ sich an zwei stadtnahen Flächen zeigen. Da jedes biotische System den Zustand größter Manningfaltigkeit anstrebt und ein auch wie immer gearteter Belastungsfaktor sich negativ auf diese Artenmannigfaltigkeit auswirkt, hat sich das Diversitätsmaß ($H_S$-Wert) als geeignet erwiesen, solche Belastungen zu diskutieren, vor allem dann, wenn es nicht möglich ist. Einzelfaktoren bis in alle Einzelheiten zu erfassen. Dazu auch Abb. 3, wo der $H_s$-Wert in Abhängigkeit von der Entfernung vom Ballungsraum bzw. Emittenten aufgetragen wurde. Hierbei ist ein Ansteigen des $H_s$-Wertes mit steigender Entfernung zum Ballungsraum zu beobachten.

Um diese Organismen aber als eindeutige Indikatoren zu erfassen, ist es nötig, sie im Labor definierten Belastungen auszusetzen. Dies soll der nächste Schritt nach den hier aufgezeigten Eingangsuntersuchungen sein.

## Literatur


BARBER, H. S. (1931): Traps for cave inhabiting Insects. *Journal Elish. Mitchell. Science Soc.* 46: 259–266

BECKER, J. (1972): Art und Ursachen der Habitatbindung von Bodenarthropoden xerothermer Standorte in der Eifel. Dissertation, Köln.

DAHL, T. (1928). Carabidae. Die Tierwelt Deutschlands. Jena. 210 S.

DUNGER, W. (1963): Praktische Erfahrungen mit Bodenfallen. *Entom. Nachr.* 4: 41–46

HEYDEMANN , B. (1955): Carabiden der Kulturfelder als ökologische Indikatoren. *Ber. 7. Wandervers. Dt. Entom. Berlin*: 172–185

KLOMANN, U. (1974): Bodenarthropoden unter Immissionsbelastung (unter besonderer Berücksichtigung der Fam. Carabidae, Coleoptera). Unveröffentlichte Staatsarbeit, Saarbrücken.

MÜLLER, P. (1972): Die Bedeutung biogeographischer Methoden für die Bearbeitung saarländischer Umweltprobleme. *Umwelt Saar* 1972

MÜLLER P. (1974): Aspects of Zoogeography. Junk, The Hague

MÜLLER, P., U. KLOMANN, P. NAGEL, H. REIS & A. SCHÄFER (1974): Indikatorwert unterschiedlicher biotischer Diverstät im Verdichtungsraum von Saarbrücken. Verh. Ges. Ökologie Erlangen 1974. Junk, The Hague

RUMLER, F., H. NEIS & R. HERBOLSHEIMER (1972): Staubniederschlagsmessungen im Raum Saarbrücken- Völklingen- Saarlois- Dillingen und Neunkirchen. Schriftenreihe, herausgegeben vom Minister für Arbeit, Sozialordnung und Gesundheitswesen des Saarlandes, Heft 6

SCHMITHÜSEN, J. (1968): Begriff und Inhaltsbestimmung der Landschaft als Forschungsobjekt vom geographischen und biologischen Standpunkt. *Arch. Natursch. und Landsschaftsf.* 8 (2): 101–112

THIELE, H. U. (1963): Ökologische Untersuchungen an bodenbewohnenden Coleopteren einer Heckenlandschaft. *Z. Morph. Ökol. Tiere* 53 (1964): 537–586

THIELE, H. U. (1968): Was bindet Laufkäfer an ihre Lebensräume? *Naturwiss. Rundschau* 21: 57–65

WILSON, E. O. & W. H. BOSSERT (1973): Einführung in die Populationsbiologie, Heidelberger Taschenbücher 133

## Diskussion

KOLBE: Haben Sie die Temperaturen an der Bodenoberfläche gemessen oder im Boden selbst? Können Sie heute auf Grund Ihrer noch nicht abgeschlossenen Untersuchungen schon sagen, daß bestimmte Koleopterenarten oder auch bestimmte andere Insektenarten anthropogen besonders wenig belastbar sind?

KLOMANN: Die Temperaturmessungen erfolgten in 1,5 m über dem Boden, 10 cm über dem Boden und direkt auf der Bodenoberfläche, und dann noch in 5 und 10 cm Tiefe. – Von den Arten, die relativ weit ins Stadtgebiet gehen, und den anderen, die am ehesten ausfallen, können wir Genaueres sagen. Auf der höchstbelasteten Fläche wurden nur *Pterostichus vulgaris* in sechs Exemplaren und *Bembidion illigeri* in zwei Exemplaren gefunden. Auf der Fläche, die relativ nah, aber weniger belastet war (etwa 150 m vom Ballungsgebiet weg), kamen noch dazu: *Pterostichus coerulescens, Harpalus pubescens* und *Harpalus puncticeps.* Danach pendelt sich es ungefähr ein, und bei der nächsten Fläche hatten wir schon 36 Arten.

KOLBE: Haben Sie vor, bei den genannten Arten, z.B. *Pterostichus vulgaris* und der *Bembidion*-Art, dann Untersuchungen anzustellen, ob sie wirklich echt da sind oder ob das irgendwelche andere Zufälligkeiten sind?

KLOMANN: Darüber jetzt schon eine Aussage zu machen, würde ich mich nicht trauen.

GHILAROV: War das nur beeinflußt von verschiedenen Dämpfen und dergleichen, oder auch durch die Verpestung des Bodens unter dem Einfluß des Retentionseinflusses des Menschen? Waren diese Flächen vom Menschen besucht, also abgetreten?

KLOMANN: Diese Flächen waren alle nicht begangen worden. Wir können aber nicht sicher sagen, ob für die ausfallenden Arten die Staubbelastung oder die Schadgasbelastung maßgebend ist, sondern es handelt sich mit Sicherheit um eine Komplexwirkung.

SAUTER: Handelt es sich bei diesem Pterostichus und Bembidion um geflügelte Arten?

KLOMANN: Sie können nicht mehr richtig fliegen.

GHILAROV: Collembolen sind sehr empfindliche Indikatoren gerade in dieser Hinsicht.

P. MÜLLER: Wir haben riesige Fässer da stehen, und ich wäre glücklich, wenn eines Tages ein Doktorand sagen würde, ich möchte gern die Collembolen bearbeiten. Ich versuche das ständig zu erreichen, aber da fehlt es an Spezialisten.

GEPP: Wie würden Sie die Barberfallenmethode in Ihrem Fall verteidigen?

KLOMANN: Die Barberfallenmethode gewährleistet ein zufälliges Herausgreifen einer oestimmten Information aus dem System, ohne daß ich einen subjektiven Fehler hineinbringen kann.

GEPP: Ich arbeite auch mit Barberfallen, allerdings gibt es Analysen, die Schlechtes anzeigen. Ich habe sie in Erlenbruchwäldern, die zeitweise und stückweise überflutet sind.

REICHL: Eine Frage zur Diversitätsberechnung. Natürlich hat die Diversität wie jede statistische Größe ihre Signifikanz, Standardabweichung, haben Sie das berücksichtigt? Sie haben vorhin sechs oder zwei Stück genannt; da wäre die Standardabweichung so groß, daß Sie aus diesem Befund überhaupt keine signifikanten Schlüsse mehr ziehen können.

KLOMANN: Die Standardabweichung nehmen wir nicht mit hinein. Aber wir gehen davon aus, daß wir uns möglichst großes Material beschaffen und der Fehler dadurch möglichst klein ist.

*Verh. des Sechsten Int. Symp. über Entomofaunistik in Mitteleuropa 1975, Junk, The Hague.*

# Käfergesellschaften als objektivierbare Informationsträger

PETER NAGEL

*Summary*

Biocenoses undergo a genesis typical of their habitat; during these successions, the biocenoses and the biotope are in a permanent mutual state of exchange of information. The actually existing structural elements are the energy carriers and, hence, also the base for obtaining the information. A method is shown for the objective representation of the structural diversity of a biocenosis as this represents the phenomenological pattern of the whole information flow (external and internal inputs) of a biocenosis. The studies are based on the epigeic Coleoptera of xerothermic localities of the Saar-Mosel area. The entomocenoses have been used as indicators for the recent and future quality of geosystems.

Lebensgemeinschaften stellen in ihrer Komplexität die derzeit gültige Reaktionsnorm auf die gegebenen Umweltverhältnisse dar. Nicht die einzelnen Strukturelemente, also die Arten, sondern nur die Biozönose als Gesamtheit kann das Faktorengefüge des Standortes erkennen lassen. Käfergesellschaften durchliefen wie jede Biozönose und auch die ihnen übergeordneten Ökosysteme eine für jeden Standort spezifische Genese, d.h. bestimmte Sukzessionsstadien, bis sie ihren rezenten Zustand erreichten. Im Laufe dieser Entwicklung fand ein permanenter Informationsaustausch zwischen den Biota und deren Umwelt statt, die in strukturellen und energetischen Umwandlungen ihren Niederschlag fanden. Aufgrund informationstheoretischer Überlegungen wird es möglich, die in den rezenten Biozönosen enthaltene Information zu objektivieren, d.h. ohne subjektive Interpretationen zu übersetzen und verständlich zu machen.

Weiterhin läßt sich ein Ökosystem als Kommunikationskanal verstehen, der Information in die Zukunft projiziert, Jedes System, das aus reproduzierenden Organismen besteht, muß versuchen, eine Gemeinschaft zu entwickeln, in der die Entropiebildungsrate auf einem Minimum ist. Am Ende eines Sukzessionsprozesses, also eines Prozesses der Informationsanhäufung, steht ein System, für das die Umwelt als die Quelle neuer Information, auf die das System zu reagieren hat, weniger wichtig ist als zu Beginn der Sukzession (MARGALEF 1975). Das Ziel von Sukzessionen ist also – um es teleologisch auszudrücken – die erworbene Information zu einem möglichst vollständigen Abblocken jeder weiteren ökologischen inputs zu benutzen. Bei entsprechender Entschlüsselung können Biozönosen demnach Auskunft über rezente und zukünftige Umweltverhältnisse liefern, wobei dann die Lebensgemeinschaften viel bessere Indikatoren für Umweltqualitäten darstellen als noch so komplizierte physikalisch-chemische Geräte.

Informationen und deren Übertragung sind an energetische Vorgänge gebunden, diese wiederum an Strukturelemente, die mit einer spezifischen Umgebung, dem Biotop, wechselseitig verflochten sind. Während bei abiotischen Systemen alle Zustandsänderungen einer zunehmenden Disgregation (Unordnung) zustreben und damit die Entropie im Endstadium sehr hoch ist, wirkt in biotischen Systemen als Gegenkraft die Information, wodurch selbst Systeme mit hoher Diversität der Strukturelemente (z.B. Arten) neben hoher Entropie auch große Information aufweisen können (vgl. STUGREN 1974). Damit liefert die abgreifbare strukturelle Diversität den entscheidenden Hinweis für den rezenten und zukünftigen Zustand des untersuchten Systems.

Als einfachste Bezugseinheit für Diversitätsuntersuchungen auf strukturellem Niveau bieten sich die Arten an, wobei nun aber nicht mehr – wie in vielen früheren Arbeiten – die Artenzahl mit der Artendiversität (Artenvielfalt, Artenmannigfaltigkeit) gleichgesetzt werden kann. In diesem Begriff sind zwei Systemeigenschaften vereinigt (vgl. MACARTHUR 1965, PIELOU 1969). Zum Einen die Anzahl der Arten, also der Strukturelemente, zum Anderen der Grad der Gleichmäßigkeit der Verteilung von deren Unterelemente, der Individuen. Während die Artenzahl n aufgrund der bei Biozönosenuntersuchungen vorauszusetzenden Artenkenntnis sofort zu ermitteln ist, lagen neueren Arbeiten zur Beschreibung der species evenness Abundanzuntersuchungen zugrunde, deren Ergebnisse meist in Form von Dominanzstrukturkurven dargestellt wurden. Die Schwierigkeit, die sich bei rein betrachtenden Vergleichen der Dominanzstrukturkurven der einzelnen Standorte ergibt, liegt besonders in der nur subjektiv möglichen Beurteilung der verschiedenen Individuenverteilungen. Berechnet man die Artendiversität $H_s$ nach der aus der Informationstheorie stammenden SHANNON-WIENER-Funktion[1] (SHANNON 1948, WIENER 1948), so läßt sich daraus neben der Artenzahl n auch auf objektivem Wege die species evenness $J_s$[2] (Äquität nach STUGREN 1974) ermitteln (vgl. PIELOU 1966). Damit ist dem Bearbeiter die Möglichkeit gegeben, sowohl die gesamte Artendiversität objektiv durch $H_s$ darzustellen, als auch den Grund für hohe oder niedrige $H_s$-Werte durch die Auflösung in die objektiven Werte n und $J_s$ zu ermitteln. Während primär $H_s$ die Ungewißheit angibt, mit der ein zufällig aus der Biozönose herausgegriffenes Individuum einer bestimmten Art zugeordnet werden kann, so läßt sich nachweisen, daß mit diesem Wert nicht nur die Entropie, sondern, als Negentropie, auch der Informationsgehalt des Systems dargestellt ist.

Die Diversität jeder Biozönose spielt sich auf einen systemeigenen $H_s$-Wert ein, wobei dieser nur Auskunft über die Strukturstabilität in Bezug auf Artenzahl und/

oder species evenness gibt. $H_s$ läßt keine Rückschlüsse auf zu erwartende Veränderungen der Artenzusammensetzung zu, da in diesen Wert nur Artenzahlen und Individuenhäufigkeiten eingehen. Dies ist ausschließlich mit einem H-Wert möglich, der sich nur über Veränderungen der Artenzusammensetzung ändern kann. Einen solchen Wert stellt die Verbreitungstypen-Diversität $H_v$[3] dar, die als Ersatz für die Ökotypen-Diversität gewählt wurde, da letztere aufgrund ungenügender Kenntnis der ökologischen Valenz der meisten Arten zu ungenau hätte sein müssen. Im Gegensatz zu $H_s$ mit der Element-Unterelement-(set-subset-) Kombination Art-Individuum liegt $H_v$ die set-subset-Kombination Verbreitungstyp-Art zugrunde (NAGEL 1975).

1 $H_s = -\sum_{i=1}^{s} \frac{N_i}{N} \ln \frac{N_i}{N}$ ; $N_i$ = Individuenzahl der i-ten Art;

$N = \sum_{i=1}^{s} N_i$ ;

2 $J_s = \frac{H_s}{\ln n}$ ;

3 $H_v = -\sum_{i=1}^{v} \frac{n_i}{n} \ln \frac{n_i}{n}$ ; $n_i$ = Artenzahl des i-ten Verbreitungstypes;

Da sich solche Untersuchungsmethoden noch im Anfangsstadium befinden, ist es unerläßlich neben der Berechnung und Analyse von $H_s$ und $H_v$ einschließlich der entsprechenden n-, v- und J-Werte auch die Indikatorenqualität der Arten aufgrund ökologischer (inklusive biozönologischer) Analyse in die Untersuchung mit einzubeziehen (vgl. MÜLLER *et al.* 1975). Grundsätzliche Voraussetzung dieser Bearbeitungsweise sind objektive quantitative Sammelmethoden und eine Materialausbeute, die statistischen Untersuchungen genügt. Für die hier behandelte Tiergruppe, die epigäischen Coleopteren, bietet sich als nahezu ideale Sammelmethode die auf BARBER (1931) zurückgehende Fallenfangmethode an, da hier subjektive Einflüsse fast völlig ausgeschlossen sind.

Die im Folgenden dargestellten Ergebnisse beruhen auf Untersuchungen xerothermer Standorte des Saar-Mosel-Raumes (vgl. NAGEL 1975). Neben Licht- und Käscherfängen zur qualitativen Ergänzung der Darstellung der Coleopterenfauna ermöglichten die Erfassung des Mikroklimas und der pflanzensoziologischen Einheiten die Charakterisierung wichtiger exogener Standortfaktoren. Die Untersuchungsflächen im Unteren Moseltal lagen auf brachliegenden ehemaligen Weinbergterrassen an einem Moselsteilhang etwa 100 m über dem Fluß bei Winningen. Der im Dreiländereck von Luxemburg, Frankreich und Deutschland an der Mosel liegende Hammelsberg ist ebenso wie der etwa 10 km südlich davon in Lothringen liegende Koppenachberg ein Muschelkalkstandort. Das vierte Untersuchungsgebiet, der

Schenkelsberg bei Mimbach, befindet sich im südöstlichen Saarland ebenfalls auf Muschelkalk.

Die Standorte bei Winningen fallen bezüglich der Ergebnisse in fast jeder Beziehung als Besonderheit auf. Hier konnte keine einzige xerothermophile Käferart gefunden werden, obwohl Winningen gegenüber den anderen Untersuchungsgebieten das weitaus wärmste und trockenste Mikroklima aufweist. Die sehr niedrigen Diversitätswerte beruhen auf der geringen Artenzahl und einer von der Normalverteilung stark abweichenden Dominanzstruktur. Der geringe $H_s$-Wert erklärt sich aus der kurzen Zeit, die die Weinbergterrassen erst brachliegen (10 Jahre), in viel stärkerem Maße aber durch die permanente anthropogene Beeinflussung, die in Form von Düngung der umliegenden genutzten Terrassen und Hubschrauberspritzungen (hauptsächlich Herbizide und Insektizide) auch diese Brachflächen voll erfaßt. Die Biozönose wird hierdurch gezwungen, immer wieder neu ein spezifisches, wechselseitiges, stabiles Gefüge mit inneren Bindungen aufzubauen, weshalb die Entropie und damit gleichzeitig – trotz der phänomenologischen Gegensätzlichkeit – die Information nie höhere Werte erreichen können. Denn umgekehrt kann ein System mit hoher Entropie durchaus auch hohe Information aufweisen, wenn die wechselseitigen Beziehungen der Einzelelemente einen hohen Ordnungsgrad zeigen. Die scheinbare (für den Betrachter allerdings tatsächliche) phänomenologische Unordnung des Systems verbirgt die wahre strukturelle Ordnung (MARGALEF 1975). Das Wichtigste auch solcher Untersuchungen muß also immer die Kenntnis des Basismaterials, d.h. der Strukturelemente und deren Beziehungen untereinander sowie deren Aktionen und Reaktionen bezüglich ihrer Umwelt sein. Bei den Brachflächen bei Winningen können induktiv keine zukünftigen Sukzessionsstadien vorhergesagt werden, da sich die ökologischen inputs permanent unregelmäßig ändern, also keine auf die Dauer definierbaren Umweltverhältnisse vorliegen.

Aufgrund verschiedener Standortsuntersuchungen in den einzelnen xerothermen Gebieten lassen sich z.B. beim Koppenachberg in Nord-Lothringen folgende Sukzessionsstadien erkennen. Das rezent erste, xerotherme Stadium ist dadurch gekennzeichnet, daß sich die Zahl der derzeit schon relativ häufigen xerothermophilen Arten sogar noch vergrößern kann und diese relativ lange vorhanden sein werden, daß sie jedoch in Bezug auf die Individuenzahlen seltener werden. Allmählich treten dann weitere Waldindikatoren in den oberen Dominanzklassen auf, die im rezent letzten Stadium schon am stärksten vertreten sind. Hier hat schon eine sehr starke Sukzession weg vom xerothermen Stadium stattgefunden, ohne daß allerdings alle xerothermophilen Elemente verschwunden sind. Der weitere Verlauf geht dann über ein weitgehendes Verschwinden der noch verbliebenen südlichen Elemente, was sich allerdings nur noch im rezedenten und subrezedenten Bereich abspielt. Hier ist also weder das xerothermste noch das am weitesten auf das Endstadium fortgeschrittene Stadium am instabilsten. Um es teleologisch auszudrücken, versucht das System im primären, xerothermen Stadium zunächst, solange es sinnvoll erscheint, die Entropiebildungsrate möglichst gering zu halten, also durch Informationsanhäufung einen stabilen Zustand zu erreichen, gibt dieses Vorhaben aber sofort auf, wenn sich herausstellt, daß die external inputs doch zu stark werden, um ihnen auf die Dauer Widerstand leisten zu können. Die darauffolgenden Stadien werden dann sehr schnell durchlaufen, um möglichst bald wieder in einen stabileren Zustand zu gelangen, der die zukünftige Entwicklung schon einprogrammiert hat.

Betrachtet man den Hammelsberg im südwestlichen Saarland als Gesamtheit, so bleiben die jetzt hier vorhandenen Arten, beziehungsweise die durch sie repräsentierten Ökotypen, erhalten, wobei sich lediglich die Dominanzkurve etwas abflachen wird. Die euryöken Waldarten sind schwach vertreten, auch deuten einige rezedente xerothermophile Arten sowie die im oberen Dominanzbereich auftretende Tenebrionide *Asida sabulosa* auf einen immer noch deutlich xerothermen Charakter des Hammelsberges hin. Dieser verfügt zwar nicht über in dieser Weise xerotherme Inseln wie der Koppenachberg in Nord-Lothringen, doch ist er insgesamt noch nicht so weit fortgeschritten wie jener und die einzelnen Sukzessionsstadien gehen langsamer ineinander über.

In dieser Beziehung bestehen große Ähnlichkeiten zwischen dem Hammelsberg und dem Schenkelsberg im südöstlichen Saarland. Im Gegensatz zu jenem ist aber hier auf dem relativ xerothermsten Standort der $J_s$-Wert sehr hoch, was darin begründet liegt, daß hier keine Art entsprechend *Asida sabulosa* in den oberen Dominanzklassen vorkommt, deren Individuenabundanz sich bei anlaufender Sukzession verringern müßte. Dies zeigt also, daß im klimatisch begünstigteren Moseltal die Entwicklung der mesophileren Standorte zu thermophilen Waldgesellschaften nicht unbedingt langsamer erfolgen muß als im Muschelkalkgebiet des südöstlichen Saarlandes.

Zusammenfassend läßt sich erkennen, daß der Diversitätsindex nicht unbedingt die Annäherung an einen Klimaxzustand in kontinuierlicher Weise angibt. Weder die Maßzahl für die Arten- noch für die Verbreitungstypen-Diversität kann für sich allein betrachtet ein Sukzessionsstadium erkennen lassen. Deren Kombination in Verbindung mit der Analyse der Indikatororganismen erlaubt erst, eine solche Sukzessionsfolge aufzustellen. Bei einem Fehlen von Indikatorarten versagt diese Methode völlig, wie am Beispiel Winningen gezeigt werden konnte. Hier war jedoch über die Diversitätsberechnungen und die Betrachtungen der ökologischen Valenz der Arten eine Definition des rezenten Stadiums möglich. Dabei zeigte sich, daß unnatürliche, also anthropogene Belastung sich viel stärker in den Diversitätsindices niederschlugen als andere, natürliche Faktoren.

Auf fast allen Standorten des Muschelkalkgebietes fielen die relativ zahlreich vorkommenden seltenen Arten auf, die, von Ausnahmen abgesehen (*Microlestes maurus, Xantholinus semirufus, Drilus flavescens, Asida sabulosa* etc.), nicht xerothermophil sind (*Licinus depressus, Lathrobium andorranum, Mycetoporus ambiguus, Xantholinus schuleri, Atheta puberula* etc.). Ihre Existenzmöglichkeit verdanken sie einerseits der Tatsache, daß die potentiell natürliche Vegetation eine Waldgesellschaft ist, andererseits der geringen anthropogenen Beeinflussung dieser Gebiete. Damit gewinnen die weitgehend unbelasteten Standorte des Saar-Mosel-Raumes doppelte Bedeutung. Sie stellen sowohl Refugien für xerothermophile Arten als auch für inzwischen äußerst selten gewordene oder schon immer selten gewesene Arten völlig anderer ökologischer Valenz dar. Jede dieser Arten repräsentiert einen Faktor des betreffenden Ökosystems. Daher ist, solange die Verflechtungen der einzelnen Faktoren so wenig bekannt sind, der Schutz jeder Art ein notwendiger Beitrag zum Funktionieren eines Ökosystems, oder anders ausgedrückt, nur über eine Erhaltung eines Ökosystems als Gesamtheit können nicht vorhersehbare Einbrüche im sogenannten Haushalt der Natur vermieden werden. Denn besonders aufgrund der Diversitätsanalysen wurde deutlich, daß die Erhaltung des spezifischen Charakters dieser Gebiete nicht durch passive, sondern nur durch aktive Pflege, d.h. durch ein Aufhalten der Sukzession, erfolgen kann.

## Literatur


BARBER, H. S. (1931): Traps for cave-inhabiting insects. *J. Elisha Mitchell Sci. Soc.* 46: 259–265.

MACARTHUR, R. H. (1965): Patterns of species diversity. *Biol. Rev. Cambridge Phil. Soc.* 40: 510–533.

MARGALEF, R. (1975): Perspectives in ecological theory. Chicago, University Press.

MÜLLER, P., U. KLOMANN, P. NAGEL, H. REIS & A. SCHÄFER (1975): Indikatorwert unterschiedlicher biotischer Diversität im Verdichtungsraum von Saarbrücken. Verhandl. Ges. Ökologie, Erlangen 1974: 113–128.

NAGEL, P. (1975): Studien zur Ökologie und Chorologie der Coleopteren (Insecta) xerothermer Standorte des Saar-Mosel-Raumes. Dissertation Phil. Fak. Saarbrücken.

PIELOU, E. C. (1966): Shannon's formula as a measure of specific diversity: its use and misuse. *Am. Naturalist* 100: 463–465.

PIELOU, E. C. (1969): An introduction to mathematical ecology. New York, Wiley-Interscience.

SHANNON, C. E. (1948): A mathematical theory of communication. *Bell System Techn. J.* 27: 379–423, 623–656.

STUGREN B. (1974): Grundlagen der allgemeinen Ökologie. Jena, Fischer Verlag.

WIENER, N. (1948): Cybernetics. New York.


## Diskussion

GHILAROV: Erstens: Wo sind die Differenzen in den von Ihnen angewendeten Formeln und jenen, die von MARGALEF in der Hydrobiologie angewendet worden sind? Zweitens: Kennen Sie die Arbeit von CANCELA DE FONSECA über die Anwendung der Informationstheorie? Was gilt in diesem Falle die Anwendung der Informationstheorie? In der Produktionsbiologie gibt das etwas, verschiedene Biozönosen mit verschiedenem Artenbestand zu vergleichen, aber hier? Was ist der Vorteil?

NAGEL: Es gibt zwei meistbenutzte informationstheoretische Formeln: die SHANNON-WIENER-Formel 1948 und die BRILLOUIN 1948 entwickelte. Die SHANNON-WIENER-Formel darf man nur anwenden, wenn man ein System untersucht, das man nicht vollständig erfassen kann. Dagegen muß man die BRILLOUIN-Formel anwenden, wenn man z.B. Vogeluntersuchungen macht in einem fest umgrenzten Waldgebiet, in dem man jedes Nest kennt, wobei jedes Individuum erfaßt wird. MARGALEF hat die BRILLOUIN-Formel verwendet, da er sich hauptsächlich mit Planktonorganismen befaßt hat. Im Prinzip sind alle gleich gut, nur hat sich in der Praxis die SHANNON-WIENER-Formel als die am besten verwendbare herauskristallisiert. Der Vorteil der Diversitätsindices ist, daß man damit eine auf statistischen Ergebnissen beruhende objektive Verarbeitungsmethode hat.

VARGA: Durch den Vortrag und durch die vielen Arbeiten, die in letzter Zeit von der Saarbrücker Schule geleistet worden sind, habe ich den Eindruck gewonnen, daß diese Methode sehr nützlich für die Erfassung der verschiedenen Landbiozönosen ist. Diese Methode schließt natürlich nicht eine subjektive Interpretation aus. Es scheint mir überhaupt problematisch zu sein: wie kann man etwas erklären, was überhaupt nicht subjektiv interpretiert ist? Diese Methode bietet wenigstens eine sichere Basis für eine mehr oder weniger subjektive Interpretation – ich möchte lieber so formulieren. Die Lebensformendiversität ist meines Erachtens besonders wichtig. Zum Beispiel unter extremen Bedingungen, wie in den xerothermen Trockenrasen, ist eine noch geringere Diversität vorhanden als in den anthropogen belasteten Biotopen wie betretene Rasen ...

P. MÜLLER: Diversität nicht, nur höherer Artenreichtum kann vorkommen. Wenn Belastung auftritt, werden einzelne Arten bevorzugt. Damit werden die Dominanzstrukturen geändert und einzelne Arten beginnen zu dominieren; dann können noch weitere Arten dazukommen. Die Diversität nimmt trotzdem durch die Dominanzstrukturen der einzelnen Arten insgesamt ab.

VARGA: Das ist schon ausgerechnet, das ist keine Hypothese! Nämlich durch die Analyse der Orthopteren einiger Trockenrasen der Ungarischen Tiefebene. Die geringsten Diversitätswerte zeigen die ganz extremen Flugsand-Trockenrasen auf Sanddünen, die vor einigen Jahrhunderten vom Menschen entwaldet worden sind, seitdem aber kaum berührt wurden und dort edaphischen Trockenrasen sich entwickeln ließen. Die Diversität ist besonders gering, wenn man die dortige Fauna nach Lebensformen analysiert. Fast ausschließlich geophile Formen kommen vor, die anderen Lebensformentypen der Orthopteren fehlen durchaus. – Solche Untersuchungen muß man aber auch großräumig durchführen, bevor man solche Regeln, wie z.B. die Stationenveränderungen der Orthopteren (BEY-BIENKO) feststellt. – Diversität und räumliche Homogenität sind zwei Begriffe, die sauber unterschieden werden müssen. Manchmal gibt gerade die räumliche Homogenität den Schlüssel zum Verständnis der Klimaxgesellschaften. Wir haben z.B. die Klimaxrasen und Dauergesellschaften in der alpinen Stufe der balkanischen Hochgebirge untersucht. Die Klimaxrasen haben eine weit geringere Diversität, weil sie räumlich sehr gleichmäßig sind, während die Dauergesellschaften, die z.B. auf Solifluktionsböden als Treppenrasen parallel auf Silikat und Kalk entwickelt sind, eine mosaikartige Struktur haben und durch einen sehr hohen Artenreichtum ausgezeichnet sind.

NAGEL: Die Diversität jeder Biozönose spielt sich auf einen systemeigenen $H_S$-wert ein, d.h. es macht überhaupt nichts, wenn bestimmte Sandgebiete, Trockenrasen usw., die wir schon als Klimaxstadien im pannonischen Raum ansehen ...

VARGA: Nur edaphische Dauergesellschaften, nicht Klimax!

NAGEL: Sie müssen durchaus nicht einen sehr hohen Diversitätswert haben. Jedes System hat seinen eigenen $H_S$-Wert, der angestrebt wird, und zwar auch nicht kontinuierlich angestrebt, sondern innerhalb der Sukzessionsfolge. Wenn wir einen $H_S$-Wert gefunden haben, gilt der grundsätzlich nur für den Biotop, den wir untersucht haben, und für die untersuchte Tiergruppe. Wenn wir das in mehreren Standorten vergleichen, die einander relativ ähnlich sind wie z.B. die Mesobrometen des Saar-Mosel-Raumes auf Muschelkalkstandorten, dann können wir Auskunft darüber geben, wie die zukünftigen Sukzessionsfolgen aussehen, und was wir tun können, um speziell diesen Biotop zu erhalten. Dann spielt es überhaupt keine Rolle, wie hoch oder niedrig dieser $H_S$-Wert überhaupt ist. Es kommt nur darauf an, daß wir vergleichbare Ergebnisse haben.

VARGA: Meines Erachtens sind die großräumigen Untersuchungen eben deshalb notwendig, innerhalb eines Systems; das kann sogar eine Assoziationsgruppe oder Assoziationsordnung sein, um diese Sukzessionsverhältnisse zu erklären. Dafür ist eine Untersuchungsfläche aber zu wenig.

GEPP: Welche Sukzessionsstufe würden Sie als erhaltenswert betrachten, diejenige, die im weiten Umkreis die seltenste ist, oder welche anderen Kriterien würden Sie vorschlagen?

NAGEL: Ich halte jenes Stadium für das schützenwerteste, in dem die xerothermophilen Elemente in sehr hoher Abundanz vorhanden sind, ohne daß irgendwelche anderen Arten dadurch geschädigt würden. So können auch die seltenen Arten in diesem Naturschutzgebiet einen Rückzugsraum finden.

GEPP: Wie stellen Sie sich das Erhalten einer Sukzessionsstufe vor? Man kann die Formationen oder einzelne Strukturen erhalten, aber sobald man bremst, schneidet man irgendwie ein, so daß der Zustand während des Einschneidens nicht erhalten bleibt.

NAGEL: Selbstverständlich werde ich immer nur ein Einpendeln erreichen können. Bis vor einigen Jahrzehnten war z.B. der Südhang des Hammelsberges eine Durchzugsweide für Schafe. Nachdem diese Durchzugsweide nicht mehr genutzt wurde, hat sich eine starke Sukzession eingestellt. Vor 5–6 Jahren waren noch sehr große Flächen reine Mesobrometenrasen, heute gibt es dort nur noch Buschgesellschaften. Wenn solche Durchzugsweiden wieder geschaffen werden, wäre ein Aufhalten der Sukzession vorzustellen. Wenn wir einen Zaun herumtun, bekommen wir eine fürs ganze Moseltal typische thermophile Waldgesellschaft, und was wir schützen wollten (Gottesanbeterinnen etc.) sind verschwunden.

SAUTER: Sie haben ja Zahlenmaterial von verschiedenen Standorten über mehrere Jahre hinweg gesammelt. Wie sieht der Vergleich der einzelnen Jahre aus, gibt es große Differenzen im $H_S$-Faktor? Meine Frage zielt vor allem darauf hin: es gibt ja immer Arten, die einen großen Massenwechsel zeigen. Indem man nur einen kurzen Ausschnitt hat, kommt man unter Umständen zu einem relativ fixen Faktor; wenn man dies über längere Jahre hinweg prüfen könnte, kämen vielleicht viel größere Differenzen?

NAGEL: In den Jahren, in denen ich das untersucht habe, waren die normalerweise regelmäßig stattfindenden Brände auf diesen Flächen ausgeblieben. Ich konnte die drei Jahre miteinander vergleichen, und ich konnte keine größeren Schwankungen feststellen. Wo Schwankungen waren, da waren sie im rezedenten oder subrezedenten Bereich. Ich hatte in den Individuenzahlen Schwankungen, aber nie in der Reihenfolge der Arten. Es wäre ideal, einen Zehnjahrezyklus festzuhalten, dann den Diversitätswert für jedes Jahr zu errechnen, dann einen Mittelwert zu bilden usw., nur erfasse ich bei dieser Formel rein definitionsgemäß nur einen Ausschnitt. Ob das nun ein räumlicher Ausschnitt ist oder ein zeitlicher, spielt für die Formel keine Rolle. Wenn man hochrechnet, kann man eine status quo-Aussage für den Untersuchungszeitraum machen.

SAUTER: Wenn man das für zehn Jahre machen könnte, dann wäre es schwierig festzustellen, ob es auf dem Massenwechsel der betreffenden Arten beruht oder auf der Weiterentwicklung des Biotops.

P. MÜLLER: Es gibt im Rahmen des MAB-Projekts oder anderer Projekte in verschiedenen Ländern Programme, die ein genaues Datenmaterial über längere Zeiten sammeln. Zum Beispiel das Solling-Projekt oder die Emergenzmessungen von Herrn ILLIES. Wenn Sie die Emergenzwerte von Herrn ILLIES auf $H_S$-Werte umrechnen, so sind die Schwankungen im $H_S$-Wert in den einzelnen Bächen pro Jahr ganz minimal. Ganz anders sieht es vielleicht im Sollingprojekt aus, aber da sind die Daten noch ausständig.

GUGLIA: Waren die Brände künstlich oder natürlich?

NAGEL: Künstlich.

SANDNER: Die objektive Interpretation ist auch im Fall der exakten Experimente schwierig. Wir haben in Polen solche Experimente gemacht über den Einfluß der chemischen Maßnahmen auf Agrozönosen und die Wirkung verschiedener Einflüsse. Es ist sehr gefährlich, die beobachteten Unterschiede mit einem bestimmten Einfluß und einer bestimmten Ursache zu korrelieren.

NAGEL: Wir haben außer den hier dargelegten Phänomenen noch weitere untersucht, wie Räuber-Beute-Beziehung, räumliche Heterogenität, Mikroklima usw. Auf einem einzigen Standort, der gerade noch so zipfelförmig in das Gebiet hereinragt, war einmal ein Schäfer mit seinen Schafen dagewesen, und dann trat eine ungeheure Masse von *Onthophagus ovatus* und *O. joannae* auf. Solche Sachen wurden selbstverständlich berücksichtigt.

*Verh. des Sechsten Int. Symp. über Entomofaunistik in Mitteleuropa 1975, Junk, The Hague.*

# Die Wertung der Vorkommensfrequenz der Gallmücken (Diptera: Cecidomyiidae)

MARCELA SKUHRAVÁ

*Summary*

Cecidomyiidae are a good object for exact faunistical research, because their galls remain on the host plants and can be found during the whole vegetation period, and because their frequence can also be exactly defined, e.g. by the formula

$a.2^{0} + a.2^{1} + a.2^{2} .... = a + 2a + 4a ....$

Fig. 1 and 2 show the localities in Czechoslovakia which have been investigated in this way.

Die Gallmücken (Cecidomyiidae, Diptera) können für zoogeographische Untersuchungen als sehr geeignete Objekte angesehen werden. Im Gegensatz zur Mehrzahl der Insekten haben sie einen großen Vorteil in der Tatsache, daß der Nachweis für ihr Vorkommen, nämlich die Galle, größtenteils über die ganze Vegetationsperiode an der Wirtspflanze erhalten bleibt. Weil die Gallen artspezifisch sind, ist es möglich, auf Grund ihres Fundes zu jeder Jahreszeit das Vorkommen einzelner Arten im Freiland zu registrieren.

In Jahren 1955 bis 1969 habe ich eine planmäßige faunistische Untersuchung des Vorkommens der Gallmücken in Böhmen und Mähren an mehr als 410 Fundorten, und in Jahren 1969 bis 1974 in der Slowakei an mehr als 160 Fundorten durchgeführt und umfangreiche Angaben über die qualitative und quantitative Zusammensetzung der Gallmückenfauna auf dem erforschten Gebiete gewonnen. Das Gebiet der Tschechoslowakei ist in Hinsicht auf die Gallmücken zum besterforschten Gebiet der Welt geworden. Es wurden dabei 64 für die ČSSR neue Arten und 114 für die Slowakei neue Arten festgestellt.

Bei allen meinen Untersuchungen habe ich mich bemüht, die Angaben über die geographische Verbreitung der Gallmücken mit Angaben über die Verbreitung ihrer Wirtspflanzen zu vergleichen. In der ČSSR wird bei chorologischen Forschungen das EHRENDORFsche Netz (also Gebiete von einem Umfang von 11 x 12 km) benutzt. Diesem Netze habe ich meine Untersuchungen angepasst und die Auswahl meiner

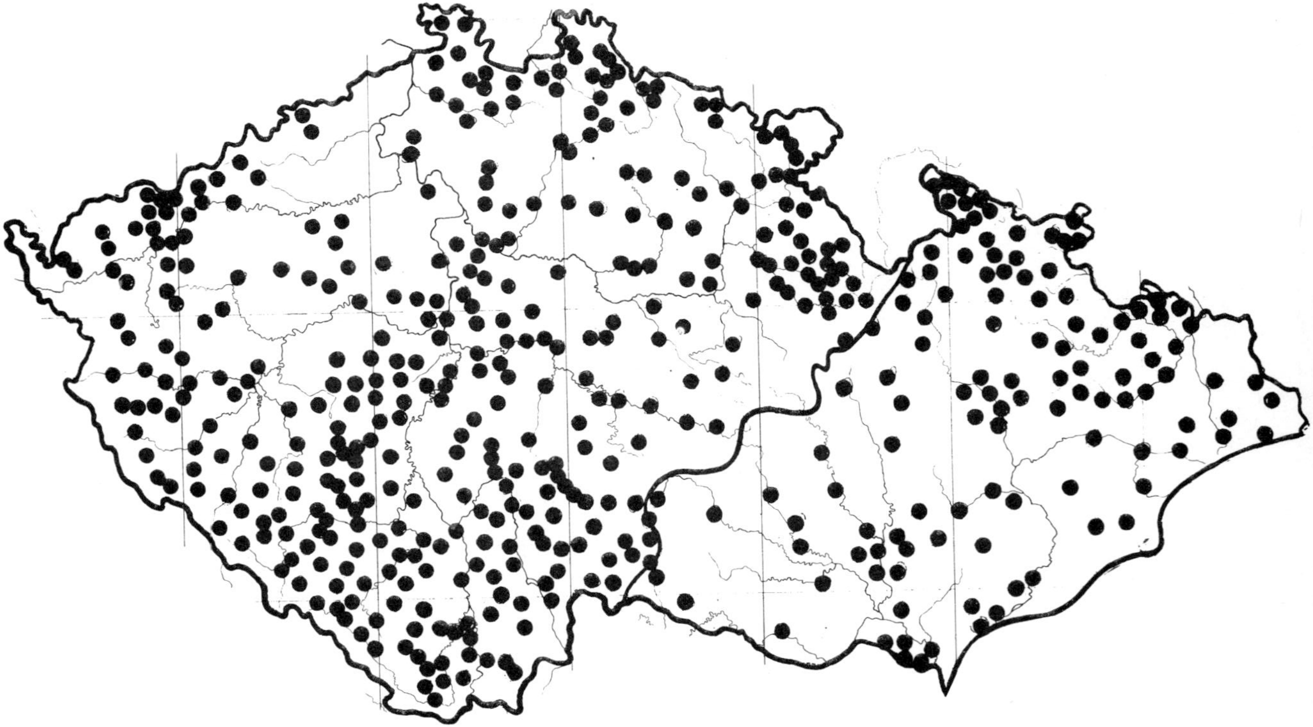

Abb. 1. Faunistische Erforschung der Tschechoslowakei. Verteilung der Fundorte in Böhmen und Mähren.

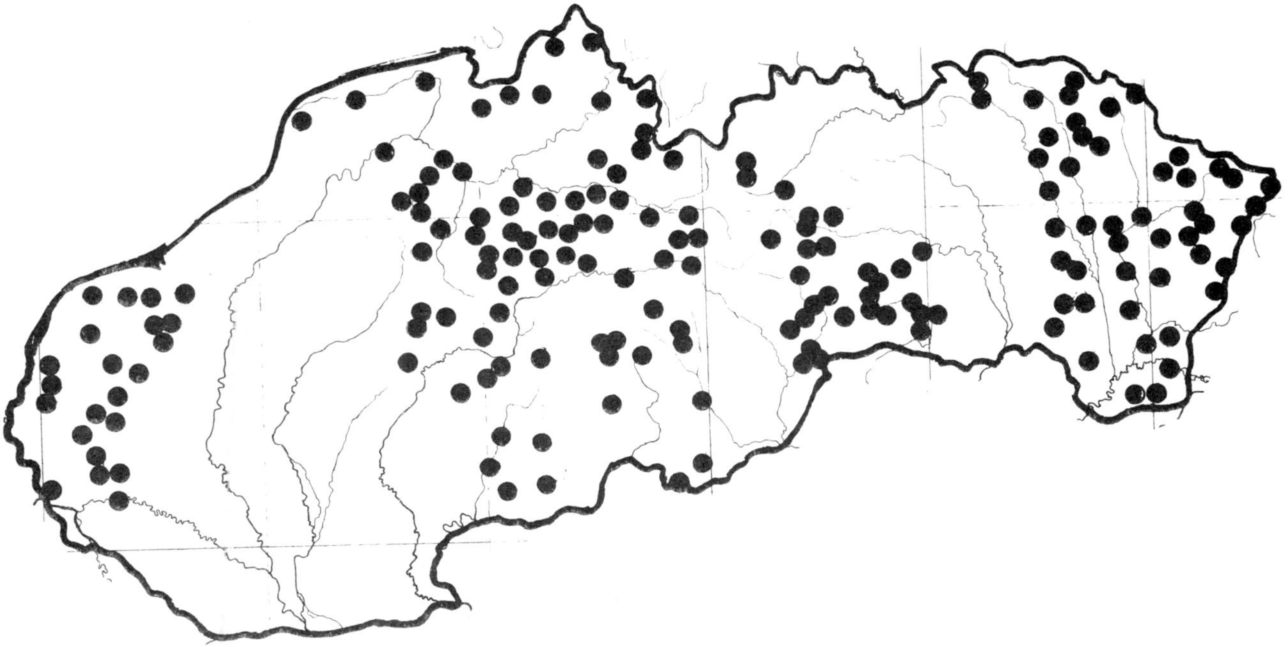

Abb. 2. Verteilung der Fundorte in der Slowakei.

Fundorte so durchgeführt, dass ihre Zahl dem EHRENDORFschen Netze entspricht. (Abb. 1 und 2).

In diesem Beitrag möchte ich auf ein Problem aufmerksam machen, das nach meiner Ansicht eine allgemeinere Bedeutung für zoogeographische Untersuchungen auch bei anderen Insektengruppen hat – nämlich auf die Wertung der Vorkommensdichte (Frequenz des Vorkommens) nach der Zahl der Funde in einem bestimmten Gebiete.

Die Frequenz des Vorkommens einer Art in einem bestimmten Gebiete kann nach verschiedenen Skalen abgestuft werden. Gewöhnlich wird eine drei-, sechs-, oder neungliedrige Skala benutzt. In der folgenden Übersicht wird die Zuordnung der einzelnen Kategorien für die drei-, sechs-, und neungliedrige Skala vergleichend gegenübergestellt:

| dreigliedrig | sechsgliedrig | neungliedrig |
|---|---|---|
| selten | vereinzelt<br>selten | vereinzelt<br>sehr selten<br>selten |
| mitteldicht | mitteldicht<br>häufig | sehr zerstreut<br>zerstreut<br>oft |
| gemein | sehr häufig<br>gemein | häufig<br>gemein<br>massenhaft |

Die Einstufung der Arten in solche Gruppen ist größtenteils subjektiv. Die Zuordnung zu einer der extremen Kategorien kann ohne Schwierigkeiten vorgenommen werden: eine Art, die an der Mehrzahl der Fundorte festgestellt wurde, wird als gemein vorkommende, diejenige, für die der Nachweis nur an einem oder an zwei Fundorten erfolgte, wird als eine vereinzelt oder selten vorkommende eingestuft. Die Zuordnung zu einer der Zwischenstufen bereitet schon mehr Schwierigkeiten, besonders dann, wenn eine mehrstufige Skala benutzt wird.

Die sechstufige Skala wurde erstenmals von FRIEDERICHS (1941) zur Wertung der Frequenz (Vorkommensdichte) der Arten in größeren Gebieten benutzt. Diese Skala wurde von mir mit Erfolg angewendet.

Mit der Einführung matematischer Kriterien konnte der Störfaktor (die überwiegend subjektive Art der Beurteilung der Frequenz) ausgeschaltet werden. Hierbei kamen mir die langjährigen Erfahrungen bei der Bewertung der Vorkommensdichte (Frequenz) der Gallmücken in Böhmen, Mähren und in der Slowakei zugute.

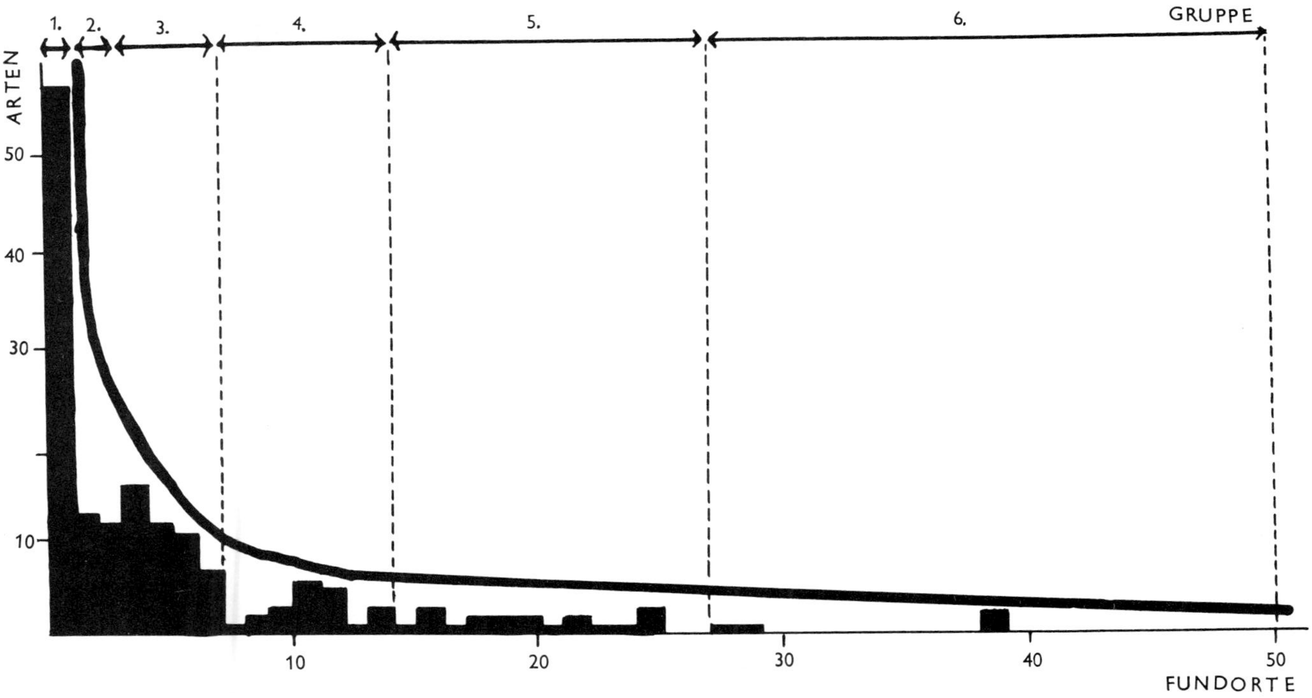


Abb. 3. Vorkommensdichte der Gallmücken an 50 Fundorten der Ostslowakei. Die Einreihung der Arten (senkrecht) in einzelne Häufigkeitsstufen der sechsgliederigen Skala erfolgte auf Grund der Zahl der Fundorte (waagrecht), an denen die Arten festgestellt wurde, nach der geometrischen Reihe $a \cdot 2^0 + a \cdot 2^1 + a \cdot 2^2 + a \cdot 2^3 + a \cdot 2^4 + a \cdot 2^5$

Die Frequenz der Arten kann mathematisch durch eine geometrische Reihe mit Quotienten '2' folgendermaßen ausgedrückt werden:

$$a.2^0 + a.2^1 + a.2^2 + a.2^3 + a.2^4 + a.2^5 = a + 2a + 4a + 8a + 16a + 32a.$$

In dieser geometrischen Reihe ist 'a' gleich einen Fundorte bei der Untersuchung an 50 Fundorten, 3 Fundorten bei der Untersuchung an 150 Fundorten.

Die Bewertung der in der Ostslowakei an 50 Fundorten festgestellten Gallmückenarten erfolgte nach diesem Prinzip (Abb. 2). Der ersten Gruppe (Arten, die nur an einem Fundorte festgestellt wurden) sind insgesamt 58 Arten, der zweiten Gruppe (Nachweis der Arten an 2–3 Fundorten) 25 Arten, der dritten Gruppe (4–7 Fundorte) 46 Arten und der vierten Gruppe (8–14 Fundorte) 21 Arten und der fünften Gruppe (15–27 Fundorte) 19 Arten zuzuordnen. In die sechste Gruppe mit Arten, die an 28 und mehr Fundorten nachgewiesen wurden, gehören nur vier Arten.

Diese Methode ermöglicht also auf Grund mathematischer Kriterien die Frequenz der Arten im Freiland besser als die bisherigen subjektiven Methoden zu erfassen.

## Literatur

SKUHRAVÁ, M. (1972): Bejlomorky Šumavy (Cecidomyiidae, Diptera). – Die Gallmücken des Šumava-Gebirges (Cecidomyiidae, Diptera). *Sborník Jihočes. muzea v Čes. Budějovicích,* XII, *Suppl.* 2: 119–139.

SKUHRAVÁ, M. (1972): Bejlomorky Slovenska (Cecidomyiidae, Diptera). I. Bejlomorky středního Slovenska. – Gallmücken der Slowakei (Cecidomyiidae, Diptera). I. Die Gallmücken der mittleren Slowakei. *Ac. Rer. Natur. Mus. nat. Slov., Bratislava* 18, 2: 21–67.

SKUHRAVÁ, M., SKUHRAVÝ, V., (1973): Gallmücken und ihre Gallen auf Wildpflanzen. Die neue Brehm-Bücherei. A. Ziemsen Verlag, Wittenberg. (Dieser Band enthält weitere Literaturangaben).

SKUHRAVÁ M., (1975): Gallmücken der Slowakei (Cecidomyiidae, Diptera). II. Die Gallmücken der Südwest-, Nordwest- und Ostslowakei. *Biologické práce, Bratislava,* 1–150.

*Verh. des Sechsten Int. Symp. über Entomofaunistik in Mitteleuropa 1975, Junk, The Hague.*

# Problems encountered in mapping the Lepidoptera and their solution

JOHN HEATH

*Summary*

When planning a mapping scheme the first problem is the choice of the check list for the group under consideration – should it be the latest list or that of the standard work of identification? At the national level this choice will often be easy but at the international level there may well be conflicts of opinion.

A second problem is the competence of the recorders to identify the species correctly. All Lepidopterists are not necessarily competent to identify all the species and the works of identification may not be adequate for all species.

To overcome these problems in Britain we have produced lists of difficult species and illustrated guides to the critical species to augment the existing literature. Many recorders are not trained professional entomologists and for them we hold an annual course on identification and collecting techniques in collaboration with the Field Studies Council in Britain and in the Republic of Ireland to help the Records Centre at An Foras Forbartha, Dublin.

*Verh. des Sechsten Int. Symp. über Entomofaunistik in Mitteleuropa 1975, Junk, The Hague.*

# Taxonomie und Faunistik der Stechmücken – von der Medizinischen Entomologie kritisch beleuchtet[1]

(Mit allgemeinen Überlegungen über die Relevanz von Taxonomie und Faunistik)

HORST ASPÖCK

*Summary*

It is demonstrated that taxonomy and faunistics of mosquitoes are of essential importance for medical entomology only under the premise that the results of these scientific branches can be integrated into current problems, mainly control measures against diseases transmitted by mosquitoes. This is particularly shown by those factors which have to be taken into consideration when controlling arbovirus infections.

Unfortunately taxonomic and faunistic studies are often carried out in a way isolated from other biological sciences. Integration does, of course, not necessarily mean application but at least true connection. From a more general point of view this problem and the necessary steps for an improvement of the sometimes bad image of taxonomy and faunistics are discussed.

Jedem, der sich mit der Taxonomie und Faunistik irgendeiner Insekten-Gruppe beschäftigt, wird immer wieder und von Menschen jeden Alters und jeden Standes eine Frage vorgelegt: Wozu ist das gut, was Du da machst? Manchmal wird diese Frage geradezu aufreizend ausgedrückt, manchmal ist sie fein formuliert, höflich gestellt – das hängt von Intelligenz, Mentalität und nicht zuletzt den Manieren des Fragenden ab. In welchem Kleid sie aber auch immer stecken mag, der Antwort Suchende will letztlich einfach wissen, welche praktische Anwendbarkeit so eine Tätigkeit hat, welchen Nutzen sie bringt, oder – um ein etwas geschwollenes Modewort zu verwenden – welche gesellschaftliche Relevanz das Ganze hat. Hier haben wir ein zutiefst psychologisches, ja geradezu philosophisches Thema und Problem vor uns, das man nicht in ein, zwei Sätzen erledigen kann und mit dem wir uns als Ganzem im Rahmen dieses Referates auch nicht auseinandersetzen können und wollen – man kann, wenn man nur oberflächlich darüber hinwegplätschert, sehr leicht in beide Richtungen hin mißverstanden werden. Halten wir zunächst nur eines fest: Der normale, durchschnittliche Staatsbürger (und ich meine hier 'durch-

[1] Aus dem Hygiene-Institut der Universität Wien (Vorstand: Prof. Dr. H. FLAMM)

schnittlich' im besten Sinn des Wortes), dieser durchschnittliche Staatsbürger also versteht – und das dürfen wir ihm gar nicht verargen – unter Nutzen etwas, was für von der Allgemeinheit als objektiv anerkannte Werte Bedeutung hat: für die Gesundheit, für die Nahrungsmittel- und Rohstoffgewinnung, für den Wohlstand, für den Umweltschutz – nicht aber für Wissen, nacktes Wissen schlechthin. So nimmt es auch nicht wunder, daß manch ein Entomo-Taxonom und –Faunist seiner Umwelt gegenüber Nützlichkeit oder Schädlichkeit oder irgendeine grundlegende Bedeutung der von ihm untersuchten Insekten (häufig recht diffus begründet) herausstreicht – solche Begriffe sind gleichsam das vor Lächerlichkeit oder Bedeutungslosigkeit schützende Weihwasser. Und wie gut ist der dran, der sich mit einer Insekten-Gruppe beschäftigt, die wirklich in ganz evidenter Weise als objektiv anerkannte Werte tangiert. Mit Recht kann der – und damit bin ich nun mitten in unserem Thema –, der Stechmücken untersucht, sagen: Diese Insekten stechen den Menschen, sie können Krankheiten übertragen, und die Erforschung der Stechmücken liegt daher im lebhaften Interesse der Gesellschaft.

Wollen wir aber nun sehr kritisch fragen: Was liegt da wirklich im lebhaften Interesse der Gesellschaft? Die Darstellung der Genitalsegmente der Culiciden? Der Nachweis, daß *Culiseta annulata* hier in Lunz allgemein verbreitet ist, während *Culex modestus* nicht vorkommt? Nein! Was also dann? Das kann man klar und einfach beantworten: Das Fernhalten der Belästigung durch diese blutsaugenden Insekten und vor allem das Fernhalten der durch Stechmücken übertragenen Krankheiten. Das ist an sich eine Binsenweisheit, aber nun kommt die Gretchen-Frage hinzu: Braucht man dazu die Taxonomie und braucht man dazu die Faunistik? Ich hätte diesen Vortrag nicht gehalten, könnten wir diese Frage nicht mit JA beantworten. So eindeutig dieses JA aber ausgesprochen sein mag, wir wollen es nicht unbegründet und uneingeschränkt aussprechen und daher zuerst einmal beweisen, daß Taxonomie und Faunistik wirklich unabdingbare Voraussetzungen für eine sinnvolle und erfolgreiche (weil gezielte) Bekämpfung von Stechmücken sind.

Vorweg eine banal anmutende und doch unerhört wesentliche Feststellung: Eine durch Culiciden übertragene Krankheit wird nicht durch Stechmücken schlechthin, sondern nur durch ganz bestimmte, in der Regel sogar nur ganz wenige Arten übertragen; in den meisten Teilen des Verbreitungsgebietes einer durch Stechmücken übertragenen Erkrankung steht und fällt die Aufrechterhaltung der Zirkulation des Erregers sogar mit dem Vorkommen einer einzigen (regional oft unterschiedlichen) Spezies. Lassen Sie mich nun die Ursachen und Konsequenzen dieses Faktums – der Thematik unseres Symposiums entsprechend, unter Hinweis auf die Situation in Mitteleuropa – erläutern.

Im Vergleich zu vielen anderen Teilen der Erde, namentlich den tropischen Gebieten, spielen Stechmücken in Mitteleuropa als Überträger von Krankheiten nur eine geringe Rolle. Trotzdem: Ganz harmlos sind sie keinesfalls. Diese Feststellung bezieht sich nicht etwa auf die Malaria, die früher in Europa geradezu weit verbreitet war und lokalisiert auch noch nach dem 2. Weltkrieg in Mitteleuropa vorgekommen ist und die sich vielleicht auch in Zukunft da und dort vorübergehend etablieren wird, sondern auf eine ganz andere Gruppe von Mikroorganismen: auf die durch Arthropoden – darunter auch durch Stechmücken – übertragenen Viren, die man in der Gruppe der Arboviren (einem lediglich ökologischen Terminus) zusammenfaßt. In den vergangenen 15 Jahren hat man gerade auch in Mitteleuropa eine Menge in Erfahrung gebracht, und laufend werden weitere Fakten und Zusammenhänge geklärt. Es gibt in Mitteleuropa mindestens zwei, in manchen Jahren und in manchen kleinen Gebieten vielleicht sogar vier oder fünf Viren, die durch Stechmücken auf den Menschen übertragen werden können. Von den in Mitteleuropa vorkommenden rund 50 Culiciden-Spezies sind nur 5 bis 10 Spezies für die Übertragung der bisher aus diesem Raum bekannten Viren geeignet, und unter diesen liegt natürlich wieder eine strenge Differenzierung in Bezug auf die einzelnen Viren vor (Literatur hierzu: ACKERMANN *et al.* 1970, ASPÖCK 1974, ASPÖCK *et al.* 1970, 1973, 1974, KUNZ & HOFMANN 1974, MALKOVÁ *et al.* 1974, SPROCKHOFF & ISING 1971.)

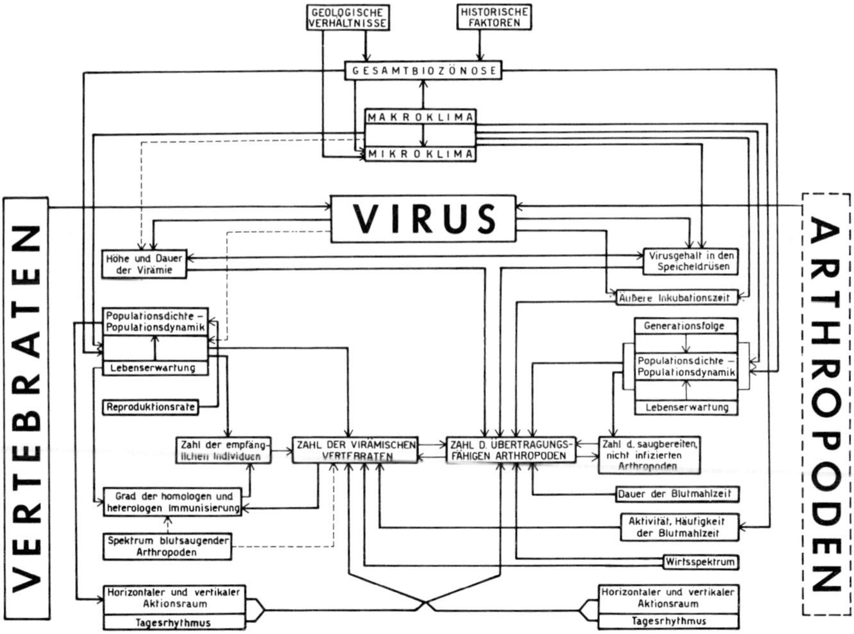


Abb. 1. Schema des Ökosystems eines Arbovirus (aus ASPÖCK 1970).

Abb. 1 zeigt das ganze komplexe Ökosystem, in dem ein solches Virus kreist. Der Zyklus an sich ist einfach: Eine Stechmücke, die das Virus in ihren Speicheldrüsen vermehrt, sticht ein Wirbeltier und – je nach Wirtsspektrum – eben auch den Menschen; in ihm wird das Virus zunächst in bestimmten Organen (z.B. in der Milz) vermehrt und kreist anschließend einige Tage im Blut. Wenn nun während dieses Zustandes der Virämie eine andere Stechmücke Blut saugt, nimmt sie das Virus auf, das vom Verdauungstrakt über die Hämolymphe in die Speicheldrüsen dringt und sich dort vermehrt. Sticht diese Stechmücke später ein zweites Mal, so überträgt sie wieder das Virus, womit der Kreislauf geschlossen ist. Das hört sich ganz einfach an, aber es funktioniert nur, wenn eine ganze Anzahl passender Faktoren zusammentrifft. Beispielhaft aus den durch die spezifischen Eigenschaften des (der) übertragenden Arthropoden (i.b. Stechmücken) bedingten Faktoren (rechte Seite des Schemas in Abb. 1) herausgegriffen: Virusgehalt in den Speicheldrüsen – keinesfalls jede Stechmücke, sondern nur bestimmte Spezies können bestimmte Viren so vermehren, daß die Konzentration in den Speicheldrüsen hoch genug wird, um ein geeignetes Wirbeltier zu infizieren; oder: äußere Inkubationszeit (jene Periode, die von der Aufnahme des Virus durch den Saugakt bis zur Infektionstüchtigkeit der Stechmücke vergehen muß) – dieses Intervall ist von Art zu Art unterschiedlich; oder: Generationsfolge und andere die Populationsgröße bestimmende Faktoren – sie sind selbstverständlich artspezifisch. Das Schema zeigt physiologische, bionomische, ökologische, ethologische Parameter, man findet indes kein Wort von Taxonomie – wenn man Taxonomie als etwas versteht, was nur auf der Morphologie basiert, was allerdings ein grober Irrtum ist. Ohne eine Differenzierung der Spezies, ohne eine saubere Artbestimmung ist das ganze Schema ein der Realität entzogenes Wirrwarr von Pfeilen und inhaltsloses, siebengescheites Gerede. Denn für jede Art gelten andere Parameter, ja ganz wesentliche Unterschiede funktioneller Art bestehen häufig genug auf subspezifischem Niveau. Diese triviale und in ihren Konsequenzen doch so wesentliche Feststellung gilt selbstverständlich gleichermaßen für alle durch Stechmücken übertragenen Krankheitserreger: Viren, Plasmodien, Filarien.

Zwei wichtige glatte Schlußfolgerungen ergeben sich: 1. Die Kenntnis der Verbreitung des oder der Überträger gibt konkrete Hinweise auf die Verbreitung des Erregers; 2. Die Kenntnis des Überträgers und seiner Eigenschaften ist die unerläßliche Basis für eine gezielte, also eine von unerwünschten oder unnotwendigen Nebenwirkungen möglichst freie Bekämpfung dieses Überträgers und damit der Erkrankung.

Wenn man diese Fakten in allen Konsequenzen beachtet, kann man die Kontrolle der durch Stechmücken übertragenen Infektionen einem hohen Wirkungsgrad unterwerfen; wenn man sie indes ignoriert, kann man unendlich viel Geld zum Fenster hinauswerfen. Positive und negative Beispiele gibt es in Fülle, natürlich besonders in den Tropen bei der Bekämpfung der gefährlichen Arbovirosen – Gelbfieber, Westliche, Östliche, Venezolanische, St. Louis Enzephalitis –, bei den weltweiten Bemühungen, die Malaria auszurotten, bei der Bekämpfung der Elefantiasis. Beispiele findet man aber auch in Mitteleuropa genug, wenn man das Kapitel 'Stechmücken-Bekämpfung' unter die Lupe nimmt. Ich will nur eine Jahr für Jahr abrollende, offenbar unausrottbare Schildbürgerei erwähnen: *Culex pipiens*, eine Stechmücke, die als Imago überwintert, Kulturfolger ist und in den Wintermonaten oft massenhaft in Kellern gefunden wird, überträgt in Mitteleuropa keine für den Menschen pathogenen Mikroorganismen und saugt vorwiegend an Vögeln – mit einem Wort: die Art ist für die Gesundheit des Menschen völlig unbedeutend, weil sie ihn nicht einmal sticht. Trotzdem werden alljährlich erhebliche – und nicht nur private! – Mittel für die Bekämpfung dieser Stechmücke aufgewendet. Das bedeutet Verschwendung von Geld auf der einen Seite und unnotwendige Belastung der Umwelt mit Insektiziden auf der anderen Seite. Stechmücken werden heute in Mitteleuropa lediglich bekämpft, um die Belästigung zu beseitigen – die dabei angestellten Überlegungen und angewendeten Methoden muten fast durchwegs geradezu grotesk an. Eine Bekämpfung der virusübertragenden Stechmücken hat sich in Mitteleuropa *noch* nicht als notwendig erwiesen, sie könnte sich aber bei einer nur geringfügigen Veränderung der pathogenen Eigenschaften der vorkommenden Erreger – hier sei besonders auf das durch einige wenige Aedes-Arten übertragene Tahyna-Virus hingewiesen – gleichsam über Nacht als notwendig erweisen; sie wird allerdings nur dann in sinnvoller und zielführender Weise möglich sein, wenn sie sich auf die von der Taxonomie und Faunistik erarbeiteten Grundlagen stützen kann. Es ist also in der Tat gesellschaftlich überaus relevant zu wissen, wo welche Stechmücken-Arten vorkommen, und dafür braucht man eben Taxonomen und Faunisten.

Fragen wir nun aber ganz kritisch, ob diese Relevanz a priori besteht, dann zeigt sich die Einschränkung recht deutlich. Ohne Umschweife formuliert: Taxonomie und Faunistik von Stechmücken sind dann und nur dann für die Medizin von Bedeutung, wenn die Ergebnisse dieser Wissenschaftszweige bei der Lösung eines medizinisch-entomologischen Problems *integrierbar* sind, und das ist oft genug leider nicht der Fall.

Nationale und internationale die Forschung fördernde Organisationen (wie z.B. die Weltgesundheitsorganisation) sind (mit Recht!) in den letzten Jahren immer weniger bereit, Untersuchungen über die Taxonomie oder über das Vorkommen irgendwelcher Arthropoden (z.B. auch Stechmücken) in bestimmten Gebieten zu finanzieren, wenn diese Untersuchungen nicht sorgfältig begründet sind und im Rahmen eines konkret definierten Projekts stehen. Es hat sich nämlich immer wieder gezeigt, daß man mit manch teuer erkauften Ergebnissen, wenn man sie in den Rahmen einer größeren Problemstellung bringen wollte, wenig anfangen konnte, also neuerlich und mit anderen Methoden untersuchen mußte, neuerlich Geld aufwenden mußte. Diese wirklich nicht erfreuliche Situation besteht mutatis mutandis in allen Zweigen der angewandten Entomologie und anderer Wissenschaften die für die Taxonomie und Faunistik in irgendeiner Form Bedeutung haben oder zumindest haben können oder sollten. Man könnte lange darüber diskutieren, warum das so ist. Die komprimiert und gewiß auch etwas simplifiziert formulierte Begründung: Taxonomie und Faunistik haben sich allzu lange getrennt von anderen biologischen Wissenschaften entwickelt, und trotz vieler Bemühungen, die Synthese zu fördern, bestehen nach wie vor tiefe Klüfte. SANDNER (1974) hat in seinem sehr lesenswerten Vortrag auf dem letzten Entomofaunistischen Symposium in Budapest diese manchmal geradezu naiv anmutende Isoliertheit von Taxonomie und Faunistik im Zusammenhang mit den Problemen des Pflanzenschutzes unterstrichen; genau dies gilt auch für die Beziehung zur medizinischen Entomologie.

Ich möchte es noch deutlicher sagen: Taxonomie und Faunistik sind Wissenszweige, denen vielfach der Hauch des Verspielten, Hobbyhaften, des Ins-Blitzblaue-Forschens, des Pseudoforschens, des für die Bedürfnisse angewandter Wissenschaften oder anderer Wissenschaften schlechthin Untauglichen, Unnützen anhaftet. Wir dürfen uns über dieses eigentlich katastrophale Image nicht hinwegtäuschen und sollten schleunigst alles daransetzen, solchen Vorstellungen jede Grundlage zu entziehen – sie sind natürlich grober Unsinn, daß sie dennoch immer wieder entstehen ist indes zumindest (leider!) nicht unverständlich. Es wäre höchst unklug, den Kopf – womöglich beleidigt – in den Stand zu stecken; im Gegenteil: es erschiene durchaus sinnvoll, wenn nicht geradezu notwendig, dem ganzen großen und komplexen Thema ein ganzes Symposium zu widmen.

Lassen Sie mich gerafft folgende Überlegungen aussprechen – primär gelten sie natürlich, dem Thema dieses Vortrags entsprechend, der Taxonomie und Faunistik von Stechmücken, aber sie haben grundsätzlich allgemeine Gültigkeit und sollen daher auch allgemein formuliert sein:

1. Die Taxonomie muß endlich rigoros zur Kenntnis nehmen, daß die Möglichkeiten der Untersuchungsmethoden wesentlich anders sind als jene vor 50, ja sogar vor 10 Jahren und sich laufend verändern. Das heißt für den Taxonomen Einbeziehung aller *biologischer* Methoden im weitesten Sinn unter Berücksichtigung der Probleme innerer Artstrukturen – für den Faunisten vorwiegend die durch den Computer gegebenen Möglichkeiten der zentralen Datenspeicherung und Datenverarbeitung. Man kann da leicht mißverstanden werden: Nicht krampfhaft modern sein wollen, sondern sich nur der Realität nicht verschließen. Wer das tut, muß in Kauf nehmen, nicht ernst genommen zu werden. Wollen wir – drastisch ausgedrückt – festhalten: Wer einer Stechmücke oder einem Mistkäfer ein Thermoelement in den Popo steckt, betreibt noch lange keine Wissenschaft (Fiebermessen ist wirklich keine wissenschaftliche Tätigkeit!) – aber es ist mindestens eine ebensolche Anmaßung, die Meinung zu vertreten, eine wissenschaftliche Tätigkeit auszuüben, wenn man einer solchen Stechmücke oder einem solchen Mistkäfer einen Nadel durch den Thorax steckt und nachsieht, mit welcher Abbildung das Insekt am

ehesten übereinstimmt.

2. Beschränkung und Spezialisierung in Bezug auf den taxonomischen Umfang der bearbeiteten Gruppe tut mehr als je zuvor not, damit man zeitlich und gedanklich freie Valenzen für andere und allgemeine Probleme hat. Wer sich mit den – sagen wir – Dipteren der Paläarktis beschäftigt, wird – was die Seriosität betrifft – unglaubwürdig, hat keine Zeit mehr, allgemeine taxonomische Arbeiten zu lesen, hat ebenso keine Zeit mehr, sich für die Arbeit des Kollegen zu interessieren, von der er durchaus profitieren kann. Damit komme ich zu dem mir ganz wesentlich erscheinenden

3. Punkt: Entscheidende Verbesserung der intra- und interdisziplinären Kommunikation!

4. Die Konsequenz dieser Forderung ist intensive Zusammenarbeit in des Wortes eigentlicher Bedeutung. Es ist in so gut wie allen Naturwissenschaften ganz selbstverständlich, daß sich mehrere Kollegen zusammenfinden, um ein Projekt zu bearbeiten und die Ergebnisse gemeinsam zu publizieren. Der Vorteil liegt auf der Hand – man kann den Umfang der Problemstellung weiter stecken, man kann für Teilaspekte wirklich Spezialisten einsetzen und muß nicht selbst zu etwas Stellung nehmen, von dem man eigentlich nichts oder zu wenig versteht. Das ist heute in der Tat in aller Welt in den biologischen und medizinischen Wissenschaften mit einem großen Nutzeffekt üblich! Nur unter Taxonomen und Faunisten herrscht oft genug noch immer die Meinung, einer könnte ohne weiteres die Großschmetterlinge der Paläarktis richtig bestimmen und sich deshalb über Populationsgenetik hinwegsetzen. Seien wir doch ehrlich: Das ist eine Naivität, die der Sache schadet. Warum finden sich da nicht zwei oder drei mit einander sinnvoll ergänzenden Interesssen, Ausbildung, Talent und weiß Gott für Voraussetzungen zusammen.

5. Ausschau halten nach Berührungspunkten mit der angewandten Entomologie! Paradoxerweise gilt dies in manchen Kreisen geradezu als anrüchig. Da muß man sich wirklich nach der Rechtfertigung fragen, von der öffentlichen Hand Geld und von anderen Wissenschaften Anerkennung für einen solchen Schrebergarten zu erwarten. Die Taxonomen einer jeden Insektengruppe sollten es sich zu einer angenehmen Pflicht machen, die angewandt-entomologische Bedeutung 'ihrer' Insekten-Gruppe ebenso wie die Relevanz ihrer Untersuchungen als (primär selbstverständlich zweckfreie) Grundlagenforschung in allen Teilaspekten klar auszuloten, klar zu definieren. Es genügt wirklich nicht, stereotyp zu behaupten, daß Taxonomie und Faunistik unentbehrliche Grundlagen sind, wenn man nicht exakt sagen kann, wofür und unter welchen Voraussetzungen. Im Falle der medizinisch wichtigen Insekten und namentlich der Stechmücken besteht ein enormes Forschungsfeld für den Taxonomen, wenn er bereit ist, in eine wirkliche Zusammenarbeit mit der medizinischen Entomologie zu treten. Das bedeutet Beschäftigung mit den konkreten aktuellen Problemen auf dem Weg über alle Medien der wissenschaftlichen Kommunikation. Mutatis mutandis gilt dies für jeden Entomo-Taxonomen und

-Faunisten. Nur kein Isolationismus – er ist heute tödlich!

Vielleicht lassen sich alle hier vorgebrachten Gedanken in dem einen Begriff subsumieren: Integrierbarkeit jeder taxonomischen oder faunistischen Untersuchung in benachbarten oder übergeordneten Wissenschaften.

Meine Damen und Herren, was ich hier punktehaft als Forderungen angeführt habe, klingt vielleicht lehrmeisterhaft – davon möchte ich mich ganz entschieden und unmißverständlich distanzieren. Ich will und kann mir wirklich nicht anmaßen, hier im Angesicht vieler, die ich als meine Lehrmeister verehre, Ratschläge zu erteilen. Ich habe mir ehrlich und kritisch über den ganzen Problemkreis Gedanken gemacht und ein paar wesentliche Aspekte hiervon zusammenzufassen versucht. Und wenn man die Gedanken ordnet – gleich sieht's wie ein Programm aus; und dagegen will ich schon weniger heftig protestieren. Der Vorwurf des Mangels klarer Konzepte, klarer Programme wird der Taxonomie und der Faunistik oft genug nicht ganz zu Unrecht gemacht, und das mag es vielleicht auch sein, was die Beantwortung der eingangs gestellten Frage manchmal so schwer macht und doch nicht schwer machen müßte: Wozu ist das eigentlich gut, was Du da tust?

## Literatur


ACKERMANN, R., W. SPITHALER, W. PROFITTLICH, & D. SPIECKERMANN, (1970): Über die Verbreitung von Viren der California-Enzephalitis-Gruppe in der Bundesrepublik Deutschland. – *Dtsch. Med. Wschr.* 95: 1507–1513.

ASPÖCK, H. (1970): Das synökologische Beziehungsgefüge von Arboviren und seine Beeinflußbarkeit durch den Menschen. – *Zbl. Bakt., I Orig.* 213: 434–454.

ASPÖCK, H. (1974): Medizinisch-entomologische Probleme in Mitteleuropa und die Bedeutung taxonomischer und faunistischer Forschung. – *Fol. Ent. Hung.* 27 (Suppl.): 85–102.

ASPÖCK, H., CH. KUNZ, G. PRETZMANN, (1970): Phänologie und Abundanz der Stechmücken des östlichen Neusiedlersee-Gebietes (Ost-Österreich) in ihrer Beziehung zum Auftreten der durch Stechmücken übertragenen Arboviren. – *Zbl. Bakt., I. Abt. Orig.* 214: 160–173.

ASPÖCK, H., CH. KUNZ, O. PICHER & F. BÖCK, (1973): Virologische und serologische Untersuchungen über die Rolle von Vögeln als Wirte von Arboviren in Ost-Österreich. – *Zbl. Bakt. Hyg., I. Abt. Orig. A* 224: 156–167.

ASPÖCK, H., CH. KUNZ, O. PICHER, & F. BÖCK, (1974): Studies on the role of birds as hosts of arboviruses in Central Europe. – *Wiss. Arb. Bgld., Sonderheft* 1 (1973/1): 42–43.

KUNZ, CH., & H. HOFMANN, (1974): Arboviren in Europa. – *Geogr. Zschr.* (Beihefte: *Fortschr. geomed. Forsch.*) 1974: 47–61.

MALKOVÁ, D., V. DANIELOVÁ, J. MINAŘ & J. RYBA (1974): Virological Investigations of Mosquitoes in some Biotopes of Southern Moravia in Summer Season 1972. – *Folia Parasitologica (Praha)* 21: 363–372.

SANDNER, H. (1974): Taxonomie und angewandte Entomologie. – *Fol. Ent. Hung.* 27 (*Suppl.*): 29–36.

SPROCKHOFF, H. von & E. ISING, (1971): On the Presence of Viruses of the American Equine Encephalomyelitis in Central Europe. – *Arch. ges. Virusforsch.* 34: 371–380.

## Diskussion

MORGE: Kollege ASPÖCK hat in ein Wespennest gestochen, und ich glaube, wir sollten den Gedanken, den er eigentlich nur beiläufig so hingeworfen hat, darüber ein Symposium zu veranstalten, aufgreifen, und wer den Mut findet, der wird sich bestimmt daran begeistern und in allen Teildisziplinen der Taxonomie Beispiele dazu finden. Ich möchte an den letzten Satz anknüpfen: So wie wir als Taxonomen und Faunisten Mängel in unserer eigenen Arbeit nachweisen sollten, müssen wir aber ebenso auch den Mangel an den 'Forderungen' (an uns) und den Arbeitsmethoden der anderen nachweisen, dann wird ein Schuh daraus. Wir dürfen uns nicht immer nur 'Mängel' unserer Arbeit vorhalten lassen, wir müssen vielmehr ebenso den Mut finden, das 'Hochmoderne', eben jene Elektrode am Mistkäfer (und das ist ja heute auf jede andere angewandte Untersuchung übertragbar), als das darzulegen, was es in Wirklichkeit ist, indem wir seine tatsächliche 'Effektivität' beleuchten. Ebenso halte ich es für völlig absurd, überhaupt noch zu fragen, wer sich von wem getrennt entwickelt hat. Man muß vielmehr fragen, wer war denn zuerst da, und wer hat denn das andere 'modern' gemacht? Das wären Gedankensplitter, die ein solches Meeting bereichern könnten.

ENDRÖDI: Unser lieber Freund ASPÖCK hat gesagt, Taxonomie ist notwendig, Taxonomen sind notwendig. Er hat so angedeutet, daß die Taxonomie nicht immer begründet ist, nur dort, wo die angewandte Entomologie irgendwie berührt wird. Ja, das ist richtig, aber wie kommen die beiden zusammen? Wer fragt den anderen zum erstenmal? Die angewandte Entomologie muß wissen, was das ist, was ihn berührt, und das weiß der Taxonom. Der Taxonom kann nur dann helfen, wenn die angewandte Entomologie zu ihm kommt und fragt. Sie kommt aber viel seltener als es notwendig wäre. Das ist der Fehler der angewandten Entomologen.

VARGA: Herr ASPÖCK, ich möchte gern Ihre Meinung über ein Problem hören – so offen, wie Sie Ihre Schlußfolgerungen getan haben. In Ihrem Vortrag (und in vielen anderen Arbeiten) findet man den Namen *Culex pipiens*. Das ist vom genetischen Standpunkt aus ein 'mixtum compositum' (vgl. LAVEN u.a.), das aus mehreren zytoplasmatisch untereinander intersterilen biologischen Rassen besteht. Das darf aber kein Einzelfall sein! *Culex pipiens* ist harmlos für den Menschen, das haben wir gehört. Aber wir haben keine Versicherung dagegen, daß andere Culiciden, die für den Menschen nicht so harmlos sind, nicht einen ähnlichen Evolutionsmechanismus haben. Auch jene Arten, die Arboviren übertragen können, bestehen möglicherweise auch aus mehreren, zytoplasmatisch unterschiedlichen oder sogar inkompatiblen Rassen. Wenn diese unterschiedlich sind, dann können sie auch für die Vermehrung der Arboviren unterschiedlich sein, weil dieser Vorgang sowieso mit der Eiweißsynthese der Wirtszelle verbunden ist. Taxonomie und andere Zweige der Grundlagenforschung, z.B. Genetik, sind also untrennbar, und wenn Grundlagenforschung in diesem Sinne getrieben wird, sind die Ergebnisse auch für die angewandte Entomologie brauchbar. Dadurch gibt es Grundlagenforschung und angewandte Forschung nicht in getrennter Form, sondern in einer einzigen Einheit, wenn sie einen unbeengten Gesichtskreis haben. Die Taxonomen haben sich sehr darum bemüht, sichere Kriterien für die Abgrenzung der Arten zu finden. Der Wissenschafter muß sich aber auch dafür interessieren, 'was die Sachen von innen zusammenhält': also für die innere Artstruktur.

ASPÖCK: Zuerst zur Frage von Dr. ENDRÖDI: Ich möchte nicht mißverstanden werden. Ich bin der letzte, der sagt, daß die Taxonomie und die Faunistik ausschließlich dann eine Rechtfertigung haben, wenn sie unmittelbar anwendbar sind. Ich glaube nur, daß die Erforschung fast aller Insektengruppen eine echte Anwendung finden kann, wobei ich Anwendbarkeit verstehe als Errichtung eines integrierbaren Wissensgebäudes. Natürlich werden z.B. Scarabaeiden keine medizinische Bedeutung haben. Es gibt aber viele andere angewandte Teilgebiete außerhalb der medizinischen Entomologie. Letztlich gibt es ein Gebiet, in dem Taxonomie und Faunistik auf jeden Fall dringend notwendig sind, das ist die Ökologie im weitesten Sinn, inklusive des Umweltschutzes. Jetzt nicht nach fadenscheinigen Verbindungen suchen, irgendwie findet man immer irgendetwas. Nein, ich meine, es ist billig zu fordern, daß jede taxonomische und faunistische Tätigkeit mit dem Ziel einer Integrierbarkeit in andere Wissenschaften betrieben wird, wenn es solche Anknüpfungspunkte gibt. Wenn es diese nicht gibt, dann heißt das nicht – was wären wir dann für kleinkarierte Spießbürger –, daß die Rechtfertigung uns davonläuft. Dann ist eben die Rechtfertigung die Erkenntnismehrung. Nur wird es uns schwerfallen, die Notwendigkeit dieses Erkenntniszuwachses in einer Zeit, in der sich ohnehin so alle vier bis fünf Jahre das Wissen verdoppelt, dem Volk plausibel zu machen und dafür auch Geld zu bekommen. Daß jede Wissenschaft, ob es die Ägyptologie oder die Taxonomie irgendeiner Insektengruppe ist, ihre Rechtfertigung hat, das muß außer Zweifel stehen, denn diese Freiheit ist ja die Basis der Wissenschaft. Wenn wir NEWTON angeschafft hätten, er soll die Gravitationsgesetze finden, dann hätte er sie wahrscheinlich nicht gefunden. Trotzdem sollte diese Freiheit niemals die Integrierbarkeit aus den Augen verlieren und sorgfältig und ehrlich suchen: wo haben wir denn Anknüpfungspunkte mit anderen Wissenschaften? Die Ausmaße isolierten Denkens sind oft erstaunlich. Wie oft findet man das Aneinander-vorbei-Reden selbst unter Entomologen: jeder spricht nur von 'seiner' Gruppe und zeigt wenig Interesse für die Probleme der Kollegen.

Bezüglich *Culex pipiens*: Die Heterogenität dieser 'Sammelart' ist bekannt. Man macht sich die zytoplasmatische Inkompatibilität in der Bekämpfung dieser Stechmücke (allerdings außerhalb von Europa) auch zunutze. Für uns in Mitteleuropa von Bedeutung sind einerseits jene Populationen, die man als *Culex pipiens pipiens*, andrerseits jene, die man als *Culex pipiens molestus* zusammenfaßt. Die Formen sind morphologisch nicht differenzierbar, biologisch jedoch außerordentlich verschieden. *C.p. pipiens* ist ausgeprägt ornithophil und für den Menschen daher so gut wie bedeutungslos. *C.p. molestus* attackiert den Menschen hingegen sehr heftig. Ob von dieser 'Form' Viren übertragen werden, weiß man noch nicht. *C. p. molestus* entwickelt sich häufig in Wasseransammlungen innerhalb von Gebäuden, *C.p. pipiens* hingegen durchwegs im Freien. Während *C.p. molestus* oft das ganze Jahr aktiv bleibt, überwintert *C.p. pipiens* und bevorzugt dabei kalte künstliche Unterschlupfmöglichkeiten. Was in Mitteleuropa in Kellern gefunden wird, ist für den Menschen, von medizinischer Sicht aus betrachtet, jedenfalls unbedeutend.

REICHL: Es geht uns nicht darum nachzuweisen, wo die Arbeit des Taxonomen und Faunistikers wichtig ist, um die Frage nach dem inneren Wert dieser Arbeiten, sondern um die Frage der Brauchbarkeit der Arbeit eines Spezialisten für seine Kollegen, die auch Spezialisten, aber auf anderem Gebiet, sind. Da kann man sehr wohl gewisse Regeln finden, nach denen eine Arbeit für die Fachkollegen brauchbar ist oder es weniger ist. Wenn z.B. Herr SCHMIDT Verbreitungskarten veröffentlicht, ist das für seine Kollegen, die nicht Spezialisten für die Fauna von Schleswig-Holstein sind, sehr brauchbar, denn es erspart ihnen, in zwanzig oder dreißig Einzelarbeiten oder Karteien etc. nachzusuchen. Wenn irgendein Spezialist etliche neue Arten beschreibt und diese neuen Arten in eine Bestimmungstabelle einbaut, nimmt er den

Kollegen unendlich viel Arbeit ab, und die Arbeit ist für sie brauchbar und ins Gebäude der Wissenschaft integriert. Wenn derselbe Spezialist aber eine neue Art beschreibt und nicht dazu schreibt 'nach der Bestimmungstabelle von XY käme man auf die Art Z, daher ist dort die Tabelle zu erweitern', dann hat er zuwenig getan für seine Kollegen. Ich würde nicht behaupten, daß die Arbeit dann wertlos ist, es kann eine sehr gute Arbeit sein, aber für die Integration seiner Arbeit ins Wissenschaftsgebäude hat dieser Herr nichts getan.

F. P. MÜLLER: Was Sie gesagt haben, klingt etwas idealistisch, aber leider stehen wir der Praxis gegenüber. Erstens treibt ein großer Teil der Entomologen eine gewisse Selbstisolation. Eine zweite Abgrenzung: Leute der angewandten Entomologie wissen vielfach nicht, was wir ihnen als Taxonomen und Faunisten bieten können. Zum Beispiel neigt *Myzus persicae* in sehr starkem Maße dazu, daß sie insektizidresistente Stämme ausbildet. In der letzten Zeit sind massenweise Arbeiten darüber erschienen, wieviel Prozent durch dieses oder jenes Insektizid abgetötet werden etc.; das ist publiziert worden unter der Überschrift *'Myzus persicae'*. Andrerseits haben die Aphidologen Arbeiten publiziert, aus denen ersichtlich ist, daß diese Art ein Formenkomplex ist, und diese einzelnen Formen unterscheiden sich durch Färbung, Generationswechsel, Wirtspflanzenbefall erheblich, haben auch ganz verschiedene ökonomische Bedeutung, und es wäre interessant zu wissen, was für eine Form die Leute jeweils gehabt haben. In allen Ländern gibt es Entomologen, die ihnen helfen können; aber trotzdem erfolgt keine exakte Determination. Anscheinend haben die agronomischen Entomologen die einschlägigen Arbeiten nicht gelesen. – Noch eine Frage: Hat man schon festgestellt, ob Culiciden resistente Stämme ausbilden?

ASPÖCK: Es gibt viele resistente Mückenpopulationen vieler Spezies gegen viele Insektizide. Man übertreibt kaum, wenn man sagt, daß die chemische Industrie kaum mehr nachkommt mit der Produktion neuer Mittel, denn ehe eines breit angewendet wird, gibt es schon resistente Populationen. Es ist ein wirkliches Problem, aber letztlich doch ein Glück für die Natur; denn das ist der Beweis, so gehts nicht weiter mit den Insektiziden. Die Mücken sind ein anschauliches Beispiel. Daher arbeitet man jetzt – noch nicht mit dem Erfolg, den man sich erhofft, der sich aber gewiß einstellen wird – mit anderen Methoden z.B. mit zytoplasmatischer Inkompatibilität und anderen biologischen Methoden. Sie sind, im Gegensatz zu chemischen Bekämpfungsmaßnahmen, durchwegs gezielt.

SCHMIDT: Zum Gespräch zwischen zwei Spezialisten verschiedener Gruppen: ich glaube, daß jeder von uns überhaupt nur am ehesten über seine Gruppe sprechen kann, denn nur da kann er etwas aussagen. Wesentlich ist, daß die Aussagen über seine Gruppe, die er seinen Kollegen macht, einen Transfer erlauben auf deren Gruppen. Die Tatsache, daß nur über die eigene Gruppe gesprochen wird, würde ich also für ehrenhaft halten; wichtig ist jedoch, daß über die eigene Gruppe nur gesagt wird, was auch für andere etwas sagt.

ASPÖCK: Da gebe ich Ihnen völlig recht. Ich muß mich deutlicher ausdrücken. Ich amüsiere mich seit Jahren, wenn ich in der Straßenbahn fahre und das Gespräch zwischen jungen Müttern anhöre; eine erzählt über ihr Kind, und sie formuliert ihre Sätze so, daß sie eine Antwort oder Stellungnahme erforderten, aber die andere Mutter wartet nur darauf, bis die erste zufällig nach Luft schnappen muß, so daß sie nun von ihrer Renate oder ihrem Peter erzählen kann. Natürlich, es ist ehrenhaft, nur über das eigene Fachgebiet zu sprechen und nicht über etwas, wovon man nichts versteht, aber das darf doch nicht Kommunikation ausschließen. Wir haben doch so viele gemeinsame Ziele, und ich glaube, wir tun viel zuwenig, diese gemeinsam anzupeilen. Diese Symposien, die unser ZDENEK TESAŘ ins Leben gerufen hat, sind, glaube ich, ein sehr guter Schritt dazu. Wir sollten sie sehr nützen. Wir werden uns und der Öffentlichkeit gewiß einen Dienst erweisen.

SAUTER: Wenn man die Isolation der Taxonomie bedauert, so muß man auch auf die heutige Stellung der Taxonomie an unseren Hochschulen und auf die Ausbildung der Taxonomen zu sprechen kommen. Die Probleme, die Sie, Herr ASPÖCK, angetönt haben, finde ich sehr wesentlich. Wie kann man die Sache ändern? Wesentlich wäre eine entsprechende Ausbildung der Taxonomen. Wer an einer Hochschule tätig ist, weiß genau, wie 'groß' dort das Ansehen der Taxonomie ist. Von dieser Seite her aber müßte man eingreifen können, und zwar in beiden Richtungen. Die Zusammenarbeit mit der Praxis verlangt auch vom Praktiker, daß er sich bewußt wird, daß ihm der Taxonome nützlich sein kann. Der Wille zur Zusammenarbeit muß auf beiden Seiten gefördert werden, und die Hochschule wäre dazu berufen. Sie müßte aber erkennen, daß die Ausbildung von Taxonomen eine für sie nicht unwichtige Aufgabe darstellt, die sie nicht länger vernachlässigen darf. Hier liegt der Kern des Problems.

P. MÜLLER: Im vergangenen Jahr haben sich vom Senat der Deutschen Forschungsgemeinschaft Wissenschafter zu einem Symposium über die Unterentwicklung und die lange Zeit teilweise auch ganz bewußt betriebene Provinzialisierung der Systematik und Faunistik an den deutschen Hochschulen getroffen. Von der Deutschen Zoologischen Gesellschaft ist Herr Professor KRAUS aus Hamburg beauftragt worden, einen Informationskataster über das derzeitige systematische Spezialistentum, das an deutschen Hochschulen vorhanden ist, zusammenzustellen. Es dürfte also erkannt worden sein, daß in der Vergangenheit Fehler auf beiden Seiten gemacht worden sind.

GEPP: Ich sehe zwischen Ihren erkenntnistheoretischen Ausführungen bezüglich Präventivmaßnahmen einen gewissen Zwiespalt. Zum einen empfehlen Sie Präventivmaßnahmen bezüglich Arboviren, zum anderen kritisieren Sie aber rein theoretische Arbeiten und auch neue, vorerst theoretische Erkenntnisse, wobei ich aber meine, daß man nicht voraussagen kann, wozu sie später herangezogenwerden können.

ASPÖCK: Ich wende mich nicht gegen Arbeiten, deren Nutzen oder deren Anwendbarkeit nicht unmittelbar erfaßbar ist, sondern nur gegen schlechte Arbeiten, aber das mit aller Klarheit. Und zur Qualität einer Arbeit gehört ihre Integrierbarkeit. Und nochmals: Die gigantische Vermehrung des Wissens und damit zwangsläufig der Publikationen zwingt uns alle zur Disziplin. Auf unbedeutende Arbeiten müssen und können wir verzichten.

*Verh. des Sechsten Int. Symp. über Entomofaunistik in Mitteleuropa 1975, Junk, The Hague.*

# Zoogeographische Gliederung der paläarktischen Orealfauna

ZOLTÁN VARGA

*Summary*

After introductory remarks on the concepts of the faunal elements and faunal circles (cf. REINIG & DE LATTIN and STEGMANN & VOOUS resp.) the author attempts to define the concept of the oreal fauna as a complex of faunal types connected with the chorological centres of the primarily treeless areas of orographic causality.

The concept of the oreal fauna covers two main eco-geographical groups: the oreal fauna of the humid mountains with definite alpine (glacial-fluviatile) geomorphological features, called ALPID, and the oreal fauna of the arid-semiarid high mountains (with predominating physical corrosion and frost-fluctuation, resp.), called XEROMONTAN, where the high regions are bordered by no or a very scattered timberline. The expansive taxa of the alpid fauna are connected – caused by quarternary faunal fluctuations – with the tundral fauna, while the expansive members of the xeromontan fauna penetrated towards the steppe and semi-desert (eremic) zones.

On the other hand the stationary elements enable a more detailed zoogeographical division of both eco-geographical groups, because these species are restricted to refugium-like chorological centres (potential centres of dispersal). The zoogeographical arrangement of the xeromontan fauna is in principle parallel with the alpid one, but these types are richest represented in the Mediterranean, West- and Central-Asiatic high mountains (Anatolia, Iran, Afghanistan, Turkestan etc.). Because of the vaste postglacial expansion of woodland in Central Europe this eco-geographical group is very poorly represented here, but several species may be characteristic for the 'Trockenheide' in the central Alps and for similar habitats without wood cover caused by edaphic or microclimatic reasons.

Die regionale Gliederung der Erdoberfläche, die bereits vor ungefähr einem Jahrhundert (SCLATER, 1858; WALLACE, 1876) von den Klassiker der Zoogeographie erarbeitet wurde, hat sich in ihren Grundzügen bis heute bewährt. Die weitere detaillierte und verfeinerte Unterteilung dieser zoogeographischen Großstrukturen von Kontinent – oder Subkontinent – Maßstab hat viel Raum auch in der jüngeren zoogeographischen Literatur eingenommen, ohne aber zu einem befriedigendem (d.h. für praktisch alle Tiergruppen gültigem) Ergebnis geführt zu haben. Der gordische Knoten der verwickelten zoogeographischen Grenzen wurde erst von STEG-

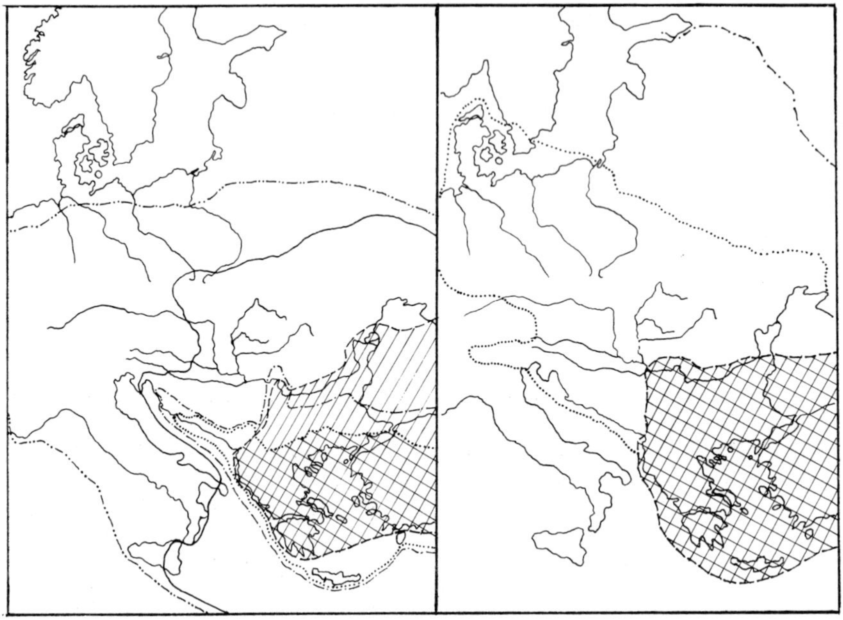

Abb. 1. Ausbreitungsphasen einer, in jüngster Zeit expansiv gewordenen pontomediterranen Art (rechts). Kreuz schraffiert: die ursprüngliche, stationäre Verbreitung bis ca. 1925, ....: Ausbreitung bis ca. 1957, –.–.–.: Ausbreitung bis ca. 1970–72. Als Vergleich dazu (links): Arealbilder von 5 pontomediterranen Lepidopterenarten von unterschiedlicher Expansivität.

– – – – – – : *Hipparchia syriaca* STGR. (bona sp.!) Areal von rechts nach links schräg schraffiert.
–.–.–.– : *Kirinia roxelana* CR.
....... : *Pseudochazara anthelea* HB.
________ : *Spiala orbifer* HB. (bona sp.!)
–..–..–.. : *Meleageria daphnis* SCHIFF.
Das Gebiet, wo alle 5 Arten vorkommen: kreuz schraffiert.

MANN (1938) durchschnitten, deren zitierte Arbeit – zusammen mit der fast gleichaltrigen 'Holarktis' von REINIG (1937) – als Anfang des Kalenders der modernen Zoogeographie betrachtet werden kann, und zwar mit dem folgenden, seinerzeit vollkommen neuartigen Grundsatz:

Als Grundstrukturen der Zoogeographie sind nicht jene regionale Gebietseinheiten zu betrachten, deren Grenzen immer mehr oder weniger willkürlich, statisch festgelegt sind, sondern die dynamischen, sich in Raum und Zeit ausbreitenden und zurückziehenden, antagonistischen oder koexistierenden Faunen (Faunentypen bei

STEGMANN, 1938; VOOUS, 1960, 1963; DE JONG, 1972 u.a., Faunenkreise bei DE LATTIN, 1957, 1967).

Diese Betrachtungsweise erscheint aber nur dem Rezent-Zoologen als neuartig; seit langem ist sie dagegen für den Paläontologen evident, der die Reihenfolge der in den aufeinandergeschichteten Sedimenten eingeschlossenen Fossilien als Dynamik der nacheinanderfolgenden Faunenwellen interpretieren kann. In diesem Fall können die sich ausbreitenden oder zurückziehenden Faunenwellen durch ihre zeitliche Reihenfolge objektiv erfaßt und getrennt werden. Der Zoolog, der auf rezentes Material angewiesen ist, kann dagegen ihre Faunentypen (bzw. Faunenkreise) – weil von ihm der Zeitfaktor nur in sehr begrenztem Maß berücksichtigt werden kann – praktisch nur auf chorologische Kriterien fundieren. (Selbst die historisch, d.h. ausbreitungsgeschichtlich interpretierten Faunenelemente bzw. Ausbreitungszentren von DE LATTIN sind aufgrund einer 'konsequent vergleichend-chorologischen Methode' erarbeitet worden!)

Als Ordnungsprinzip für die Feststellung der Faunentypen (bzw. Faunenkreise) kann also nur ihre chorologische Homogenität gelten, welcher Begriff aber in seinem Inhalt sauberer, eindeutiger sein muß als die manchmal nur oberflächliche Ähnlichkeit der Verbreitungsbilder der früheren 'Faunenelemente', 'Arealtypen' usw. Mit einer Analogie ausgedrückt: wie die Homogenität der Kategorien des phylogenetischen Systems nur beim Durchsetzen des Monophylie-Prinzips (im Sinne von HENNIG, 1950, 1966) (– und nicht etwa aufgrund der quantitativ ausgedrückten 'Similarität' –) erreicht werden kann, gilt in unserem Fall das gemeinsame Ausbreitungszentrum (und nicht das Ausmaß oder der Grenzverlauf des Areals) als Kriterium der chorologischen Homogenität der Faunenkreise.

Nach dieser Auffassung zu einer zoogeographischen Einheit (die synonym Faunentyp oder Faunenkreis genannt werden kann) gehören jene Taxa: Arten oder geographische Subspezies, die sich einem gemeinsamen chorologischen Zentrum[1] zuordnen lassen[2] bzw. – als historischer Aspekt desselben Zusammenhanges – deren Arealdynamik (oder mindestens ihre letzte Phase) auf ein gemeinsames Ausbreitungszentrum[3] zurückzuführen ist. Ein (beliebiger) Faunenkreis umfaßt also

1 Arealkerne: REINIG, 1950; Ausbreitungszentrum: DE LATTIN, 1957, 1967 ('Diese chorologisches Zentrum ist also das eigentliche zoogeographische Charakteristikum einer jeden Artengruppe' – DE LATTIN, 1967: 354); nuclear regions bzw. area nuclei: UDVARDY, 1969; MÜLLER 1971, 1972.

2 Die einzelnen Subspezies (oder Rassengruppen bei den taxonomisch mehr aufgesplitterten Gruppen) polytypischer Arten (oder vikariante Arten von Superspezies), die sich verschiedenen Ausbreitungszentren zuordnen lassen (d.h. die monozentrischen Einheiten polyzentrischer Faunenelemente) können konsequenterweise nur als Vertreter von verschiedenen Faunenkreisen betrachtet werden (Fig. 2).

3 Dieses Zentrum kann bei den heute refugial isolierten Arten oder Subspezies auch ein potentielles Ausbreitungszentrum sein (vgl. die chorologische Zentren der Orealfauna).

Tabelle 1. Zoogeographische Gliederung der paläarktischen Fauna mit den Verbindungen der makroökologischen Hauptkategorien

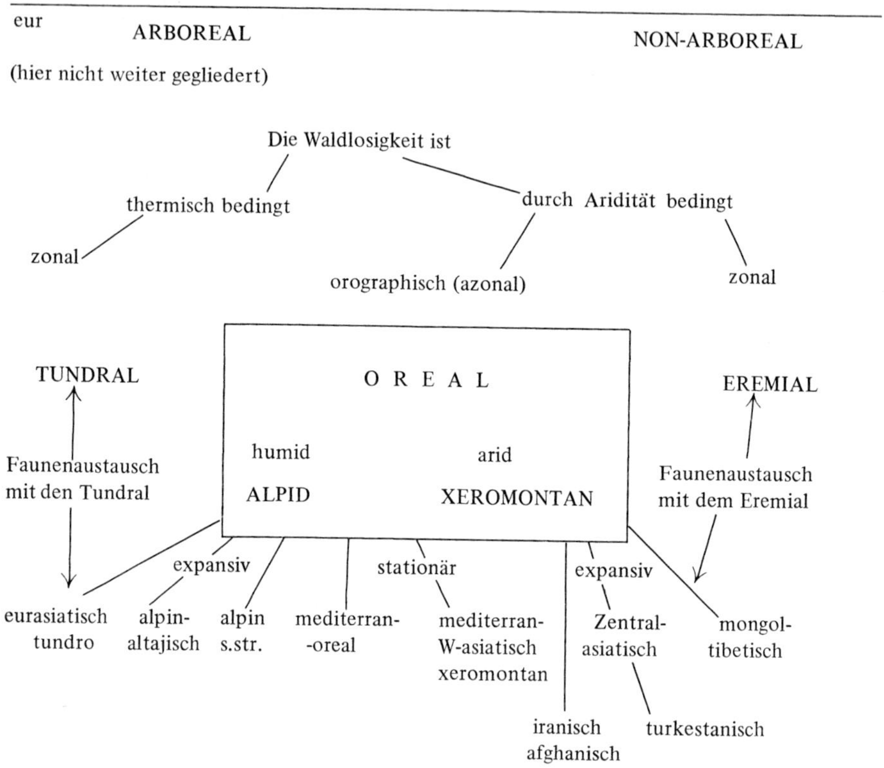


gleicherweise stationäre Arten, deren Areal im wesentlichen auf das chorologische Zentrum beschränkt geblieben ist, und hochexpansive Spezies, deren Arealformen mit jenen der stationären Arten durch eine kontinuierliche, natürliche Stufenfolge der Arealbilder verbunden sind (wie die nacheinanderfolgenden Bilder cines Kinofilms): Abb. 1.

Vorausgeschickt sei, daß alle großzügigen Einteilungen zwangsläufig mit einer Verstümmelung der Mannigfaltigkeit der Natur verbunden sind; es werden die chorologischen Zentren – gerade um die antagonistische Dynamik der zu ökologisch grundverschiedenen Großlebensräumen (Biome) historisch gebundenen Faunen-

[4] Ein ganz analoges Prinzip ist in der arealgeographischen Analyse der borealen Gefäßpflanzen von E. HULTÉN (1937, 1950) als 'equiformal progressive areas' erarbeitet worden.

kreise zum Ausdruck zu bringen – in drei großen 'makroökologischen' (REINIG, 1937; DE LATTIN, 1957, 1967) Sammelkategorien: Arboreal, Eremial und Oreotundral, zusammengefaßt. Obwohl das Vorhandensein oder Fehlen von Holzpflanzen an sich kein entscheidendes Merkmal ist (denken wir einerseits an die kräuterreichen, üppigen, aber fast vollkommen baum-und strauchlosen Steppenwiesen, andererseits aber an bestimmte Halbwüstenformationen, die durch eigentümliche Holzpflanzenformationen (z.B. 'Saxaul'-Formation mit Haloxylon-Arten) ausgestattet sind), kann die natürliche Grenze des Waldwuchses als eine natürliche Bioproduktivitätsgrenze (vgl. FRIEDEL, 1966; REISIGL, 1968), als ein wesentliches Charakteristikum sowohl für die Aridität des Klimas als auch für die alpinen-subnivalen Verhältnisse betrachtet werden; in beiden Fällen wird die biologische Produktion durch die (entweder durch die Kälte oder durch die Trockenheit) verhinderte Wasserzirkulation im größten Teil des Jahres gehemmt.

Gliedert man also die Biopsphäre grob und großzügig in Arboreal und Non-Arboreal, kann – aufgrund der beiden möglichen klimatischen Hauptursachen der Waldlosigkeit: Aridität und niedrige Temperatur – die auf der Tab. 1 dargestellte Übersicht der Groß-Lebensräume entworfen werden.

In diesem Sinne kann der Begriff der Orealfauna als Fauna von chorologischen Zentren der orographisch bedingt primär waldfreien Gebiete definiert werden. Ihre rezente Ausbreitungsdynamik weist als Haupttendenz die regressive Aufsplitterung auf, entsprechend der allgemeinen Tendenz der postglazialen Klimaverbesserung, die allerdings recht erheblichen Schwankungen unterworfen ist, bzw. der Wiederbewaldung der früheren oreotundralen Lebensräume (Periglazialgebiete im weiteren Sinne).

Während die Mannigfaltigkeit der Arealformen infolge der unterschiedlichen Expansivität und der meistens ökologisch bedingten verschiedenen Ausbreitungsrichtungen der einzelnen Arten in der Arborealfauna – eng verbunden mit der allgemeinen Expansionstendenz – in erheblichem Maße zugenommen hat (Expansion = Areal-Diversifikation!), sind bei den Vertretern der Orealfauna durch die Areal-Regression bzw. Zersplitterung oberflächlich ähnliche, ihrer Herkunft nach aber uneinheitliche konvergente Disjunktionsformen zustandegekommen. Als Grundlage ihrer zoogeographischen Gliederung kann dementsprechend nur ihre frühere (meistens jungpleistozäne) Expansivität oder Regressivität gelten, bzw. ihre von der Expansivität abhängigen Faunenaustausch-Verbindungen einerseits mit dem Tundral, andererseits aber mit dem Eremial.

Aufgrund dieser Dichotomie läßt sich die paläarktische Orealfauna in zwei Hauptgruppen gliedern. Die Faunenkreise der humiden Hochgebirge von typisch alpiner Geomorphologie – von den Pyrenäen bis zu den Japanischen Inseln – können zusammenfassend als ALPID (oder eurasiatisch-alpin) genannt werden. Ihre Höhenverbreitung ist nach unten in der Regel durch die Waldgrenze abgeschlossen, wodurch ihre rezente Faunendynamik größtenteils gehemmt ist. Haben sie früher,

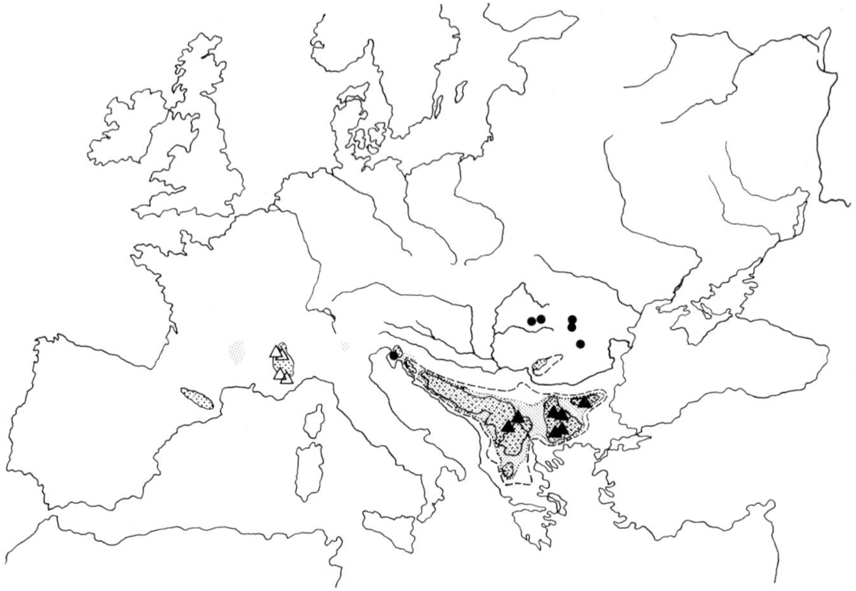

Abb. 2. Verbreitung von vier Lepidopterenarten (bzw. von ihren westlichen Vikarianten), die zum pontomediterran-orealen Faunenkreis gehören.
Schwarze Dreiecke: *Erebia rhodopensis* NICH. (dazu leere Dreiecke: *E. aethiopella* HFFGG.)

| | | |
|---|---|---|
| – – – – – | | und schwarze Kreise: *E. melas* HBST. |
| ........ | : | *E. ottomana* H.-SCH. (Areal fein punktiert) |
| ________ | : | *Anaitis simpliciata* TR. (Areal grob punktiert) |

vor allem während den jüngeren Vereisungen Faunenaustausch-Möglichkeiten gehabt, bestanden diese Verbindungen mit der Tundralfauna. Demzufolge stimmt die Südgrenze der alpiden Faunenelemente in den südeuropäischen Hochgebirgen mit jener der expansiven Arten tundraler Herkunft überein.

Als Gegenstück zur alpiden Fauna der humiden Hochgebirge gilt die Xeromontan-Fauna der ariden oder semiariden (z.B. der sommertrockenen mediterranen) Hochgebirge. Sie kann so scharf wie die vorige nur in relativ seltenen Fällen von den anderen Faunenkreisen abgegrenzt werden, weil die chorologischen Zentren der xeromontanen Faunenkreise in solchen Hochgebirgen zu suchen sind, die entweder waldlos sind oder nur eine durch ausgedehnte Gebirgssteppen unterbrochene fragmentarische Walddecke tragen. Ihre vertikale Verbreitung kann deshalb durch die orographische Waldgrenze lediglich in Spezialfällen begrenzt werden. Die Faunenaustausch-Verbindungen der Xeromontan-Fauna sind dementsprechend wesentlich verwickelter und mannigfaltiger als jene der alpiden Fauna: ihre Ausbreitungsphasen beschränken sich nicht nur auf die jungpleistozänen Kälteperioden, weil sie in den stark entwaldeten oder überweideten mediterranen und zentralasiatischen Hochgebirgen sogar ganz rezente, sekundäre Ausbreitungsmöglichkeiten erhalten haben konnten. Auch der Umstand darf nicht unterschätzt werden, daß die xeromontanen Lebensräume weder von dem kalt-kontinentalen Ereminal (kontinentale Halbwüsten) noch von den sommertrockenen Arborealgebieten (z.B. Steppen, Hartlaubformationen) isoliert sind!

Daß die alpiden und xeromontanen Faunen zoogeographisch parallele, gleichwertige Einheiten sind, kommt auch in ihrer regionalen Gliederung klar zum Ausdruck. Innerhalb von beiden lassen sich je eine westpaläarktische (mediterrane bzw. mediterran-vorderasiatische, je eine kontinentale-zentralasiatische (altaiid bzw. turkestanisch-mongolisch), je eine SO-asiatische (yünnan-nepalisch bzw. tibetisch) bzw. pazifische Untereinheiten unterscheiden. Außerdem können – sowohl in der alpiden als auch in der xeromontanen Fauna – innerhalb der einzelnen Faunenkreise sowohl stationäre als auch expansive Arealtypen (bzw. von den letzteren abzuleitenden regressive Disjunktionsformen) unterschieden werden.

Die bekannteste und am intensivsten studierte oreale Artengruppe ist zweifellos jene der eurasiatisch-alpinen bzw. der eurasiatisch (oder in manchen Fällen holarktisch) – tundro-alpinen Arten, die zusammenfassend einfach als expansive polyzentrische alpide Arten charakterisiert werden können (vgl. HOLDHAUS, 1925, 1954; HOLDHAUS & LINDROTH, 1939; WARNECKE, 1959). Ihre rezente (refugiale) Polyzentrizität ist die Folge ihrer jungpleistozänen Expansivität, weil sie sich während den jüngeren (meistens Riss und Würm) Kältephasen im ausgedehnten paläarktischen oder holarktischen Pariglazialraum auszubreiten vermochten. Daß ihre heutige Verbreitung im wesentlichen mit den am meisten vergletscherten Gebieten übereinstimmt (z.B. Skandinavien, Alpen, Altaiiden usw.), spricht eindeutig dafür, daß gerade diese Artengruppe den weiträumigsten und tiefgreifendsten Areal-Translokationen und -Zersplitterungen unterworfen gewesen ist. Hält man sich die Genese der relativ am besten bekannten mitteleuropäischen Fauna vor Augen, so lassen sich innerhalb dieser Artengruppe zwei Verbreitungstypen trennen: 1. rein europäische alpinen Arten; 2. eurasiatische (oder holarktische) alpine (oder tundro-alpine) Arten. Die Bedeutung dieser scheinbar rein empirischer Gruppierung kann durch zwei Regelmäßigkeiten unterstrichen werden.

a. Der West-Kaukasus, der sowohl klimatisch als auch geomorphologisch als ein Hochgebirge von alpinem Typ zu betrachten ist, schließt sich auch aufgrund seines Faunenbestandes am engsten an die Alpen bzw. überhaupt an die europäischen Hochgebirgen an z.B.: *Apamea zeta* TR., *Chrysaspidia aemula* HB., *Polyommatus eros* O., *Erebia pronoe* ESP., *Pieris bryoniae* O., vgl. NIESSIOLOWSKY & WOYTUSIAK, 1946; ALBERTI, 1969).

b. Untersucht man die relative Häufigkeit der Kopplung 1. der europäischen Verbreitung und des rein alpiden Areal-Charakters bzw. 2. der eurasiatischen (incl. holarktischen) Verbreitung und des tundro-alpinen Areal-Charakters, so ergibt sich eine sehr starke positive Korrelation in den erwähnten beiden Kombinationen, welche hier am Beispiel von 53 Makrolepidopterenarten, die die alpide Fauna in den balkanischen Hochgebirgen vertreten, in einer Kontigenztabelle (Tab. 2) dargestellt ist.

Dieser Zusammenhang ist leicht verständlich, wenn man bedenkt, daß sowohl die transpaläarktische Verbreitung, als auch der tundro-alpine Areal-Charakter auf eine gemeinsame Ursache: die würmeiszeitliche zonale Ausbreitung im Periglazialgebiet, zurückzuführen ist (wie von POVOLNY & MOUCHA, 1956 am Beispiel von *Glacies coracina* ESP. nachgewiesen wurde. Das zusammenhängende periglaziale Areal ist wahrscheinlich nur während (und infolge!) der großräumigen postglazialen Wiederbewaldung zerrissen worden[1]. Dadurch läßt sich auch die auf den ersten Blick überraschende Tatsache erklären, daß die tundro-alpinen Arten – trotz ihrer weit zersplitterten Areale – taxonomisch meistens nur geringfügig differenziert sind[2]: ihre geographisch isolierten Populationen können oft – mangels 'deterministischer' Differenzierungsmerkmale – nur durch statistisch verschiedene Kombinationshäufigkeiten identischer Charakter-Gruppen unterschieden werden (VARGA, 1972 a, b; 1975).

Während die feinere areal-typologische Gliederung der expansiven alpiden Arten wegen der quasi-kontinuierlichen Stufenfolge ihrer periglazialen Ausbreitung bzw. ihrer postglazialen Areal-Regression und -Disjunktion uns wenig sinnvoll erscheint, lassen sich die stationären alpiden Arten – ebendeshalb, weil ihre meistens regressiven rezenten Arealbilder mit ihren chorologischen Zentren (pozentielle Ausbreitungszentren) praktisch übereinstimmen – auf mehrere Faunenkreise unterteilen.

Weil die Verbreitung der asiatischen stationären Orealarten z.Z. noch mangelhaft bekannt bzw. bearbeitet ist, müssen wir uns hier auf die stationären west-paläarktischen orealen Faunenkreise beschränken.

Als eigentümlichste Gruppe gelten zweifellos die nicht zahlreichen reliktartigen zentralalpinen Endemismen, die mindestens die letzten Vereisungen in den eisfrei gebliebenen Teilen des Gebirges (massifs de refuge, vgl. HOLDHAUS, 1954; NADIG, 1968) oder auf Nunatakkern (Gräten, Gipfeln oberhalb des Tagletscherni-

1 Der Zusammenhang zwischen den tundralen und alpiden Faunen ist in Ost-Sibirien, wo auf einem orographisch reich gegliedertem Gebiet und auf gefrorenem Boden nur eine lockere Bewaldung mit 'Tundren-Hügeln' (sog. Goltzy) entstehen konnte, ist bis heute lebendig geblieben.

2 Taxonomisch stärker differenzierte Isolate tundroalpiner Arten bzw. Superspezies sind praktisch immer auf bestimmte südpaläarktische Hochgebirge beschränkt und können als Reliktformen aus früheren Glazialphasen aufgefaßt werden (*Agriades glandon nevadensis* ZÜLL., *Erebia pandrose sthennyo* GRASL., *E. epiphron* KN. Rassen).

veaus) überlebt haben müßten: *Orodemnias cervinii* FALLOU, *Endrosa-Arten, Glacies wehrlii* PRT., *Standfussiana wiskotti* STDF., *Erebia christyi* RAETZ., *E. flavofasciata* HEYNE usw.[1]

Die anderen, unter weniger extremen Bedingungen erhaltengebliebenen stationären alpiden Faunenkreise fehlen gerade in denjenigen europäischen Hochgebirgen, die am meisten vereist waren und dadurch die tiefgreifendste Faunendezimierung und -umwandlung erlitten haben. Ihre chorologische Gliederung weist also Parallelzüge mit jener des mediterranen Großrefugiums auf. Dadurch ist es berechtigt, über diese Faunenkreise als mediterran-oreale Faunenkreise zu sprechen. Ihre Mannigfaltigkeitszentren liegen einerseits in den Pyrenäen und in den Hochgebirgen der Iberischen Halbinsel (obwohl mehrere Arten auch im Massif Central bzw. in den Südwest-Alpen: Basses Alpes, Hautes Alpes, Alpes Maritimes usw. vorkommen),[1] andererseits aber in den Hochgebirgen der Balkanhalbinsel[2] mit Ausstrahlungen in die

Tabelle 2. Kontingenztabelle der Arealcharakter-Verteilung der, in der Balkanhalbinsel vorkommenden alpinen und tundro-alpinen Arten

| | Nördliche Verbreitung vorhanden | Keine nördliche Verbreitung | |
|---|---|---|---|
| Eurasiatisch-alpin | 13 | 5 | a + b<br>18 |
| Europäisch-alpin | 6 | 29 | c + d<br>35 |
| | a + c<br>19 | b + d<br>34 | 53 = N |

$$X^2 = \frac{N\,(ad - bc)^2}{(a + b)\,(c + d)\,(a + c)\,(b + d)} = 15{,}6805$$

[1] Es gibt eine Anzahl Parallelfälle auch aus anderen Insektengruppen (z.B. Tipulidae – vgl. LINDNER, 1973).

[1] *Erebia gorgone* B., *E. hispania* BTL., *E. lefebvrei* B., *E. zapateri* OBTH., *E. palarica* CHAPM., *E. epistygne* HB. usw.

[2] *Colias balcanica* RBL., *Boloria graeca* STGR., *Erebia ottomana* H.-SCH., *E. rhodopensis* NICH., *Palaeochrysophanus candens* H.-SCH.

Abb. 3 Holomediterran-vorderasiatische, atlantomediterrane und pontomediterrane-westasiatische Xeromontan-Arten.
Schwarze Kreise: *Hadena urumovi* DREN. (pontomed.-W-asiatisch Xeromontan)
Leere Kreise: *H. clara* STGR. (holomediterran-Xeromontan)

–.–.–. : *Plebicula nivescens* KEF. (atlantomed.-Xeromontan)
....... : *Pseudochazara mamurra* H.-SCH. (pontomed.-W-asiatisch Xeromontan)
Schwarze Quadrate: *Colias aurorina* H.-SCH.

Richtung der Südost-alpen bzw. der Süd- und Ostkarpaten[3]. Es gibt außerdem einige zentral-(sub-)mediterrane (Südalpine)[4] bzw. adriato-mediterrane Orealelemente, aber in weit geringere Anzahl als die beiden vorigen Faunenelemente.

Eben derhalb, weil die klimatischen Verhältnisse der Appeninhalbinsel während der Würm-Vereisung als vergleichsweise die ungünstigsten gelten müssen (MESSER-

[3] *Erebia melas* HBST., *Coenonympha rhodopensis* ELW., *Anaitis simpliciata* TR.
[4] *Mellicta varia* M.-D., *Erebia scipio* B., *E. triaria* PRUNN., *E. montana* PRUNN., *E. neoridas* B.

LI, 1967; SCHNEIDER, 1971; MÜLLER, 1972) und dementsprechend die Hochgebirge dieses Raumes an stationären Orealarten im ganzen Mittelmeerraum am ärmsten sind, konnten vikariante atlanto-pontomediterrane Rassen-bzw. Artenpaare isoliert und taxonomische differenziert werden, volkommen analogerweise mit den atlanto-pontomediterranen Vikarianten der Arborealfauna[6].

Die zweite Hauptgruppe der paläarktischen Orealfauna kann von den Alpiden als Xeromontan-Fauna unterschieden werden. Die Bezeichnung erscheint zum erstenmal in den ornithogeographischen Arbeiten von VOOUS (1960, 1963) und zwar in einem engerem Sinne ('mediterran-xeromontan'), als sie hier gebraucht wird. Weil aber Xeromontan-Faunen sich prinzipiell in allen denjenigen Hochgebirgen entwikkeln oder dort zu existieren vermögen, wo mindestens in der Vegetationsperiode eine relative Aridität herrscht (lokal können sie unter entsprechenden mikroklimatischen oder edaphischen s.l. Bedingungen auch in den humiden Hochgebirgen, z.B. in den Zentralalpen, gedeihen), darf der Begriff nicht auf einen Spezialfall der Xeromontan-Faunen, die Fauna der Sommertrockenen mediterranen Hochgebirge, beschränkt werden.

Es ist klar nachzuweisen, daß die Xeromontan-Fauna genauso transpaläarktisch ausgebreitet und chorologisch parallel gegliedert ist wie die alpide Fauna. Die chorologischen Kerngebiete (die aber derzeit nur mit gewissem Vorbehalt als Ausbreitungszentren zu bezeichnen sind) der Xeromontan-Fauna lassen sich auch in den Ostpaläarktischen Hochgebirgen feststellen. Ein weiterer Parallelzug ihrer Verbreitung ist, daß die expansiven Vertreter der Xeromontan-Fauna in vereinzelten Fällen weit nach Norden (Skandinavien, Britische Inseln) vordringen können (*Standfussiana lucernea* L., *Hadena caesia* HB., *Discestra furca* EV.), und dadurch das Disjunktionsbild der tundro-alpinen Arten 'kopieren' können. (Die Antithese der zoogeographischen 'Gleichung': 'Ausbreitung – Diversifikation der Arealformen' lautet: 'Regression – konvergente Disjunktionsformen'.)

Weil eine umfassende faunengeschichtliche Interpretation der xeromontanen Faunenkreise noch zweifellos verfrüht wäre, wollen wir im folgenden nur über ihre chorologischen Zentren sprechen. Diese Kerngebiete ziehen sich vom Atlas-Gebiet einerseits durch den südlichen Teil der Iberischen Halbinsel (vor allem die Gebirge von Andalusien und die Sierra Nevada), andererseits durch Sizilien und Süditalien in die Richtung der südlichen Balkanhalbinsel (vor allem der Peloponnes), wo in den Hochgebirgen die alpine-subalpine Vegetation mitteleuropäischen Typs durch die Polsterdornstrauchheiden der Astragalo-Acantholimetalia-Ordnung mit anatolischen-iranischen floristischen Beziehungen abgewechselt wird.

In Anatolien läßt sich zweifellos einerseits ein nördliches relativ niederschlags-

[6] Diese vikarianten Paare können entweder schwach differenzierte allopatrische Subspezies (*Anaitis simpliciata* TR.), ausgeprägte Unterarten (*Boloria graeca* STGR., *Erebia ottomana* H.-SCH.) oder nächstverwandte allopatrische Arten innerhalb einer Superspezies (*Erebia rhodopensis* NICH., *E. aethiopella* HFGG.).

Abb. 4. Das Artenpaar *Agriades glandon* PRUNN. – *A. pyrenaicus* B. Die erste, als eine polyzentrische eurasiatische (zirkumpolare) tundro-alpine Art (in Skandinavien: *A. glandon aquilo* B.) ist ein Vertreter der *alpiden* Fauna, während *A. pyrenaicus* B. mit ihren zahlreichen isolierten Subspezies als ein Vertreter des *mediterran-west-asiatischen xeromontanen Faunenkreisen* zu betrachten ist. Ihre Subspezies markieren gewisse Arealkerne im mediterranen und west-asiatischen Raum.

1. *A. pyrenaicus asturiensis* OBTH.
2. *A. pyrenaicus pyrenaicus* B.
3. *A. pyrenaicus dardanus* FRR.
4. *A. pyrenaicus rebeli* TUL.
5. *A. pyrenaicus hesselbarthi* NEKRUTENKO
6. *A. pyrenaicus latedisjunctus* ALBERTI
7. *A. pyrenaicus aegagrus* CHR.

reicheres und andererseits ein mehr arides, sich schon den syrisch-libanotischen Hochgebirgen anschließendes Kerngebiet unterscheiden. Zwischen beiden eingekeilt reihen sich einige isoliert sich erhebende und durch die ariden inner-anatolischen Gebiete abgeschirmte Massive (Demirci daglari, Murat dagi, Sultan daglari, Erciyas dagi usw.), wo aber die Exklaven mehrere zentral-asiatischer Xeromontan-Arten (*Euxoa heringi* STGR., *E. homicida* STGR., *E. perierga* BRDT., *Dichagyris squalidior* STGR., *D. forficula* EV., *Ogygia nachadira* BRDT., *Chersotis semna* PGLR., *Eugnorisma coerulea* PGLR.) angetroffen werden.

Östlich vom Armenischen Hochland trennen sich die xeromontanen Lebensräume. Während die nördlicheren Hochgebirge noch mehrere expansive, polyzentrische Xeromontan-Elemente enthalten (*Euxoa decora* SCHIFF., *Chersotis alpestris* B., *Ch. elegans* EV., *Ch. larixia* GN., *Ogygia celsicola* BELL., *Agriades pyrenaica* B.), die auch in den Südeuropäischen Hochgebirgen vorkommen, haben die südlichen Hochgebirge eher ein zentralasiatisches Gepräge, deren charakteristische Lepidopteren manchmal von den nordiranischen und afghanischen nur subspezifisch getrennt sind (*Euxoa perierga* BRDT., *Dichagyris psammochroa* BRSN., *D. humilis* BRSN., *D. grisescens* STGR., *D. vallesiaca opulenta* BRDT., *D. terminicincta* CTI. usw.). Viel überraschender ist das Auftauchen einiger früher für europäisch-alpine Arten gehaltener polyzentrischer Xeromontan-Arten in den südiranischen (Farsistan) Hochgebirgen (*Rhyacia helvetina* BD., *Caradrina gilva* DONZ., *Apamea platinea* TR.), wo sie durch isolierte Subspezies vertreten sind (BRANDT, 1938, 1941; BOURSIN, 1940, 1942, 1946).

In Afghanistan scheinen die West-Ausläufer des Hindukusch als wesentlichste zoogeographische Grenze zu gelten. Nördlich vom stark vereisten Hauptkamm dieses Gebirges herrscht, wie auch im nördlichen und westlichen Pamir-Gebiet (z.B. Chorog!), eine Fauna turkestanischen Gepräges vor (viele *Colias, Parnassius*). Andererseits erscheinen schon im südlichen Pamir-Gebiet (Vachan-Tal) (wahrscheinlich durch die Vermittlung des faunistisch kaum bekannten Karakorum) die transhimalayischen-tibetischen Xeromontan-Elemente (*Euxoa hypochlora* BRSN., *E. tibetica* BRSN., *Protexarnis monogramma* HPS., *E. kotschi* DRDT., *Ochropleura herculea* CTI.-DRDT.) bzw. einge Arten, deren Areal derzeit mangelhaft bekannt ist, die sich aber wahrscheinlich auch dieser Gruppe anschließen (z.B. Pamir-'Endemismen' wie *Euxoa plumbescens* KOZH., *Scotia semivirens* KOZH.),[1] Wir kennen relativ wenige expansive Xeromontan-Arten, deren Areal sich von Turkestan bis Nepal (*Dichagyris despecta* CTI.-DRDT., *Polia altaica* STGR., *Sideridis simplex* STGR., *S. egena* LD)[2]

[1] Selbst die nicht-tropische Fauna von Nepal hat einen ausgesprochen doppelten Charakter: einerseits eine temperierte Arborealfauna mit Beziehungen zu dem Yünnan-Zentrum; andererseits eine Xeromontan-Fauna von tibetischem Charakter. Diese faunistische Dualität zeigt einen klaren Zusammenhang mit der Niederschlagsverteilung im Lande.

[2] Als Spezialfall gilt *Heliophobus texturata* ALPH., eine kontinentale polyzentische Xeromontan-Art, die reliktartige Exklaven auch in Mitteleuropa hat.

bzw. in einigen Fällen vom Kaukasus bis in die Mongolei (*Ochropleura plumbea* ALPH., *S. egena* LD.) ausdehnt.

Ein enger Zusammenhang läßt sich zwischen den turkestanischen und mongolischen Gebirgsfaunen feststellen, wo die Zusammenhänge der Xeromontan-Fauna durch die südsibirischen Hochgebirge vermittelt sind, die auch zur Irradiation der alpiden-tundro-alpiden Elemente der Altaiiden nach Turkestan beitragen[1]. Die Xeromontan-Fauna der Mongolei kann mit relativ wenigen endemischen Formen gekennzeichnet werden, die von den zentralasiatischen in der Mehrzahl nur subspezifisch getrennt sind (*Dichagyris kaszabi, Haderonia sukharevae bzw. Ochropleura musiva sheljuzhkoi, Rh. junonia schistochroa, Polia enodata expallidata, P. serratilinea eremorealis*, vgl. KOVÁCS & VARGA, 1973, VARGA, 1973, 1974[2]).

Ein weiterer auch sehr starker Zusammenhang besteht zwischen den Gebirgssteppen- und Gebirgstaiga-Faunen der Nordwest-Mongolei und Süd-Sibiriens (*Euxoa islandica rossica* STGR., *E. phantoma* KOZH., *E. varia* ALPH., *Conisania arida* LD., *Polia schawerdae* SHELJ., *P. verspertilio* DRDT., *Ochropleura nigrita* GRAES., *Hermonassa difficilis* ERSH., *H. cicatricosa* GRAES., *Anomogyna subgrisea* STGR.) der aber eher einen arborealen Charakter hat, weil die zitierten Faunenelemente sich auf den nördlichen, arborealen Teil der Mongolei beschränken, wo eindeutig der sibirische (arboreale) Faunenkreis vorherrscht (z.B.: *Scotia clavis amurensis* STGR., *Graphiphora augur punctinotata* WARR., *Rhynchagrotis chardinyi* B., *Eugraphe subrosea subcoerulea* STGR., *Paradiarsia punicea* HB., *Eurois occulta* L., *Anaplectoides prasina* SCHIFF., *Leucania comma* L., *Mithymna conigera* SCHIFF., *Cerapteryx graminis* L., *Mamestra biren* GOEZE, *Polia bombycina* HFN., *P. hepatica* CL.).

Eine ausführliche Analyse der paläarktischen Xeromontan-Fauna verspricht eine lohnende Aufgabe zu werden, weil die Vertreter eben dieses Faunentyps über Evolutionspotentiale verfügen, die für das Verständnis der gesamten paläarktischen Faunengeschichte als bedeutingsvoll gelten. Der besondere Artenreichtum gewisser zentralasiatischer Hochgebirge faszinierte schon seit langem die europäischen Entomologen. Die Mannigfaltigkeits-Zentren vieler artenreichen Genera (Satyridae: *Karanasa, Pseudochazara, Kanetisa, Hyponephele, Paralasa*; Lycaenidae: *Agrodiaetus, Turanana*; Noctuidae: der größte Teil von *Euxoa, Dichagyris, Ogygia, Rhyacia* s. str., *Standfussiana, Eugnorisma*, mehrere Artengruppen der Gattung *Hadena,*

[1] Beispiele: *Aeropedellus variegatus* ZETT. (Orthoptera), *Calostygia lineolata, Syngrapha devergens* HB., *Caloplusia hochenwarthii* HOCHW., *Euphydryas iduna* DALM. (Lep.)

[2] Hier kann bemerkt werden, daß weitere, hauptsächlich in der Gobi-Wüste vorkommende, derzeit für die Mongolei als endemisch geltende Arten sich eher zur Eremialfauna einreihen lassen (*Cardepia kaszabi, Cardiestra gobideserti, Hadula halodeserti*), ebenso die weiteren Arten derselben Genera (*Cardepia sociabilis*, GRASL., *Cardiestra eremistis* PGLR., *C. vaciva* PGLR., *Hadula ptochica* PGLR., *H. insolita* STGR. usw.) bzw. die Vertreter der Genera *Saragossa, Oncocnemis* usw.

*Polia, Haderonia* und *Hadula*; die Mehrzahl der *Euchalcia*-Arten usw.), die freilich auch als Ausbreitungszentren dieser Gattungen gelten, haben einen ausgesprochen xeromontanen Charakter. Daß wir nicht einem Einzelfall gegenüberstehen, kann dadurch bewiesen werden, daß sogar ein großer Teil unserer Kulturpflanzen ihrer Gen-Zentren nach (VAVILOV, 1926, 1961) auf einen xeromontanen Ursprung zurückzuführen ist.

Es ist für die obenerwähnten xeromontanen Genera charakteristisch, daß eine Anzahl stenotoper Arten in den west- und zentralasiatischen Gebirgen erhalten geblieben ist, und nur die geeignetsten Arten sind in der Lage gewesen, in die eremialen bzw. arborealen Groß-Lebensräume einzudringen. In der West-Paläarktis sind relativ reich an Vertretern von Gattungen xeromontanen Ursprungs einerseits die Steppen-Waldsteppen-Formationen (*Agrodiaetus damon* SCHIFF., *A. admetus* ESP., *A. ripartii* FRR., *Ogygia nigrescens* HÖFN., *O. forcipula* SCHIFF., *O. signife-*

Abb. 5. Vorderasiatisch-iranische und kontinentale Xeromontan-Arten
Schwarze Quadrate: *Euxoa hilaris* FRR. } vorderasiatisch-iranisch
Leere Dreiecke: *Euxoa homicida* STGR.
Schwarze Kreise: *Euxoa (Chorizagrotis) inexpectata* ALPH. (expansiv-polyzentrisch)

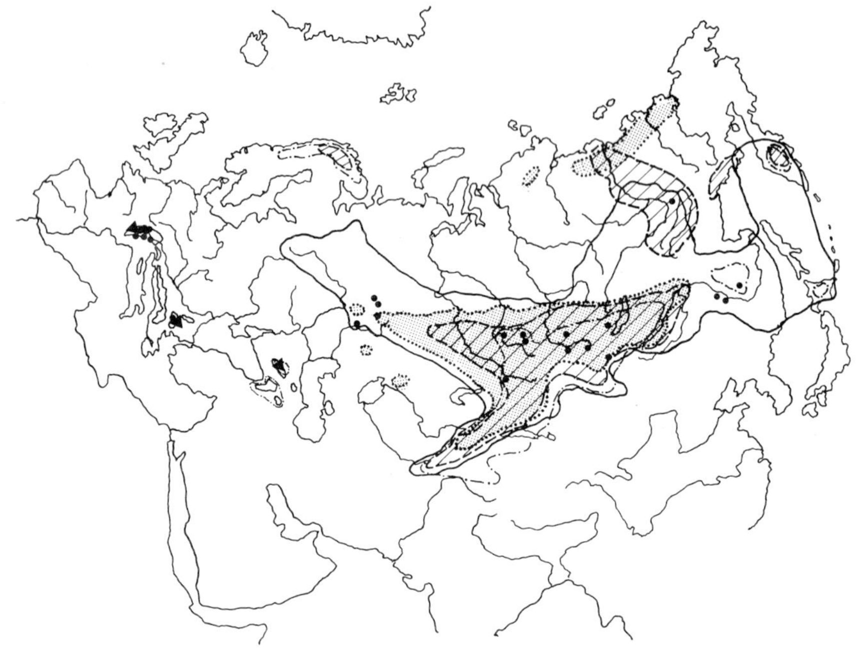

Abb. 6. Polyzentrische Xeromontan-Arten (kalt-kontinentale 'Steppenarten') die die Disjunktionsform der tundro-alpinen Arten kopieren.

———— : *Gorphocerus sibiricus* L. (Orthoptera)
– – – – – – : und schwarze Dreiecke: *Aeropedellus variegatus* F.W.
–.–.–.–. : *Caloplusia hochenwarthii* HOCHW. (Lep. Noctuidae)
Schwarze Kreise: *Arctia flavia* FUESSL. (Lep. Arctiidae)
..... : und Areal dicht punktiert: *Microtus gregalis* (Mammalia, Arvicolidae)

*ra* SCHIFF., *Hadena drenovskyi* RBL., *Chersotis alpestris* B., *Euchalcia modesta* ESP., *E. consona* SCHIFF.) bzw. die submediterranen Felsrasen (*Apamea platinea* TR., *Heterophysa dumetorum* B., mehrere *Gnophos*-Arten usw.), obwohl einige Kulturfolger sich praktisch in der ganzen Paläarktis auszubreiten vermochten (*Discestra trifolii* HFN., *Scotia segetum* SCHIFF.).

Weil die ganze postglaziale Vegetationsgeschichte Mitteleuropas für die Ausbreitung der Xeromontan-Arten ausgesprochen ungünstig gewesen ist, ist es gar nicht zu erwarten, daß in den mitteleuropäischen Gebirgen eine einigermaßen artenreiche Xeromontan-Fauna zu finden ist. Weil der Bewaldungsprozeß aus den südlich von den Pyrenäen, Alpen und Karpaten liegenden Arboreal-Refugien ziemlich rasch und synchron vor sich gegangen ist, hat sich der Ausbreitung der Xeromontan-Arten höchstens während den Spätglazialphasen und in den mit dem Präboreal ausklingenden Frühpostglazialphasen eine gewisse Gelegenheit geboten. Weil eine der Xeromontan-Arten entsprechende zonale Vegetationsstufe auch der rezenten Vegetation von Mitteleuropa fehlt, sind sie für keine bestimmte Höhenstufe charakteristisch, sondern sie können in beliebiger Höhe vorkommen, wo die mikroklimatischen oder die edaphischen (s.l.) Faktoren gegen eine Bewaldungssukzession wirken und eine Vor-Klimax-Dauergesellschaft konservieren (Felsenrasen, Schutthalden, Geröllhänge, Lawinenbahnen). Als Beispiele der expansiven Xeromontan-Arten in Mitteleuropa können die folgenden erwähnt werden (die mit + bezeichneten sind auch nach Nordeuropa vorgedrungen, wodurch sie die Disjunktionsform der tundroalpinen bzw. der boreo-alpinen Arten kopieren): *Euxoa birivia* SCHIFF., *E. decora* SCHIFF., *Ogygia celsicola* BELL., *Chersotis larixia* GN., *Ch. elegans* EV., *Ch. fimbriola* ESP., *Rhyacia helvetina* B., *Epipsilia grisescens* F.+, *E. latens* HB., *Hermonassa multifida* LD., *Dichagyris vallesiaca* B., *Spaelotis senna* HB., *Standfussiana lucernea* L.+, *Hadena caesia* SCHIFF.+, *H. clara* STGR., *Apamea platinea* TR., *Heterophysa dumetorum* G.-HB., *Gnophos pullata* TR. usw. Weil in der Balkanhalbinsel zu den obenerwähnten sich noch eine Reihe weiterer Arten (z.T. mit westasiatischen Beziehungen) anschließt (*Rhyacia nyctimerides* BAUG-HAAS, *Hadena urumovi* DREN., *H. drenovskyi* RBL., *Gnophos certhiatus* RBL. & ZERNY, *G. pentheri* RBL. usw.), hat mir die chorologische Untersuchung der balkanischen Lepidopterenfauna eine wesentliche Anregung gegeben, auch die weiträumigen Zusammenhänge der paläarktischen Orealfauna zu studieren.

## Literatur


ALBERTI, B. (1965): Zur Kenntnis der *Plusia modesta* HB.-Gruppe (Lep.: Noctuidae) *Deutsche Ent. Zschr. N.F.* 12: 365–369

— (1969): Neue oder bemerkenswerte Lepidopteren-Formen aus dem großen Kaukasus. *Deutsche Ent. Zschr. N.F.* 16: 189–203.

— (1970): Vergleichende Eindrücke von der Lepidopterenfauna des N- und S-Kaukasus sowie Transkaukasien. *Nachr. Bayr. Entomol.* 19(6): 118–124.

— (1973a): Ergänzende Bemerkungen zu HIGGINS & RILEY: 'A field guide to the butterflies of Britain & Europe etc. *Entomol. Zschr.* 83(19): 217–223

— (1973b): Zweite Mitteilung über einige neue oder bemerkenswerte Lepidopteren-Formen aus dem Großen Kaukasus und Transkaukasien. *Atalanta B* 4(b): 380–393

BERG, L. S. (1958–59): Die geographische Zonen der Sowjetunion I–II. Teubner, Leipzig, pp. 437 + 48 bzw. 606 + 52 (Orig. 3. Aufl. OGIZ, Moskau, 1947)

BOURSIN, Ch. (1926–28): Contributions à l'étude des Noctuelles Trifides. *Enc. Entomol.* B. I: I(3): 1–7; II: I(4): 1–15; III: II(3–4) 135–144; IV: III(2): 1–12.

— (1933): Beiträge zur Kenntnis der Noctuidae-Trifinae X., Neue *Cucullia* und *Athetis* von Marasch in Türkisch-Nordsyrien usw. *Mitt. Münchn. Ent. Ges.* 23: 8–26 + Taf. I–VI.

— (1936): Contributions à l'étude des Agrotidae-Trifinae XV. Nouvelles *Athetis* (*Caradrina* auct.) paléarctiques. *Bull. Soc. ent. France*, No 6: 87–94.
— (1940): Contributions à l'étude des Agrotidae-Trifinae XXVII. Nouveaux Agrotidae Paléarctiques. *Mém. Mus. Nat. Hist. Nat. N.S.* 13(4): 303–330.
— (1940): Beiträge zur Kenntnis der Agrotidae-Trifinae. XXIII. *Mitt. Münchn. Ent. Ges. e.V.* 30(II): 474–541.
— (1941): Die *Cucullia*-Arten aus Dr. H. HÖNE's China-Ausbeuten während der Jahre 1931–1938. *Iris*, 55: 28–84 + Taf. 7–13.
— (1944): Contribution à l'étude de la faune du Caucase et de Arménie. *Rev. Franc. Entomol.* 10(2): 75–84.
— (1948): Neue paläarktische *Agrotis*-Arten aus dem Naturhistorischen Museum in Wien. *Zschr. Wiener Ent. Ges.* 33: 97–136 + Taf. I–XIV.
— (1954a): Contribution to the knowledge of the Agrotidae-Trifinae of Kashmir. *Bull. Soc. Fouad Entomol.* (81): 81–101.
—(1954b): Die *Agrotis*-Arten aus Dr. H. HÖNE's China-Ausbeuten I. Die Gattung *Diarsia* HB., II. Die Gattungen *Hemiexarnis* BRSN., *Eugnorisma* BRSN., *Höneidia* BRSN , *Rhyacia* HB., *Chersotis* B., *Eugraphe* HB., *Sineugraphe* BRSN., *Palaeamathes* BRSN, und *Paraxestia* HPS. *Bonner Zool. Beitr.* 5(3/4): 213–309/Taf. 1–14.
— (1955): id. III. Die Gattungen *Phalaena* L., *Eurois* HB., *Anaplectoides* MCDUNN. und *Cerastis* O. *Zschr. Wiener Ent. Ges.* 40: 216–221/Taf. 1–4.
— (1956): Über '*Agrotis*' *nictymera* BOISDUVAL nebst Angaben über die Gattung *Standfussiana* BRSN. *Zschr. Wiener Ent. Ges.* 41: 105–114/Taf. 14–16.
— (1957): Nouvelles 'Trifinae' d'Afghanistan de l'expedition KLAPPERICH. *Bull. Mens. Soc. Linnéenne Lyon* 26(9): 242–250.
— (1961): Ergebnisse der Deutschen Afghanistan-Expedition 1956 der Landessammlungen für Naturkunde Karlsruhe. *Beitr. naturk. Forsch. SW-Deutschl.* 19: 373–398.
— (1963a): Nouvelles races de Noctuides paléarctiques *Bull. Mens. Soc. Linnéenne Lyon* 32(10): 254–262.
— (1963b): Die Noctuinae-Arten aus Dr. H. HÖNE's China-Ausbeuten, V. Der *Amathes*-Komplex, VI. Die Gattungen *Raddea* ALPH., *Estimata* KOZH., *Erebophasma* n.gen., *Spinipalpia* ALPH., und *Perissandria* WARR. VII. Die Gattung *Ochropleura* HB. *Forschungsberichte des Landes N-Rhein-Westfalen* 1963 (Ber. 1170)
— (1963c): Description de quinze espèces nouvelles provenant de l'expedition 1962 de M. et Mme VARTIAN en Perse et en Afghanistan etc. *Bull. Mens. Soc. Linn. Lyon* 32(12): 290–305.
— (1964): Lepidoptera der Deutschen Nepal-Expedition 1955. Teil II. Noctuidae Trifinae. *Veröff. Zool. Staatssamml. München* 8: 1–50 + Taf. I–XXII.
— (1964b): Eine neue *Haderonia* aus Russisch-Turkestan. *Zeitschr. Wiener Ent. Ges.* 49: 174–175.
— (1968): Description de 26 especes nouvelles de Noctuidae Trifinae. *Entomops (Nice)* 10: 43–72; 85–101.
BRANDT, W. (1938): Beitrag zur Lepidopteren-Fauna von Iran. *Entomol. Rundschau* 43/44: 497–505; 45: 517–523; 47: 548–554; 48: 558–561; 49: 567–574; 50: 584–588; 51: 597–602; 53: 616–621; 54: 632–634; 59: 698–699; 60: 701–702.

— (1941) Beitrag zur Lepidopteren-Fauna von Iran. *Mitt. Münchn. Ent. Ges.* 31: 835–863 + Taf. XXIII–XXVII.

BURESCH, I. & K. TULESCHKOW, (1929–1943): Die horizontale Verbreitung der Schmetterlinge in Bulgarien (bulgarisch) *Mitt. Naturw. Inst. Sofia* 2: 145–250; 3: 145–248; 5: 211–288; 8: 289–347; 9: 349–422; 16: 79–188.

BRUNDIN, L. (1972): Evolution, causal biology and classification. *Zool. Scripta (Stockholm)* I/4: 107–120.

DIERL, W. (1970): Grundzüge einer ökologischen Tiergeographie der Schwärmer Ostnepals. (Lepidoptera, Sphingidae) *Khumbu Himal* 3: 313–360.

EHRLICH, P. R. (1958): Problems of arctic-alpine insect distribution as illustrated by the butterfly genus *Erebia. Proc. X. Int. Congr. Ent.* 1: 683–686.

FRIEDEL, (1966) cit. Reisigl. 1968.

FRIESE, G. (1958): Zoogeographische Betrachtungen zur Rhopaloceren (Lepidoptera)-Fauna Mitteleuropas. *Proc. X. Internat. Congr. Ent.* 1: 731–736.

GROSS, F. J. (1962): Zur Evolution euro-asiatischer Lepidopteren. *Verh. Deutsch. Zool. Ges. Saarbrücken*, 1961: 461–478.

HEPTNER (GEPTNER), V. (1959): Centres of speciation in the fauna of palaearctic steppe and desert zone. *Proc. XI. Congr. Zool. London*, 1958/I: 155–157.

HENNIG, W. (1950): Grundzüge einer Theorie der phylogenetischen Systematik.

— (1966): Phylogenetic Systematics. Univ. Illinois Press, Urbana, pp.

HOLDHAUS, K. (1954): Die Spuren der Eiszeit in der Tierwelt Europas. *Abh. Zool. Bot. Ges. Wien* 18: 1–493.

HOLDHAUS, K. & LINDROTH, C. (1939): Die europäischen Koleopteren mit boreoalpiner Verbreitung. *Ann. Naturhist. Mus. Wien* 50: 123–293.

HULTÉN, E. (1937) Outline of the History of the arctic and boreal biota. Stockholm. pp. 168.

JONG, R. DE (1972): Systematics and geographic history of the Genus *Pyrgus* in the Palaearctic region (Lep.: Hesperiidae.). *Tijdschr. Entomol.* 115(1): 1–121 + Pl. 1–6.

— (1974): Systematics and evolution of the palaearctic *Spialia* species (Lep.: Hesperiidae) *Tijdschr. Entomol.* 117(6): 225–272.

KOSTROWICKI, A. S. (1959) Sówki – Noctuidae, in *Klucze do oznaczania owadow Polski.* 53b *Warszawa*, pp. 145.

— (1969) Geography of the Palaearctic Papilionidae. Polish Acad. Sci. Krakow, pp. 378.

KOVÁCS, L. & VARGA, Z. (1973): Ergebnisse der zool. Forschungen von Dr. Z. KASZAB in der Mongolei, 316, Noctuidae, Noctuinae (Lep.) *Folia Ent. Hung.* 26(2): 287–343.

KOZHANTSCHIKOV, I. V. (1937): Noctuidae (Subf. Agrotinae) in Fauna S.S.S.R. XIII, No 3; pp. 674 + I–XIII.

KRYZHANOVSKY, O. L. (1965): Sostav i proischozhdenie nazemnoj fauni Srednjej Azii. Nauka, Moskva-Leningrad, pp. 419.

KULCZINSKY, S. (1923): Das boreale und arktisch-alpine Element in der mitteleuropäischen Flora. *Bull. Acad. Polon. Cracov. Ser. B.*, III: 127–214.

LATTIN, G. DE (1949): Beiträge zur Zoogeographie des Mittelmeergebietes. *Verh. dtsch. Zool. Ges. Kiel* (1948): 143–151.

— (1952): Zur Evolution der Westpaläarktischen Lepidopterenfauna. *Decheniana*, 105–106: 115–164.

— (1957): Die Ausbreitungszentren der holparktischen Landtierwelt. *Verh. dtsch. Zool. Ges. Hamburg* (1956): 380–410.
— (1959): Postglaziale Disjunktionen und Rassenbildung bei europäischen Lepidopteren. *Verh. dtsch. Zool. Ges.* (1958): 392–403.
— (1964): Die Verbreitung des sibirischen Faunenelements in der Westpaläarktis. *Natur und Museum*, 94: 104–125.
— (1967): Grundriss der Zoogeographie, Fischer, Jena-Stuttgart, pp. 602.
LINDNER, E. (1973): Alpenfliegen. 204 pp. Krefeld: Goecke & Evers.
LINDROTH, C. (1931): Die Insektenfauna Islands und die Probleme. *Zool. Bidr. Uppsala*, 13: 105–589.
MCARTHUR, R. H. (1972): Geographical Ecology. Harper & Row, New York-London, pp. 269.
MESSERLI, B. (1967): Die eiszeitliche und gegenwärtige Vergletscherung im Mittelmeerraum. *Geogr. Helv.* 00: 105–228.
MÜLLER, P. (1972): Centres of dispersal and evolution in the Neotropical realm. *Stud. Neotrop. Fauna* 7: 173–185.
— (1974): Aspects of Zoogeography. Junk, Hague, pp. 208.
NADIG, A. (1968): Über die Bedeutung der Massifs de Refuge am südlichen Alpenrand. *Mitt. schweiz. Ent. Ges.* 41: 341–358.
PETERSEN, B. (1954): Some trends of speciation in the cold-adapted Holarctic fauna. *Zool. Bidrag Uppsala*, 30: 233–314.
REINIG, W. (1937): Die Holarktis. Fischer, Jena, pp. 124.
— (1950): Chorologische Voraussetzungen für die Analyse von Formenkreise. *Syllegomena Biol.*, Festschr. KLEINSCHMIDT: 364–378.
REISIGL, H. (1968): Übersicht über die Vegetation der alpinen und nivalen Stufe der Ötztaler Alpen. Innsbruck (Manuskript)
ROESLER, U. (1965): Chorologische Untersuchungen über den *Homeosoma-Ephestia*-Komplex (Lep. Phycitidae) im paläarktischen Raum. *Bonner Zool. Beitr.* 16/3–4: 318–349.
SCHNEIDER, B. (1971): Das Tyrrhenisproblem. Interpretation auf zoogeographischer Grundlage. Dissertation, Saarbrücken.
STEGMANN, B. (1932): Herkunft der paläarktischen Taiga-Vögel. *Arch. Naturgesch. N.F.* 1: 392–397.
— (1938): Grundzüge der ornithogeographischen Gliederung des paläarktischen Gebietes. *Fauna S.S.S.R.* 1: 77–156.
— (1958): Herkunft der europäischen Steppenvögel. *Bonner Zool. Beitr.* 9: 208–230.
UDVARDY, M. D. (1969) Dynamic Zoogeography. Van Nostrand, New York, pp. 445.
UVAROV, B. (1929): Composition and Origin of the Palaearctic fauna of Orthoptera. *10. Intern. Zool. Congr. Budapest*: 1516–1524.
VARGA, Z. (1963–64): Zoogeographische Analyse der Makrolepidopterenfauna Ungarns. *Acta Biol. Debrecina* 2: 141–154; 3: 147–180.
— (1970): Extension isolation, micro-evolution. *Acta Biol. Debrecina* 7–8: 193–209.
— (1975): Geographische Isolation und Subspeziation bei den Hochgebirgslepidopteren der Balkanhalbinsel. *Acta Entomol. Jugosl.* 6 (im Druck); (1972): Habilitationsarbeit, (Manuskript) 1–196 + 85 + 43, Debrecen.
— (1973): Neue Noctuiden von Zentralasien aus der Zoologischen Staatssammlung, München

und aus dem Naturwissenschaftlichen Museum, Budapest. *Mitt. Münchn. Ent. Ges.* 63: 194–222 + Taf. VII–IX.
— (1974): Hadeninae (Lep.: Noctuidae) aus der Mongolei. *Annales Hist.-Nat. Musei Nat. Hung.* 66: 289–322.
VAVILOV, N. I. (1926): Centri proischozhdenija kulturnych rastjenij. *Bull. Appl. Bot. Plant Breeding, Leningrad.* 16: 1–248.
— (1951): The origin, variation, immunity and breeding of cultivated plants (engl. transl.) *Chron. Botan.* 13: 1–364.
VOCUS, K. H. (1960): Über die Herkunft der paläarktischen Nadelwaldvögel Europas. *Orn. Beob.* 1: 27–36.
— (1963): The concept of faunal elements or faunal types. *Proc. 13. Int. Congr. Ornithol.*: 1104–1108.
WALTHER, H. & STRAKA, H. (1970): Arealkunde. Floristische-historische Geobotanik. Ulmer, Stuttgart, pp. 478.
WARNECKE, G. (1954): Über postglaziale Arealdisjunktionen europäischer Makrolepidopteren. *Dtsch. Entomologentagung, Hamburg*: 33–47.
— (1959): Verzeichnis der boreoalpinen Lepidopteren. *Ztschr. Wiener Ent. Ges.* 44: 17–26.
ZOLOTARENKO, (1970): Podgrizajustschije sovki Zapadnoj Sibirii, Novosibirsk, pp. 423 (The Cutworms of Southern Sibiria).

## Diskussion

GHILAROV: Es gibt auch oreale Elemente, die man als Steppenelemente beurteilen kann, und im Nordwest-Kaukasus, oberhalb der Waldgrenze der Buchen- und Eichenwälder, existieren solche Elemente. Das ist in nicht zu großer Höhe etwa bei 1000 Meter; da sind schon subalpine Wiesenelemente, und andrerseits charakteristische Steppenelemente der Vegetation mit Federgras, wo auch im Boden verschiedene flügellose Steppeninsekten (Tenebrioniden, Carabiden) sind, die auch in den Steppen der Ukraine und des Nordkaukasus verbreitet sind. Auch unter den Isopoden und Myriopoden, die für Steppen charakteristisch sind, sind solche Arten zu finden. Im Nordwestkaukasus sind aber nicht die Unterarten, die auch in Steppen verbreitet sind, sondern diejenigen, die denen der Balkansteppen und der westukrainischen Steppen mehr ähneln. Vielleicht sind es nur irgendwelche Überbleibsel einer wärmeren Zeit, als keine Waldvegetation existierte, und solche Inseln von Resten der Steppenfauna waren auch höher verbreitet als früher. Gewiß bewohnen solche Tiere nicht die ganze Zeit hindurch die selben Teile von Gebirgen. Nach der Erosion von Abhängen entstehen die Bedingungen für eine trockenere Steppenvegetation, wohin auch Steppen- Bodentiere eindringen. So ist es in diesem Gebiet oberhalb der Waldgrenze beobachtet worden, daß die Bodenfauna sehr ähnlich den echten Steppenfaunen ist und gerade durch die selben Arten vertreten ist, die die Steppenzone bewohnen.

VARGA: Diese Erscheinung ist in Südosteuropa sehr verbreitet. Selbst in den Hochgebirgen der Balkanhalbinsel, z.B. im Pirin-Gebirge, gibt es viele Stellen, wo oberhalb der Waldgrenze noch steppenartige Rasen, z.B. Federgrassteppen, existieren. Es gibt nur ein Problem: die Fauna der Steppen ist ihrem Ursprung nach sehr uneinheitlich. Die südost-europäische Steppe ist eine ganz junge Erscheinung. Ihre Fauna ist einerseits eine arboreale Fauna, die an trockene Bedingungen angepaßt ist, was mit vielen Beispielen von Lepidopteren illustriert werden kann. Sogar von den alten, miozänen Savannen sind einige Überbleibsel in den Galeriewäldern der Steppen erhalten geblieben (wie, nach STEGEMANN, *Falco vespertinus*). Andreseits ist die Steppenfauna zum Teil xeromontanen (und auch eremialen) Ursprungs. Was man als Gebirgssteppenelemente bezeichnen kann, sind ihrem Ursprung nach größtenteils xeromontan, weil die Gebirgssteppen in der Regel viel älter sind als die Planarsteppen. Es ist bekannt, daß in den inneralpinen Trockengebieten, sogar über der Waldgrenze, Exklaven xeromontaner Elemente aus früheren Zeiten, z.B. aus der postglazialen Wärmezeit, übriggeblieben sind. Es ist auffallend, daß diese 'Steppenzone' in den südosteuropäischen Gebirgen sich oberhalb einer Waldgrenze insubrischen Typs (subalpine Buchenwaldgrenze!) befindet. Im Nordungarischen Karstgebiet, wo auf den mikroklimatisch waldfreien Stellen der Karstdolinen kontinentale Steppenwiesenähnliche Assoziationen vorhanden sind, kommen Elemente vor, die in Mitteleuropa als hochalpin gelten, aber in Wirklichkeit xeromontan sind, wie z.B. *Ochropleura musiva*. Sie kommt auf den 'Steppeninseln' des Karstplateaus (zusammen mit *Chersotis cuprea, Photedes captiuncula, Aricia artaxerxes* usw.) in einer Höhe von 300 bis 500 m vor! Das ist aber schon eine gewisse Zoneninversion!

ASPÖCK: Ob hinter dieser scharfen Trennung arboreal – nonarboreal eine echte Realität steckt? Eine Realität steckt dahinter, aber was sind ihre Kriterien?

VARGA: Ihre Frage ist durchaus berechtigt. Es gibt zwei verschiedene Sachen: erstens die Objektivität dieser Grenze, zweitens der praktische Zwang, eine solche Grenze zu ziehen. Beide sind vorhanden, aber in einem anderen Denkbereich. Die objektive Grenze des Arboreals liegt unter den Faktoren der biologischen Produktivität. Andrerseits gibt es beide gegensätzlichen Tendenzen in der ganzen jüngeren pleistozänen bzw. postglazialen Vegetationsgeschichte: eine Bewaldung und dadurch eine Disjunktion der non-arborealen Lebensräume und andrerseits eine Entwaldung oder Aridisierung. Diese beiden entgegengesetzten Tendenzen bedeuten eine periodische Ausbreitung bzw. einen Rückzug der arborealen einerseits, der non-arborealen Elemente (z.B. im Periglazialraum eine Expansion und Vermischung der Tundren- und Steppenelemente) andrerseits. Man muß diese gegensätzlichen Tendenzen der Faunenentwicklung klar zum Ausdruck bringen. Das ist der praktische Zwang.

GHILAROV: Ich glaube, es ist wichtig, solche Begriffe einzuführen Wir haben ein allgemeines Wort in verschiedenen Sprachen: 'Wald' für tropischen Wald, Taiga, Fallaubwald. Für die waldlosen Flächen haben wir aber ganz verschiedene Begriffe: Tundra, Steppe, Wüste usw. Ökologisch betrachtet ist Wald eine Biozönose, in der es oberirdisch mehrere Schichten gibt. 'Nichtwald' hat nur eine Schicht. Es gibt viele Ähnlichkeiten zwischen Tundren- und Wüstenfaunen nach den Lebensformen usw.

ASPÖCK: Ich glaube, daß die Dynamik, die der Verbreitung eines Organismus zugrunde liegt, manchmal zuwenig berücksichtigt wird. Manches, was durchaus unklar ist, kann sich als ganz plausibler veränderlicher Prozeß herausstellen, wenn man den Faktor Zeit mit berücksichtigt, oder richtiger: sobald man den Faktor Zeit berücksichtigen kann. In hundert Jahren verfügen wir vielleicht über das nötige chorologische und ökologische Datenmaterial, um die Verbreitung eines Organismus mit irgendwelchen, sagen wir: Ariditäts- oder Humiditätsprozessen, die in der Zwischenzeit abgelaufen sind oder noch ablaufen, zu korrelieren.

VARGA: Das ist ganz meine Meinung, aber ich habe nur einfach gesagt, daß wir diese Dynamik mit Hilfe von chorologischen Kriterien irgendwie erfassen müssen, weil wir zurzeit als feste Anhaltspunkte hauptsächlich diese chorologischen Kriterien haben.

*Verh. des Sechsten Int. Symp. über Entomofaunistik in Mitteleuropa 1975, Junk, The Hague.*

# Zur entomofaunistischen Erforschung des Bezirkes Scheibbs (Niederösterreich)

FRANZ RESSL

*Summary*

A survey on the actual state of faunistical research in the district of Scheibbs (Lower Austria) is given. Most insect groups and many other animal groups are well documented in the district. The results are now prepared for publication in several volumes of the series 'Heimatkunde des Bezirkes Scheibbs'.

## Allgemeines

Die entomologische Erforschung des Bezirkes Scheibbs begann vor etwa 120 Jahren in Gresten, wo SCHLEICHER in der näheren und weiteren Umgebung umfangreiche Aufsammlungen (vorwiegend Wanzen und Käfer) tätigte und veröffentlichte. Um die Jahrhundertwende wurde diese Tätigkeit in Gaming (Lackenhof) von HOFREITER (Käfer) und in Lunz von HABERFELNER (in erster Linie Käfer) und SAURUCK (Schmetterlinge) fortgesetzt. Später gaben auch etliche Entomologen, die nur kurzfristig im Lunzer Seengebiet sammelten, wie LINDNER (Fliegen), ihre Ergebnisse bekannt. Nach dem 2. Weltkrieg war es besonders KÜHNELT, der die Landtierwelt des Lunzer Gebietes erforschte und 1949 im 'Ybbstalbuch' publizierte, wobei er die Resultate der vorerwähnten Entomologen nur zum Teil berücksichtigte. Die intensivere faunistisch-entomologische Durchforschung des Bezirkes Scheibbs begann aber erst nach 1950 durch RESSL, wobei in der Weise vorgegangen wurde, daß neben allgemeinen Aufsammlungen meist nur kleine Gruppen gezielt gesucht und unter Mitwirkung zahlreicher Spezialisten aus dem In- und Ausland bearbeitet wurden. Als nach 1960 MALICKY seine Tätigkeit in Lunz aufnahm und auch in Purgstall zwei junge Entomologen (H. RAUSCH, E. HÜTTINGER) erfolgreich zu wirken begannen, stellte sich bald heraus, daß dieses Gebiet entsprechend seiner geographischen Lage am Nordostalpenrand nicht nur eine seltene Fülle von Arten aufzuweisen hat, sondern daß gerade das Flach- und Hügelland (Molasse- und Flyschzone) hochinteressante Lebensgemeinschaften beherbergt. Weiters ist festzustellen, daß sich seit Beginn der entomologischen Erfassung (etwa um 1850) Veränderungen in der Zusammensetzung der Arten vollzogen haben, die teils auf klimatische, teils auf anthropogene Einwirkungen zurückzuführen sind.

Aus der Vielzahl nennenswerter Spezies werden hier einige herausgegriffen. Sie sollen einerseits über die entomologische Tätigkeit in diesem eng begrenzten Gebiet (1022 km²) Aufschluß geben, andererseits die Mannigfaltigkeit faunistischer Elemente vor Augen führen.

## Anthropogene Veränderungen

Die allgemein festzustellenden entomofaunistischen Veränderungen basieren, wie aus früheren Aufsammlungen und Veröffentlichungen ersichtlich, unzweifelhaft auf menschlichen Einwirkungen. Charakteristisch dafür sind z.B. die noch von SCHLEICHER (1859) im Ötscherbuch genannten Spargelhähnchen (*Crioceris asparagi* und *C. duodecimpunctata*), die infolge des aus der Mode gekommenen Spargelanbaues verschwunden sind. An ihre Stelle trat mit dem vermehrten Kartoffelanbau 1949 der Kartoffelkäfer (*Leptinotarsa decemlineata*). Der um 1900 mit importierten Weidengeflechten eingeschleppte Bockkäfer *Nathrius brevipennis* spielte im Bezirk nur eine kurze Gastrolle; noch in der Zwischenkriegszeit war er da und dort recht häufig (Graf SCHAFFGOTSCH, der in Purgstall einen botanischen Garten unterhielt, ließ z.B. von Zeit zu Zeit von dieser Art fraßgeschädigte Weidenkörbe verbrennen); heute sind derartige Körbe größtenteils durch solche aus Plastik ersetzt. Eine ähnliche Lebensweise besonderer Art besitzen noch zwei weitere Vertreter der Coleopteren: Der Laufkäfer *Dolichus halensis*, der sich nach REITTER's 'Fauna Germanica' vorwiegend entlang von Bahnlinien im Holz morscher 'Bahnzeichen' aufhält, wurde 1951 in Purgstall in Moderschwellen, der vielfach auf Friedhöfen anzutreffende Rhizophagide *Rhizophagus parallelocollis* 1973 am Friedhof in Purgstall gefunden. Zu letzterer Art teilte der Determinator C. HOLZSCHUH mit, daß alle ihm aus jüngster Zeit bekanntgewordenen Funde von Friedhöfen stammen.

Viele Arten wurden durch menschliches Zutun verdrängt, andere wiederum in ihrer Ausbreitung begünstigt. Zu ersteren gehört der Baumweißling (*Aporia crataegi*), den zwar KÜHNELT (1949) noch für das Lunzer Gebiet anführt, im Flach- u. Hügelland aber schon längere Zeit fehlt; 1937 letztmals in Purgstall festgestellt, teilte zu seiner früheren Häufigkeit der ehemalige Volksschuldirektor R. STEINDL mit, daß er zu Beginn dieses Jahrhunderts zur Plage wurde und daher von Schulkindern Raupen-Sammelaktionen durchgeführt werden mußten (dies allein dürfte aber nicht die Ursache des Verschwindens sein).

Die namentlich nach dem 2. Weltkrieg geförderte Bautätigkeit, die nach neueren (hygienischeren) Gesichtspunkten und mit 'besseren' Materialien erfolgte, bewirkte nicht nur einen raschen Rückgang der menschlichen Ektoparasiten (Wanzen, Läuse, Flöhe) sondern gleichermaßen eine starke Abnahme der Kommensalen (z.B. Schaben). Auch die Hausgrille (*Acheta domestica*), früher überall vertreten, verschwand nach dem 2. Weltkrieg völlig bzw. wurde trotz gezielter Suche nicht gefunden. Umso merkwürdiger ist ihr plötzliches und relativ häufiges Auftreten in den Jahren 1974 u. 1975 (in Purgstall mehrmals gefunden). Das gleiche gilt für die Filzlaus (*Phthirus pubis*), die 1975 im verstärktem Maße in Erscheinung trat; in Purgstall, Schauboden und Oberndorf an Kleinkindern von 2–7 Jahren an Augenlidern u. Brauen auftretend, sind die Ursachen dieses Phänomens vorerst noch ungeklärt.

Die gegenwärtige faunistische Situation im Bezirk ist dadurch charakterisiert, daß die innerhalb weniger Jahrzehnte durch landschaftszerschneidende Güterwege der Land- und Forstwirtschaft erschlossenen und ausgenützten Flächen (darunter viele halbwegs ursprünglich belassene) eine sichtbare Artenverarmung erfahren haben. So ist beispielsweise der früher in der gesamten Buchenwaldzone verbreitet und häufig gewesene Alpenbock (*Rosalia alpina*) 1956 letzmals in Gaming (Polzbergmühle) gefunden worden. Die rasche Entfernung von Windwürfen einerseits und die teilweise Umwandlung von Buchenwälder in Fichtenwälder andererseits, sowie die zu Brennholz verarbeiteten, oft nur kurzfristig gelagerten Klafter – die beliebtesten Eiablageplätze der ♀♀ – führten zu diesem raschen Rückgang der zwar geschützten Art, deren Lebensräume aber weiterhin aus 'wirtschaftlichen' Gründen zerstört werden.

Auf klimatische Veränderungen dürfte das Verschwinden des Getreidekäfers *Anisoplia segetum* (von SCHLEICHER noch für das Ötschergebiet genannt) und des Schmetterlingshafts *Ascalaphus macaronius* (vor 1900 von HOFREITER in Lackenhof gesammelt) zurückzuführen sein; eventuell auch das Ausbleiben der Wanderheuschrecke *Locusta migratoria*, die laut Ötscherbuch noch im 16. Jh. im oberen Ybbstal verheerend auftrat.

## Das Auffinden ergiebiger Biotope

Wie eingangs erwähnt, wurden zu Beginn der bezirksweiten Sammeltätigkeit (um 1950) vornehmlich kleinere Insektengruppen gezielt gesammelt, wobei die Umgebung der Wohnorte der Sammler eine weitaus bessere Durchforschung erfuhren als die weiteren Umräume. Es ist daher verständlich, daß der Raum von Purgstall, wo drei Sammler tätig sind (HÜTTINGER, RAUSCH & RESSL) als der faunistisch am besten erfaßte Teil des Bezirkes angesehen werden muß. Weil aber Purgstall ein Gebiet intensiver landwirtschaftlicher Nutzung darstellt, war es notwendig, vorerst jene kleinen, wirtschaftlich unrentablen Areale (Ödlandinseln, Ruderalstellen, Bach- und Flußufer usw.) einer genaueren Untersuchung zu unterziehen. Dabei schälten sich bald Schwerpunktgebiete heraus, d.h. Kleinareale, die neben einer Fülle von Arten auch tiergeographisch hochinteressante Formen aufweisen. Die wichtigsten dieser Klein- und Kleinstareale sind das Heidegebiet Schauboden-Hochrieß (Wärmeinsel), das einer Anzahl wärmeliebender Spezies, wie z.B. Singzikade (*Tibicina hae-*

*matodes*), Holzbiene (*Xylocopa valga*) und Mondhornkäfer (*Copris lunaris*) geeignete Lebensmöglichkeiten bietet, weiters das untere Feichsental, wo vorwiegend Arten erstmals für Österreich nachgewiesen wurden, wie z.B. der Dungkäfer *Aphodius reyi* (aus Südfrankreich beschrieben, 63 Jahre später in Purgstall 'wiederentdeckt' und nachher in Norditalien, Anatolien und Polen gefunden), die Wanze *Cryptostemma medium* (aus Südfrankreich und Purgstall bekannt) und der Klopfkäfer *Dryophilus rugicollis* (neu für Mitteleuropa – sonst im Mediterrangebiet weit verbreitet). Im Süden von Purgstall (Zehnbach) wurden an einem spärlich bewachsenen Konglomerat-Südhang an der Erlaf Arten angetroffen, die sonst noch nirgends im Bezirk zur Auffindung gelangten; es sind dies die Spinnenameise *Myrmila calva distincta*, der Dungkäfer *Diastictus vulneratus* und der Bockkäfer *Phytoecia nigripes*. Schließlich sei noch eine Ruderalstelle an der westlichen Peripherie von Purgstall genannt, wo der Laufkäfer *Amara croatica* erstmals für Mitteleuropa, die ponto-mediterran verbreitete und seltene Raupenfliege *Clytiomyia helluo* und die südosteuropäisch-westasiatisch verbreitete Goldwespe *Chrysis marginata* ihre, soweit derzeit bekannt, nordwestlichsten Verbreitungspunkte erreichen.

Die Zahl jener Arten, die im Raume Purgstall ihre derzeitige Nordwestgrenze in Österreich erreichen, könnte noch fortgesetzt werden, doch sollen hier nur einige Aufnahme finden. Unter den Coleopteren sind es z.B. der Laufkäfer *Chlaenius spolitus* und der Schwefelkäfer *Cteniopus sulphuripes*, unter den Heteropteren z.B. die vom Mediterrangebiet durch Ungarn bis ins Wiener Becken reichende Bodenwanze *Microplax interrupta*, weiters die Blumengrille *Oecanthus pellucens* (auch als 'Weinhähnchen' bekannt).

Nicht nur im Raume Purgstall, sondern auch im Voralpenbereich konnten Sammelgebiete ausfindig gemacht werden, die in ihrer faunistischen Zusammensetzung wohl einzigartig in Niederösterreich dastehen. Der repräsentativste Punkt befindet sich beispielsweise am Südhang des Dreieckberges in Gaming, wo sich offensichtlich Föhrenzeitrelikte konzentrieren, wie dies der Nachweis des Pseudoskorpions *Toxochernes nigrimanus* und der sehr seltenen, in Reliktvorkommen weit verstreuten Coleopterenspezies *Temnochila coerulea* (Ostomidae) bewiesen.

Im südlichen Bergland mit seinem Sammelzentrum in Lunzer Seengebiet wurden – von den reichen trichopterologischen Ergebnissen abgesehen – in jüngster Zeit hochinteressante Arten nachgewiesen, darunter drei für die Wissenschaft neue Höhlenkäfer (Glazialrelikte). SCHWEIGER beschrieb 1949 einen neuen Catopiden (*Cholcva vornatscheri*) aus der Wilhelminenhöhle bei Lunz und SCHMID 1965 und 1966 je einen neuen Carabiden: *Arctaphaenops ilmingi* aus der Lechnerweidhöhle am Dürrenstein und *Arctaphaenops hartmannorum* aus dem Hochkarschacht.

## Zu einigen gezielt gesammelten Insektengruppen

Gerade auf der Suche nach bestimmten Insektengruppen wurden im Bezirk die besten Ergebnisse erzielt. Nicht nur eine überdurchschnittlich hohe Artenzahl, sondern auch für die Wissenschaft und für Österreich neue Arten wurden damit erfaßt.

Bei den Trichopteren und Neuropteren, die wohl am besten erforschten Insektenordnungen im Bezirk, ist die Artenzahl besonders hoch. Von ersteren beschrieb MALICKY aus Lunz *Hydroptila ivisa* (sonst nur noch aus Bulgarien bekannt), von letzeren beschrieb KIS 1967 aus Purgstall und Rumänien *Coniopteryx aspoecki*; eine weitere Coniopterygide (*Coniopteryx arcuata*) wurde in Oberndorf erstmals für Mitteleuropa nachgewiesen.

Von den 34 im Bezirk nachgewiesenen Floharten (mit einigen Unterarten) waren eine Spezies (*Malaraeus arvicolae*) und zwei Subspezies für Österreich neu (13 weitere Spezies für Niederösterreich neu). Ähnlich sieht es bei den Thysanopteren aus (*Scolothrips uzeli* in Gaming für Österreich neu). Auch unter den Plecopteren, die nur kurzfristig intensiver gesammelt wurden, befand sich bereits eine für Österreich neue Art (*Leuctra schmidi*). Das gleiche gilt für einige Wanzengruppen; unter den kurz gesammelten Cimicina war *Xylocoris obliquus* für Österreich neu; bei den Ameisen war es *Sifolinia karawajewi*. Sogar bei stattlichen Insekten, wie den Libellen, gab es Neuheiten: *Aeshna viridis* (in Purgstall neu für Österreich), *Aeshna subarctica* (am Lunzer Obersee neu für Niederösterreich) und *Coenagrion scitulum* (in Feichsen, Zweitnachweis für Österreich).

Die Coleopteren des Bezirkes sind mit Ausnahme weniger Familien relativ gut erforscht. Eine Überraschung gab es – von den schon erwähnten Höhlenkäfern abgesehen – lediglich bei den Hydrophiliden; auf der Suche nach Histeriden wurde in Schauboden (in Hühnerkot) eine 1974 von VOGT beschriebene, sehr auffällige Sphaeridiinae (*Cercyon austriacus*) entdeckt. Der Anthicide *Anthicus tobias* wurde gleichfalls auf der Suche nach Histeriden in einem Dunghaufen in Purgstall erstmals für Österreich nachgewiesen. HOLZSCHUH fand in Hochrieß den aus Österreich bisher unbekannt gewesenen Borkenkäfer *Pityogenes irkutensis*.

Erwähnenswert sind noch einige 'Nebenprodukte' gezielter Aufsammlungen. Aus mehrjährig durchgeführten Zuchten von Raphidiopterenlarven schlüpften auch neue parasitische Hymenopteren (Ichneumonidae), die 1975 von HORSTMANN beschrieben wurden: *Nemeritis specularis* (aus *Raphidia nigricollis*) und *Nemeritis canaliculata* (aus *Raphidia maior*).

Noch stark vernachlässigt sind die Dipteren. LINDNER, der 1940 anläßlich eines Urlaubsaufenthaltes kurze Zeit in Lunz sammelte, konnte gleich zwei neue Arten (*Cryptectemnia lindneri* und *Dizygomyza lunzensis*), sowie eine neue Subspezies (*Hermione leonina ruttneri*) entdecken. Seine Arbeit darüber stellte bis vor kurzer Zeit, das einzige 'Werk' über Dipteren im Bezirk dar. Erst vor wenigen Jahren wurden einige Familien gesammelt, in erster Linie Tabaniden; *Haematopota scutellata* und *Hybomitra tarandina* (beide aus dem Lunzer Seengebiet) waren für die Wissenschaft bzw. für Österreich neu.

Die faunistischen Ergebnisse der gesamten im Bezirk Scheibbs geleisteten Sammelarbeit werden jetzt zur Publikation vorbereitet. Im Rahmen der Reihe 'Heimatkunde des Bezirkes Scheibbs' wird der Verfasser dieses Berichtes mehrere Bände über die Tierwelt veröffentlichen, von denen der erste im Jahr 1978 erscheinen soll.

Abb. 1: Lage des Bezirkes Scheibbs in Österreich.

*Verh. des Sechsten Int. Symp. über Entomofaunistik in Mitteleuropa 1975, Junk, The Hague.*

# Die tiergeographische Leitelemente der burgenländischen Insektenfauna (Österreich)

OTTO GUGLIA

*Summary*

Some insect species which are typical for the four zoogeographical subdivisions of the Burgenland are listed.

Im Burgenland kann man, abgesehen von einem geringen Anteil am Karpatensystem, vier zoogeographische Bezirke unterscheiden: den Seewinkel östlich des Neusiedlerses, das pannonische Hügelland in etwa 200 m Seehöhe (am Leithagebirge, in der Wulkaebene, am Rosaliengebirge und im Oberpullendorfer Becken), das mittelburgenländische Bergland und die colline Zone im Südburgenland in den Bezirken Oberwart, Güssing und Jennersdorf.

Für den Seewinkel sind charakteristisch: *Pachytilus migratorius* L., *Acheta deserta* PALL. (beide Orthoptera), *Lestes macrostigma* EV. (Odonata), *Bombus fragrans* PALL., *B. laesus mocsaryi* KRIECHB., *Camptopoeum friesei* MOCS., *Allantus viduus costatus* KL. (Hymenoptera), *Chondrosoma fiduciarium* ANKER, *Narragula tessularia kasyi* MOUCHA & POV. (Lepidoptera), *Cicindela lunulata nemoralis* OL., *Copris lunaris* L., *Pentodon idiota* HBST. (Coleoptera), *Stratiomys furcata* FABR., *Hoplodonta viridula* FABR., *Nemotelus signatus* FRIV., *Dasypogon diadema* FABR. (Diptera).

Charakteristische Elemente des pannonischen Hügellandes im Nordburgenland sind: *Mantis religiosa* L., *Oecanthus pellucens* L., *Saga pedo* PALL. (Orth.), *Xylocopa valga* GERST., *X. violacea* L., *Andrena danuvia* E. STOCKH., *A. fuscipes* KBY., *Arge cyanocrocea* FORST. (Hym.), *Melitaea trivia* SCHIFF., *Cucullia artemisiae* HUFN., *C. absinthii* L., *Anthrocera laeta* ESP. (Lep.), *Dorcadion* spp., *Cryptocephalus* spp. (Col.).

In der Bergstufe im Mittelburgenland fallen montane und dealpine Elemente auf. Genannt seien: *Parnassius apollo* L., *Cucullia campanulae* FRR. (Lep.), *Odynerus trifasciatus pictus* CURT. (Hym.).

In der collinen Zone des Südburgenlands dominieren die eurosibirischen, in

Mitteleuropa weitverbreiteten Arten, doch gibt es auch Arten mediterraner und illyrischer Herkunft. Es kommen vor: *Mantis religiosa* L. (Orth.), *Anax imperator* LEACH, *Orthetrum brunneum* FONSC., *Coenagrion ornatum* SELYS (Odon.), *Megalotomus junceus* SCOP., *Graphosoma italicum* MÜLL. (Het.), *Chrysocarabus auronitens* FABR., *Euzonitis bipunctata* PILL., *Dorcadion pedestre* PODA (Col.), *Anthidium manicatum* FABR., *Bombus argillaceus* FABR., *Urocerus gigas* L., *Andrena vaga* PZ., *Osmia leaiana* KBY. (Hym.), *Colias myrmidone* ESP., *Eurois occulta* L., *Anarta myrtilli* L., *Autographa iota* L., *A. pulchrina* HAW. (Lep.).

*Verh. des Sechsten Int. Symp. über Entomofaunistik in Mitteleuropa 1975, Junk, The Hague.*

# Zum zoogeographisch-ökologischen Begriff der südböhmischen Hochmoore.

KAREL SPITZER

*Summary*

The review deals with biogeography and synecology of the peat-bog entomofauna of Southern Bohemia (Czechoslovakia). The origin of obligatory peat-bog Lepidoptera is discussed and the hypothesis of glacial and interglacial relics newly documented. An annotated list of tyrphobiont Lepidoptera occurring in the main peat-bog types of Southern Bohemia is presented.

Die südböhmischen subkontinentalen Hochmoore und Zwischenmoore (sensu NEUHÄUSL 1972) – stellen im wesentlichen isolierte azonale Waldtundra-Formationen dar. Ihre Entstehung datiert größtenteils aus dem frühen Holozän oder vielleicht aus dem späten Würm (JANKOVSKÁ 1970, LOŽEK 1973). Während des Holozäns wurden diese moorigen Standorte (Sphagnetum s.lat.) zum Refugium gewisser Pflanzen- und Tierarten des letzten Stadials der Eiszeit. In floristischer Hinsicht beschreibt die Entstehung der Hochmoorbiozönose treffend POP (1964). Es wird angenommen, daß die obligatorisch an die derzeitigen mitteleuropäischen Hochmoore gebundene Flora und Fauna einen relativ schmalen Ausschnitt des Artenspektrums des letzten Glazials darstellt, ökologisch bedingt durch das 'Sphagnetum'. Es handelt sich um Kälte liebende Arten, die aus verschiedenen Gründen in vollkommener ökologischer Übereinstimmung mit der angeführten Hochmoor-Klimaxformation sind. Wahrscheinlich war der Großteil der heutigen moorgebundenen Organismen (Tyrphobionten) in der Periode des Würm-Glazials ausgeprägter eurytop oder in weiterer oder engerer Beziehung zu den damaligen sumpfigen Quellen, die oligotrophisch oder eutrophisch waren. Diese Annahme wird in vielen Fällen durch paläontologische Funde bestätigt – z.B. Coleoptera (COOPE 1970) und einige Angaben von HARNISCH (1926) und PEUS (1932).

Limitierende ökologische Faktoren in der Vergangenheit und der Gegenwart waren für die angeführte Gruppe moorgebundener Organismen insgesamt: durchschnittlich niedrige Temperaturen mit extremen Wärmeschwankungen während des Tages und im Verlauf des Jahres. Dies bedingte eine ausgesprochene Kryoxerophilie bei genügenden Wasser und Licht in nicht bewaldeter Umwelt oder in schütteren Wäldern. Das Hochmoor und sein Mikroklima (Ökoklima) stellt somit ein Refugium dar, welches in biogeographisch-ökologischer Hinsicht ähnlich der Subarktis oder der alpinen Zone an der oberen Grenze des Nadelwaldes ist. Bei der tyrphophilen Fauna ist die ökologische Valenz im Gegensatz zu den Tyrphobionten schon wesentlich breiter und die Gebundenheit an das Hochmoor ist niemals obligatorisch. Eine Reihe von Fragen der Tyrphophilie behandeln POVOLNÝ, SPITZER & MAREK (1965) am Beispiel des Zwischenmoores bei Libořezy (Bezirk, Jindř. Hradec).

An vielen Beispielen phytophager tyrphobionter Insekten, besonders Lepidopteren (Tab. 1.) – POVOLNÝ, SPITZER & MAREK (1965, 1968), SPITZER (1968), NOVÁK & SPITZER (1972) – aus den Hochmooren des Beckens von Třeboň und aus dem Böhmerwald (Šumava), insbesondere Talhochmoor Mrtvý luh bei Volary, wurde die enge Bindung zum Biotop bestätigt, sowohl durch den Komplex abiotischer Faktoren, als auch trophisch durch moorgebundene arkto-alpine Futterpflanzen (Vaccinium uliginosum, Empetrum nigrum, Eriophorum vaginatum u.a.). Es

Abb. 1. Zwischenmoor Libořezy, 465 m ü.M., mit Pinus rotundata Link. (Baumform) und Ledum palustre L.

wurden damit die Annahmen bestätigt, daß Tyrphobionten isolierte lokale Populationen bilden, die eine außergewöhnliche enge Beziehung zum Standort haben (PEUS 1932, KROGERUS 1960). Diese Tatsache ist besonders erkennbar in niedrigeren Lagen der mittleren Breiten Eurasiens (und Nordamerika – siehe MUNROE 1968). Die Gebundenheit an das Hochmoor lockert sich in der Subarktis und im Hochgebirge über der oberen Waldgrenze, bei gewissen Arten auch mit zunehmender Kontinentalität. In diesem Zusammenhang erscheint der Begriff des Tyrphobionten einigermaßen und bei verschiedenen Arten geographisch relativ. Charakteristisch bleibt aber immer der disjunktive boreoalpine Verbreitungstyp, der durch historisch paläoklimatische Ursachen bedingt ist, sowie durch den angeführten Komplex ökologischer Faktoren, was fast auf dem ganzen Gebiet der Holarktis ersichtlich ist. Der Begriff boreoalpiner Verbreitung ist daher in weiterem als klassischen Sinne (HOLDHAUS 1954, DE LATTIN 1967) zu verstehen – siehe SPITZER (1968), MUNROE (1968) u.a.

Es ist notwendig, auch die bemerkenswerte Ansicht von PETERSEN (1954) in Betracht zu ziehen, der für die typische tyrphobionte Fauna einen präglazialen

Abb. 2. Talhochmoor Mrtvý luh bei Volary, 730 m ü.M., mit Pinus rotundata Link. (Baumform bis Knieholz) und selten schon Empetrum nigrum L.

(interglazialen) Ursprung annimmt. PETERSEN (1954) führt viele Evolutionsbeispiele verschiedener Tiergruppen an, vorwiegend aber Lepidopteren (Rhopalocera), wo bei enger verwandten vikarianten nordischen, Hochgebirgs- und tyrphobionten Arten und geographischen Rassen (z.B. in den Gattungen *Colias, Boloria* und *Erebia*), der Tyrphobiont wahrscheinlich einen entwicklungsgeschichtlich älteren und 'universaleren' Typ darstellt, welcher sowohl die glazialen als auch interglazialen Perioden in mittleren geographischen Breiten und niedrigen Höhen des holarktischen Gebietes überlebte. Den Annahmen PETERSEN's (1954) entspricht in großem Maße die Evolution und derzeitige Verbreitung geographischer Rassen der ausgeprägt tyrphobionten Noctuide *Eugraphe subrosea* Steph., die in Mitteleuropa als interglaziales Relikt angesehen werden kann (SPITZER & NOVÁK 1969). Es wird die Bewertung paläontologischer Funde aus verschütteten interglazialen Schichten der Hochmoore notwendig sein, was am Beispiele der Insekten insbesondere bei den Coleopteren real und aussichtsreich ist (COOPE 1970).

Die Azonalität, spezifische ökologische Verhältnisse, historisches Ausmaß und

Abb. 3. Montanes (Knieholz) Hochmoor Jezerní slať bei Kvilda, 1050 m ü.M., mit Zwergform von Pinus rotundata Link., Betula nana L. und Trichophorum caespitosum (L.) Hart. (Alle Aufnahmen K. SPITZER).

geographische Beschränkung der mitteleuropäischen Hochmoore erschwerten in gewissem Maße deren zoogeographische Rayonisierung. MAŘAN (1956) zieht Hochmoore nicht in Betracht. Es erscheint aber unbedingt notwendig, daß Hochmoore als selbstständige disjunktive Relikt-Gebiete angesehen werden, sowohl im Rahmen der Zone der Laubwälder (Zwischenmoore im Becken von Třeboň u.a.) als auch in der Zone der variskischen Gebirge (montane Hochmoore im Böhmerwald und in den Novohradské hory-(Gratzener Bergen)).

Tabelle 1. Tyrphobionte Lepidopteren der südböhmischen Hochmoore 1960-1974

| | Typ des Hochmoores | | |
|---|---|---|---|
| Art | I<br>Zwischenmoor<br>400-600m ü.M. | II<br>Talhochmoor<br>700-900m ü.M. | III<br>Montanes Hochmoor<br>1000-1200m ü.M. |
| *Colias palaeno* L. | 4 | 4 | 4 |
| *Boloria aquilonaris* STICH. | 0 | 3 | 2 |
| *Proclossiana eunomia* ESP. | 0 | $5^+$ | 0 |
| *Vaccinina optilete* KNOCH | 3 | 3 | $3^+$ |
| *Eugraphe subrosea* STEPH. | 0 | 5 | ? |
| *Anomogyna rhaetica* STGR. | 0 | 0 | 1 |
| *Anarta cordigera* THNBG. | 3 | 4 | 4 |
| *Lithophane lamda* F. | 2 | 4 | 2 |
| *Amphipoea lucens* FRR. | 2 | $4^+$ | 0 |
| *Celaena haworthi* CURT. | 2 | 5 | 1 ? |
| *Apatele menyanthidis* ESP. | 2 | $3^+$ | $3^+$ |
| *Syngrapha interrogationis* L. | 2 | 2 | $3^+$ |
| *Hypenodes humidalis* DBL. | $5^+$? | 0 | 0 |
| *Carsia sororiata* HB. | 0 | 4 | 5 |
| *Arichana melanaria* L. | 4 | 2 | 0 |
| *Crambus alienellus* GERM. & K. | 2 | 3 | 4 |
| *Pediasia truncatella* ZETT. | 0 | 2 | 4 |
| *Acleris maccana* TR. | ? | 1 | 2 |
| *Olethreutes lediana* L. | 1 | 0 | 0 |
| *Coleophora ledi* STT. | 1 | 0 | 0 |
| *Elachista albidella* THNGSTR. | 0 | ? | 1 |

0 – kein Vorkommen, 1 – sehr selten, 2 – selten, 3 – nicht häufig, – 4 – häufig, 5 – sehr häufig. + – eher tyrphophil!
I. Libořezy, Becken von Třeboň, 465m ü.M. – II. Mrtvý luh bei Volary, Böhmerwald, 730m ü.M. – III. Jezerní slať bei Kvilda, Böhmerwald, 1050m ü.M. Alle Hochmoortypen sind im weiteren phytozönologischen Sinne Pino rotundatae-Sphagnetum (KÄSTNER & FLÖSSER 1933) NEUHÄUSL 1972. Pinus rotundata LINK. ist ein hybridogener Komplex.

## Literatur


COOPE, G. R. (1970): Interpretations of Quarternary Insect Fossils. *Ann. Rev. Ent.* 15: 97–120.

HOLDHAUS, K. (1954): Spuren der Eiszeit in der Tierwelt Europas. Innsbruck.

HARNISCH, O. (1926): Studien zur Ökologie und Tiergeographie der Moore. *Zool. Jhrb. Abt. Syst. Geogr. Biol.* 51: 1–166.

JANKOVSKÁ, V. (1970): Ergebnisse der Pollen- und Großrestanalyse des Moors 'Velenská cesta' in Südböhmen. *Folia geobot. phytotax., Praha* 5: 43–60.

KROGERUS, R. (1960): Ökologische Studien über nordische Moorarthropoden. *Comment. Biol.* 21: 7–238.

DE LATTIN, G. (1967): Grundriß der Zoogeographie. Jena, Fischer Verlag.

LOŽEK, V. (1973): Příroda ve čtvrtohorách. Praha, Academia.

MAŘAN, J. (1956): Nástin entomogeografických poměrů Československa. *Acta faun. ent. Mus. Nat. Pragae* 1: 1–25.

MUNROE, E. (1968): Insects of Ontario: Geographical Distribution and Postglacial Origin. *Proc. Ent. Soc. Ontario* 99: 43–50.

NEUHÄUSL, R. (1972): Subkontinentale Hochmoore und ihre Vegetation. *Studie ČSAV (Praha)* 13: 5–119.

NOVÁK, I. & SPITZER, K. (1972): Výsledky faunisticko-ekologického studie Lepidopter (Noctuidae a Geometridae) rašeliniště Mrtvý luh u Volar a okolí. *Sborník Jč. muz. – Přír. vědy* 12 (Supplementum 1): 1–63.

PETERSEN, B. (1954): Some Trends of Speciation in the Cold-adapted Holarctic Fauna. *Zool. Bidr. Uppsala* 30: 233–314.

PEUS, F. (1932): Die Tierwelt der Moore. Handbuch der Moorkunde 3. Berlin.

POP, E. (1964): Über die Herkunft der ombrogenen Moore und ihrer Flora. *Ber. geobot. Inst. ETH Zürich* 35: 113–118.

POVOLNÝ, D., SPITZER, K. & MAREK, J. (1965): Versuch einer zoozönologischen Auswertung der Noctuidenfauna des südböhmischen Hochmoores bei Libořezy. *Acta faun. ent. Mus. Nat. Pragae* 11: 245–264.

SPITZER, K. (1968): Zur Auffassung der sibirischen Faunenelemente und des Ursprunges tyrphobionter Lepidopteren der mitteleuropäischen Hochmoore. *Abh. Ber. Naturkundemus. Görlitz* 44(2): 55–58.

SPITZER, K. & NOVÁK, I. (1969): Eugraphe subrosea Steph. (Lep., Noctuidae) in Böhmen und zoogeographische Bemerkungen über den Ursprung ihrer gegenwärtigen Verbreitung in Europa. *Acta ent. bohemoslov.* 66: 109–114.

*Verh. des Sechsten Int. Symp. über Entomofaunistik in Mitteleuropa 1975, Junk, The Hague.*

# Einflüsse der Prädatoren von Coleophora serratella (L.) (= C. fuscedinella Z.) (Lep., Coleophoridae) auf den Parasitenkomplex

JOHANN GEPP

*Summary*

In Central Europe *C. serratella* is parasitized by 25 species of parasitic Hymenoptera. Birds prey on *C. serratella* especially in winter. They feed more intensively on parasitized than non-parasitized larvae. The regulating function of birds as predators of the moth is discussed.

## Einleitung und Problemstellung

*Coleophora serratella* lebt in Mitteleuropa vor allem an Alnus-Arten als Blattminierer. Vor einigen Jahrzehnten wurde diese Coleophoridenart nach Nordamerika verschleppt und tritt dort als Birkenschädling auf. Im Rahmen eines Projektes des Commonwealth Institutes für biologische Schädlingsbekämpfung in Delémont (Schweiz) bearbeitete der Autor einzelne *C. serratella* betreffende Fragestellungen im Raume Mitteleuropa, vor allem in Ostösterreich.

*C. serratella* ist univoltin mit einer Flugperiode in den Sommermonaten. Die Erstlarven leben in Platzminen, die weiteren drei Stadien in Säcken aus Blattmaterial. Überwintert wird im 2. oder 3. Stadium an den Zweigen. Die Puppe befindet sich im letztgebildeten Larvalsack (weitere Angaben über die Biologie: GEPP 1974).

Die Larven und Puppen werden von endo- und ektoparasitischen Hymenopteren (*Ichneumonoidea, Chalcidoidea*) parasitiert. Rund 25 Arten wurden in Mitteleuropa als konstante Parasiten gezogen. Es ist eine jahreszeitliche Staffelung des Auftretens und eine variierende Wirtsspezifität der Parasitenarten gegeben. Die spezifischen Endoparasiten leben mit verlangsamter Entwicklung in den 1. bis 4. Larvenstadien. Diesbezüglich liegen bereits zahlreiche Untersuchungen vor (PSCHORN-WALCHER 1969–1972, GEPP 1974, GEPP in Druck).

Neben den Parasiten greifen auch Prädatoren dezimierend ein. Untersuchungen über Veränderung der Parasitierungsprozentsätze im Jahreslauf ergaben Hinweise, daß parasitierte Larven von *C. serratella* durchschnittlich größere Verlustwerte durch Prädatoren erfahren als unparasitierte. Da die Säcke mit Parasitenlarven von denen ohne Parasiten von außen im allgemeinen nicht zu unterscheiden sind, müssen andere als visuelle Faktoren eine Rolle spielen.

## Die Verluste der Larven von *Coleophora serratella* durch Prädatoren im Jahreslauf

Da die Larven von *C. serratella* sich im ersten Stadium in einer Platzmine befinden und in den älteren Stadien Säcke tragen, sind sie nur gewissen Typen von Prädatoren zugänglich. Vereinzelt saugen Heteropterenarten Eier oder durch Blattwände hindurch Larven aus. Zur Zeit der Eiablage treten im Südosten Österreichs die letzten beiden Larvenstadien der Chrysomeliden *Agelastica alni* L. und *Melasoma aenea* L. auf, die als Erlenphyllophage mit den Blättern zufällig Eier mitfressen oder die Junglarven von *C. serratella* vertreiben (GEPP & LEHNINGER 1973 a, b). Bei einem Fraßpotential von bis zu 40% der Blattfläche der Erlen kann dieser Faktor große Bedeutung erlangen. Summarische Verlustwerte von bis 7% der Population von *C. serratella* wurden nachgewiesen. Während der Winterruhe kann eine starke Dezimierung der Larven durch diverse Vogelarten eintreten. Im Südosten Österreichs wurden demnach winterliche Verluste von 17,5 bis 27% festgestellt.

## Ein Vergleich der Verlustwerte der parasitierten Larven zu den unparasitierten Larven

### *a. Zeitabhängige Verlustunterschiede*

Die Flugperiode der Imagines von *C. serratella* kann sich innerhalb eines Biotops über 2 Monate erstrecken. Während dieser Zeit werden laufend Eier abgelegt. Das bedeutet, daß es im Jahreslauf früh bis spät abgelegte Eier gibt. Dementsprechend gibt es auch früh bis spät schlüpfende Larven, die dadurch eine mehr oder weniger lang dauernde Fraßperiode bis zum Winterbeginn haben. Die früh abgelegten Eier sind daher, wie schon oben angedeutet, vermehrt dem 'Mitgefressenwerden' durch andere Phyllophage ausgesetzt. Dieser Umstand spielt bezüglich Parasiten jedoch noch keine entscheidende Rolle, da die Eier – soweit bekannt – nicht parasitiert werden. Die Erstlarven hingegen werden bereits mit Eiern speziell von Endoparasiten belegt. Auch die Erstlarven weisen durch das Mitgefressen- oder Gestörtwerden durch andere Phyllophage altersabhängig verschieden große Verlustwerte auf, die mit steigendem Alter oft mehr als dem Zeitraum entsprechend steigen. Dieser Faktor trifft vor allem die Parasiten, die die Erstlarven relativ früh im Jahreslauf parasitieren.

Die relativen Verlustwerte für den Komplex aller Parasiten von *C. serratella* sind den Abundanzverhältnissen der Phyllophagen und den Anteilsverhältnissen der einzelnen Parasitenarten am Parasitenkomplex entsprechend sehr unterschiedlich.

### *b. Größenabhängige Verlustunterschiede*

Die zeitliche Staffelung der Eiablage und die dadurch verschiedenen Alterstufen der Larven von *C. serratella* während der winterlichen Diapause spiegeln sich in den Größenverhältnissen der Larven wider. Es überwintern zu einem von Jahr zu Jahr und von Biotop zu Biotop recht unterschiedlichen Prozentsatz Larven im 2. und 3. Stadium (Tab. 1). Die größten Larven sind volumsmäßig bis zu fünfmal so groß wie die kleinsten. Die Größe der Larven korreliert durchschnittlich mit der Größe der Larvensäcke.

| Probenstellen der Zweige | relative Dichte von C. s. pro m | %-Anteil der Larven von der Summe aller Proben | %-Anteil der L3 je Probe |
|---|---|---|---|
| Nordseite über 3 m | 2,15 | 18,4% | 48% |
| Südseite über 3 m | 4,18 | 35,5% | 73% |
| Nordseite unter 3 m | 2,11 | 11,8% | 17% |
| Südseite unter 3 m | 6,15 | 34,7% | 66% |

Tabelle 1. Unterschiede der relativen Dichten und Anteile der L3 je Probe von einem Windschutzgürtel bei Vouvry im Rhonetal (Schweiz) im Dezember 1972.

Die Verlustwerte der größeren Säcke während der Winterruhe sind durchschnittlich größer als die der kleinen. Als Prädatoren kommen biotopabhängig verschiedene Vogelarten in Frage. Sie bevorzugen größere Säcke.

Eine Beeinflussung der Larvengröße während der Winterruhe durch Endoparasiten liegt nicht vor, dennoch zeigte es sich, daß im allgemeinen die größeren Larven von *C. serratella* vermehrt parasitiert waren. Das ist auf das schon oben angedeutete höhere Alter zurückzuführen.

### *c. Kleinräumige ortsabhängige Verlustunterschiede*

Die Verluste an Larven während der Winterruhe durch Vögel verteilen sich nicht regelmäßig über ein Biotop oder einen Baum, sondern es gibt kleinräumig sehr große Unterschiede. Es ist bekannt, daß die einzelnen Vogelarten unterschiedliche Bereiche bei der Beutesuche bevorzugen, sodaß je nach Zusammensetzung der Vogelpopulation und den spezifischen Freßgewohnheiten die einzelnen Bereiche auch unterschiedliche Verlustwerte aufweisen. Demgegenüber besetzen im räumlichen Sinne auch die verschiedenen Parasitenarten von *C. serratella* verschiedene Nischen im Biotop und selbst an Einzelpflanzen. Die Larven von *C. serratella* legen vor der Winterruhe durchschnittlich keine größeren Strecken zurück, sodaß sie im Winter etwa an der Stelle zu finden sind, wo sie parasitiert wurden. Die Larven von *C. serratella* selbst sind auch je nach Biotop kleinräumig in verschieden hohen Dichten anzutreffen. Besonders hohe Dichten findet man während der Winterruhe nahe den Zweigspitzen. Darüber hinaus ist die relative (nach Zweigmeter) und absolute Dichte der Larven in Abhängigkeit von den Höhenzonen der Bäume oft recht unterschiedlich.

Zusammenfassend gibt es also während der winterlichen Diapause eine räumlich recht unterschiedliche Verteilung der Larven von *C. serratella*, eine unterschiedliche Verteilung der parasitierten Larven (Abb. 1) und eine räumlich unterschiedliche Dezimierung der Larven durch Vögel. Darüber hinaus sind auch die Größengruppen (L2 und L3) der Larven von *C. serratella* räumlich nicht regelmäßig verteilt.
Daraus ergibt sich ein Faktorenspiel, dem gedanklich nur mehr schwer zu folgen ist und dessen Auswirkungen auf die Verluste der Parasiten in den Säcken von C. serratella durch Prädatoren sehr unterschiedlich sein können.

## Die Stellung der Prädatoren von *Coleophora serratella* im Wechselspiel der limitierenden Faktoren.

Bei einer Übersicht der limitierenden Faktoren (siehe GEPP 1974) von *C. serratella* in Mitteleuropa sind vor allem folgende Faktoren zu erwähnen: ein vielartiger Parasitenkomplex (25 Arten); durchwegs relativ hohe Parasitierungsprozentsätze (meist um 30%); bei abnehmender Dichte der Wirtspflanzen je Grundfläche steigen die Verlustwerte durch Verfliegen der Imagines und durch das Nichtfinden geeigneter Futterpflanzen von vom Wind vertragenen Larven; winterliche Trockenheit kann zum Vertrocknen vor allem kleiner Larven führen; Prädatoren sind nur zeitweilig und mit stark schwankenden Vernichtungswerten zu beobachten.

Diese multiple Opponenz bringt es mit sich, daß die Parasiten neben der internen Dezimierung im Parasitenkomplex (durch Multi-, Super- und Hyperparasitismus) auch von Seiten anderer Faktoren Verluste hinnehmen müssen.

Besonders während der winterlichen Diapause können Säcke-fressende Vögel das Verhältnis parasitierte : unparasitierte Larven von *C. serratella* zugunsten der unparasitierten verschieben. Wenngleich es sich nach den vorliegenden Untersuchungen bei diesen Verschiebungen summarisch durchwegs nur um geringe Prozentsätze handelt, so können einzelne Parasitenarten davon schwer betroffen sein. So sank der relative Prozentanteil an der Gesamtparasitierungsrate von *C. serratella* von *Orgilus punctulator* (NEES) in einem speziellen Fall in der Steiermark dadurch während eines Winters um über 50%. Auch einzelne Apanteles-Arten können dadurch stark dezimiert werden.

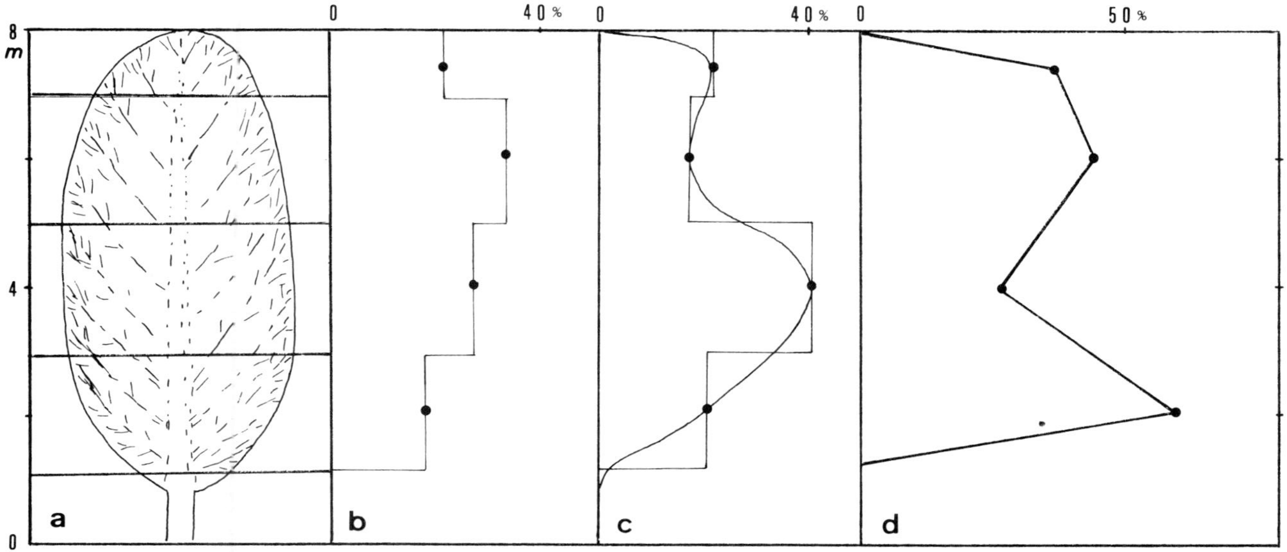


Abb. 1. Ein Beispiel für die unregelmäßige Verteilung der Larven von *Coleophora serratella* (c) an einer Alnus glutinosa (a) mit Angaben über die Verteilung der Zweigmeter (b). Der Abschnitt d zeigt die Prozentanteile der Larven, die von *Orgilus punctulator* parasitiert sind. Biotop: Fernitz, Steiermark, Bachbuschreihe, 10.3.1972.

Diskutiert man nun die Frage, ob die Vögel als Prädatoren die vermehrungsbegrenzende Wirksamkeit der Parasiten mindern, so ist dies in Einzelfällen zu bejahen. Vergleicht man aber den limitierenden Wert der Prädatoren mit dem Wert der durch die Prädatoren vermehrt dezimierten Parasiten, so scheint unter Einbeziehung der nächstfolgenden Generation von *C. serratella* hier am ehesten ein Gleichstand vorzuliegen.

Dennoch muß nach Meinung des Autors den Vögeln als Prädatoren in diesem Falle eine besondere Funktion zuerkannt werden, die auf Grund der Faktorenfülle und -variabilität allerdings sehr komplex in Erscheinung tritt:

Die Vögel als Prädatoren von *C. serratella* verhindern durch durchschnittlich bevorzugte Dezimierung von durch spezielle Parasiten befallene Larven von *C. serratella* ein Steigen der Parasitierungsprozentsätze in der nächstfolgenden Generation von *C. serratella*. Dadurch wird eine Konstanterhaltung der Populationsdichte von *C. serratella* gefördert.

Sinkt die limitierende Wirksamkeit der Vögel, wächst die Überlebenschance und somit Wirksamkeit der Parasiten. Nimmt die Dezimierung durch Vögel zu, übernehmen die Vögel als Prädatoren das Schwergewicht der Limitierung von *C. serratella*.

Das bedeutet zusammenfassend, daß im vorliegende Falle Vögel als dezimierende Faktoren gegenüber spezifischen Parasiten eine übergeordnete Rolle spielen, sodaß die Parasitierungsprozentsätze durch die Vögel in gewissem Rahmen kontrolliert werden. Im Sinne einer Gleichgewichtserhaltung ist dieser Prädatoren-Parasiten-Komplex als Einheit zu betrachten. Es wäre von Interesse, diesbezüglich Studien in Nordamerika anzustellen, wohin spezielle Parasiten von *C. serratella* nachträglich eingeführt werden.

## Literatur


GEPP, J., & LEHNINGER, M. (1973 a): Quantitative Untersuchungen an einer Population von *Melasoma aenea* L. (Col., Chrys.) nach Stichprobenaufsammlungen in einem Schwarzerlenbiotop unter Berücksichtigung der grünen und blauen Farbformen. *Ber. Arbeitsgem. ökol. Ent. Graz*, 1: 21–28.

GEPP, J., & LEHNINGER, M. (1973 b): Altersaufbau, apparente Abundanz und spezielle Vernichtungswerte in einer Population von *Agelastica alni* L. (Coleoptera, Chrysomelidae). *Ber. Arbeitsgem. ökol. Ent. Graz*, 2: 9–30.

GEPP, J. (1974): Biologie, Morphologie und Ökologie von *Coleophora fuscedinella* ZELLER (Lep., Coleophoridae) mit einer Synopsis der limitierenden Faktoren unter besonderer Berücksichtigung des Parasitenkomplexes in Ostösterreich. Dissertation, Universität Graz.

GEPP, J. (in Druck): Die Biologie von *Coleophora fuscedinella* ZELLER (Lep., Coleophoridae) in Mitteleuropa. *Z. ang. Ent.*

PSCHORN-WALCHER, H. (1969–1972): Birch Case-bearer (*Coleophora fuscedinella*): Work in Europa. Annual Project Statements. Commonwealth Institute of Biological Control. European Station, Delémont, Switzerland.

*Verh. des Sechsten Int. Symp. über Entomofaunistik in Mitteleuropa 1975, Junk, The Hague.*

# Die Auswertung der Daten von Licht- und Sexualduftstoff-Fallen bei Traubenwicklern (Lepidoptera)

ERZSÉBET VOIGT

*Summary*

Two types of traps have been used to obtain data about swarming and phenology of *Eupoecilia ambiguella* HB. and *Lobesia botrana* DEN. et SCHIFF.: light traps and pheromone traps. According to our observations the adults of both species are attracted by artificial light sources, but *E. ambiguella* is found in relatively higher numbers in the light traps than *L. botrana*. It is, however, not possible to derive conclusions on the abundance of feeding larvae in the vineyards from the light trap data. Experiments with pheromone traps which were baited with virgin females were carried out mainly with *L. botrana*. The number of adults caught was usually high, but it must be taken into account that the size of the area from which these moths come is unknown. The activity diagram shows the activity of males only. At the begin of the activity period the field population causes no odour competition for the caged virgin females because females emerge later than males.

## Einleitung

Unter den Lepidopteren sind der Einbindige (*Eupoecilia ambiguella* HB.) und der Bekreuzte Traubenwickler (*Lobesia botrana* DEN. et SCHIFF.) die zwei Spezies, die den größten wirtschaftlichen Schaden verursachen. Eben deshalb war es für Weinbauländer nötig, ein Pflanzenschutz-System gegen diese Arten auszuarbeiten, welches ihre Schäden sicher abweist. Zur Zeit ist diese die auf der Flugdynamik der Traubenwickler beruhende Bekämpfung mit Insektiziden. Damit aber der Schutz erfolgreich wird, benötigt man die Angaben der Flugdynamik.

In Ungarn untersuchten wir die Flugdynamik der Traubenwickler mit zwei Methoden: Mit Licht-Fallen und Sexual-Fallen.

## Beobachtungen mit Lichtfallen

Es ist nicht neu, den Flug der Traubenwickler mit Lichtfallen zu beobachten. Sie gehörten zu den ersten Schädlingen, bei denen die Eigenschaft bemerkt wurde, in der Nacht auf künstliche Lichtquellen positiv zu reagieren. Um die Jahrhundertwende hatten die Weinbauern geglaubt, wenn sie die Motten mit Lampen anlocken, dann wird die Größe des Schadens vermindert sein. Man kam alsbald darauf, daß auch, wenngleich sich der Schaden nicht verringerte, es möglich war, mit Hilfe der Lichtfallen die Flugdynamik der Falter zu bestimmen.

Mit verschiedenen Lichtfallen-Typen haben sich in Österreich RUSS (1961, 1963, 1965, 1966), in der Bundesrepublik Deutschland EHRENHARDT (1968), EHRENHARDT & DIETER (1968), SCHURR (1971) und in der Schweiz BOLLER, KELLER & NAEF (1970) beschäftigt.

In Ungarn werden seit 1966 systematische Flugbeobachtungen durchgeführt, worüber wir zahlreiche Arbeiten veröffentlicht haben (Unter anderen: VOIGT, 1967; 1969; 1972). Auf diese Beobachtungen wird in der gegenwärtigen Arbeit nicht detailliert eingegangen, sondern es wird über die Anwendung der Licht- und im weiteren der Sexual-Fallen gesprochen werden.

Die Lichtfallen-Orte – die in Regie des Forschungsinstitut für Weinbau und Kellerwirtschaft sind – haben wir an der ersten Abbildung dargestellt. Die meisten von ihnen sind die in Ungarn gebräuchlichen, halbautomatischen Jermy-Lichtfallen (JERMY 1961). Diese Geräte, die speziell für Flugbeobachtungen der Traubenwickler eingeführt worden sind, werden in den Weingärten niedrig unter die Weinstöcke gestellt, wo die Motten umherfliegen, wie wir feststellen konnten (VOJNITS & VOIGT, 1971). Nur die dorthin aufgestellten Lichtfallen registrierten richtig den Flug der Traubenwickler. Wo die Flugbeobachtungen mit Lichtfallen durchgeführt

Abb. 1. Die Lichtfallen-Orte in Ungarn.

wurden, wurden gleichzeitig auch schädigende Raupen gesammelt, um sie im Insektarium aufzuziehen, und die ausschlüpfenden Motten zu registrierten. Dieser künstliche 'Falter-Flug' wurde später mit dem im Freiland durch den mit Lichtfallen beobachteten Flug verglichen. Im Laufe der Jahre haben wir von verschiedenen Orten zahlreiche Flugkurven bekommen. Aus diesen wurden die typischen der beiden Spezies ausgewählt, wobei wir vor Augen hielten, daß die Flugkurven auch die Fehler der Lichtfallen-Beobachtungen veranschaulichen. Zuerst zeige ich die Abbildung des im Jahre 1973 in Tarcal beobachteten Fluges von *Lobesia botrana* vor.

Die Abbildung (Abb. 2.) stellt oberhalb der waagrechten Achse den durch Lichtfallen registrierten Flug, unterhalb der waagrechten Achse den Flug der im Insek-

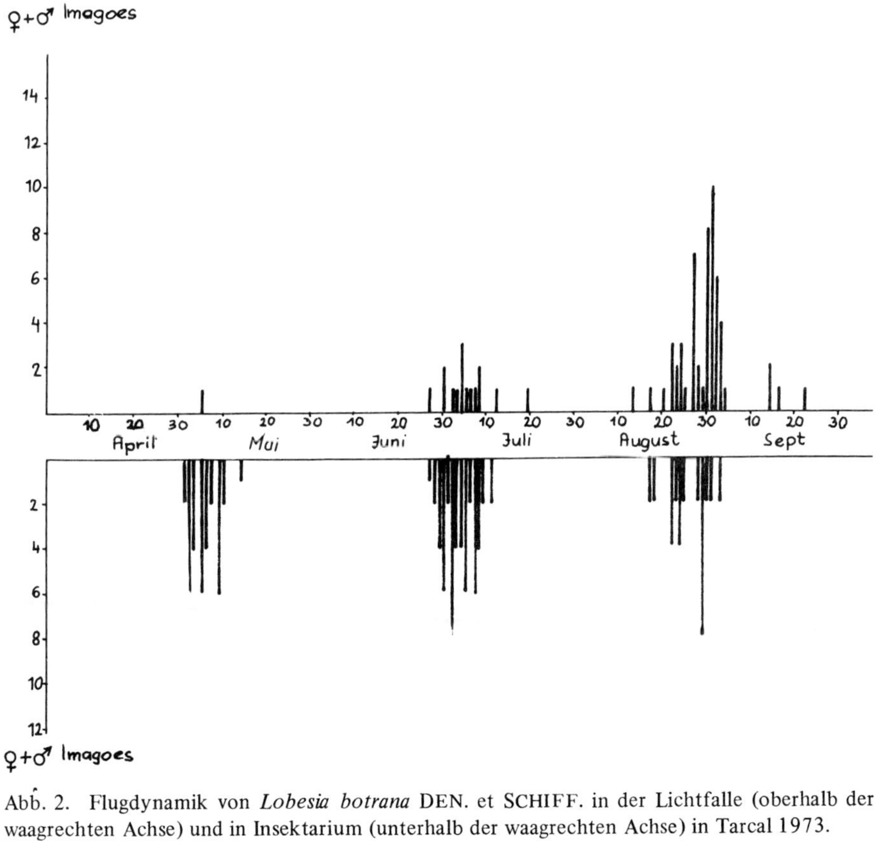


Abb. 2. Flugdynamik von *Lobesia botrana* DEN. et SCHIFF. in der Lichtfalle (oberhalb der waagrechten Achse) und in Insektarium (unterhalb der waagrechten Achse) in Tarcal 1973.

tarium ausgeschlüpften Motten dar. In beiden Darstellungen kann man die jährlichen drei Flüge gut sehen: den ersten Anfang Mai, den zweiten Ende Juni bzw. Anfang Juli und den dritten im Laufe August und September.

Die nächste Abbildung (Abb. 3.) zeigt den Flug der *Eupoecilia ambiguella* ebenfalls im Jahre 1973, in Tarcal. Diese Art fliegt zweimal jährlich. Der erste Flug ist ganz früh im Mai, der zweite Ende Juni, bzw. Anfang Juli. Die Abbildung stellt, – wie auch bei dem Bekreuzten Traubenwickler – oberhalb der waagrechten Achse den durch Lichtfallen beobachteten Flug, unterhalb der waagrechten Achse den im Insektarium registrierten Flug dar. Ich möchte nochmals betonen, daß die zwei vorgezeigten Flug–Kurven je ein ausgewähltes Beispiel sind. Unsere Beobachtungen

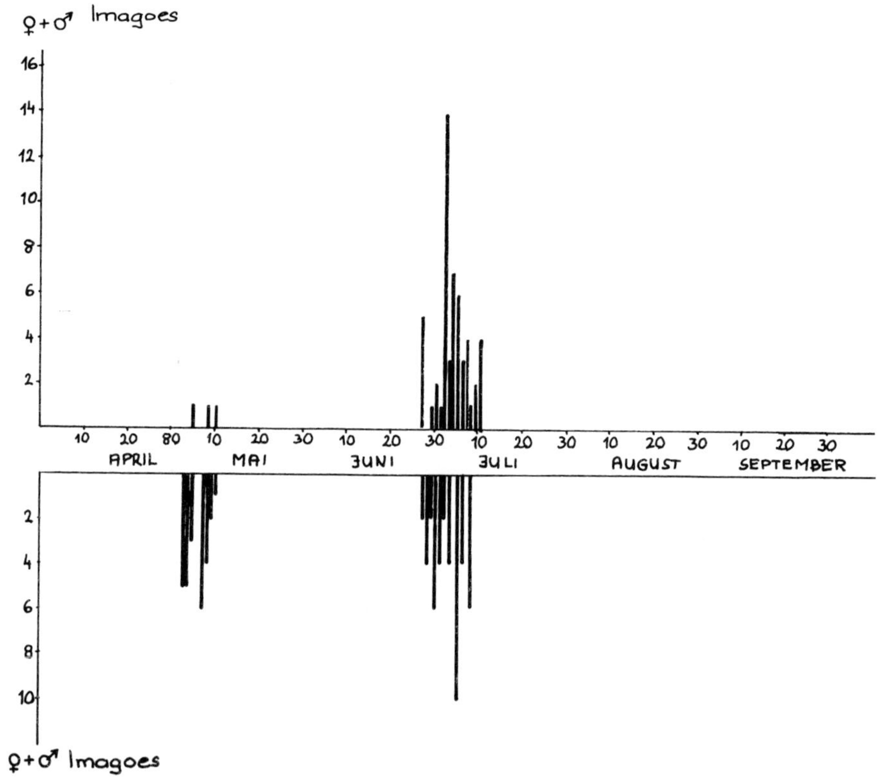


Abb. 3. Flugdynamik von *Eupoecilia ambiguella* HB. in der Lichtfalle (oberhalb der waagrechten Achse) und in Insektarium (unterhalb der waagrechten Achse) in Tarcal.

stellen wir aber nicht nur aus diesen, sondern aus mehrjährigen Datenreihen zusammen:

1. Aus der Anzahl der durch die Lichtfallen gefangenen Imagoes kann man nie auf die Größe der Population und des zukünftigen Schadens schliessen. Gegen die Schädlinge muss der Weingarten auch dann geschützt werden, wenn die Lichtfallen sehr wenige Motten gefangen haben.

2. Der erste Flug der Traubenwickler hat niedrigere Individuenzahl, als der zweite, bzw. bei *Lobesia botrana* als der dritte Flug. Deshalb fangen die Lichtfallen kleinere Individuenzahl in der ersten Flugperiode.

3. Bei *Lobesia botrana* hat der dritte Falterflug, den im August und September die Lichtfallen registrierten, immer hohe Individuenzahl, aber nur aus den von der

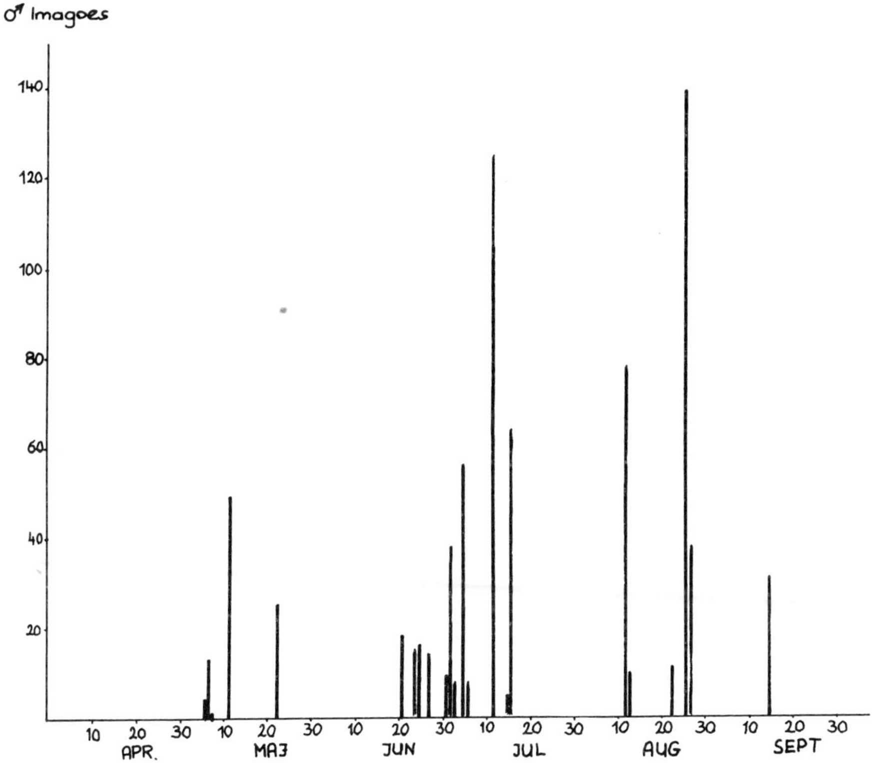


Abb. 4. *Lobesia botrana* DEN. et SCHIFF.: Falter in Sexual-Fallen, Badacsony 1971.

ersten Hälfte der Population gelegten Eier entwickeln sich noch wirtschaftlich schädliche Larven.

4. Die Bekämpfung des Traubenwicklers – besonders wenn die Fallen wenige Falter fangen – muß sich nach der Erscheinung der ersten Motten richten, weil man nicht weiß, aus welchem Teil des Freilandpopulation-Fluges diese stammen.

5. Wenn sich die Flugperiode in die Länge zieht, muß nochmals gegen den Traubenwickler gespritzt werden.

6. Nicht nur den im Insektarium registrierten Flug haben wir mit dem gefangenen Insekten-Material der Lichtfallen verglichen, sondern auch die Traubenwicklerpopulation des Weingartens um den Lichtfallen. Unseren Beobachtungen nach kommt *Eupoecilia ambiguella* bei gleicher Population immer in höherer Individuenzahl im Insektenmaterial der Lichtfalle vor als *Lobesia botrana*. Über diesen Vergleich haben wir schon berichtet, letztmalig im Jahre 1972 in deutsch. (VOIGT, 1972).

## Beobachtungen mit Sexual-Fallen

Die Sexual-Fallen verwenden die lockende Wirkung des noch nicht kopulierten Weibchens. Für Traubenwickler stellte die erste Falle GÖTZ im Jahre 1939 her (GÖTZ, 1939a; 1939b; 1941). Danach beschäftigten sich zahlreiche Forscher mit verschiedenen Fallentypen. Größtenteils beziehen sich die Daten auf *Lobesia botrana*. Die Ursache hierfür ist, daß man diese Spezies leichter anzüchten kann. Im Laufe vergangener Jahre publizierten CHABOUSSOU & CARLES (1962), MAISON & PARGADE (1967), TOUZEAU (1969), BOLLER, KELLER & NAEF (1970), TISZA (1969; 1970; 1972), VOIGT (1972) zu diesem Tema. In den letzten Jahren wurde der Sexualduftstoff mehrerer Lepidoptera-Arten, unter anderen auch der von *Lobesia botrana* bestimmt (ROELOFS *et al.*, 1973), und synthetisiert. Die hergestellte Verbindung wurde im Labor erprobt, wo man positive Resultate erhielt.

In unseren Sexualfallen-Versuchen arbeiteten wir mit lebendigen virginellen Weibchen, in erster Linie mit *Lobesia botrana* Weibchen. Aus den mehrjährigen Beobachtungen zeigten wir die Abbildung einer typischen Flug-Kurve vor, die die Falle im Jahre 1971 in Badacsony registrierte.

Sexual-Fallen fangen die *Lobesia botrana* in höherer Individuenzahl als Lichtfallen. Bei der Auswertung ihrer Angaben soll man auf folgendes achten:

1. Wir kennen die Größe der Fläche nicht, aus der die Sexual-Fallen die Männchen locken.

2. Die Sexual-Fallen sind auf mikroklimatische Faktoren, z.B. auf Wind, sehr empfindlich.

3. Der mit den Fallen registrierte Flug zeigt den Flug der Männchen, der bekanntlich dem Flug der Weibchen vorangeht. Anfangs bedeutet die Freilandpopulation

für die in den Fallen eingelegten Weibchen keine Konkurrenz, deshalb sind anfangs die Fangergebnisse nicht typisch.

Zusammengefaßt muß betont werden, daß aus der Individuenzahl der Motten weder bei den Lichtfallen noch bei den Sexual-Fallen auf die Stärke der zukünftigen Schädlingspopulationen gefolgert werden kann. Wenn auch der Flug höhere Individuenzahl hat, werden die Eiablagen und dann das Ausschlüpfen von mehreren Faktoren beeinflusst. Sogar die jungen Larven beanspruchen zu ihrer Entwicklung noch bestimmte Umweltbedingungen, um gefährlich zu werden. Aber beide Fallentypen weisen auf die Flugperioden der Motten hin und erleichtern die Bestimmung der optimalen Termine für den Pflanzenschutz.

## Literatur


BOLLER, E., KELLER, E., NAEF, J. (1970): Untersuchungen an der Rebzikade (*Empoasca flavescens* F.) und am einbindigen Traubenwickler (*Clysia ambiguella* HB.) in der Ostschweiz. *Schweiz. Zeitschrift für Obst- und Weinbau* 106: 651–660.

CHABOUSSOU, F., & CARLES, J. P. (1962): Observations sur le piégeage sexual des males d'*Eudemis. Revue de Zoologie Agricole et Appliquée* 61: (7–9) 81–98.

EHRENHARDT, H. (1968): Untersuchungen zur Ermittlung des Flugverlaufes der Traubenwickler (*Clysia ambiguella* und *Polychrosis botrana*) mit Hilfe von Lichtfallen. *Wein-Wissenschaft* 23: 385–407.

EHRENHARDT, H. & DIETER, A. (1968): Untersuchungen über die Lockwirkung von Lichtfallen auf die Motten der Traubenwickler (*Clysia ambiguella* und *Polychrosis botrana*) im Vergleich zu Duftfallen. *Wein-Wissenschaft* 23: 457–474.

GÖTZ, B. (1939a): Untersuchungen über die Wirkung des Sexualduftstoffes bei den Traubenwicklern *Clysia ambiguella* und *Polychrosis botrana. Zt. ang. Ent.* 26: 143–164.

GÖTZ, B. (1939b): Ueber weitere Versuche zur Bekämpfung der Traubenwickler mit Hilfe des Sexualduftstoffes. *Anz. f. Schädlingskunde*. 15: 109–114.

GÖTZ, B. (1941): Sexualduftstoff als Bekämpfungsmittel gegen die Traubenwickler im Freiland. *Wein und Rebe* 23: 75–89.

JERMY, T. (1961): Kártevö rovarok vizsgálata fénycsapdákkal. *Növényvédelem Idószerü Kérdései* 2: 53–60.

MAISON, P. & PARGADE, P. (1967): Le piegeage sexuel de l'*Eudemis* au service de l'avertissement agricole. *Phytoma N° 190* Juillet-aout 1967: 9–13.

ROELOFS, W., KOCHANSKY, J., CARDE, R., ARN, H., RAUSCHER, S. (1973): Sex attractant of the Grape Vine Moth, *Lobesia botrana. Mitt. der Schweiz. Entomol. Ges.* 46: 71–73.

RUSS, K. (1961): Der Traubenwickler – eine wachsende Gefahr für unseren Weinbau. *Der Pflanzenarzt* 14: 98.

RUSS, K. (1963): Beobachtungen über den Flug des Traubenwicklers mit Hilfe von ROBINSON-Lichtfallen (Traubenwicklerwarndienst). *Der Pflanzenarzt* 16: 79–80.

RUSS, K. (1965): Genaue Mottenflugbeobachtung – erfolgreiche Traubenwicklerbekämpfung! *Der Winzer* 21: 118–120.

RUSS, K. (1966): Mehrjährige Flugbeobachtungen an Faltern von *Clysia ambiguella* HB. und *Polychrosis botrana* SCHIFF. mit Hilfe von ROBINSON-Lichtfallen in Österreich. *Wein-Wissenschaft* 21: 189–209.

SCHURR, E. (1971): Erfahrungen bei Flugkontrollen von *Clysia ambiguella* HBN. mit Lichtfallenfang im südbadischen Raum. *Wein-Wissenschaft* 26: 225–241.

TISZA G-NÉ. (1969): Szexuálattraktáns csapdák alkalmazásával kapcsolatos tapasztalatok Veszprém megyében. *Növényvédelem* 5: 75–84.

TISZA G-NÉ (1970): Kártevő molylepkék rajzásának vizsgálata különböző módszerekkel (Study of Flight of Microlepidopterous Pests by Using Different Trapping Methods.) *Növényvédelem* 6 : 412–417.

TISZA G-NÉ. (1972): Különböző módszerek összehasonlitása szőlőmolypopulációk rajzásdinamikájának megfigyelésére (Comparison of different Methods for Assesing the Swarming Activity of Grape Berry Moth Populations). *Növényvédelem* 8: 487–492.

TOUZEAU, J. (1969): Piegeage sexuel et piegeage alimentaire de l'*Eudemis* de la vigne. *Phytoma*, 1969 november: 9–20.

VOIGT, E. (1967): Adatok a szőlőn károsito molylepkefajok rajzásához és elterjedési viszonyaihoz (Data on the Swarming and Spreading of Microlepidoptera Species Damaging Vines). *Fol. Ent. Hung.* 20: 623–635.

VOIGT, E. (1969): Szőlőmolyok (*Eupoecilia ambiguella* HB. *Lobesia botrana* DEN. et SCHIFF.) rajzásának vizsgálata fénycsapdákkal (Investigation on the Swarming of Vine-Moths(*Eupoecilia ambiguella* HB., *Lobesia botrana* DEN. et SCHIFF.) with Light-traps). *Növényvédelem Korszerüsitése* 3: 85–96.

VOIGT, E. (1972): Biologie und Bedeutung der Traubenwickler in ungarischen Weinbau. *Weinberg u. Keller* 19: 615–632.

VOJNITS, A. & VOIGT, E. (1971): Alacsonyan és magasan elhelyezett fénycsapdák Mikrolepidoptera anyagának összehasonlitó vizsgálata (A Comparative Study of Microlepidoptera Deriving from Light-traps at low and high Altitudes). *Fol. Ent. Hung.* 24: 219–228.

## Diskussion

HOLZSCHUH: Wurde versucht festzustellen, wie weit eine Sexualduftfalle reicht, welche Fläche sie kontrolliert?

VOIGT: Es war eine kleine Fläche. Wir markierten die Männchen mit Farben, und wir haben ungefähr 200 Falter ausgesetzt, in 200, 100 und 50 Meter Entfernung. Nur ein Männchen wurde wiedergefangen!

EITSCHBERGER: Bezüglich der Dispersion des Apfelwicklers hat Herr VOJNITS schon verschiedene Arbeiten publiziert. Die Ergebnisse waren ähnlich: die Dispersion reicht maximal über 300 Meter.

HOLZSCHUH: Wir haben solche Untersuchungen an *Lymantria monacha* im Waldviertel gemacht. Die Resultate waren eigenartig. Von den weiter entfernt ausgesetzten sind mehr zurückgekommen als von den näher ausgesetzten, und zwar aus allen vier Himmelsrichtungen.

*Verh. des Sechsten Int. Symp. über Entomofaunistik in Mitteleuropa 1975, Junk, The Hague.*

# Über die Lepidopterenfauna der Insel Kastellóriso

ATHANASIOS KOUTSAFTIKIS

*Summary*

A list of Lepidoptera, taken during three expeditions on the island of Kastellóriso which is situated about in the middle between Rhodos and Cyprus, is presented.

Die Insel Kastellóriso liegt vor der südlichen Küste von Kleinasien bei 36°08'N und 29°37'E in einer Entfernung von 144 km von Rhodos und nur 1,8 km von Kleinasien. Sie ist 16 km² groß, 6 km lang und 4 km breit. Die Küstenlänge beträgt 24 km. Ich habe dort dreimal, und zwar im April, Juni und September, gesammelt. Folgende Arten habe ich gefunden:

*Papilio machaon* L. Selten. Die Tiere ähneln denen von griechischen Festland und denen der ägäischen Inseln.

*Iphiclides podalirius* L. Selten, nur im Nordosten der Insel. Die Grundfarbe ist sehr hell, und der gelbe Raum zwischen der schwarzen Randbinde und der zweiten innen ist breiter als bei den Festlandstücken.

*Allancastria cerisyi* GODT. Nicht selten. Die Tiere sind von denen den benachbarten Ländern so verschieden, daß die vielleicht eine eigene Subspezies darstellen.

*Pieris brassicae* L. Nur im Nordosten der Insel gefunden.

*Pieris rapae* L. In Menge, hauptsächlich im Nordosten. Der Apikalfleck der Vorderflügel scheint anders zu sein als bei den Tieren von anderen Inseln.

*Euchloe ausonia* HB. In Menge. Es könnte sich um eine eigene Subspezies handeln.

*Anthocharis cardamines* L. In Menge gefunden. Auch dies könnte eine eigene Subspezies sein. Die Art ist bisher auf Kreta, Rhodos und anderen ägäischen Inseln nicht gefunden worden.

*Colias croceus* FOURCR. In Menge.

*Gonepteryx rhamni* L. Kommt vor und könnte eine eigene ssp. sein. Sie scheint von allen ägäischen Inseln (und auch von Kleinasien?) noch nicht bekannt zu sein.

*Vanessa atalanta* L. Überall.

*Hipparchia statilinus* HUFN. Selten.

*Lasiommata megaera* L. Weit verbreitet. Die Tiere sind von denen der Nachbarländer u.a. in der Färbung und in der Flügelform verschieden.

*Lasiommata maera* L. Selten; Habitus wie bei Tieren der Nachbarländer.

*Ypthima asterope* KLUG. Nicht selten. Aus Europa ist die Art noch nicht bekannt. Es könnte sich um eine eigene Subspecies handeln, da sie von den Tieren aus Syrien, Arabien und Afrika verschieden ist.

*Epinephele telmessia* Z. Nicht selten und verbreitet. Die Art dürfte die Westgrenze ihrer Verbreitung auf den ostägäischen Inseln haben, weil sie weiter westlich noch nicht gefunden wurde. Die Tiere von Kastellóriso sind denen von den erwähnten Inseln nicht sehr ähnlich.

*Kirina roxelana* CR. Überall.

*Lycaena phlaeas* L. Nicht häufig, sehr variabel.

*Lycaena loewii* Z. In Menge gefunden. – Die Oberseite der Flügel der ♂♂ ist braun, die Unterseite hellgraubraun. Auf den Hinterflügeln sind 3–5 orangegelbe Flecken, die den schwarzen Randflecken aufsitzen. Diese orangegelben Flecken sind bei vielen Individuen sehr groß, da die andere Hälfte hellgraubraun ist, ebenso wie die Submarginalbinde der Vorderflügel. In den Zellen 1c, 2 und 3 sind metallische Pünktchen in den Randflecken.

*Carcharodus alceae* ESP. Sehr selten.

*Celerio livornica* ESP.Die Falter von Kastellóriso sehen wie diejenigen anderer Herkunft aus. Das Vorkommen der Art ist nicht verwunderlich, da sie ein bekannter Wanderfalter ist. Sonderbar ist nur, daß ich sie im April gefunden habe statt wie üblich im Juli. Vielleicht kommt auf der Insel noch eine frühere Generation vor.

*Celerio euphorbiae* L. Überall auf der Insel. Ein Exemplar ist sehr dunkel gefärbt und hat neben dem großen Vorderrandfleck noch einen kleineren.

*Saturnia pyri* SCHIFF. Verbreitet.

*Scotia ypsilon* ROTT. Weit verbreitet.

*Hadena clara* STGR. Die Tiere sind ähnlich denen von Simi (KOUTSAFTIKIS 1974), von Kleinasien und von Syrien.

*Catocala eutychea* TR. Selten. REBEL (1935) hat sie von Kos gemeldet.

*Autographa gamma* L. Häufig, auch von Rhodos und Karpathos bekannt.

*Autographa chalcytes* ESP. Einzeln.

*Clytie sancta* STGR. Die Exemplare zeigen gewisse Unterschiede gegenüber der Nominatform.

*Chloridea peltigera* SCHIFF. Nicht selten, auch von Rhodos bekannt.

*Eutelia adulatrix* HB. Die Falter ähneln sehr denen von den nordägäischen Inseln (KOUTSAFTIKIS 1970).

*Porphyrinia ostrina* HB. Die Tiere gleichen denen von den ägäischen Inseln.

*Aspilates ochrearia* ROSSI. Häufig, von den rhodischen Faltern etwas verschieden.

*Deiopeia pulchella* L. Im April bei Tag gefangen. Auch von Rhodos bekannt.

*Arctia villica* L. Die Tiere von Kastellóriso sind von denen der nordägäischen Inseln und des griechischen Festlandes deutlich verschieden.

Trotz der drei Sammelreisen und trotz der Kleinheit der Insel sind dort noch wesentlich mehr Arten zu erwarten, als ich hier anführen kann. Auch andere Insektengruppen sind dort reichlich vertreten. Viele Arten dürften trotz der relativen Festlandsnähe lokale Unterarten bilden. Auch die Frage, inwieweit faunistische Zusammenhänge zwischen dem kleinasistischen Festland und dem Inselbogen über Rhodos, Karpathos, Kreta nach dem Peloponnes bestehen, ist bezüglich der Fauna von Kastellóriso nicht außer acht zu lassen.

## Diskussion

GHILAROV: Die Mehrzahl der Arten, die Sie genannt haben, sind jedenfalls nicht Kulturflüchter. Vielleicht sind diese Arten schon seit langem eingeschleppt, und es könnte sich um sekundäre, anthropogen bedingte Areale handeln. Gibt es aber auch nicht kulturfolgende Arten, flügellose Käfer usw.?

KOUTSAFTIKIS: Ich habe von allen Insektengruppen Material, aber ich bin zurzeit noch nicht in der Lage zu sagen, welche ich habe. Das Material ist noch nicht fertig determiniert.

VARGA: Ich stimme Herrn Professor GHILAROV bei, daß viele Arten dort als vom Menschen eingeschleppt gelten können. Ich habe aber den Eindruck, daß auf der Insel auch relativ ältere Faunenelemente vorhanden sind, wie z.B. *Hadena clara*, die vom Atlas-Gebiet durch die Balkanhalbinsel und Anatolien bis zum Kaukasus und Iran vorkommt. In diesem Fall scheint der Inselfund bedeutungsvoll zu sein, weil diese Art sehr geneigt ist, subspezifisch differenzierte lokale Populationsgruppen zu bilden, und zwar auch in solchen Gebieten, die sonst für diese Art nicht besonders günstig sind. Ich kann ein Beispiel aus den Rhodopen zitieren, wo die Art auf einem vulkanischen Gebiet isoliert auf einer kleinen Kalkfläche vorkommt. In einem bestimmten Sinne ist auch dieser Fall ein Inselfund.

*Verh. des Sechsten Int. Symp. über Entomofaunistik in Mitteleuropa 1975, Junk, The Hague.*

# Aktuelle Wanderfalterforschung in Mitteleuropa

ULF EITSCHBERGER

*Summary*

Despite considerable work during the last decades the present knowledge on insect migration is still unsatisfying. A scheme for further research is proposed, which can be carried out with the help of the German Research Center for Lepidoptera Migration and the journal 'Atalanta'.

Daß Insekten wandern, ist eine Erkenntnis, die wohl so alt ist wie die Entomologie. Verfolgen wir die Literatur bis ins 19. Jahrhundert und weiter zurück, so sind Berichte über große Wanderfalterschwärme immer wieder zu finden. Bereits im Alten Testament, im zweiten Buch MOSE, wird von einer Heuschreckenwanderung, die ca. 1500 Jahre v. Chr. stattgefunden haben muß, als der achten Heimsuchung Ägyptens berichtet. Auch der Prophet JOEL beschreibt ausführlich eine derartige Heuschrecken-Invasion.

Eine systematische Erforschung von Wanderinsekten setzte jedoch erst in unserem Jahrhundert ein. Anfänglich wurde die Forschung von Einzelpersonen wie WARNECKE, MELL oder WILLIAMS aufgegriffen und populär gemacht. Doch erst in den Fünfzigerjahren begann man damit, Vereinigungen und Arbeitsgemeinschaften zu gründen. Derartige Arbeitsgruppen sammelten sich um MAZZUCCO in Österreich, um LOELIGER in der Schweiz, um WARNECKE, WITTSTADT und LEDERER in der Bundesrepublik Deutschland. Weitere Arbeitsgruppen wurden durch LEMPKE in den Niederlanden, durch KOCH in der DDR und durch RADOVANOVIĆ in Jugoslawien ins Leben gerufen. Aus der Arbeitsgemeinschaft in der Bundesrepublik Deutschland entwickelte sich die Deutsche Forschungszentrale für Schmetterlingswanderungen, die am 24. November 1963 durch KURT HARZ gegründet wurde. Im März 1964 erschien dann auch das erste Heft der Zeitschrift ATALANTA, die seit dieser Zeit das Publikationsorgan unserer Gesellschaft darstellt. Viele der vorhin erwähnten Arbeitsgruppen sind leider wieder auseinandergefallen, sei es durch den Tod der Initiatoren oder durch Desinteresse. MANFRED KOCH schloß sogar seinen letzten Wanderfalterbericht mit der Bemerkung, daß man jetzt schon alles über Wanderfalter wisse, demnach nichts neues zu erwarten und die Wanderfalterforschung deshalb am Ende sei.

Meiner Meinung nach stehen wir jedoch noch ziemlich am Anfang der Migrationsforschung, obwohl einige wenige Insektenarten schon recht genau erforscht sind, wie z.B. der Monarch *Danaus plexippus* durch URQUHART in Nordamerika, oder der Bärenspinner *Panaxia quadripunctaria* durch ELGER auf der Insel Rhodos. Bei *Panaxia quadripunctaria* wissen wir sogar, warum die Wanderungen stattfinden und wieso es zu den Massenansammlungen kommt, so daß bereits verschiedene Reiseveranstalter das 'Tal der Schmetterlinge' als Attraktion anbieten.

Wie sieht es aber im allgemeinen aus? Hier muß deutlich gesagt werden, daß bisher nur ein Bruchteil aller Insekten erfaßt ist, von denen wir überhaupt wissen, daß sie wandern. Und von diesen als Wanderer identifizierten Arten wissen wir dann im Grund nur, daß sie wandern – mehr nicht! Aus welchem Ursprungsgebiet kommen sie? Wo liegt ihr Zielgebiet? Was veranlaßt sie, zu wandern? Sind es endogene oder exogene Faktoren, die sie dazu bewegen und wie orientieren sie sich während der Wanderung? Das alles sind Fragen, die weitgehend unbeantwortet sind, und ich möchte behaupten, daß wir bei einigen Fragen noch sehr lang im Dunkeln tappen werden und daß viele Fragen wohl nie restlos und zufriedenstellend beantwortet werden können. Bei der Suche nach den Antworten dürften wir zudem nie in den Fehler verfallen, gefundene Ergebnisse zu verallgemeinern und auf andere Arten einer Gattung, einer Familie oder gar einer anderen Ordnung zu übertragen, da es einfach zu viele verschiedene autökologische Faktoren sind, die eine Art zum Wandern veranlassen.

Als ich zusammen mit HARTMUT STEINIGER im März 1972 die Leitung der DFZS übernahm, war es unser vorrangiges Ziel, die Arbeit der DFZS zu intensivieren und ein über die Grenzen Mitteleuropas reichendes Beobachternetz aufzubauen. Aus diesem Grund haben wir ein Sonderheft der ATALANTA in vier Sprachen, und zwar in deutscher, englischer, französischer und spanischer, herausgegeben, in dem wir zu einer internationalen Zusammenarbeit an der Erforschung des Wanderphänomens bei den Insekten aufriefen. In diesem Heft mußten wir uns im wesentlichen leider auch nur auf die Lepidopteren beschränken, da Spezialisten für andere Insektengruppen weitgehend fehlten.

Um eine Arbeitsgrundlage für die Wanderfalterforschung zu erhalten, haben wir die Lepidopteren aufgrund ihres unterschiedlichen migrativen Verhaltens in drei Gruppen eingeteilt und folgendermaßen definiert:

1. SAISONWANDERER

Arten, die alljährlich ihre Ursprungsgebiete verlassen und in andere Gebiete, in denen sie nicht bodenständig sind, vorstoßen und dort Nachkommen erzeugen. Die Nachkommen wandern anschließend in die vermutlichen Ausgangsgebiete zurück (z.B. *Vanessa atalanta, Cynthia cardui* und *Autographa gamma*).

2. BINNENWANDERER 1. Ordnung
Arten, die innerhalb ihres Verbreitungsgebietes gerichtete Wanderflüge unternehmen (z.B. verschiedenen Vertreter der Familie der Pieridae).
3. BINNENWANDERER 2. Ordnung
Arten die innerhalb ihres Verbreitungsgebietes gerichtete Wanderflüge unternehmen, jedoch darüber hinaus mehr oder weniger häufig und mehr oder weniger tief in Gebiete vorstoßen, in denen sie nicht bodenständig werden können. Ihre etwaigen Nachkommen wandern anschließend nicht in die Ausgangsgebiete zurück, sondern gehen zugrunde (z.B. *Lampides boeticus*).
Außerdem haben wir noch eine vierte Gruppe angegliedert, in der diejenigen Arten zusammengefaßt sind, die wanderverdächtig erscheinen, die sich in einer Phase extremer Arealerweiterung befinden und schließlich solchen Arten, die zu extremen Populationsschwankungen neigen.

Bei all diesen Gruppen können wir dann noch nach dem Verhalten zwischen aktiver und passiver Wanderung unterscheiden. Unter 'passiver Wanderung' verstehen wir die Verfrachtung von Insekten mit Hilfe günstiger Luftströmungen, ohne daß sie sich dagegen wehren, obwohl sie dazu – wie andere, zur gleichen Zeit fliegenden Arten – in der Lage wären. Der Wandertrieb wird in diesen Fällen also durch einen äußeren Einfluß induziert. Im Gegensatz dazu verstehen wir unter einer 'aktiven Wanderung' einen gerichteten Flug, der durch mehrere Komponenten, wie z.B. ökologischer, klimatischer oder genetischer Natur ausgelöst wird, wobei ein Ziel von vornherein festliegt, das sogar gegen Hindernisse oder gegen starken Gegenwind angeflogen wird.

Um ein internationales, engmaschiges Beobachternetz aufzubauen, reichte das erwähnte viersprachige Heft nicht aus. Aus diesem Grund haben wir auch im Lauf der letzten Jahre der ATALANTA einen zweiten Teil angefügt, in dem allgemein entomologische Arbeiten publiziert wurden. Auf diese Weise wollen wir auch jene Entomologen mit der ATALANTA in Kontakt bringen, die sich primär überhaupt nicht für die Problematik der Migrationsforschung interessieren. Daß wir nicht falsch kalkuliert hatten, beweist die rapide angestiegene Mitgliederzahl von 237 im Jahr 1972 auf nun über 700, von denen gut über ein Drittel auch aktiv mitarbeitet. Dies ist eine beachtliche Zahl, wenn man bedenkt, wie schwierig es oft ist, einen Entomologen zur Mitarbeit an irgendeinem Problem zu bewegen, da bei vielen – und das soll hier auch einmal deutlich zum Ausdruck gebracht werden – allein die Sammlung und der Reingewinn, der durch den Verkauf des Doublettenmaterials auf Börsen erzielt wird, im Vordergrund steht.

Welches sind nun die Ziele, die wir mit unserer Arbeit verfolgen? Es sind dies:
1. Die Feststellung, welche Arten überhaupt wandern;
2. Das Festhalten des Bildes, wie es sich jedes Jahr neu ergibt, in Bezug auf Populationsdynamik, auf das Vordringen nach Norden und auf den Zeitpunkt des erfolgten Ein- und Rückfluges;

3. Die Einordnung der Arten in Gruppen;
4. Die Feststellung der Ursprungsgebiete, aus denen die Falter bei uns einwandern; ist es nur ein Ursprungsgebiet oder sind es mehrere?
5. Die Erforschung der Wanderwege für Ein- und Rückwanderung;
6. Die Erforschung der ökologischen Gegebenheiten außerhalb Mitteleuropas und außerhalb Europas.

Darüberhinaus bemühen wir uns, alle Arbeiten über das Thema Insektenmigration im Original in der ATALANTA zu veröffentlichen, oder – falls dies nicht möglich ist – in dem Kapitel 'Literaturübersicht' kurz zu referieren. Hierdurch wollen wir eine Konzentration derartiger Arbeiten auf ein Publikationsorgan erreichen, die dem Spezialisten das Arbeiten erleichtern soll. Die Arbeit der DFZS hat in den letzten Jahren durch das Programm der Erfassung der Europäischen Wirbellosen (EEW) einen weiteren Sinn erhalten und zwar dadurch, daß alle Einzelmeldungen der Zentralstelle in Saarbrücken zur faunistischen Auswertung überlassen wurden. Hierdurch ist es möglich geworden, daß bereits in diesem Jahr der erste provisorische Atlas für einen Teil der Tagfalter herausgegeben werden kan.

## Diskussion

F. P. MÜLLER: Bestünde nicht die Möglichkeit, irgend einen Gesichtspunkt hineinzunehmen, die auf den ökonomischen Sektor hinzielt? Wir hatten in der DDR vor einigen Jahren ein Auftreten der von *Plusia gamma*, das hat in der Tagespresse derart viel Widerhall gefunden, so daß große Teile der Öffentlichkeit aufmerksam geworden sind. Ein anderes Problem, das bei uns eine Rolle spielt, ist *Plutella maculipennis*. Wenn man derartige Wanderfalter, die auch eine gewisse ökonomische Bedeutung haben, unter der Sicht der Informationsvermittlung an die angewandten Stellen betrachten würde, dann hätte das meines Erachtens in manchen Ländern sehr großen Effekt, um die ganze Angelegenheit der Öffentlichkeit näherzubringen.

EITSCHBERGER: Wir haben uns bisher gehütet, Dinge hineinzuprojizieren und voreilig aus unseren Ergebnissen Schlüsse zu ziehen. Wir wissen ja leider noch zu wenig; ich weiß, daß diese Arten schädlich sind, aber ich weiß nicht, in welchem Rhythmus treten sie vermehrt auf, ich weiß nicht wo. Was wir momentan sammeln, sind ja alles nur Zufallsbeobachtungen. Ich versuche nur die Informationsfülle zu sammeln und zu speichern.

MALICKY: Ich habe mich früher intensiv mit der Frage der Insektenwanderungen beschäftigt. Da ich mich mit der Sache verbunden fühle, darf ich vielleicht auch einige Kritik äußern. Ich habe orientierende Experimente gemacht und bin dann soweit gekommen, daß ich sagen mußte: das kann ich nicht machen. Die Sache ist derart kompliziert, daß man ein komplettes ökologisches und dazu noch ein komplettes physiologisches Institut brauchen würde. Wenn KOCH gesagt hat, die Wanderfalterforschung wäre am Ende und es wäre nichts mehr Neues zu finden, dann muß ich ihm in einem gewissen Sinne recht geben, nämlich was die Freilandregistrierung von Zufallsbeobachtungen nach der bisherigen Methode betrifft. Wenn wir regelmäßig, so wie wir es seit dreißig Jahren tun, unsere Beobachtungslisten schicken, dann kommen jetzt keine grundsätzlich neuen Erkenntnisse heraus, die nicht auch schon bisher herausgekommen wären. Solche

Beobachtungen bringen über das bisher Bekannte hinaus nichts Neues mehr darüber, in welchen Rhythmen die Tiere auftreten. Von wo die Wanderungen ihren Ausgang nehmen und warum, ist auf Grund solcher Beobachtungen sowieso nicht zu ermitteln. Hingegen sind sehr wohl neue Erkenntnisse zu erwarten, wenn wir experimentell und kausal arbeiten. Die Vogelzugforschung arbeitet ja schließlich auch in erster Linie mit Markierungen. – Zur Gruppierung der Wanderfalter in Binnenwanderer, Saisonwanderer etc. habe ich Bedenken. Wenn in der Liste als Wanderer Arten stehen wie *Gonepteryx rhamni, Aporia crataegi* oder *Scotia exclamationis*, dann frage ich mich ernsthaft, welches Insekt dann überhaupt noch keine Wanderart ist? Ich meine, man sollte von den Arten ausgehen, von denen man sicher weiß, daß sie wandern, und zwar im allerstrengsten Sinne, wie etwa *Plusia gamma*, die auch experimentell gut zugänglich ist. Sicherlich sind schon Experimente gemacht worden, wie etwa im Zusammenhang mit jener Vitamin E-Hypothese (die meiner Ansicht nach mit dem Wandern überhaupt nichts zu tun hat). Aber wäre jetzt nicht die Zeit gekommen, ernstlich mit der experimentellen Arbeit zu beginnen? Eine Frage: Sind Sie in Kontakt mit der Rothamsted Experimental Station und mit dem französischen Arbeitskreis um CAYROL, wo in dieser Richtung gearbeitet wird?

EITSCHBERGER: Da bin ich leider momentan überfragt. Aber andrerseits möchte ich dem entgegenhalten: Ich finde, daß nicht jedes biologische Problem in der Petrischale und am Labortisch zu lösen ist. Es ist einfach unmöglich. Unsere Zielsetzung ist ja auch, erst festzustellen: woher kommen die Wanderer, wo liegen ihre Ursprungsgebiete usw., und da bedarf es der Feldbeobachtung. Vielleicht findet sich später ein Institut, das auf Grund unserer Sammlerei einspringt und physiologische Untersuchungen macht. Aber dazu müssen die äußeren Gegebenheiten restlos geklärt sein, und das ist bei weitem noch nicht der Fall.

ROER: Hat man bei Ihnen auch Untersuchungen mit markierten Tieren vorgenommen? Die Ergebnisse von URQUHART (The Monarch Butterfly, University of Toronto Press 1960, 361 pp.) in Nordamerika beruhen auf Wiederfunden markierter Falter. Oder kennen Sie die Untersuchungen von LI *et al.* (LI, KUANG-PO, WONG, HONG-HSIANG & WOO, WAN-SEI: Route of the seasonal migration of the Oriental Armyworm Moth in the eastern part of China as indicated by a three-year result of releasing and recapturing marked moths. Acta phytophyl. Sin. 3, 1964) aus China? Auch dort hat man mit markierten Tieren gearbeitet. Wenn man sich jedoch die Europakarte des 'Atlas of Animal Migration' von C. JARMAN (The John Day Company, New York 1972) ansieht, fällt auf, daß die hier eingetragenen Wanderfalterwege nicht auf Rückmeldungen markierter Tiere beruhen. Ich bin der Meinung, daß man bei uns mehr als bisher Experimente mit gezeichneten Faltern durchführen sollte, auch seitens Ihrer Arbeitsgemeinschaft.

EITSCHBERGER: Das ist vollkommen richtig. Wo soll ich aber die Mittel dazu hernehmen? Wir krebsen immer so am Existenzminimum herum.

ROER: Es müßte sich ein Institut bereit erklären, solche Experimente durchzuführen. Voraussetzung wäre das Vorhandensein eines Insektariums; außerdem müßten Hilfskräfte zum Markieren in ausreichender Zahl zur Verfügung stehen, denn ein Einzelner kann das nicht schaffen. WARNECKE und Mitarbeiter hatten seinerzeit den Versuch unternommen, solche Experimente auf privater Basis durchzuführen, jedoch erwies sich der Arbeits- und Materialaufwand als zu hoch. Die Versuche wurden bald wieder aufgegeben, als sich der erhoffte Erfolg nicht einstellte.

EITSCHBERGER: Aber wir sind zum Glück noch jung genug, daß wir es zumindest noch einige Jahre versuchen können, daß zumindest der Gedanke Migrationsforschung in der breiten Schicht am Leben erhalten bleibt.

VARGA: Man kann lange darüber diskutieren, daß etwa Untersuchungen von WARNECKE methodologisch überholt sind oder nicht. Aber die Feststellungen von WARNECKE sind in einer Hinsicht noch heute beispielgebend: er hat den Zusammenhang zwischen Wanderphänomen und Ausbreitung erkannt. Solche Zusammenhänge zu erkennen ist eine Menge Arbeit nötig. Ich finde es daher sehr gut, daß diese Wanderangaben zusammen mit anderen faunistischen Angaben gespeichert werden, weil dadurch zuerst ein rein phänomenologischer Zusammenhang erkannt werden kann. Das Erkennen solcher Zusammenhänge bedeutet aber noch keine Kausalität, höchstens einen Schritt dazu.

GHILAROV: Es gibt bestimmt verschiedene Ursachen von Migrationen. Wenn ein Oleanderschwärmer in der Umgebung von Leningrad erscheint, hat das keinen Einfluß auf die Veränderung in der dortigen Fauna. Es gibt aber Wanderungen mit sehr großen wirtschaftlichen Folgen, z.B. bei *Porthetria dispar*. Wo in den Wäldern eine große Menge von diesen Spinnern entsteht, sind die Raupen nicht genügend ernährt, dann sind auch die Weibchen, die sonst zu schwer sind, verbreitungsfähig, und zwar sowohl aktiv als auch passiv mit dem Wind über einige hundert Kilometer. Normalerweise erfolgt die Verbreitung im ersten Larvenstadium passiv. Das hat sich in der Umgebung von Moskau gezeigt, daß gerade jene Weibchen, die nur wenige Eier haben, mit dem Luftstrom aus dem Woronesch-Gebiet nach Moskau transportiert worden sind, ungefähr 500 Kilometer. Es ist oft auch unklar, woher sehr große Populationen in einer sehr kurzen Zeit entstehen. So war z.B. im europäischen Teil der Sowjetunion, im Süden bis zur Steppenzone, seit 40 Jahren keine Massenvermehrung von *Pyrausta sticticalis* mehr. Im heurigen Jahre wurde sie in der Ukraine eine Plage ...

KASZAB: Auch in Ungarn.

MIKŠIĆ: Auch in Jugoslawien.

GHILAROV: Vor ein paar Jahren war keine Motte, keine Raupe da, der Schädling war unauffindbar. Solche Fälle sind von größerem Interesse als das zufällige Einfliegen von großen Tagfaltern oder großen Schwärmern. Es ist vielleicht eine gewisse Parallele mit der Ausbreitung der Orthopteren, besonders von denen, die in zwei Phasen vorkommen, und vielleicht sind auch die Ursachen und die physiologischen Eigenschaften zumindest ähnlich.

ASPÖCK: Ich habe in meinem gestrigen Vortrag einige Bemerkungen über die Grundlagen und die Rechtfertigung der taxonomisch-faunistischen Arbeit gemacht. Die Freude und die Begeisterung an der Sache ist eine ganz wesentliche Grundlage, und die soll sich niemand nehmen lassen, denn sie ist eine wichtige Voraussetzung jeder erfolgreichen wissenschaftlichen Tätigkeit. Wenn jemand sich in so bescheidener Form wie Sie, Herr EITSCHBERGER, als Wasserträger bezeichnet, dann bedarf es keiner weiteren Rechtfertigung Ihrer Arbeit, und es bleibt nur zu wünschen, daß solche Wasserträger auch jene finden, die mit diesem Wasser zu kochen verstehen.

*Verh. des Sechsten Int. Symp. über Entomofaunistik in Mitteleuropa 1975, Junk, The Hague.*

# Die Käferfauna der Sandküsten der Ostsee

HARALD HABERMAN

*Summary*

The beetles of the shores of the Baltic Sea demonstrate a remarkable combination of elements of marine and limnic origin. Compared with other soil types, the sandy shores are inhabited by the richest fauna. Many species have the eastern limit of their distribution area there. From west to east a decrease of species number was noted. Several species change their habitats at the limits of their areas. The sandy shores are relictary areas and may offer conditions for the evolution of endemic variations. A 'baltic' distribution type is proposed.

Die Käferfauna der Küstenzone Estlands hat sich auf der nacheiszeitlichen Denudationslandschaft während der letzten 15.000 bis 3.700 Jahre gebildet. Heutzutage stellt sie eine eigenartige Kombination der Strandarten mariner und limnischer Herkunft dar, wobei die letzteren ein mächtiges Übergewicht haben. Die Arten der Gezeitenzone fehlen völlig.

In der Geschichte der Faunenbildung gibt es mehrere gemeinsame Gesetzmäßigkeiten mit der Entwicklung der Meeresfauna. Die markantesten sind die durch die Fluktuationen der Temperatur- und Salinitätsverhältnisse des Meeres bedingten Umgestaltungen der Fauna.

Von den in der Küstenzone festgestellten 1334 Käferarten sind 14% hydro-, 46% hygro-, 34% mesophil und nur 6% xerophil. Betont küsteneigene Arten gibt es 858. Die Individuenzahl übersteigt durchschnittlich die Artenzahl ums 3,6 fache, und im allgemeinen wächst die Arten- und Individuenzahl mit dem Zerkleinerungsgrad des Bodenmaterials. Die Hauptanpassungen der Arten für das Leben im Meeresanwurf und auf den offenen Flächen bestimmen auch die Lebensformen der Tiere. Es dominieren laufende, schlüpfende und grabende microcavernicole Lebensformen. Die erfolgreichsten von ihnen gehören im allgemeinen zu den großen, artenreichen Gattungen wie *Dyschirius, Bembidion, Cercyon, Trogophloeus, Bledius, Stenus, Philonthus, Oxypoda, Atheta, Aleochara, Anthicus, Aphodius*. Nach Ernährungstypen betrachtet, führen die Karnivoren vor den Eury-, Sapro- und Phytophagen.

Von der Gesamtzahl der Arten umfassen die Massenarten nur 3,4%, und ihre

Anzahl ist im Meeresanwurf um 10% höher als auf den offenen Küstenflächen. Die euzönen Massenarten sind, nach der Häufigkeit geordnet:

Auf den offenen Flächen: *Bembidion bipunctatum* L., *Geodromicus plagiatus* F., *Hypnoidus dermestoides* HBST., *Atheta thinobioides* KR., *Cercyon litoralis* GYLL. und *Ptenidium punctatum* GYLL.

Im Meeresanwurf: *Cercyon litoralis, Omalium riparium* THOMS., *Hypnoidus dermestoides, Ptenidium punctatum, Atheta vestita* GRAV., *Cafius xantholoma* GRAV., *Atheta autumnalis* ER. und *A. zosterae* THOMS.

Von den zehn dominierendsten Arten haben *Stenus incrassatus* ER., *Stenus crassus* STEPH., *Omalium riparium* und *Stenus palposus* ZETT. auf der Sandküste die stärksten Populationen. Das aus 19 halobionten und 15 halophilen Arten bestehende marine Element umfaßt nur 2,5% der Gesamtzahl der Arten. Die nur am Strand vorhandenen Arten, deren Häufigkeit und Anzahl im allgemeinen in östlicher Richtung sinkt, bilden 4% der Artenzahl.

Von den vier wichtigsten Strandtypen (Schotter-, Geröll-, Sand- und Lehmböden) sind die Sandküsten mit kontinentalem Mikroklima für die Käferfauna optimal. Den von dort stammenden 78 Proben nach ist die Individuenproduktion in Mittelwerten auf den Sandflächen der Inseln und des Festlandes um 30 bis 48% höher, im Meeresanwurf sogar um 62%. Auch die Artenzahl übersteigt die der anderen Strandtypen um 30%. Ebenso stammen von Sandböden die absolut höchsten Arten- und Individuenzahlen der Proben: 88 bzw. 355 von den offenen Flächen, 124 bzw. 909 vom Meeresanwurf. Die Individuenzahl übersteigt die Artenzahl auf den offenen Flächen in Mittelwerten 5,6fach, im Meeresanwurf 3,9fach. Zu den auf den Sandküsten festgestellten 1155 Arten (87% der Fauna der Küstenzone) gehören auch 69% der erfolgreichsten Arten mit 8890 Individuen.

Den Kern der Sandküstenfauna bilden 68 euzöne und 190 tychozöne Arten, von denen die Vertreter von fünf Familien (Staphylinidae, Carabidae, Hydrophilidae s.l., Chrysomelidae und Curculionidae) 92% ausmachen. Mit 31% sind die mehr thermophilen Halobionten und Halophilen vertreten.

Unter den Halobionten am verbreitetsten sind *Cercyon litoralis, C. depressus* STEPH. und *Omalium riparium*, dessen Populationen sich in östlicher Richtung vermindern. Nur auf der Insel Saaremaa sind *Amara convexiuscula* MARSH. und *Atheta marina* MULS. festgestellt worden, nur auf den Inseln *Atheta triangulum* KR., *Halobrecta puncticeps* THOMS. und *Liodes ciliaris* SCHM., auf den Inseln und auf den Spitzen von Halbinseln *Cafius xantholoma* und *Ptenidium punctatum*. Die häufigsten Halobionten im Meeresanwurf sind *Omalium riparium, Halobrecta flavipes* THOMS., *Atheta vestita* und *Aleochara grisea* KRAATZ. In Strandlachen sind die typischsten Halophilen *Laccobius decorus* GYLL. und *Haemonia mutica* F. mit balto-kaspischer Verbreitung. Von anderen nur auf den Inseln vertretenen Arten sind *Philonthus punctus* GRAV., *Trogophloeus elongatulus* ER., *Chrysomela haemoptera* L., *Sphaeroderma testaceum* F. und *Cassida vibex* L. erwähnenswert.

Das Problem der Salz- und Pseudosalzkäfer unserer Küstenzone wurde vom Autor (HABERMAN 1964) schon früher behandelt.

Die Beziehungen zwischen der Küstenzone und den Strandzonen der Binnengewässer werden durch die tychozönen Arten charakterisiert. Von ihnen entwickeln neun Halophile (*Cicindela maritima* DEJ.*, *Dyschirius obscurus* GYLL.*, *D. impunctipennis* DAWS., *Bembidion saxatile* GYLL., *Bledius tricornis* HBST.*, *B. arenarius* PAYK.*, *Atheta setigera* SHARP., *Paratinus femoralis* ER.* und *Anthicus flavipes* PANZ.*) in der Küstenzone die stärksten Populationen. Die sieben mit * bezeichneten sind psammo- und thermophil.

Noch 58 Arten haben in der Küstenzone stärkere Populationen als an den Stränden der Binnengewässer, und drei Arten (*Atheta volans* SCRIBA, *A. malleus* JOY und *A. ripicola* HANSSEN) sind bisher nur an den Küsten festgestellt. Höchst bezeichnend für die Strandlachen ist *Haliplus confinis pallens* FOVL.

Nur auf den Westinseln und an der Nordwestküste des Festlandes sind 13 Arten gesammelt worden. Die typischsten davon sind *Bembidion varium* OL., *Helophorus minutus* F., *Dryops nitidulus* HEER und die nur im fucusfreien Meeresanwurf vorkommenden *Corylophus cassidoides* MARSH. und *Ptenidium fuscicorne* ER. Betont psammophil sind *Pseudomedon obsoletus* NORDM., *Heterothops dissimilis* GRAV., *Falagria nigra* GRAV., *Anthicus antherinus* L., *A. axillaris* SCHM., *Stenus incrassatus, Saprinus rugifer* PAYK. und *Aphodius plagiatus* L. Am erfolgreichsten sind zehn Arten, nämlich: *Stenus incrassatus, S. crassus, Falagria sulcata* PAYK., *Anthicus flavipes, Stenus palposus, Dyschirius thoracicus* ROSSI, *Hypnoidus dermestoides, Bembidion obliquum* STURM, *Atheta autumnalis* und *Bledius arenarius*.

An den Sandküsten bemerkt man das Hervortreten der laufenden Lebensformtypen der Staphyliniden und das Zurücktreten der Carabiden, das höchstwahrscheinlich durch die stärkere Hydrophilie der letzteren bestimmt wird. Nur *Bembidion velox* L., *B. andreae polonicum* MÜLL. und *Cicindela maritima* prosperieren auch hier. Besonders aber wächst die Anzahl der Lebensformen auf Kosten der grabenden Arten, von denen die größte *Broscus cephalotes* L. und die häufigsten *Dyschirius thoracicus, D. obscurus* und *Bledius arenarius* sind, außerdem noch *Heterocerus flexuosus* STEPH., *Georyssus crenulatus* ROSSI und andere hier gewöhnliche Arten.

Im Meeresanwurf erreichen hier neun Arten ihr Erfolgsmaximum: *Cercyon litoralis, Ptenidium nitidum* HEER, *P. punctatum* GYLL., *Stenus crassus, Falagria sulcata, Atheta vestita, A. zosterae, Coccidula rufa* HRBST., *Anthicus flavipes*.

Von den anderen typischen Arten erwähnen wir *Pterostichus minor* GYLL, *Europhilus thoreyi* DEJ., *Cercyon marinus* THOMS., *C. analis* PAYK., *Acrotrichis fratercula* MATTH., *Philonthus umbratilis* GRAV., *P. quisquiliarius* GYLL., *Atheta sodalis* ER., *Micrambe bimaculata* PANZ., *Aleochara grisea, Corticaria impressa* OLIV., *Bagous lutosus* GYLL. und *Notaris acridulus* L.

Im fucusfreien Meeresanwurf der größten Buchten von Narva und Pärnu fehlen die mit Fucus vergesellschafteten Halobionten wie *Cercyon litoralis, C. depressus, Atheta vestita* und andere. Sie werden durch zahlreiche Staphylinidenarten wie *Bledius arenarius, Trogophloeus corticinus* GRAV., *Atheta autumnalis* und verschiedene limnische Arten wie *Enochrus minutus* F., *Hydrochus elongatus* SCHALL. etc. ersetzt. Die Stabilität der Artenzusammensetzung vermindert sich merklich.

Die Käferbestände im Meeresanwurf der Sandküste haben die engsten faunistischen Beziehungen und die größte Anzahl der gemeinsamen Arten mit ähnlichen Beständen der Kalkschotter. Das sieht man daran, daß die mit Fucusanwurf vergesellschafteten Arten am besten an den warmen Stränden gedeihen.

Der Artenreichtum der Bestände vermindert sich im allgemeinen in östlicher Richtung. Es fallen 63% von Halobionten, 61% der Arten südlicher und westlicher Herkunft und 33% der Halophilen aus. Für die meisten Arten ist die kritische Verbreitungsgrenze bei uns das Gebiet Lahemaa an der Nordküste.

Wie können wir das Zustandekommen dieser Verhältnisse erklären?

Die Küstenbiozönose des Festlandes ist eine der ursprünglichsten und konservativsten. In ihrer Entstehungsgeschichte spiegelt sie das historische Werden des Festlandes sowie des Wasserbeckens. Das bezeugt die relative Armut der Lebensformen bei Arten mit primitiven Anpassungen sowie ihre enge Verbindung mit dem sich dauernd durch die Wellen umbildenden Bodenmaterial. Das betonen auch die biogeographischen Beziehungen der Arten und Faunenelemente.

Vom Finiglazial an wurde das entstehende Neuland vor allem durch die aus Osten und Süden herkommenden eurytopen Arten bevölkert, die auch heutzutage die Grundmasse der Fauna bilden. Arten von westlicher und südlicher Herkunft, hauptsächlich Halobionten, Thermo- und Xerophile, haben ihr Optimum in der xerothermen Litorinaperiode erreicht, wobei das boreale Element beträchtlich reduziert wurde. Während der Periode des Myameeres erfolgte die Verminderung des Anteils der halobionten und thermophilen Faunenelementen und der Anstieg des Anteils jüngerer europäischer Elemente.

Eine Verschiebung in pessimaler Richtung traf wiederholt die Arten, deren biologisches Potential von den Milieubedingungen unterdrückt wurde, wie z.B. die Halobionten und ein beträchtlicher Teil der Thermophilen. Optimal entwickeln sich aktuell die perilimnischen und halophilen Arten. Von der aus Arten mit zoogeographisch extensiver Verbreitung bestehenden Immigrationsfauna der Küstenzone sind 69% der prosperierenden Arten an den Sandboden, seine Wasserlachen und den Meeresanwurf adaptiert.

Zusammenfassend präsentiert sich die Küstenzone der Ostsee in Estland als eine höchst eigenartige ökologische Rinne. Darin pulsieren die zungenartig verengten Areale vieler Arten verschiedener faunistischer Herkunft historisch hauptsächlich in Südwest-Nordost-Richtung gemäß den Veränderungen der Milieubedingungen. Die Sandpartien der Küstenzone fungieren in diesen Prozessen als spezifische Mikroasyle der halobionten und thermophilen Arten. Sie sind ebenso für eine Gruppe von hauptsächlich halophilen Arten Zentren intensiver Anpassung bei der Bildung von Lokalrassen.

Die eigenartigen Lebensbedingungen und die begrenzte Verbreitung von hunderten Arten in der Küstenzone der Ostsee bestätigt das Recht, einen besonderen Baltischen Verbreitungstypus der Käferfauna hervorzuheben und zu benennen, der am markantesten von der Käferfauna der Sandküsten demonstriert wird.

## Literatur

HABERMAN, H. (1961): Die Salz- und Pseudosalzkäfer der Küstenzone von Estland. *Verh. XI. Int. Kongr. Ent. Wien 1*: 489–476.

*Verh. des Sechsten Int. Symp. über Entomofaunistik in Mitteleuropa 1975, Junk, The Hague.*

# Vergleich der Scarabaeiden-Faunen (Coleoptera) Mitteleuropas (s.l.) und Jugoslawiens

RENÉ MIKŠIĆ

*Summary*

The Scarabaeidae of Yugoslavia and Central Europe (in broader sense) are compared in faunistical respect. Both regions are well known; Yugoslavia mainly by the publications of the author, Central Europe mainly by the works of HORION and MACHATSCHKE. From Yugoslavia 268 species, from Central Europe 218 species are now recorded. 83,2% of the Central European species are also found in Yugoslavia, 68% of the Yugoslavian species occur in Central Europe too. The higher number of species in Yugoslavia is explained by the fact that in some regions with mediterranean climate many species with mediterranean distribution type dominate. On the other hand, the genus *Aphodius* (among others) has more species in Central Europe. The complete list of species is added.

Jugoslawien hat wegen seiner Lage in Südeuropa und wegen der bedeutenden geomorphologischen, klimatischen und floristischen Unterschiede der einzelnen Landesteile eine sehr reiche und mannigfaltige Insektenfauna, die aber leider größtenteils noch kaum oder höchstens unzureichend untersucht ist. Eine der sehr wenigen gut bearbeiteten Coleopteren-Familien bilden die Scarabaeidae.

Eine eingehende faunistische und systematische Behandlung der Scarabaeidae gab ich in meinem Werk 'Fauna Insectorum Balcanica, Scarabaeidae' (MIKŠIĆ 1956), zu dem ich später zwei Nachtrage publizierte (MIKŠIĆ 1957, 1959); dann in der dreibändigen Monographie 'Scarabaeidae Jugoslavije' (MIKŠIĆ 1958, 1962a, 1965), endlich in dem zusammenfassenden 'Katalog der Lamellicornia Jugoslawiens' (MIKŠIĆ 1970). Wertvolle Beiträge zur Kenntnis der Scarabaeidenfauna unseres Landes gaben in neuerer Zeit auch einige andere Autoren wie BARAUD, ENDRÖDI, PETROVITZ u.a. Die Scarabaeidenfauna Jugoslawiens gehört gegenwärtig zu den am besten erforschten in Europa. Andrerseits ist auch die Scarabaeidenfauna von Mitteleuropa heute, namentlich dank des Lamellicornia-Bandes des großartigen Werkes 'Faunistik der mitteleuropäischen Käfer' von HORION (1958), vorzüglich bekannt. Eine allerdings nicht ganz geglückte systematische Bearbeitung der mitteleuropäischen Scarabaeiden gab in neuester Zeit MACHATSCHKE (1969) im 8. Band der 'Käfer Mitteleuropas'.

Bei einem Vergleich der Scarabaeidenfauna Jugoslawiens mit jener von Mitteleuropa ist die sehr günstige biogeographische Lage unseres Landes zu beachten. Der allergrößte Teil von Jugoslawien gehört ebenso wie Mitteleuropa zur Eurosibirischen Subregion, die die zur Pannonischen Ebene gehörenden Niederungen von Slawonien, Syrmien und der Vojvodina, dann die Gebirgsgebiete von Slowenien, Kroatien, Bosnien, der nördlichen Herzegowina, von Serbien und Kosmet und den größten Teil von Mazedonien umfaßt. Zur mediterranen Subregion gehören vor allem die Adria-Inseln, dann Süd-Istrien, der schmale Küstenstreifen von Kroatien, Dalmatien (außer den Gebirgsgegenden im Nordosten), die südliche Herzegowina samt dem Gebiet des unteren und mittleren Laufs der Neretva, das Küstenland der Črna Gora samt der Ebene am Nordrand des Skadar-Sees, endlich in Mazedonien das Gebiet des mittleren und unteren Laufes des Vardars, Ovče Polje und die südöstlichen Teile dieser Republik gegen den Dojran-See.

MACHATSCHKE behandelte in den 'Käfern Mitteleuropas' 14 Unterfamilien, 51 Gattungen und 232 Arten. Dazu muß ich aber bemerken, daß die Zugehörigkeit der Gattungen *Chironitis* und *Haplidia* zur Fauna von Mitteleuropa auch im weiteren Sinne zweifelhaft erscheint. *Amphimallon* ist nur eine Untergattung von *Rhizotrogus*, und *Liocola* und *Potosia* sind Untergattungen der Gattung *Protaetia*. Es verbleiben also 47 Gattungen. Von den angeführten Arten klammerte MACHATSCHKE als für die Fauna von Mitteleuropa zweifelhaft oder als noch nicht sicher nachgewiesen 14 Arten ein. *Pleurophorus caesus* (CREUTZ.) ist wohl mit *P. pannonicus* PETROV. identisch. Bei der Angabe von *Scarabaeus sacer* handelt es sich wohl sicherlich um *S. affinis*. Andrerseits führt MACHATSCHKE *Onthophagus illyricus* unbegründet nur als Rasse des *O. taurus* an. Es würden also 218 Arten bleiben. Doch ist auch diese Zahl ungenau, da MACHATSCHKE eine ganz veraltete Darstellung der Gattung *Homaloplia* gibt und die neue Revision von BARAUD wohl nicht kannte. Von den für Mitteleuropa angegebenen Arten sind aber nur gegen 117 in diesem Gebiet allgemein oder wenigstens weit verbreitet. Bei den übrigen handelt es sich meist um aus West-, Süd- oder Osteuropa in den mitteleuropäischen Raum (im weiteren Sinne) transgredierende Arten, die nur in den entsprechenden Randgebieten von Mitteleuropa i.w.S. vorkommen. Auf den Wert der von MACHATSCHKE gegebenen Bestimmungstabellen möchte ich hier nicht eingehen, und ich beschränke mich auf die Bemerkung, daß ich genötigt war, eine neue Tabelle der mitteleuropäischen *Protaetia*-Arten, also der Gattungen *Liocola* und *Potosia* im Sinne der älteren Autoren, zu geben (MIKŠIĆ 1970).

Aus Jugoslawien wurden bisher ganz zuverlässig 16 Unterfamilien, 59 Gattungen und 268 Arten nachgewiesen. Ein weiterer, allerdings geringer Artenzuwachs ist bei künftigen Forschungen zu erwarten, da manche in den angrenzenden Ländern vorkommende Arten auch in unserer Fauna auftreten können.

Die beigefügte Tabelle gibt eine Übersicht über die Zusammensetzung der beiden Faunen, wobei ich in der systematischen Anordnung und Nomenklatur meinem Katalog der Scarabaeiden Jugoslawiens folge.

Bei einem Vergleich der Scarabaeiden-Faunen von Mitteleuropa und von Jugoslawien kommt man zu folgenden Feststellungen:

Von den im mitteleuropäischen Raum auftretenden Unterfamilien wurden in Jugoslawien nur die Aegialiinae bisher nicht sicher nachgewiesen, und von den Gattungen *Aegialia* und *Glaresis*. Das Vorkommen dieser beiden Gattungen in unserer Fauna ist aber möglich. Von den mitteleuropäischen Arten fehlen in unserer Fauna je eine Art der Gattungen *Geotrupes, Heptaulacus, Rhyssemus, Glaresis, Trichius* und *Protaetia*, je zwei Arten der Gattungen *Homaloplia* und *Anisoplia*, je drei Arten der Gattungen *Aegialia, Trox* und *Hoplia*, sechs Arten der Gattung *Rhizotrogus* und zwölf Arten der Gattung *Aphodius*, insgesamt 37 Arten. Einige von ihnen werden sich aber in Zukunft wahrscheinlich auch bei uns auffinden lassen.

Von den in Jugoslawien vertretenen Unterfamilien fehlen auch im weiteren mitteleuropäischen Raum die Hybosorinae, Orphninae und Glaphyrinae. Von den Gattungen fehlen *Chironitis, Bubas, Trichorhyssemus, Hybosorus, Codocera, Chaetonyx, Amphicoma, Anthypna, Triodontella, Haplidia, Holochelus, Pseudotrematodes, Butosania* und *Phyllognathus*. Von den jugoslawischen Arten fehlen je eine Art der Gattungen *Copris, Bubas, Caccobius, Trichorhyssemus, Hybosorus, Ochodaeus, Codocera, Chaetonyx, Anthypna, Haplidia, Holochelus, Pseudotrematodes, Butosania, Polyphylla, Pentodon, Phyllognathus, Tropinota* und *Oxythyrea*, je zwei Arten der Gattungen *Chironitis, Typhoeus, Lethrus, Triodontella, Miltotrogus* und *Protaetia*, je drei Arten der Gattungen *Rhyssemus, Homaloplia, Anoxia* und *Anomala*, je vier Arten der Gattungen *Scarabaeus, Rhizotrogus, Blitopertha* und *Anisoplia*, je fünf Arten der Gattungen *Geotrupes, Aphodius* und *Hoplia*, sechs Arten der Gattung *Amphicoma* und sieben Arten der Gattung *Onthophagus*, insgesamt 86 Arten.

Von den 219 im mitteleuropäischen Raum im weiteren Sinne auftretenden Scarabaeidenarten wurden 182 oder 83,2% in der jugoslawischen Fauna nachgewiesen. In unserer Fauna fehlen hingegen von diesen 37 Arten oder 16,8%. Von den 268 bisher sicher in Jugoslawien nachgewiesenen Arten kommen auch in der mitteleuropäischen Fauna (ein Teil von ihnen allerdings nur in den Randgebieten) 182 Arten oder 68% vor, hingegen fehlen 86 Arten oder 32%. In der mitteleuropäischen Fauna umfassen die laporosticten Unterfamilien 66,7%, in der jugoslawischen Fauna nur 60% der Arten, was hauptsächlich auf einen größeren Reichtum der mitteleuropäischen *Aphodius*-Fauna zurückzuführen ist.

## Literatur

BARAUD, J. (1965): Révision du genre *Homaloplia* STEPHENS. *Atti Soc. Italiana Sci. Nat. Mus. Civ. Stor. Nat. Milano* 104: 393–448.

HORION, A. (1958): Faunistik der mitteleuropäischen Käfer. 6. Lamellicornia (Scarabaeidae – Lucanidae). Überlingen.

MACHATSCHKE, J. W. (1969): Familienreihe Lamellicornia. In: H. FREUDE, K. W. HARDE & G. A. LOHSE (Edit.): *Die Käfer Mitteleuropas*, 8: 265–371. Krefeld.

MIKŠIĆ, R. (1955): Beitrag zur Kenntnis der Scarabaeiden-Fauna von Mazedonien. *Acta Mus. Macedon. sci. nat.* 3: 227–246.

— (1956): Fauna Insectorum Balcanica – Scarabaeidae. *Godišn. Biol. inst. (Sarajevo)* 6: 49–281.

— (1957): Zweiter Nachtrag zur Fauna Insectorum Balcanica Scarabaeidae. *Acta Mus. Macedon. sci. nat. (Skopje)* 4: 139–214.

— (1958): Scarabaeidae Jugoslavije, vol. 1. Naučno društvo NRBiH, Gradja (Sarajevo) 6: 1–150.

— (1959): Dritter Nachtrag zur Fauna Insectorum Balcanica – Scarabaeidae. *Godisn. Biol. inst. (Sarajevo)* 12: 47–136.

— (1962a): Scarabaeidae Jugoslavije, vol. 2. Srpska Akademija nauka i umetnosti, posebna izdanja 348: 1–200. Beograd.

— (1965): Scarabaeidae Jugoslavija, vol. 3. Naučno društvo Bosne i Hercegovine 25: 1–265. Sarajevo.

— (1969): Übersicht der mitteleuropäischen Arten der Gattung Protaetia Burm. *Ent. Nachr. (Dresden)* 13: 137–147.

— (1970): Katalog der Lamellicornia Jugoslawiens. Institut za šumarstvo, posebno izdanje, pp. 1–71. Sarajevo.

## Diskussion

PUTHZ: Sie haben bezüglich der Bearbeitung der Scarabaeiden durch Herrn MACHATSCHKE einige Zweifel geäußert. Ich würde Sie bitten, das näher auszuführen.

MIKŠIĆ: Er hat die modernste Literatur nicht immer berücksichtigt, und die Bestimmungstabellen sind durchaus nicht immer sehr glücklich abgefaßt. Mit der Cetoniinentabelle kommt man nicht immer zu einer sicheren Bestimmung; z.B. bei *Potosia fieberi* führt er nicht an, daß sie sich mit dem Aedeagus ganz sicher von *P. cuprea* unterscheidet. Es gibt mehrere solche Fälle.

PUTHZ: Außerdem wüßte ich gerne, wie stark die Besammlungsintensität in den einzelnen Republiken Jugoslawiens ist.

MIKŠIĆ: Das Land ist ungleichmäßig erforscht. Sehr gut erforscht ist das Küstenland (durch JOSEF MÜLLER, PETAR NOVAK u.a.), gut erforscht ist Bosnien-Hercegowina. Vojvodina ist schlechter bekannt. Immerhin ist das ganze Land so gut durchforscht, daß ein bedeutenderer Artenzugang nicht mehr zu erwarten ist.

PUTHZ: Haben Sie bei den Scarabaeiden auch einen transadriatischen Verbreitungstyp?

MIKŠIĆ: Ja, und zwar bei *Geotrupes intermedius* (auf der Insel Mljet und sonst in Italien) und bei *Scarabaeus semipunctatus* (westmediterran, Iberische Halbinsel, Südfrankreich, Nordwestafrika, Italien, und auf einigen südlichen jugoslawischen Inseln, im Küstenland der Crna Gora und in Albanien).

GEPP: Können Sie mir Beziehungen zwischen der Verbreitung von einzelnen Nutzsäugern und einzelnen Scarabaeidenarten nennen?

MIKŠIĆ: Das ist eine Frage der koprophagen Ernährung der Scarabaeiden. Es ist längst bekannt, daß manche Arten spezielle Kotarten vorziehen, andere sind ziemlich wahllos in dieser Hinsicht. Manche Kotarten werden fast vermieden, z.B. von Raubtieren. Die Verbreitung kann davon abhängen. Eine starke Abnahme von Scarabaeiden z.B. in Mitteleuropa ist darauf zurückzuführen, daß das Vieh nicht mehr auf die Weide hinausgetrieben wird.

Tabelle 1. Übersicht der Zusammensetzung der Scarabaeidenfauna von Mitteleuropa und von Jugoslawien

A = Im breiteren mitteleuropäischen Raum auftretende oder wenigstens in die Grenzgebiete desselben transgredierende Arten sind mit dem Zeichen x, in Mitteleuropa allgemein oder wenigstens weit verbreitete Arten mit dem Zeichen ⊗ angemerkt.

B = In der Jugoslawischen Fauna auftretende Arten sind mit dem Zeichen x, die in Jugoslawien fast überall oder wenigstens weit verbreiteten Arten mit dem Zeichen ⊗ angemerkt.

| | A | B |
|---|---|---|
| SCARABAEINAE (= COPRINAE) | | |
| Scarabaeus sacer L. | – | x |
| – affinis BRULL. | x | x |
| – pius ILL. | x | x |
| – puncticollis LAT. | – | x |
| – semipunctatus F. | – | x |
| – variolosus F. | – | x |
| Gymnopleurus mopsus (PALL.) | x | ⊗ |
| – sturmi M.LEAY | x | x |
| – geoffroyi (FÜES.) | x | ⊗ |
| Sisyphus schaefferi (L.) | ⊗ | ⊗ |
| Copris hispanus (L.) | – | x |
| – lunaris (L.) | ⊗ | ⊗ |
| Chironitis furcifer (ROSSI) | – | x |
| – hungaricus (HERBST) | – | x |
| Bubas bison (L.) | – | x |
| Euoniticellus fulvus (GOEZ.) | ⊗ | ⊗ |
| – pallipes (F.) | x | x |

| Art | A | B |
|---|---|---|
| Caccobius schreberi (L.) | ⊗ | ⊗ |
| – histeroides (MÉN.) | – | x |
| Onthophagus amyntas (OL.) | x | ⊗ |
| – gibbosus (SCRIB.) | x | x |
| – atramentarius MÉN. | – | x |
| – taurus (SCHREB.) | ⊗ | ⊗ |
| – illyricus SCOP. | x | ⊗ |
| – ovatus (L.) | ⊗ | x |
| – joannae GOLJAN | ⊗ | x |
| – panići PETROV. | – | x |
| – grossepunctatus REITT. | x | ⊗ |
| – ruficapillus BRULL. | x | ⊗ |
| – furcatus (F.) | x | ⊗ |
| – semicornis (PANZ.) | x | x |
| – verticicornis (LAICH.) | ⊗ | ⊗ |
| – sericatus REITT. | – | x |
| – vitulus (F.) | x | x |
| – marginalis GEB. | – | x |
| – fissicornis STEV. | – | x |
| – opacicollis D'ORB. | – | x |
| – similis (SCRIB.) | ⊗ | x |
| – fracticornis (PREYS.) | ⊗ | ⊗ |
| – coenobita (HERBST) | ⊗ | ⊗ |
| – gibbulus (PALL.) | x | x |
| – lemur (F.) | x | ⊗ |
| – macedonicus MIKŠ. | – | x |
| – vacca (L.) | ⊗ | ⊗ |
| – nuchicornis (L.) | ⊗ | ⊗ |
| – lucidus (STURM) | x | x |
| GEOTRUPINAE | | |
| Odontaeus armiger (SCOP.) | ⊗ | ⊗ |
| Bolbelasmus unicornis (SCHRANK) | x | x |
| Typhoeus typhoeus (L.) | ⊗ | x |
| – fossor (WALT.) | – | x |
| – lateridens (GUER.) | – | x |
| Geotrupes mutator MARSH. | ⊗ | ⊗ |
| – spiniger MARSH. | ⊗ | ⊗ |
| – niger MARSH. | x | – |
| – stercorarius (L.) | ⊗ | x |
| – stercorosus (SCRIB.) | ⊗ | ⊗ |
| – pyrenaeus ssp.splendens HEER | – | x |
| – vernalis (L.) | ⊗ | ⊗ |

| Art | A | B |
|---|---|---|
| – alpinus HAGEN. | x | x |
| – hoppei HAGEN. | – | x |
| – punctulatus JEK. | – | x |
| – brullei JEK. | – | x |
| – intermedius COSTA | – | x |
| Lethrus raymondi REITT. | – | x |
| – apterus (LAX.) | x | x |
| – mandibularis JEK. | – | x |
| APHODIINAE | | |
| Aphodius erraticus (L.) | ⊗ | ⊗ |
| – subterraneus (L.) | ⊗ | ⊗ |
| – scrutator (HERBST) | x | x |
| – fossor (L.) | ⊗ | ⊗ |
| – haemorrhoidalis (L.) | ⊗ | ⊗ |
| – brevis ER. | ⊗ | x |
| – pannonicus PETROY. | ? x | – |
| – hydrochoeris (F.) | x | x |
| – makolskii ROUB. | ? x | – |
| – putridus FOURC. (arenarius OL.) | ⊗ | ⊗ |
| – luridus (F.) | ⊗ | ⊗ |
| – depressus (KUG.) | ⊗ | ⊗ |
| – rufipes (L.) | ⊗ | ⊗ |
| – bimaculatus (LAX.) | x | x |
| – mixtus VIL. | ⊗ | x |
| – pollicatus ER. | x | x |
| – montanus ER. | ⊗ | x |
| – limbolarius REITT. | ⊗ | x |
| – montivagus ER. | x | x |
| – praecox ER. | x | – |
| – satellitius (HERBST) | ⊗ | ⊗ |
| – zenkeri GERM. | ⊗ | x |
| – maculatus STURM | ⊗ | x |
| – quadriguttatus (HERBST) | ⊗ | ⊗ |
| – citellorum SEM.-MED. | x | – |
| – biguttatus GERM. | ⊗ | ⊗ |
| – quadrimaculatus (L.) | x | x |
| – sticticus (PANZ.) | ⊗ | ⊗ |
| – conspurcatus (L.) | x | – |
| – lineolatus ILL. | – | x |
| – paykulli BED. | ⊗ | ⊗ |
| – pictus Sturm | ⊗ | x |
| – melanostictus W. SCHM. | ⊗ | x |

| Art | A | B |
|---|---|---|
| – distinctus (MÜLL.) | ⊗ | ⊗ |
| – obliteratus PANZ. | ⊗ | ⊗ |
| – affinis PANZ. | x | – |
| – contaminatus (HERBST) | ⊗ | x |
| – prodromus (BRAHM) | ⊗ | ⊗ |
| – reyi REITT. | x | – |
| – pubescens STURM | x | x |
| – sphacelatus (PANZ.) | ⊗ | x |
| – sabulicola THOMS. | x | – |
| – circumcinctus W. SCHM. | x | x |
| – consputus CREUTZ. | ⊗ | ⊗ |
| – serotinus PANZ. | x | x |
| – tomentosus (MÜLL.) | x | – |
| – obscurus (F.) | ⊗ | ⊗ |
| – cribrarius BRULL. | – | x |
| – thermicola STURM | x | x |
| – porcus (F.) | ⊗ | ⊗ |
| – scrofa (F.) | ⊗ | ⊗ |
| – striatulus WALT. | – | x |
| – merdarius (F.) | ⊗ | ⊗ |
| – tersus ER. | x | – |
| – pusillus (HERBST) | ⊗ | ⊗ |
| – coenosus (PANZ.) | ⊗ | x |
| – paracoenosus BALTH.-HRUB. | x | – |
| – fimetarius (L.) | ⊗ | ⊗ |
| – vaccinarius (HERBST) (foetens F.) | ⊗ | x |
| – scybalarius (F.) (foetidus HBST.) | ⊗ | ⊗ |
| – conjugatus (PANZ.) | x | x |
| – frater MULS. (sulcatus auct.) | x | – |
| – suarius FALD. | x | x |
| – gibbus GERM. | ⊗ | – |
| – satyrus REITT. | x | x |
| – ater DE GEER | ⊗ | ⊗ |
| – borealis GYLL. | ⊗ | x |
| constans DUFT. | ⊗ | x |
| – foetidus (F.) (fasciatus OL.) | ⊗ | x |
| – piceus GYLL. | ⊗ | – |
| – nemoralis ER. | ⊗ | – |
| – lugens CREUTZ. | x | x |
| – sordidus (F.) | ⊗ | x |
| – ictericus (LAICH.) | ⊗ | ⊗ |
| – ghardimaouensis BALTH. | – | x |

| Art | A | B |
|---|---|---|
| – rufus (MOLL) | ⊗ | ⊗ |
| – punctipennis ER. | – | x |
| – immundus CREUTZ. | ⊗ | ⊗ |
| – alpinus (SCOP.) | ⊗ | x |
| – corvinus ER. | ⊗ | x |
| – varians DUFT. | ⊗ | ⊗ |
| – plagiatus (L.) | ⊗ | x |
| – niger (PANZ.) | ⊗ | x |
| – kraatzi HAR. | x | x |
| – sturmi HAR. | x | x |
| – lividus (OL.) | x | ⊗ |
| – granarius (L.) | ⊗ | ⊗ |
| Heptaulacus carinatus (GERM.) | ⊗ | ⊗ |
| – sus (HERBST) | ⊗ | – |
| – testudinarius (F.) | ⊗ | x |
| – villosus (GYLL.) | ⊗ | x |
| – porcellus (FRIV.) | x | x |
| Oxyomus silvestris (SCOP.) | ⊗ | ⊗ |
| Psammodius sulcicollis (ILL.) | x | x |
| – laevipennis COSTA | x | x |
| Diastictus vulneratus (STURM) | ⊗ | x |
| – tibialis (F.) | x | x |
| Pleurophorus caesus (CREUTZ.) | x | ⊗ |
| Rhyssemus germanus (L.) | ⊗ | ⊗ |
| – pertinax BALTH. | x | – |
| – vinodolensis PETROV. | – | x |
| – celejensis PETROV. | – | x |
| – plicatus (GERM.) | – | x |
| Trichorhyssemus dalmatinus PETROV. | – | x |
| AEGIALIINAE | | |
| Aegialia arenaria (F.) | x | – |
| – rufa (F.) | x | – |
| – sabuleti (PANZ.) | ⊗ | – |
| HYBOSORINAE | | |
| Hybosorus arator ssp.palaearcticus END. | – | x |
| OCHODAEINAE | | |
| Ochodaeus chrysomeloides (SCHRANK) | ⊗ | ⊗ |
| – integriceps SEM. | – | x |
| Codocera ferruginea ESCHSCH. | – | x |
| ORPHNINAE | | |
| Chaetonyx robustus SCHAUM | – | x |

| Art | A | B |
|---|---|---|
| TROGINAE | | |
| Trox perlatus (GEOF.) | x | – |
| – sabulosus (L.) | ⊗ | x |
| – hispidus (PONT.) | ⊗ | ⊗ |
| – scaber (L.) | ⊗ | ⊗ |
| – eversmanni KRYN. | x | x |
| – perrisi FAIRM. | ⊗ | – |
| – cadaverinus (ILL.) | x | – |
| Glaresis rufa ER. | x | – |
| GLAPHYRINAE | | |
| Amphicoma vulpes (F.) | – | x |
| – diffusa PETROV. | – | x |
| – humeralis BRULL. | – | x |
| – lasserrei GERM. | – | x |
| – bicolor ssp. dichroa REITT. | – | x |
| – arctos (PALL.) | – | x |
| Anthypna abdominalis (F.) | – | x |
| SERICINAE | | |
| Serica brunnea (L.) | ⊗ | ⊗ |
| Maladera holosericea (SCOP.) | ⊗ | ⊗ |
| Homaloplia ruricola (F.) | x | – |
| – nicolasi BARAUD | x | x |
| – illyrica BARAUD | – | x |
| – alternata KÜST. | x | x |
| – marginata (FÜES.) | – | x |
| – polita BARAUD | – | x |
| – erythroptera FRIV. | ?x | x |
| – spiraea (PALL.) | x | – |
| Triodontella dalmatica BARAUD | – | x |
| – nitidula (ROSSI) | – | x |
| MELOLONTHINAE | | |
| Haplidia transversa (F.) | – | x |
| Holochelus costulatus (FRIV.) | – | x |
| Pseudotrematodes frivaldszkyi (MÉN.) | – | x |
| Butosania bulgarica (MINK.) | – | x |
| Miltotrogus aequinoctialis (HERBST) | x | ⊗ |
| – nocturnus NONVEIL. | x | x |
| – fraxinicola (HOPE) | – | x |
| – vernus (GERM.) | x | ⊗ |
| – pilicollis (GYLL.) | x | x |
| – fallax (MARS.) | – | x |

| Art | A | B |
|---|---|---|
| Rhizotrogus ciliatus ssp.procerus BAUDI | – | x |
| – marginipes MULS. | x | x |
| – aestivus (OL.). | ⊗ | ⊗ |
| – lautiusculus SCHAUF. | – | x |
| – maculicollis VILLA | x | – |
| – cicatricosus MULS. | ⊗ | – |
| – solstitialis (L.) | ⊗ | ⊗ |
| – ochraceus (KNOCH) | x | – |
| – caucasicus (GYLL.) | – | x |
| – ater (HERBST) | x | – |
| – fuscus (SCOP.) | – | x |
| – ruficornis (F.) | ⊗ | – |
| – majalis (RAZOUM) | x | – |
| – assimilis (HERBST) | ⊗ | ⊗ |
| – burmeisteri BRENSK. | ⊗ | ⊗ |
| Anoxia orientalis (KRYN.) | – | ⊗ |
| – matutinalis CAST. | – | x |
| – scutellaris MULS. | – | x |
| – pilosa (F.) | x | x |
| – villosa (F.) | x | x |
| Polyphylla fullo (L.) | ⊗ | ⊗ |
| – boryi BRULL. | – | x |
| Melolontha hippocastani F. | ⊗ | x |
| – melolontha (L.) | ⊗ | ⊗ |
| – pectoralis GERM. | x | x |
| RUTELINAE | | |
| Anomala dubia (SCOP.) | ⊗ | ⊗ |
| – matzenaueri REITT. | – | x |
| – solida ER. | – | x |
| – vitis (F.) | x | ⊗ |
| – errans (F.) | – | x |
| Mimela aurata (F.) | x | x |
| Phyllopertha horticola (L.) | ⊗ | ⊗ |
| Blitopertha hirtella (L.) | – | x |
| – lineata (F.) | – | x |
| – arenaria (BRULL.) | – | x |
| – campestris (LAT.) | x | x |
| – adriaticus PETROV. | – | x |
| Anisoplia segetum (HERBST) | x | ⊗ |
| – villosa GOEZE | x | – |
| – erichsoni REITT. | x | ⊗ |
| – monticola ER. | x | x |

| Art | A | B |
|---|---|---|
| – bromicola (GERM.) | x | x |
| – pubipennis BLANCH. | – | x |
| – austriaca (HERBST) | x | x |
| – hebes REITT. | – | x |
| – tempestiva ER. | x | ⊗ |
| – agricola (PODA) | x | ⊗ |
| – dispar ER. | x | – |
| – flavipennis BRULL. | x | ⊗ |
| – thessalica REITT. | – | x |
| – deserticola FISCH. | – | x |
| HOPLIINAE | | |
| Hoplia praticola (DUFT.) | ⊗ | ⊗ |
| – farinosa (L.) (philanthus FUES.) | ⊗ | x |
| – coerulea (DRURY) | x | – |
| – flavipes GERM. | – | x |
| – parvula KRYN. | x | – |
| – argentea (PODA) (farinosa auct.) | ⊗ | ⊗ |
| – herminiana APFLB. | – | x |
| – graminicola (F.) | ⊗ | x |
| – brunnipes BON. | x | x |
| – subnuda REITT. | x | x |
| – hungarica BURM. | x | x |
| – stenolepis APFLB. | – | x |
| – brunnescens REITT. | x | – |
| – fissa REITT. | – | x |
| – dilutipes REITT. | x | x |
| – auriventris APFLB. | – | x |
| DYNASTINAE | | |
| Pentodon idiota (HERBST) | x | x |
| – bidens (PALL.) | – | x |
| Phyllognathus excavatus (FORST.) | – | x |
| Oryctes nasicornis (L.) | ⊗ | ⊗ |
| VALGINAE | | |
| Valgus hemipterus (L.) | ⊗ | ⊗ |
| TRICHIINAE | | |
| Osmoderma eremita (SCOP.) | ⊗ | ⊗ |
| Gnorimus octopunctatus (F.) | ⊗ | ⊗ |
| – nobilis (L.) | ⊗ | ⊗ |
| Trichius fasciatus (L.) | ⊗ | ⊗ |
| – zonatus GERM. | x | – |
| – sexualis BED. | x | ⊗ |

| Art | A | B |
|---|---|---|
| CETONIINAE | | |
| Tropinota squalida (SCOP.) | – | x |
| – hirta (PODA) | ⊗ | ⊗ |
| Oxythyrea funesta (PODA) | x | ⊗ |
| – cinctella SCHAUM | – | x |
| Cetonia aurata (L.) | ⊗ | ⊗ |
| Protaetia lugubris (HERBST) | ⊗ | x |
| – aeruginosa (DRURY) | ⊗ | ⊗ |
| – affinis (AND.) | x | ⊗ |
| – koenigi (REITT.) | – | x |
| – cuprea (F.) | ⊗ | ⊗ |
| – fieberi (KR.) | ⊗ | ⊗ |
| – angustata (GERM.) | x | x |
| – morio (F.) | x | – |
| – vidua (GORY-PERCH.) | – | x |
| – hungarica (HERBST) | x | x |

*Verh. des Sechsten Int. Symp. über Entomofaunistik in Mitteleuropa 1975, Junk, The Hague.*

# Zur Larvalsystematik der Zikaden

JUHAN VILBASTE

*Summary*

Contrary to current opinions, larvae of cicadas have good structural characters and may therefore well identified. However, these characters are not always the same in the different subgroups. Examples are given for a number of taxa, based on findings from field collection in correlation with adults.

Bevor ich auf die Behandlung des angegebenen Themas eingehe, möchte ich die Aufmerksamkeit auf einen ganz unnatürlichen Umstand lenken, welche in der Systematik der Zikaden und auch in vielen anderen Insektengruppen verbreitet ist. Die Systematik dieser Gruppen ist zu einer Männchenssystematik oder sogar Männchengenitaliensystematik geworden. Fast alle neuzeitlichen Bestimmungsbücher der Zikaden ermöglichen nur das Bestimmen der Männchen. Die Weibchen werden meistens gar nicht berücksichtigt, obwohl es gute Unterscheidungsmerkmale auch zur Unterscheidung einiger ganz ähnlichen Arten gibt. Hierbei weise ich nur auf die Arbeiten von CUNNINGHAM & ROSS (1965) und GREENE (1971) hin, die die Ausbildung der Basis des Legerohrs erfolgreich zur Unterscheidung von einigen ähnlichen Arten benutzten. Weiter möchte ich hervorheben, daß in der letzten Zeit die Maße und die Färbungsmerkmale meistens viel zu viel unterschätzt werden.

Es hat der Anschein, daß die Ursache hier meistens in einer gewissen Gemütlichkeit liegt – es ist viel leichter zu konstatieren, daß die Weibchen unbestimmbar sind, als sichere Unterscheidungsmerkmale zu suchen.

Genauso ist der Fall mit den Larven (oder Nymphen) der Zikaden. Sie werden im allgemeinen für unbestimmbar gehalten, obwohl sie, wie überhaupt die Larven der hemimetabolen Insekten, den Erwachsenen ganz ähnlich sind. Es ist sogar ganz schwer, die Merkmale zu finden, die nur den Larven eigen sind.

Die vorliegende Untersuchung hat das Ziel, eine Bestimmungstabelle zur Bestimmung der nordeuropäischen Zikadenarten herauszuarbeiten. Man muß dabei hervorheben, daß die Materialien dazu nicht von den Zuchten, sondern aus den Gesamtfängen, die zu zönologischen Untersuchungen ausgeführt worden sind, erhalten wurden. Der Autor ist davon ausgegangen, daß die gleichzeitig in den Fängen vorkommenden durchaus ähnlichen Erwachsenen und Larven denselben Art angehören. Erst dann, wenn solche Larven in mehreren Fängen identisch waren, wurde ihre Bestimmung für richtig gehalten.

Vor einigen Jahren konnte ich nachweisen, daß bei den Fulgoriden die Chaetotaxie, das heißt die Zahl und die Anordnung der sogenannten Sinnesgrübchen am Kopf und Hinterleib, die Bestimmung der einzelnen Taxa ermöglicht. Es hat sich nun gezeigt, daß die Behaarung der Oberseite des Abdomens auch bei den Cicadelliden in mehreren Fällen die Unterscheidung der Taxa ermöglicht. Diese Haare liegen aber nicht über ovalen Depressionen der Kutikula wie bei den Fulgoriden, sondern sind mehr oder minder aufrecht stehende Haargebilde. Wie bei den Fulgoriden kommen sie nur bei den Larven vor. Bei den Erwachsenen ist die Oberseite des Abdomens von den Flügeln bedeckt und daher ein Vorhandensein der Haare unmöglich.

Die ursprünglicheren Formen sind entweder kahl (wie Megophthalminen, mehrere Idiocerinen und Aphrodinen) oder mit kleinen Tuberkeln besetzt. Bei den Ulopinen und Eupelicinen sind die letzteren über die ganze Fläche verbreitet, aber zum Beispiel bei *Ledra aurita* schon in vier Reihen angeordnet. Dieses Phänomen, d.h. die Anordnung der Haare zu Längsreihen, geht mit der allgemeinen systematischen Einreihung konform.

So kann man bei den Macropsinen fast alle Übergänge von ganz kahlen (Gattung *Oncopsis* und manche *Macropsis*-Arten) über dicht mit Haaren besetzten Formen (einige *Macropsis*-Arten) bis zu den Arten, bei denen die Haare zu Längsreihen angeordnet sind (z.B. sechs Reihen sehr lange und kräftige Haare bei *Macropsis glandacea*) beobachten. Dazu muß man noch bemerken, daß, wie schon der Altmeister der europäischen Zikadologie WILHELM WAGNER hervorgehoben hat, die Larven von einigen sehr ähnlichen *Macropsis*-Arten leichter zu unterscheiden sind als die Erwachsenen. Zum Beispiel sind die Larven der zwei sehr ähnlichen Zwillingsarten *Macropsis prasina* und *M. marginata* ganz verschieden – die der ersteren sind dicht mit Haaren bedeckt, während die Larven der letzteren ganz kahl sind.

Die gleiche Erscheinung kann man bei Aphrodinen betrachten. Die Larven von *Aphrodes bicinctus* und *A. ochromelas* sind kahl oder mit kleinen Tuberkeln übersät, aber die Laven von *Aphrodes albifrons* haben außer einem feinen und fast einheitlichen Haarkleid auch sechs Reihen von größeren Haaren.

Die Larven der europäischen Cicadelliden sind kahl, aber manche nordamerikanische Arten besitzen in Längsreihen angeordneten Haare. Ganz andere Larven hat *Errhomenellus*. Diese Gattung muß man wahrscheinlich in eine besondere Gruppe einordnen.

Bei höheren Cicadelliden ist ein einheitliches Haarkleid eine Ausnahme (z.B. bei Larven von *Coryphaeus*). Dagegen kommen kahle Larven bei verschiedenen Gruppen der Typhlocybinen vor (zum Beispiel bei Dicraneurinen, bei *Aguriahana ger-*

*mari*, wahrscheinlich bei *Eupterycyba* usw.).

Ganz charakteristisch ist die Chaetotaxie der Deltocephalinen. Die meisten Arten haben vier Längsreihen von Haaren und dazu noch Haare an den Hinterecken der achten und meistens auch der siebenten Tergite. Solche Larven haben zum Beispiel alle Gattungen der Deltocephalini und Paramesini (wenn diese Triben überhaupt verschieden sind). Dagegen ist der Tribus Euscelini in dieser Hinsicht ganz heterogen. Neben Larven mit ebensolchen Chaetotaxie kommen Gattungen mit mehr oder weniger reduzierten Haarformeln vor. Diese Reduktion kann bis zum fast totalen Verschwinden der Haare führen, was als ein weiterer evolutioneller Trend anzusehen ist. Zum Beispiel hat eine Larve von einer noch nicht determinierten Art Haare nur an den Hinterecken des achten Tergites. Die Larven der Gattungen *Pithyotettix, Macustus, Scleroracus* und *Limotettix* haben nur vier Haare am Hinterrande des achten Tergites und dazu noch zwei Haare an den Hinterecken des Tergites. Bei *Grypotes* gibt es zwei weitere Haare an den Hinterecken des siebenten Tergites. Bei einigen Gattungen wie *Allygus, Neoaliturus* und bei einigen *Goniagnathus*-Arten sind die medianen Haarreihen unvollständig.

Die Larven der *Macrosteles*-Arten haben zwei Haare am siebenten und vier Haare am achten Tergite. Bei *Sonronius* ist die Zahl der Haare am achten Tergite wahrscheinlich noch mehr reduziert. Dagegen sind bei *Sagatus punctifrons* die lateralen Haarreihen vollständig, während die der medianen Reihe nur am achten Tergite vorhanden sind. Zudem sind Haare auch an den Hinterecken der letzten Tergite vorhanden.

Völlig verschieden sind die fast kahlen Larven von *Balclutha*. Das beweist nochmals, daß diese Gattung nicht zu Macrostelini sondern zu einem besonderen Tribus Balcluthini gehört.

Stark behaart sind die Larven der meisten untersuchten Arten der Typhlocybinen. Meistens sind die Haare in Längsreihen angeordnet, deren Zahl zwischen vier (zum Beispiel *Chlorita*-und *Empoasca*-Arten, mehrere Typhlocybini-Arten usw.) und zwölf (zum Beispiel *Kybos*-Arten) Reihen variiert.

Einige Merkmale zur Unterscheidung der Gattungen und Arten gibt auch die Bedornung des Analsegments und der Beine. Die sehr charakteristische Bedornung der Vorder- und Mitteltibien der meisten Deltocephalinen ist in voller Anzahl schon in letzteren Larvenstadien vorhanden.

Einige Merkmale für die Unterscheidung der Taxa gibt uns auch die Struktur der einzelnen Kopfsklerite. Dabei können aber klare evolutionelle Trends nicht festgestellt werden. Der allgemeine Trend des Cicadinenkopfes – die Verschmelzung der Kopfskleriten (wodurch die Kopfkapsel verstärkt wird) – ist nur bei der Ausbildung von Frontoclypeus zu verfolgen, und auch in diesem Fall indirekt. Bei den Larven mehrerer Formen kann man über dem sehr kräftig aufgetriebenen Frontoclypeus einen kleinen, meist dreieckigen oder semicircularen Sklerit beobachten, der als ein Rudiment der eigentlichen Frons anzusehen ist. Bei den meisten Formen hat die weit fortgeschrittene Verschmelzung bis zum vollständigen Verlust der trennenden Naht geführt. In einigen Fällen wird aber der zweiteilige Charakter des Frontoclypeus nur durch eine etwas abweichende Färbung angedeutet (z.B. bei einigen *Idiocerus*-Arten).

Bei niederen Formen liegt der Frontoclypeus deutlich unter dem Vorderrand des Kopfes, oder er geht mit einer breiten Rundung zum Scheitel über. Besonders bei den meisten Deltocephalinae ist der Frontoclypeus stark vergrößert, die oberen Teile der Clypeus sind auf die Oberseite des Kopfes gerückt und umgreifen die ebenfalls auf die Oberseite des Kopfes gerückte Frons von den Seiten. Jedoch gibt es manche höhere Gruppen, in denen der Clypeus unter dem Vorderrand des Kopfes liegt. Zu solchen Formen gehören die Arten die Triben Macrostelini, Balcluthini und auch Grypotini und Coryphaeini. Sie haben eine halbmondförmige oder semicirculare Frons über den Clypeus, der meistens bis zur Oberseite des Kopfes reicht.

Andrerseits kann die Ausbildung der Kopfsklerite, besonders die des Frontoclypeus, einen rein adaptativen Charakter haben. So liegt der Frontoclypeus bei allen untersuchten Typhlocybinae-Arten unter dem Kopfrande. Alle Typhlocybiden ernähren sich ja von einzelnen Parenchymzellen, wozu keine besonders kräftige Saugmuskulatur nötig ist.

Man kann nicht alle Cicadellidengattungen und Arten nach den hier angegebenen Merkmalen bestimmen. Meistens muß man noch Färbungsmerkmale heranziehen. Ganz einheitlich ist das Färbungsmuster der Larven von Paramesini-Arten. So haben sie z.B. meistens zwei parallele Längsbänder auf dem Scheitel. Denen entspricht auch die Färbung der Erwachsenen, ist aber meistens in drei Teile aufgelöst. Die sogenannten vorderen Dreiecke entsprechen dabei dem Gebiete der eigentlichen Frons.

Bei den Euscelini ist die Färbung des Scheitels viel mannigfaltiger. Man kann aber mehrere Färbungstypen unterscheiden (zum Beispiel eine *Cicadula*-Type mit charakteristischer Längsbänderung, eine *Euscelis*-Type, *Limotettix*-Type usw.). Meist entsprechen diese Typen den Färbungstypen der Erwachsenen.

Hier wurden nur einige Ergebnisse der Untersuchung von Zikadenlarven erwähnt. Weil das untersuchte Material nicht sehr umfangreich gewesen ist, können hier einige Ungenauigkeiten vorkommen. Aber der Autor hofft, daß auch diese vorläufigen Bemerkungen unsere Kenntnisse auf diesem vernachlässigten Gebiet der Zikadologie einigermaßen fördern werden.

*Verh. des Sechsten Int. Symp. über Entomofaunistik in Mitteleuropa 1975, Junk, The Hague.*

# Ergänzungen zur Bionomie zweier Lygaeidae (Heteroptera) in der ČSSR

BOHUSLAV DOBŠÍK

*Summary*

Additional data about the bionomics of *Peritrechus angusticollis* and *Trapezonotus anorus* are given.

Einige eurosibirische Arten der Familie Lygaeidae, von denen sechs Arten in der ČSSR vorkommen, haben boreomontane Verbreitung: *Peritrechus angusticollis* (SAHLBERG 1848) und *Trapezonotus anorus* (FIEBER 1861). Nach der bisher bekannten Bionomie lebt *Trapezonotus anorus* 'auf dem Erdboden zwischen abgefallenem Laub, an Moos, unter Steinen und Kräutern' (STICHEL 1957: 237) oder 'am Boden an feuchten Orten unter mancherlei Pflanzen (Calluna). Lebensweise unbekannt' (WAGNER 1966: 171). *Peritrechus angusticollis* lebt 'in trockenen und wärmebeständigen Gebieten unter Kräutern und niedrigem Holzgewächs' (STICHEL 1957: 263) oder als 'Bodentier in Moor- und Heidegegenden' (WAGNER 1966: 182–183). Meine Untersuchungen in Nordmähren (DOBŠÍK 1972) ergänzen diese Kenntnisse folgendermaßen: Beide Arten werden sehr selten gekeschert, aber leicht auf dem Erdboden gesammelt. *P. angusticollis* lebt in Moorgegenden auf den Bülten, die mit Calluna vulgaris bewachsen sind, in deren Detritus Larve und Imago im September häufig auftreten. *T. anorus* f. *brachyptera* lebt als Larve und Imago häufig im August auf dem Boden im Bereiche von Calluna vulgaris, nur ab 700 m Seehöhe.

## Literatur

DOBŠÍK, B. (1972): Ploštice (Heteroptera, Pentatomorpha) Slezska. *Přír. sborn. (Ostrava)* 25: 191–212.

STICHEL, W. (1957): Illustrierte Bestimmungstabellen der Wanzen 2., Europa 4. Berlin.

WAGNER, E. (1966): Wanzen oder Heteropteren, 1. Pentatomorpha. In: Die Tierwelt Deutschlands vol. 54. Jena.

# Autorenindex

# Sachindex